CAD/CAM/CAE 微视频讲解大系

中文版 AutoCAD 2019 从入门到精通

（实战案例版）

120 集同步微视频讲解　158 个实例案例分析

☑疑难问题集　☑应用技巧集　☑典型练习题　☑认证考题　☑常用图块集　☑大型图纸案例及视频

天工在线　编著

中国水利水电出版社
www.waterpub.com.cn

·北京·

内 容 提 要

《中文版 AutoCAD 2019 从入门到精通（实战案例版）》是一本 AutoCAD 视频教程、AutoCAD 基础教程。它融合了 AutoCAD 机械设计、AutoCAD 建筑设计、AutoCAD 室内设计必备的基础内容，以实用为出发点，全面系统地介绍了 AutoCAD 2019 软件在二维和三维绘图方面的基础知识与应用技巧。全书共 18 章，包括 AutoCAD 2019 入门的基础知识、基本绘图设置、二维图形的绘制与编辑、图案填充、文本和表格的应用、尺寸标注、辅助绘图工具的使用、三维造型基础知识和三维造型的绘制与编辑等。在讲解过程中，每个重要知识点均配有实例讲解，既可提高读者的动手能力，又能加深对知识点的理解。

《中文版 AutoCAD 2019 从入门到精通（实战案例版）》一书配有极为丰富的学习资源，其中配套资源包括：1. 120 集全套同步微视频讲解，扫描二维码，可以随时随地看视频，超方便；2. 全书实例的源文件和初始文件可以直接调用和对比学习、查看图形细节，效率更高。附赠资源包括：1. AutoCAD 疑难问题集、AutoCAD 应用技巧集、AutoCAD 常用图块集、AutoCAD 常用填充图案库、AutoCAD 快捷命令速查手册、AutoCAD 快捷键速查手册、AutoCAD 工具按钮速查等；2. 9 套 AutoCAD 图纸设计方案及同步视频讲解，可以拓展视野；3. AutoCAD 认证考试大纲和认证考试样题库。

《中文版 AutoCAD 2019 从入门到精通（实战案例版）》适合 AutoCAD 从入门到提高、到精通等各层次的读者使用；也适合作为应用型高校或相关培训机构的 CAD 教材。此书也适合 AutoCAD 2018、AutoCAD 2016、AutoCAD 2015、AutoCAD 2014 等低版本软件的读者操作学习。

图书在版编目（CIP）数据

中文版 AutoCAD 2019 从入门到精通：实战案例版 /
天工在线编著.-- 北京：中国水利水电出版社, 2019.5（2022.9 重印）

（CAD/CAM/CAE 微视频讲解大系）

ISBN 978-7-5170-7529-5

Ⅰ. ①中… Ⅱ. ①天… Ⅲ. ①AutoCAD 软件－教材
Ⅳ. ①TP391.72

中国版本图书馆 CIP 数据核字(2019)第 051164 号

丛 书 名	CAD/CAM/CAE 微视频讲解大系
书 名	中文版 AutoCAD 2019 从入门到精通（实战案例版） ZHONGWENBAN AutoCAD 2019 CONG RUMEN DAO JINGTONG
作 者	天工在线 编著
出版发行	中国水利水电出版社 （北京市海淀区玉渊潭南路 1 号 D 座 100038） 网址：www.waterpub.com.cn E-mail：zhiboshangshu@163.com 电话：（010）62572966-2205/2266/2201（营销中心）
经 售	北京科水图书销售有限公司 电话：（010）68545874、63202643 全国各地新华书店和相关出版物销售网点
排 版	北京智博尚书文化传媒有限公司
印 刷	涿州市新华印刷有限公司
规 格	203mm×260mm 16 开本 32 印张 696 千字 4 插页
版 次	2019 年 5 月第 1 版 2022 年 9 月第 9 次印刷
印 数	61001—64000 册
定 价	89.80 元

Try your best
Never underestimate your power to change yourself!

中文版AutoCAD 2019
从入门到精通（实战案例版）
本书精美图块

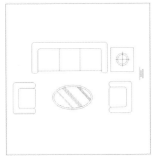

组合沙发

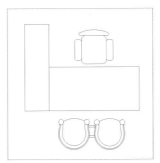

办公桌

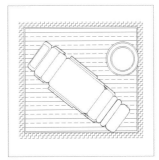

按摩椅和圆几

水生植物

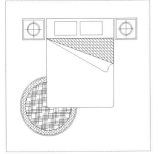

双人床

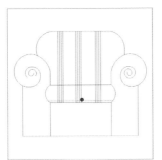

单人沙发

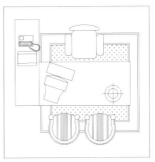

单人办公桌

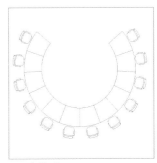

会议桌

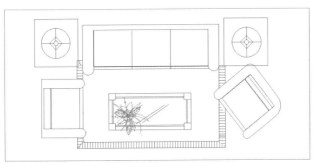

组合沙发

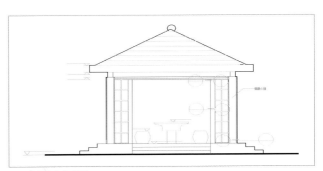

亭子立面图

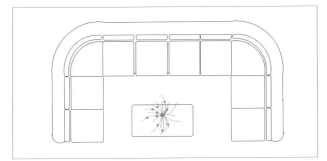

双人沙发

拱桥立面图

中文版AutoCAD 2019
从入门到精通（实战案例版）
本书精美图块

Try your best
Never underestimate your power to change yourself!

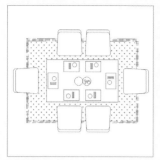
餐桌

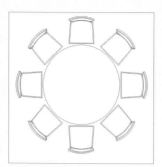
餐桌2

窗帘

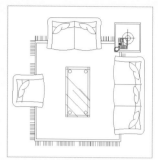
组合沙发

植物

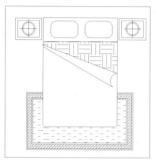
双人床

台阶立面图

湖石花草

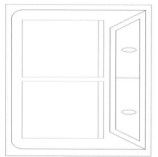
洗衣机

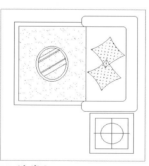
沙发2

栏杆

公园植物

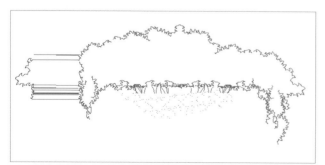
花钵装饰

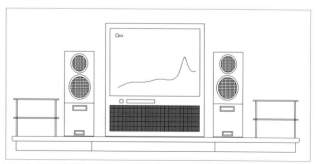
电视柜立面

Try your best
Never underestimate your power to change yourself!

中文版AutoCAD 2019
从入门到精通（实战案例版）
本书部分案例

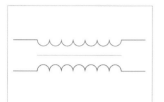

变压器

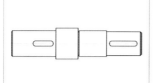

传动轴

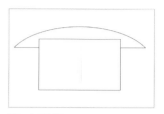

管式混合器

电话机

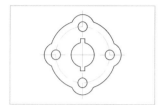

垫片

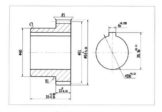

标注齿轮轴套

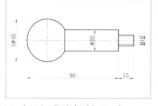

标注球头螺栓尺寸

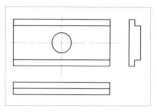

垫块

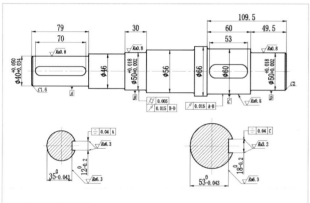

传动轴

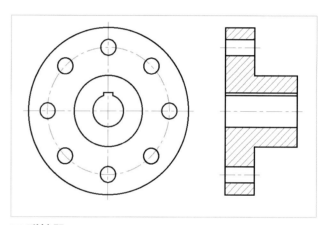

联轴器

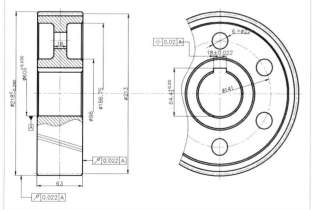

标注斜齿轮

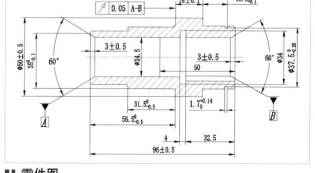

零件图

中文版AutoCAD 2019
从入门到精通（实战案例版）
本书部分案例

Try your best
Never underestimate your power to change yourself!

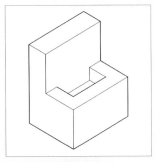
角墩等轴测图

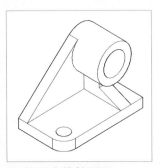
轴承座等轴测图

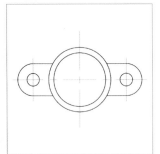
盘根压盖俯视图

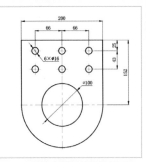
标注连接板直径尺寸

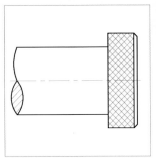
滚花零件

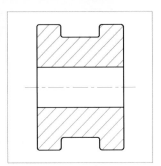
槽轮

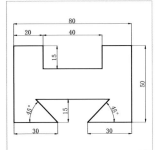
标注燕尾槽尺寸

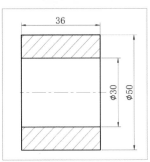
标注滚轮尺寸

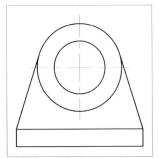
轴承座

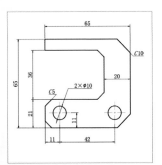
标注卡槽尺寸

摇臂等轴测视图

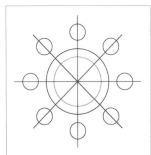
工艺吊灯

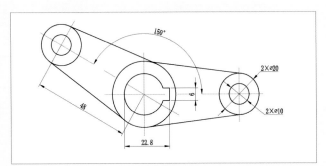
曲柄

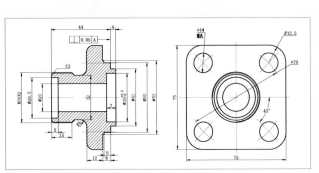
标注阀盖

Try your best
Never underestimate your power to change yourself!

圆头平键

带轮

弹簧

扳手

手环

转椅

泵盖

方向盘

端盖

纽扣

脚踏座

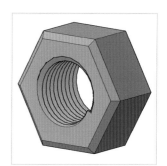

螺母

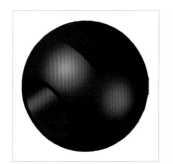

阀芯

锅盖

葫芦

衬套

中文版AutoCAD 2019
从入门到精通（实战案例版）
本书部分案例

Try your best
Never underestimate your power to change yourself!

螺丝刀

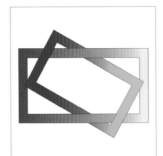
绞套

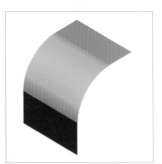
曲面

牙膏壳

哈哈猪

花盆

紫荆花徽标

平键

哑铃

弹簧垫圈

双头螺柱

轴支架

台灯

圆柱滚子轴承

叉拨架

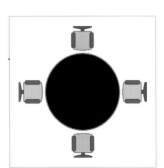
四人桌椅

前　言

Preface

AutoCAD 是 Autodesk 公司开发的自动计算机辅助设计软件，是集二维绘图、三维设计、参数化设计、协同设计及通用数据库管理和互联网通信功能为一体的计算机辅助绘图软件包，因具有操作简单、功能强大、性能稳定、兼容性好、扩展性强等优点而广泛应用于机械、建筑、电气、室内装潢、家具、市政工程、园林、服装设计等领域，此外，在地理、气象、航海等特殊图形的绘制，甚至乐谱、灯光和广告等领域也得到了广泛的应用。它是目前计算机 CAD 系统中应用最为广泛的图形软件之一。

随着版本的不断升级，AutoCAD 的功能也不断扩展和增强，其操作和应用将进一步向智能化和多元化方向发展。AutoCAD 2019 是目前的最新版本，也是目前功能最强大的版本，本书将以此版本为基础进行讲解。

本书特点

↘　内容合理，适合自学

本书定位以初学者为主，并充分考虑到初学者的特点，内容讲解由浅入深，循序渐进，能引领读者快速入门。在知识点上不求面面俱到，但求够用，学好本书，能满足实际设计工作中需要的各项技术。

↘　视频讲解，通俗易懂

为了提高学习效率，本书中的大部分实例都录制了教学视频。视频录制时采用模仿实际授课的形式，在各知识点的关键处给出解释、提醒和需注意事项，专业知识和经验的提炼，让你高效学习的同时，更多体会绘图的乐趣。

↘　内容全面，实例丰富

本书详细介绍了 AutoCAD 2019 的使用方法和编辑技巧，内容涵盖二维图形的绘制和编辑、文本和表格的绘制、尺寸标注、图块与外部参照、辅助绘图、协同绘图、三维绘图和编辑、三维曲面造型与实体操作等知识。在介绍知识点时，辅以大量的实例，并提供具体的设计过程和大量的图示，可帮助读者快速理解并掌握所学知识点。

↘　栏目设置，关键实用

根据需要并结合实际工作经验，作者在书中穿插了大量的"注意""技巧""思路点拨"等小栏目，给读者以关键提示。为了让读者更多地动手操作，书中还设置了"动手练"模块，让读者在快速理解相关知识点后动手练习，达到举一反三的高效学习的效果。

本书显著特色

❧ **体验好，随时随地学习**

二维码扫一扫，随时随地看视频。书中大部分实例都提供了二维码，读者朋友可以通过手机扫一扫，随时随地看相关的教学视频（若个别手机不能播放，请参考前言中的"本书学习资源列表及获取方式"在计算机上下载后观看）。

❧ **资源多，全方位辅助学习**

从配套到拓展，资源库一应俱全。本书提供了几乎所有实例的配套视频和源文件，还提供了应用技巧精选、疑难问题精选、常用图块集、全套工程图纸案例、各种快捷命令速查手册、认证考试练习题等，学习资源一网打尽！

❧ **实例多，用实例学习更高效**

案例丰富详尽，边做边学更快捷。跟着大量实例去学习，边学边做，从做中学，可以使学习更深入、更高效。

❧ **入门易，全力为初学者着想**

遵循学习规律，入门实战相结合。编写模式采用基础知识+实例的形式，内容由浅入深，循序渐进，入门与实战相结合。

❧ **服务快，让你学习无后顾之忧**

提供 QQ 群在线服务，随时随地可交流。提供公众号、QQ 群等多渠道贴心服务。

本书学习资源列表及获取方式

为了让读者朋友在最短的时间内学会并精通 AutoCAD 辅助绘图技术，本书提供了极为丰富的学习配套资源。具体如下。

❧ **配套资源**

（1）为方便读者学习，本书所有实例均录制了视频讲解文件，共 120 集（可扫描二维码直接观看或通过下述方法下载后观看）。

（2）用实例学习更专业，本书包含中小实例共 158 个（素材和源文件可通过下述方法下载后参考和使用）。

❧ **拓展学习资源**

（1）AutoCAD 应用技巧精选（99 条）。

（2）AutoCAD 疑难问题精选（180 问）。

（3）AutoCAD 认证考试练习题（256 道）。

（4）AutoCAD 常用图块集（600 个）。

（5）AutoCAD 常用填充图案集（671 个）。

（6）AutoCAD 大型设计图纸视频及源文件（9 套）。

（7）AutoCAD 快捷键命令速查手册（1 部）。

（8）AutoCAD 快捷键速查手册（1 部）。

（9）AutoCAD 常用工具按钮速查手册（1 部）。

（10）AutoCAD 2019 工程师认证考试大纲（2 部）。

以上资源的获取及联系方式（注意：本书不配带光盘，以上提到的所有资源均需通过下面的方法下载后使用）

（1）读者朋友可以扫描并关注下面的微信公众号，然后输入"acad2019"发送到公众号后台，获取本书资源下载链接。将该链接粘贴到电脑浏览器的地址栏中，根据提示下载即可。

（2）读者可加入 QQ 群 897259566（**若群满，会创建新群，请根据加群时的提示加入对应的群**），作者不定时在线提供答疑等后续服务，让读者无障碍地快速学习本书。

特别说明（新手必读）：

在学习本书或按照本书上的实例进行操作时，请先在计算机中安装 AutoCAD 2019 中文版操作软件，您可以在 Autodesk 官网下载该软件试用版本，也可在当地电脑城、软件经销商处购买安装软件。

关于作者

本书由天工在线组织编写。天工在线是一个 CAD/CAM/CAE 技术研讨、工程开发、培训咨询和图书创作的工程技术人员协作联盟，包含 40 多位专职和众多兼职 CAD/CAM/CAE 工程技术专家。

天工在线负责人由 Autodesk 中国认证考试中心首席专家担任，全面负责 Autodesk 中国官方认证考试大纲制定、题库建设、技术咨询和师资力量培训工作，成员精通 Autodesk 系列软件。其创作的很多教材成为国内具有引导性的旗帜作品，在国内相关专业方向图书创作领域具有举足轻重的地位。

本书具体编写人员有张亭、秦志霞、井晓翠、解江坤、闫国超、吴秋彦、毛瑢、王玮、王艳池、王培合、王义发、王玉秋、张红松、王佩楷、陈晓鸽、张日晶、禹飞舟、杨肖、吕波、李瑞、贾燕、刘建英、薄亚、方月、刘浪、穆礼渊、张俊生、郑传文、韩冬梅、王敏、李瑞、张秀辉等，对他们的付出表示真诚的感谢！

致谢

　　本书能够顺利出版，是作者、编辑和所有审校人员共同努力的结果，在此表示深深的感谢。同时，祝福所有读者在通往优秀工程师的道路上一帆风顺！

编　者

目　录

Contents

第1章　AutoCAD 2019 入门...................1
　　视频讲解：11 分钟
　1.1　操作环境简介 1
　　　1.1.1　操作界面 2
　　　动手学——设置明界面 2
　　　动手学——设置菜单栏 3
　　　动手学——设置工具栏 5
　　　动手学——设置功能区 8
　　　动手学——设置光标大小 ...15
　　　1.1.2　绘图系统 15
　　　动手学——设置绘图区的
　　　颜色 16
　　　动手练——熟悉操作界面 ...18
　1.2　文件管理 18
　　　1.2.1　新建文件 18
　　　1.2.2　快速新建文件 19
　　　动手学——快速创建图形
　　　设置 19
　　　1.2.3　保存文件 20
　　　动手学——自动保存设置 21
　　　1.2.4　另存文件 22
　　　1.2.5　打开文件 22
　　　1.2.6　退出 23
　　　动手练——管理图形文件 23
　1.3　基本输入操作 24
　　　1.3.1　命令输入方式 24
　　　1.3.2　命令的重复、撤销和
　　　重做 25
　　　1.3.3　命令执行方式 26
　　　1.3.4　数据输入法 26

　　　动手学——绘制线段 28
　　　动手练——数据操作 28
　1.4　模拟认证考试 28

第2章　基本绘图设置.................30
　　视频讲解：9 分钟
　2.1　基本绘图参数 30
　　　2.1.1　设置图形单位 30
　　　动手学——设置图形单位 31
　　　2.1.2　设置图形界限 31
　　　动手学——设置 A4 图形界限 ...32
　　　动手练——设置绘图环境 32
　2.2　图层 32
　　　2.2.1　图层的设置 33
　　　2.2.2　颜色的设置 38
　　　2.2.3　线型的设置 39
　　　2.2.4　线宽的设置 41
　　　动手练——设置绘制螺母的
　　　图层 42
　2.3　实例——设置样板图绘图
　　　环境 42
　2.4　模拟认证考试 47

第3章　简单二维绘图命令.........49
　　视频讲解：27 分钟
　3.1　直线类命令 49
　　　3.1.1　直线 49
　　　动手学——探测器符号 50
　　　3.1.2　构造线 52
　　　动手练——绘制螺栓 53
　3.2　圆类命令 54
　　　3.2.1　圆 54

动手学——射灯 54
3.2.2 圆弧 55
动手学——盘根压盖俯视图 ... 56
3.2.3 圆环 59
3.2.4 椭圆与椭圆弧 60
动手学——电话机 60
动手练——绘制哈哈猪 62
3.3 点类命令 62
3.3.1 点 62
3.3.2 定数等分 63
动手学——锯条 64
3.3.3 定距等分 66
动手练——绘制棘轮 66
3.4 平面图形命令 67
3.4.1 矩形 67
动手学——平顶灯 67
3.4.2 多边形 69
动手学——六角扳手 70
动手练——绘制卡通造型 ... 72
3.5 实例——支架 72
3.6 模拟认证考试 74

第4章 图纸布局与出图 76
🎥 视频讲解：12分钟
4.1 显示图形 76
4.1.1 图形缩放 76
4.1.2 平移图形 78
4.1.3 实例——查看图形
细节 79
动手练——查看零件图细节 ... 86
4.2 视口与空间 87
4.2.1 视口 87
动手学——创建多个视口 88
4.2.2 模型空间与图纸空间 90
4.3 出图 91
4.3.1 打印设备的设置 91
4.3.2 创建布局 94
动手学——创建图纸布局 ... 94

4.3.3 页面设置 98
动手学——设置页面布局 ... 98
4.3.4 从模型空间输出图形 99
动手学——打印传动轴零件
图纸 99
4.3.5 从图纸空间输出图形 ... 101
动手学——打印传动轴
零件图 102
动手练——打印零件图 106
4.4 模拟认证考试 106

第5章 面域与图案填充 108
🎥 视频讲解：15分钟
5.1 面域 108
5.1.1 创建面域 108
5.1.2 布尔运算 109
动手学——垫片 109
动手练——绘制法兰盘 112
5.2 图案填充 112
5.2.1 基本概念 112
5.2.2 图案填充的操作 114
动手学——镜子 114
5.2.3 渐变色的操作 118
5.2.4 编辑填充的图案 119
动手练——绘制滚花零件 119
5.3 实例——联轴器 120
5.4 模拟认证考试 123

第6章 精确绘制图形 124
🎥 视频讲解：19分钟
6.1 精确定位工具 124
6.1.1 栅格显示 125
6.1.2 捕捉模式 126
6.1.3 正交模式 127
6.2 对象捕捉 127
6.2.1 对象捕捉设置 128
动手学——圆形插板 128
6.2.2 特殊位置点捕捉 130
动手学——轴承座 131

动手练——绘制盘盖 132

6.3 自动追踪 133
   6.3.1 对象捕捉追踪 133
   6.3.2 极轴追踪 133
   动手学——手动操作开关 134
   动手练——绘制方头平键 137
6.4 动态输入 137
6.5 参数化设计 138
   6.5.1 几何约束 139
   动手学——几何约束平
   键 A6×6×32 140
   6.5.2 尺寸约束 142
   动手学——尺寸约束平
   键 A6×6×32 143
   动手练——绘制泵轴 144
6.6 实例——垫块 144
6.7 模拟认证考试 146

第7章 复杂二维绘图命令 148
   📹 视频讲解：16 分钟
7.1 样条曲线 148
   7.1.1 绘制样条曲线 149
   动手学——装饰瓶 149
   7.1.2 编辑样条曲线 150
   动手练——绘制螺丝刀 151
7.2 多段线 152
   7.2.1 绘制多段线 152
   动手学——微波隔离器 152
   7.2.2 编辑多段线 154
   动手练——绘制浴缸 157
7.3 多线 157
   7.3.1 定义多线样式 157
   动手学——定义住宅墙体的
   样式 157
   7.3.2 绘制多线 160
   动手学——绘制住宅墙体 160
   7.3.3 编辑多线 163
   动手学——编辑住宅墙体 163
   动手练——绘制道路网 165

7.4 对象编辑 165
   7.4.1 钳夹功能 165
   7.4.2 特性匹配 167
   动手学——修改图形特性 167
   7.4.3 修改对象属性 168
   动手学——五环 169
   动手练——绘制花朵 171
7.5 模拟认证考试 171

第8章 简单编辑命令 173
   📹 视频讲解：26 分钟
8.1 选择对象 173
   8.1.1 构造选择集 174
   8.1.2 快速选择 176
   8.1.3 构造对象组 178
8.2 复制类命令 178
   8.2.1 复制命令 178
   动手学——连接板 178
   8.2.2 镜像命令 181
   动手学——切刀 181
   8.2.3 偏移命令 183
   动手学——滚轮 183
   8.2.4 阵列命令 185
   动手学——工艺吊顶 186
   动手练——绘制洗手台 187
8.3 改变位置类命令 188
   8.3.1 移动命令 188
   动手学——变压器 188
   8.3.2 旋转命令 190
   动手学——炉灯 190
   8.3.3 缩放命令 192
   动手学——徽标 192
   动手练——绘制曲柄 194
8.4 实例——四人桌椅 195
8.5 模拟认证考试 199

第9章 高级编辑命令 201
   📹 视频讲解：42 分钟
9.1 改变图形特性 202
   9.1.1 修剪命令 202

动手学——锁紧箍 202
9.1.2 删除命令 205
9.1.3 延伸命令 206
动手学——动断按钮 206
9.1.4 拉伸命令 208
动手学——管式混合器 209
9.1.5 拉长命令 210
动手学——门联锁开关 210
动手练——绘制铰套 211
9.2 圆角和倒角 212
9.2.1 圆角命令 212
动手学——槽钢截面图 212
9.2.2 倒角命令 214
动手学——卡槽 215
动手练——绘制传动轴 217
9.3 打断、合并和分解对象 218
9.3.1 打断命令 218
动手学——天目琼花 218
9.3.2 打断于点命令 220
9.3.3 合并命令 220
9.3.4 分解命令 221
动手学——槽轮 221
动手练——绘制沙发 223
9.4 实例——斜齿轮 223
9.5 模拟认证考试 229

第 10 章 文本与表格 231
视频讲解：20 分钟
10.1 文本样式 232
10.2 文本标注 233
10.2.1 单行文本标注 234
动手学——空气断路器 234
10.2.2 多行文本标注 238
动手学——标注斜齿轮零件
技术要求 239
动手练——标注技术要求 245
10.3 文本编辑 245
10.4 表格 246

10.4.1 定义表格样式 246
动手学——设置斜齿轮参数表
样式 246
10.4.2 创建表格 249
动手学——绘制斜齿轮
参数表 249
动手练——减速器装配图
明细表 252
10.5 实例——绘制 A3 样板图 253
10.6 模拟认证考试 259

第 11 章 尺寸标注 261
视频讲解：36 分钟
11.1 尺寸样式 261
11.1.1 新建或修改尺寸
样式 262
11.1.2 线 264
11.1.3 符号和箭头 265
11.1.4 文字 267
11.1.5 调整 269
11.1.6 主单位 270
11.1.7 换算单位 272
11.1.8 公差 273
11.2 标注尺寸 275
11.2.1 线性标注 275
动手学——标注滚轮尺寸 275
11.2.2 对齐标注 277
11.2.3 基线标注 277
11.2.4 连续标注 278
动手学——标注球头螺栓
尺寸 278
11.2.5 角度标注 281
动手学——标注燕尾槽
尺寸 281
11.2.6 直径标注 284
动手学——标注连接板直径
尺寸 284
11.2.7 半径标注 286

动手学——标注连接板半径
尺寸 286
　　11.2.8　折弯标注 287
　　动手练——标注挂轮架 287
　11.3　引线标注 288
　　11.3.1　一般引线标注 288
　　动手学——标注卡槽尺寸 288
　　11.3.2　快速引线标注 290
　　11.3.3　多重引线 292
　　动手练——标注齿轮轴套 296
　11.4　几何公差 297
　　动手学——标注传动轴的
形位公差 297
　　动手练——标注阀盖 301
　11.5　编辑尺寸标注 302
　　11.5.1　尺寸编辑 302
　　11.5.2　尺寸文本编辑 302
　11.6　实例——标注斜齿轮 303
　11.7　模拟认证考试 311

第 12 章　辅助绘图工具 313
　　　　　视频讲解：18 分钟
　12.1　对象查询 313
　　12.1.1　查询距离 314
　　动手学——查询垫片属性 314
　　12.1.2　查询对象状态 316
　　动手练——查询法兰盘
属性 316
　12.2　图块 317
　　12.2.1　定义图块 317
　　动手学——创建轴号图块 317
　　12.2.2　图块的存盘 319
　　动手学——写轴号图块 319
　　12.2.3　图块的插入 320
　　动手学——完成斜齿轮
标注 321
　　动手练——标注表面结构
符号 325
　12.3　图块属性 325

　　12.3.1　定义图块属性 326
　　动手学——定义轴号图块
属性 326
　　12.3.2　修改属性的定义 328
　　12.3.3　图块属性编辑 329
　　动手学——编辑轴号图块
属性并标注 329
　　动手练——标注带属性的
表面结构符号 332
　12.4　设计中心 332
　12.5　工具选项板 334
　　12.5.1　打开工具选项板 335
　　12.5.2　新建工具选项板 336
　　动手学——新建工具选
项板 336
　　动手学——从设计中心创建
选项板 336
　12.6　模拟认证考试 338

第 13 章　外部参照与光栅图像 340
　13.1　外部参照 340
　　13.1.1　外部参照附着 341
　　动手学——创建花园 341
　　13.1.2　外部参照裁剪 344
　　13.1.3　外部参照绑定 346
　　13.1.4　外部参照管理 347
　13.2　外部参照和在位编辑 348
　　13.2.1　在单独的窗口中打开
外部参照 348
　　13.2.2　在位编辑参照 348
　　13.2.3　保存或放弃参照
修改 349
　　13.2.4　添加或删除对象 350
　13.3　光栅图像 350
　　13.3.1　图像附着 351
　　动手学——绘制装饰画 351
　　13.3.2　光栅图像管理 354

动手练——绘制睡莲满池 ... 355

13.4 模拟认证考试 ... 355

第 14 章 协同绘图 ... 357
　　📹 视频讲解：13 分钟
14.1 CAD 标准 ... 357
　14.1.1 创建 CAD 标准文件 ... 358
　动手学——创建标准文件 ... 358
　14.1.2 关联标准文件 ... 359
　动手学——创建传动轴与标准文件关联 ... 360
　14.1.3 使用 CAD 标准检查图形 ... 363
　动手学——检查传动轴与标准文件是否冲突 ... 363
　动手练——检查零件图与标准文件的冲突 ... 364
14.2 图纸集 ... 364
　14.2.1 创建图纸集 ... 365
　动手学——创建别墅结构施工图图纸集 ... 365
　14.2.2 打开图纸集管理器并放置视图 ... 369
　动手学——在别墅结构施工图图纸集中放置图形 ... 369
　动手练——创建图纸集 ... 372
14.3 标记集 ... 372
　动手学——打开带标记的图纸 ... 373
　动手练——打开带标记图纸 ... 376
14.4 模拟认证考试 ... 376

第 15 章 三维造型基础知识 ... 378
　　📹 视频讲解：6 分钟
15.1 三维坐标系统 ... 378
　15.1.1 右手法则与坐标系 ... 379
　15.1.2 坐标系设置 ... 380
　15.1.3 创建坐标系 ... 381

15.2 动态观察 ... 383
　15.2.1 受约束的动态观察 ... 384
　15.2.2 自由动态观察 ... 385
　15.2.3 连续动态观察 ... 386
　动手练——观察泵盖 ... 386
15.3 漫游和飞行 ... 387
　15.3.1 漫游 ... 387
　15.3.2 飞行 ... 388
　15.3.3 漫游和飞行设置 ... 389
15.4 相机 ... 390
　15.4.1 创建相机 ... 390
　15.4.2 调整距离 ... 391
　15.4.3 回旋 ... 392
15.5 显示形式 ... 392
　15.5.1 视觉样式 ... 393
　15.5.2 视觉样式管理器 ... 395
　动手学——更改纽扣的视觉效果 ... 395
15.6 渲染实体 ... 397
　15.6.1 贴图 ... 397
　15.6.2 材质 ... 398
　动手学——对纽扣添加材质 ... 398
　15.6.3 渲染 ... 400
　动手学——渲染纽扣 ... 401
15.7 视点设置 ... 402
　15.7.1 利用对话框设置视点 ... 402
　15.7.2 利用罗盘确定视点 ... 403
15.8 模拟认证考试 ... 404

第 16 章 三维曲面造型 ... 406
　　📹 视频讲解：20 分钟
16.1 基本三维绘制 ... 406
　16.1.1 绘制三维多段线 ... 407
　16.1.2 绘制三维面 ... 407
　16.1.3 绘制三维网格 ... 408
　16.1.4 绘制三维螺旋线 ... 409

动手学——螺旋线..............409

16.2 绘制基本三维网格..........410
　16.2.1 绘制网格长方体.........411
　16.2.2 绘制网格圆锥体.........411
　16.2.3 绘制网格圆柱体.........412
　16.2.4 绘制网格棱锥体.........413
　16.2.5 绘制网格球体..........414
　16.2.6 绘制网格楔体..........414
　16.2.7 绘制网格圆环体.........415
　动手学——手环.............415

16.3 绘制三维网格............417
　16.3.1 直纹网格............417
　16.3.2 平移网格............417
　16.3.3 旋转网格............418
　动手学——花盆.............418
　16.3.4 平面曲面............420
　动手学——葫芦.............420
　16.3.5 边界网格............422
　动手学——牙膏壳............422
　动手练——绘制弹簧...........424

16.4 曲面操作..............425
　16.4.1 偏移曲面............425
　动手学——创建偏移曲面.........425
　16.4.2 过渡曲面............427
　动手学——创建过渡曲面.........427
　16.4.3 圆角曲面............428
　动手学——曲面圆角...........429
　16.4.4 网络曲面............430
　16.4.5 修补曲面............430

16.5 网格编辑..............431
　16.5.1 提高（降低）
　　　　　平滑度............431
　动手学——提高手环平
　滑度.................432
　16.5.2 锐化（取消锐化）....432
　动手学——锐化手环...........433
　16.5.3 优化网格............434
　动手学——优化手环...........434

16.6 模拟认证考试............435

第17章 三维实体操作...........436
　　　视频讲解：39分钟
17.1 创建基本三维实体..........436
　17.1.1 长方体.............437
　动手学——角墩.............437
　17.1.2 圆柱体.............440
　动手学——视孔盖............440
　动手练——绘制叉拨架..........442

17.2 由二维图形生成三维造型......442
　17.2.1 拉伸..............443
　动手学——平键.............443
　17.2.2 旋转..............445
　动手学——衬套.............445
　17.2.3 扫掠..............446
　动手学——弹簧.............446
　17.2.4 放样..............448
　17.2.5 拖曳..............450
　动手练——绘制带轮...........451

17.3 三维操作功能............452
　17.3.1 三维镜像............452
　动手学——踏脚座............452
　17.3.2 三维阵列............457
　动手学——端盖.............457
　17.3.3 对齐对象............459
　17.3.4 三维移动............460
　动手学——轴承座............460
　17.3.5 三维旋转............463
　动手学——弹簧垫圈...........464
　动手练——绘制圆柱滚子
　轴承.................465

17.4 剖切视图..............465
　17.4.1 剖切..............466
　动手学——方向盘............466
　17.4.2 剖切截面............467
　17.4.3 截面平面............468
　动手练——绘制阀芯...........469

17.5 实体三维操作............469

17.5.1 倒角边 469
动手学——衬套倒角............. 470
17.5.2 圆角边 471
动手学——圆头平
键 A6×6×32 471
动手练——绘制螺母 473
17.6 模拟认证考试 473
第 18 章 三维造型编辑 475
📹 视频讲解：25 分钟
18.1 实体边编辑 475
18.1.1 着色边 476
18.1.2 复制边 476
动手学——摇臂 477
动手练——绘制扳手 479
18.2 实体面编辑 480
18.2.1 拉伸面 480
18.2.2 移动面 481
18.2.3 偏移面 482
动手学——调整哑铃手柄...... 482

18.2.4 删除面 483
18.2.5 旋转面 484
18.2.6 倾斜面 484
动手学——锅盖主体 485
18.2.7 复制面 485
动手学——转椅 486
18.2.8 着色面 489
动手学——双头螺柱 489
动手练——绘制轴支架 493
18.3 实体编辑 493
18.3.1 压印 493
18.3.2 抽壳 494
动手学——完成锅盖 494
18.3.3 清除 496
18.3.4 分割 497
动手练——绘制台灯 497
18.4 夹点编辑 498
18.5 干涉检查 498
18.6 模拟认证考试 500

第 1 章 AutoCAD 2019 入门

内容简介

本章学习 AutoCAD 2019 绘图的基本知识，了解如何设置图形的系统参数、样板图，熟悉创建新的图形文件、打开已有文件的方法等，为进入系统学习做准备。

内容要点

- ↘ 操作环境简介
- ↘ 文件管理
- ↘ 基本输入操作
- ↘ 模拟认证考试

案例效果

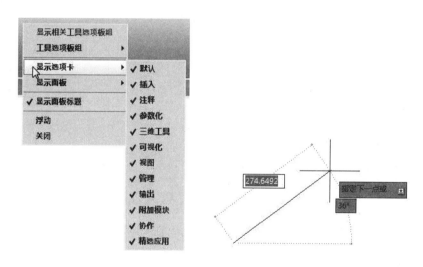

1.1 操作环境简介

操作环境是指和本软件相关的操作界面、绘图系统设置等一些涉及软件的最基本的界面和参数。本节将进行简要介绍。

1.1.1　操作界面

AutoCAD 操作界面是 AutoCAD 显示、编辑图形的区域，一个完整的草图与注释操作界面如图 1-1 所示，包括标题栏、菜单栏、功能区、绘图区、十字光标、导航栏、坐标系图标、命令行窗口、状态栏、布局标签和快速访问工具栏等。

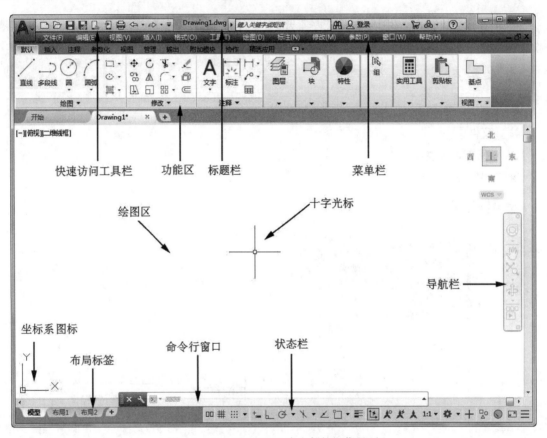

图 1-1　AutoCAD 2019 中文版的操作界面

动手学——设置明界面

安装 AutoCAD 2019 后，默认的界面如图 1-1 所示。

【操作步骤】

（1）在绘图区中右击，打开快捷菜单，如图 1-2 所示，选择"选项"命令。

（2）打开"选项"对话框，选择"显示"选项卡，在"窗口元素"选项组的"配色方案"中设置为"明"，如图 1-3 所示，单击"确定"按钮，退出对话框，其操作界面如图 1-1 所示。

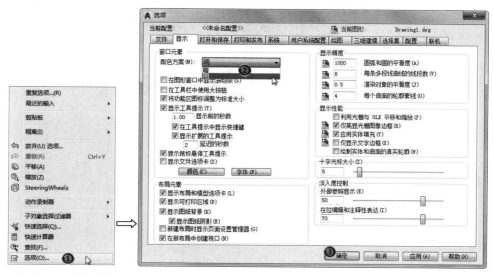

图 1-2　快捷菜单　　　　　　　　图 1-3　"选项"对话框

1．标题栏

AutoCAD 2019中文版操作界面的最上端是标题栏。在标题栏中，显示了系统当前正在运行的应用程序和用户正在使用的图形文件。在第一次启动 AutoCAD 2019 时，标题栏中将显示 AutoCAD 2019 在启动时创建并打开的图形文件 Drawing1.dwg，如图 1-1 所示。

📢 **注意：**

> 需要将 AutoCAD 的工作空间切换到"草图与注释"模式下（单击操作界面右下角的"切换工作空间"按钮，在弹出的菜单中选择"草图与注释"命令），才能显示如图 1-1 所示的操作界面。本书中的所有操作均在"草图与注释"模式下进行。

2．菜单栏

菜单栏同其他 Windows 程序一样，AutoCAD 的菜单也是下拉形式的，并在菜单中包含子菜单。AutoCAD 的菜单栏中包含："文件""编辑""视图""插入""格式""工具""绘图""标注""修改""参数""窗口""帮助"12 个菜单，这些菜单几乎包含了 AutoCAD 的所有绘图命令，后面的章节将对这些菜单功能进行详细讲解。

动手学——设置菜单栏

【操作步骤】

（1）单击 AutoCAD 快速访问工具栏右侧三角形，在打开的快捷菜单中选择"显示菜单栏"选项，如图 1-4 所示。

（2）调出的菜单栏位于界面的上方，如图 1-5 标注的位置。

（3）单击快速访问工具栏右侧三角形，在打开的下拉菜单中选择"隐藏菜单栏"选项，即可关闭菜单栏。

扫一扫，看视频

图 1-4　下拉菜单

图 1-5　菜单栏显示界面

一般来讲，AutoCAD 下拉菜单中的命令有以下 3 种。

（1）带有子菜单的菜单命令。这种类型的菜单命令后面带有小三角形。例如，选择菜单栏中的"绘图"→"圆"命令，系统就会进一步显示出"圆"子菜单中所包含的命令，如图 1-6 所示。

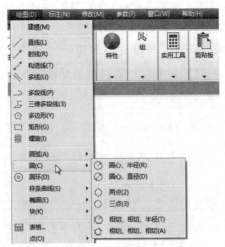

图 1-6　带有子菜单的菜单命令

（2）打开对话框的菜单命令。这种类型的命令后面带有省略号。例如，选择菜单栏中的"格式"→"表格样式..."命令，如图 1-7 所示，系统就会打开"表格样式"对话框，如图 1-8 所示。

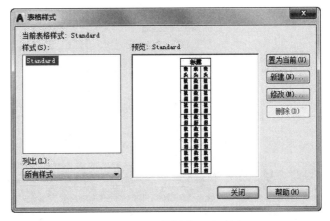

图 1-7　打开对话框的菜单命令　　　　　　图 1-8　"表格样式"对话框

（3）直接执行操作的菜单命令。这种类型的命令后面既不带小三角形，也不带省略号，选择该命令将直接进行相应的操作。例如，选择菜单栏中的"视图"→"重画"命令，系统将刷新所有视口。

3. 工具栏

工具栏是一组按钮工具的集合。AutoCAD 2019 提供了几十种工具栏。

动手学——设置工具栏

【操作步骤】

（1）选择菜单栏中的"工具"→"工具栏"→AutoCAD 命令，单击某一个未在界面中显示的工具栏的名称，如图 1-9 所示，系统将自动在界面中打开该工具栏，如图 1-10 所示；反之，则关闭工具栏。

（2）把光标移动到某个按钮上，稍停片刻即在该按钮的一侧显示相应的功能提示，此时，单击某个按钮就可以启动相应的命令。

（3）工具栏可以在绘图区浮动显示，如图 1-10 所示，此时显示该工具栏标题，并可关闭该工具栏，可以拖动浮动工具栏到绘图区边界，使其变为固定工具栏，此时该工具栏标题隐藏。也可以把固定工具栏拖出，使其成为浮动工具栏。

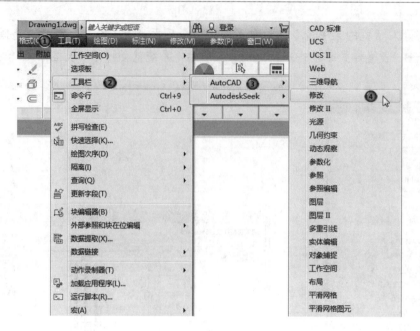

图 1-9　调出工具栏

图 1-10　浮动工具栏

有些工具栏按钮的右下角带有一个小三角形，单击这类按钮会打开相应的工具栏，将光标移动到某一按钮上并单击，该按钮就变为当前显示的按钮。单击当前显示的按钮，即可执行相应的命令，如图1-11所示。

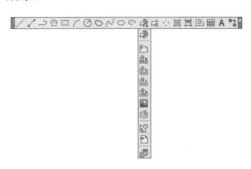

图1-11　打开工具栏

4. 快速访问工具栏和交互信息工具栏

（1）快速访问工具栏。该工具栏包括"新建""打开""保存""另存为""从 Web 和 Mobile 中打开""保存到 Web 和 Mobile""打印""放弃""重做"等几个常用的工具。用户也可以单击此工具栏后面的下拉按钮选择需要的常用工具。

（2）交互信息工具栏。该工具栏包括"搜索""Autodesk A360""Autodesk App Store""保持连接""单击此处访问帮助"等几个常用的数据交互访问工具按钮。

5. 功能区

在默认情况下，功能区包括"默认""插入""注释""参数化""视图""管理""输出""附加模块""协作"以及"精选应用"选项卡，如图1-12所示；所有的选项卡显示面板如图1-13所示。每个选项卡集成了相关的操作工具，用户可以单击功能区选项后面的 按钮控制功能的展开与收缩。

图1-12　默认情况下出现的选项卡

图1-13　所有的选项卡

【执行方式】

➴　命令行：RIBBON（或 RIBBONCLOSE）。

➴　菜单栏：选择菜单栏中的"工具"→"选项板"→"功能区"命令。

动手学——设置功能区

【操作步骤】

（1）在面板中任意位置右击，在打开的快捷菜单中选择"显示选项卡"，如图 1-14 所示。单击某一个未在功能区显示的选项卡名，系统自动在功能区打开该选项卡；反之，关闭选项卡（调出面板的方法与调出选项板的方法类似，这里不再赘述）。

图 1-14　快捷菜单

（2）面板可以在绘图区"浮动"，如图 1-15 所示；将光标放到浮动面板的右上角，显示"将面板返回到功能区"，如图 1-16 所示。单击此处，使其变为固定面板。也可以把固定面板拖出，使其成为"浮动"面板。

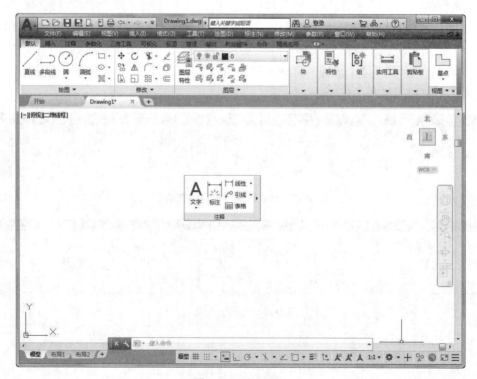

图 1-15　浮动面板

图1-16　"注释"面板

6．绘图区

绘图区是指在标题栏下方的大片空白区域，用于绘制图形，用户要完成一幅图形的设计，主要工作都是在绘图区中完成。

7．坐标系图标

在绘图区的左下角，有一个箭头指向的图标，称为坐标系图标，表示用户绘图时正使用的坐标系样式。坐标系图标的作用是为点的坐标确定一个参照系。根据工作需要，用户可以选择将其关闭。

【执行方式】

↳ 命令行：UCSICON。

↳ 菜单栏：选择菜单栏中的"视图"→"显示"→"UCS 图标"→"开"命令，如图1-17所示。

图1-17　"视图"菜单

8. 命令行窗口

命令行窗口是输入命令名和显示命令提示的区域，默认命令行窗口布置在绘图区下方，由若干文本行构成。对于命令行窗口，有以下几点需要说明。

（1）移动拆分条，可以扩大或缩小命令行窗口。

（2）可以拖动命令行窗口，布置在绘图区的其他位置。默认情况下在图形区的下方。

（3）单击菜单栏中"工具"→"命令行"命令，打开如图 1-18 所示的对话框，单击"是"按钮，可以将命令行关闭，如图 1-19 所示；反之，可以打开命令行窗口。

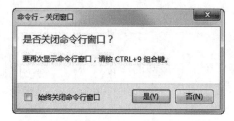

图 1-18 "命令行-关闭窗口"对话框

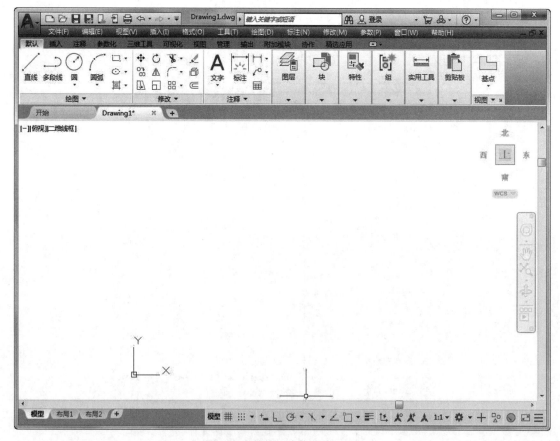

图 1-19 关闭"命令行窗口"

（4）对当前命令行窗口中输入的内容，可以按 F2 键用文本编辑的方法进行编辑，如

图 1-20 所示。AutoCAD 文本窗口和命令行窗口相似，可以显示当前 AutoCAD 进程中命令的输入和执行过程。在执行 AutoCAD 某些命令时，会自动切换到文本窗口，并列出有关信息。

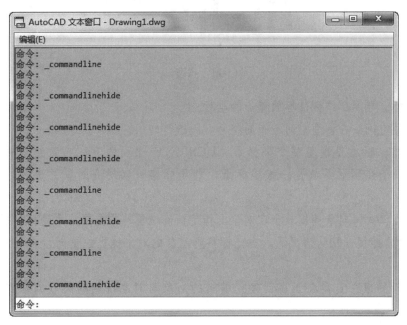

图 1-20 文本窗口

（5）AutoCAD 通过命令行窗口反馈各种信息，也包括错误提示信息。因此，用户要时刻关注在命令行窗口中出现的信息。

9．状态栏

状态栏显示在屏幕的底部，依次有"坐标""模型空间""栅格""捕捉模式""推断约束""动态输入""正交模式""极轴追踪""等轴测草图""对象捕捉追踪""二维对象捕捉""线宽""透明度""选择循环""三维对象捕捉""动态 UCS""选择过滤""小控件""注释可见性""自动缩放""注释比例""切换工作空间""注释监视器""单位""快捷特性""锁定用户界面""隔离对象""硬件加速""全屏显示""自定义"这 30 个功能按钮。单击部分开关按钮，可以实现这些功能的开关。通过部分按钮也可以控制图形或绘图区的状态。

✍ 技巧：

> 默认情况下，不会显示所有工具，可以通过状态栏中最右侧的按钮，选择要从"自定义"菜单显示的工具。状态栏中显示的工具可能会发生变化，具体取决于当前的工作空间以及当前显示的是"模型"还是"布局"。

下面对状态栏中的按钮做简单介绍，如图 1-21 所示。

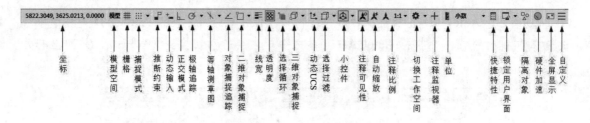

图 1-21　状态栏

（1）坐标：显示工作区鼠标放置点的坐标。

（2）模型空间：在模型空间与布局空间之间进行转换。

（3）栅格：栅格是覆盖整个坐标系（UCS）XY 平面的直线或点组成的矩形图案。使用栅格类似于在图形下放置一张坐标纸，利用栅格可以对齐对象并直观显示对象之间的距离。

（4）捕捉模式：对象捕捉对于在对象上指定精确位置非常重要。不论何时提示输入点，都可以指定对象捕捉。默认情况下，当光标移到对象的对象捕捉位置时，将显示标记和工具提示。

（5）推断约束：自动在正在创建或编辑的对象与对象捕捉的关联对象或点之间应用约束。

（6）动态输入：在光标附近显示一个提示框（称之为"工具提示"），工具提示中显示对应的命令提示和光标的当前坐标值。

（7）正交模式：将光标限制在水平或垂直方向上移动，便于精确地创建和修改对象。当创建或移动对象时，可以使用正交模式将光标限制在相对于用户坐标系（UCS）的水平或垂直方向上。

（8）极轴追踪：使用极轴追踪，光标将按指定角度进行移动。创建或修改对象时，可以使用"极轴追踪"来显示由指定的极轴角度所定义的临时对齐路径。

（9）等轴测草图：通过设定"等轴测捕捉/栅格"，可以很容易地沿三个等轴测平面之一对齐对象。尽管等轴测图形看似是三维图形，但它实际上是由二维图形表示的。因此，不能期望提取三维距离和面积、从不同视点显示对象或自动消除隐藏线。

（10）对象捕捉追踪：使用对象捕捉追踪，可以沿着基于对象捕捉点的对齐路径进行追踪。已获取的点将显示一个小加号（+），一次最多可以获取 7 个追踪点。获取点之后，在绘图路径上移动光标，将显示相对于获取点的水平、垂直或极轴对齐路径。例如，可以基于对象端点、中点或者对象的交点，沿着某个路径选择一点。

（11）二维对象捕捉：使用执行对象捕捉设置（也称为对象捕捉），可以在对象上的精确位置指定捕捉点。选择多个选项后，将应用选定的捕捉模式，以返回距离靶框中心最近的点。按 Tab 键则在这些选项之间循环。

（12）线宽：分别显示对象所在图层中设置的不同宽度，而不是统一线宽。

（13）透明度：使用该命令，调整绘图对象显示的明暗程度。

（14）选择循环：当一个对象与其他对象彼此接近或重叠时，准确地选择某一个对象是很困难的，使用选择循环命令，单击鼠标左键，弹出"选择集"列表框，其中列出了鼠标单击周围的图形，然后在列表中选择所需的对象。

（15）三维对象捕捉：三维中的对象捕捉与在二维中工作的方式类似，不同之处在于在三维中可以投影对象捕捉。

（16）动态 UCS：在创建对象时使 UCS 的 XY 平面自动与实体模型上的平面临时对齐。

（17）选择过滤：根据对象特性或对象类型对选择集进行过滤。当按下图标后，只选择满足指定条件的对象，其他对象将被排除在选择集之外。

（18）小控件：帮助用户沿三维轴或平面移动、旋转或缩放一组对象。

（19）注释可见性：当图标亮显时表示显示所有比例的注释性对象；当图标变暗时表示仅显示当前比例的注释性对象。

（20）自动缩放：注释比例更改时，自动将比例添加到注释对象。

（21）注释比例：单击注释比例右下角小三角符号弹出注释比例列表，如图1-22所示，可以根据需要选择适当的注释比例。

（22）切换工作空间：进行工作空间转换。

（23）注释监视器：打开仅用于所有事件或模型文档事件的注释监视器。

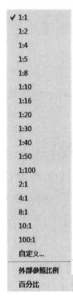

图1-22 注释比例列表

（24）单位：指定线性和角度单位的格式和小数位数。

（25）快捷特性：控制快捷特性面板的使用与禁用。

（26）锁定用户界面：按下该按钮，锁定工具栏、面板和可固定窗口的位置和大小。

（27）隔离对象：当选择隔离对象时，在当前视图中显示选定对象。所有其他对象都暂时隐藏；当选择隐藏对象时，在当前视图中暂时隐藏选定对象，所有其他对象都可见。

（28）硬件加速：设定图形卡的驱动程序以及设置硬件加速的选项。

（29）全屏显示：该选项可以清除 Windows 窗口中的标题栏、功能区和选项板等界面元素，使 AutoCAD 的绘图窗口全屏显示，如图1-23所示。

（30）自定义：状态栏可以提供重要信息，而无须中断工作流。使用 MODEMACRO 系统变量可将应用程序所能识别的大多数数据显示在状态栏中。使用该系统变量的计算、判断和编辑功能可以完全按照用户的要求构造状态栏。

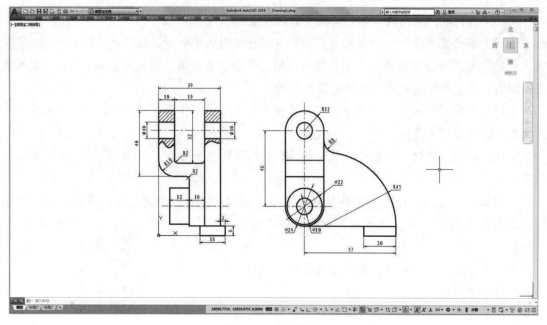

图 1-23　全屏显示

10．布局标签

AutoCAD 系统默认设定一个"模型"空间和"布局 1""布局 2"两个图样空间布局标签，这里有两个概念需要解释一下。

（1）布局。布局是系统为绘图设置的一种环境，包括图样大小、尺寸单位、角度设定、数值精确度等，在系统预设的 3 个标签中，这些环境变量都按默认设置。用户可以根据实际需要改变变量的值，也可设置符合自己要求的新标签。

（2）模型。AutoCAD 的空间分为模型空间和图样空间两种。模型空间是通常绘图的环境，而在图样空间中，用户可以创建浮动视口，以不同视图显示所绘图形，还可以调整浮动视口并决定所包含视图的缩放比例。如果用户选择图样空间，可打印多个视图，也可以打印任意布局的视图。AutoCAD 系统默认打开模型空间，用户可以通过单击操作界面下方的布局标签选择需要的布局。

11．光标大小

在绘图区中，有一个作用类似光标的"十"字线，其交点坐标反映了光标在当前坐标系中的位置。在 AutoCAD 中，将该"十"字线称为十字光标。

✍ 技巧：

> AutoCAD 2019 通过十字光标坐标值显示当前点的位置。十字光标的方向与当前用户坐标系的 X、Y 轴方向平行，其长度系统预设为绘图区大小的 5%，用户可以根据绘图的实际需要修改大小。

动手学——设置光标大小

【操作步骤】

（1）选择菜单栏中的"工具"→"选项"命令，打开"选项"对话框。

（2）选择"显示"选项卡，在"十字光标大小"文本框中直接输入数值，或拖动文本框后面的滑块，即可对十字光标的大小进行调整，如图 1-24 所示。

图 1-24 "显示"选项卡

此外，还可以通过设置系统变量 CURSORSIZE 的值修改其大小，命令行提示与操作如下。

```
命令: CURSORSIZE✓
输入 CURSORSIZE 的新值 <5>: 5
```

在提示下输入新值即可修改光标大小，默认值为绘图区大小的 5%。

1.1.2 绘图系统

每台计算机所使用的显示器、输入设备和输出设备的类型不同，用户喜好的风格及计算机的目录设置也不同。一般来讲，使用 AutoCAD 2019 的默认配置就可以绘图，但为了方便用户使用定点设备或打印机，以及提高绘图的效率，推荐用户在作图前进行必要的配置。

【执行方式】

☑ 命令行：PREFERENCES。

☑ 菜单栏：选择菜单栏中的"工具"→"选项"命令。

> ➥ 快捷菜单：在绘图区右击，系统打开快捷菜单，如图 1-25 所示，选择"选项"命令。

图 1-25　快捷菜单

扫一扫，看视频

动手学——设置绘图区的颜色

【操作步骤】

在默认情况下，AutoCAD 的绘图区是黑色背景、白色线条，这不符合大多数用户的操作习惯，因此很多用户都对绘图区颜色进行了修改。

（1）选择菜单栏中的"工具"→"选项"命令，打开"选项"对话框，选择如图 1-26 所示的"显示"选项卡，再单击"窗口元素"选项组中的"颜色"按钮，打开如图 1-27 所示的"图形窗口颜色"对话框。

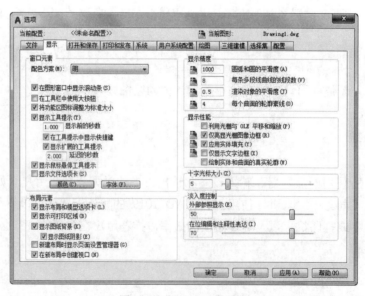

图 1-26　"显示"选项卡

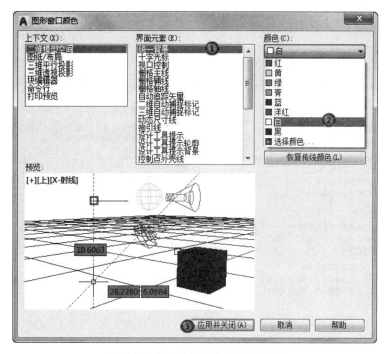

图 1-27　"图形窗口颜色"对话框

✍ 技巧：

> 　　设置实体显示精度时请务必注意，精度越高（显示质量越高），计算机计算的时间越长，建议不要将精度设置得太高，将显示质量设定在一个合理的程度即可。

　　（2）在"界面元素"中选择要更换颜色的元素，这里选择"统一背景"元素，在"颜色"下拉列表框中选择需要的窗口颜色，然后单击"应用并关闭"按钮，此时 AutoCAD 的绘图区就变换了背景色，通常按视觉习惯选择白色为窗口颜色。

【选项说明】

　　选择"选项"命令后，系统打开"选项"对话框。用户可以在该对话框中设置有关选项，对绘图系统进行配置。下面就其中主要的两个选项卡加以说明，其他配置选项在后面用到时再做具体说明。

　　（1）系统配置。打开"选项"对话框中的"系统"选项卡，如图 1-28 所示。该选项卡用来设置 AutoCAD 系统的相关特性。其中，"常规选项"选项组确定是否选择系统配置的基本选项。

　　（2）显示配置。"选项"对话框中的第 2 个选项卡为"显示"选项卡，该选项卡用于控制 AutoCAD 系统的外观，可设定滚动条、文件选项卡等显示与否，设置绘图区颜色、十字光标大小、AutoCAD 的版面布局设置、各实体的显示精度等。

动手练——熟悉操作界面

图 1-28　"系统"选项卡

思路点拨：

> 了解操作界面各部分的功能，掌握改变绘图区颜色和十字光标大小的方法，能够熟练地打开、移动、关闭工具栏。

1.2　文件管理

本节介绍有关文件管理的一些基本操作方法，包括新建文件、打开已有文件、保存文件、删除文件等，这些都是应用 AutoCAD 2019 最基础的知识。

1.2.1　新建文件

当启动 AutoCAD 的时候，CAD 软件会自动新建一个文件 Drawing1，如果我们想新绘制一张图，可以再新建一个文件。

【执行方式】

- 命令行：NEW。
- 菜单栏：选择菜单栏中的"文件"→"新建"命令。

- 主菜单：单击主菜单下的"新建"命令。
- 工具栏：单击标准工具栏中的"新建"按钮 □ 或单击快速访问工具栏中的"新建"按钮 □。
- 快捷键：Ctrl+N。

【操作步骤】

执行上述操作后，系统会打开如图 1-29 所示的"选择样板"对话框。选择适当的模板，单击"打开"按钮，新建一个图形文件。

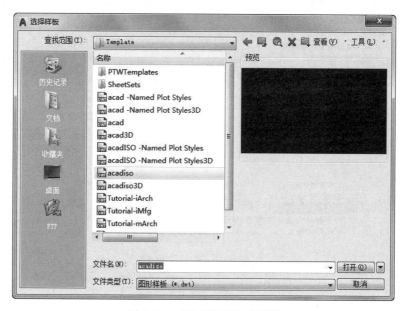

图 1-29 "选择样板"对话框

✍ 技巧：

> AutoCAD 2019 最常用的模板文件有两个：acad.dwt 和 acadiso.dwt，一个是英制的，一个是公制的。

1.2.2 快速新建文件

如果用户不愿意每次新建文件时都选择样板文件，那么就可以在系统中预先设置默认的样板文件，从而快速创建图形，该功能是创建新图形最快捷的方法。

【执行方式】

- 命令行：QNEW。

动手学——快速创建图形设置

【操作步骤】

要想使用快速创建图形功能，必须首先进行如下设置。

扫一扫，看视频

（1）在命令行输入 FILEDIA，按 Enter 键，设置系统变量为 1；在命令行输入 STARTUP，设置系统变量为 0。

（2）选择菜单栏中的"工具"→"选项"命令，弹出"选项"对话框，选择"文件"选项卡，单击"样板设置"前面的"+"图标，在展开的选项列表中选择"快速新建的默认样板文件名"选项，如图 1-30 所示。单击"浏览"按钮，打开"选择文件"对话框，然后选择需要的样板文件即可。

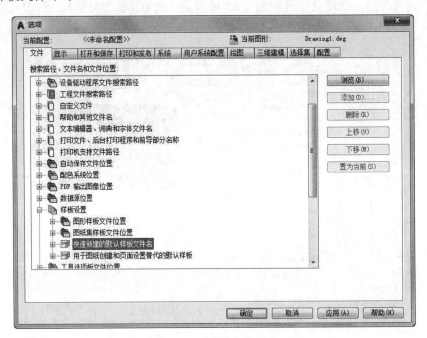

图 1-30　"文件"选项卡

（3）在命令行进行以下操作。

命令：QNEW✓

执行上述命令后，系统立即从所选的图形样板中创建新图形，而不显示任何对话框或提示。

1.2.3　保存文件

绘制完图或绘制图的过程中都可以保存文件。

【执行方式】

- 命令名：QSAVE（或 SAVE）。
- 菜单栏：选择菜单栏中的"文件"→"保存"命令。
- 主菜单：单击主菜单下的"保存"命令。
- 工具栏：单击标准工具栏中的"保存"按钮 或单击快速访问工具栏中的"保存"按钮 。

    快捷键：Ctrl+S。

    执行上述操作后，若文件已命名，则系统自动保存文件；若文件未命名（即为默认名 Drawing1.dwg），则系统打开"图形另存为"对话框，如图 1-31 所示，用户可以重新命名并保存。在"保存于"下拉列表框中指定保存文件的路径，在"文件类型"下拉列表框中指定保存文件的类型。

图 1-31　"图形另存为"对话框

✍ 技巧：

> 为了能用低版本软件的人能正常打开，也会保存成低版本。
>
> CAD 每年一个版本，还好文件格式不是每年都变，差不多每 3 年一变。

动手学——自动保存设置

扫一扫，看视频

【操作步骤】

    （1）在命令行输入 SAVEFILEPATH，按 Enter 键，设置所有自动保存文件的位置，如 D:\HU\。

    （2）在命令行输入 SAVEFILE，按 Enter 键，设置自动保存文件名。该系统变量存储的文件名文件是只读文件，用户可以从中查询自动保存的文件名。

    （3）在命令行输入 SAVETIME，按 Enter 键，指定在使用自动保存时多长时间保存一次图形，单位是"分"。

📣 注意：

>   本实例中输入 SAVEFILEPATH 命令后，若设置文件保存位置为 D:\HU\，则在 D 盘下必须有 HU 文件夹；否则保存无效。

在没有相应的保存文件路径时，命令行提示与操作如下。

```
命令: SAVEFILEPATH
输入 SAVEFILEPATH 的新值，或输入"."表示无<"C:\Documents and Settings\
Administrator\local settings\temp\">: d:\hu\（输入文件路径）
SAVEFILEPATH 无法设置为该值
```

1.2.4　另存文件

已保存的图纸也可以另存为新的文件名。

【执行方式】

- ➘ 命令行：SAVEAS。
- ➘ 菜单栏：选择菜单栏中的"文件"→"另存为"命令。
- ➘ 主菜单：单击主菜单栏下的"另存为"命令。
- ➘ 工具栏：单击快速访问工具栏中的"另存为"按钮 💾 。

执行上述操作后，打开"图形另存为"对话框，将文件重命名并保存。

1.2.5　打开文件

我们可以打开之前保存的文件继续编辑，也可以打开别人保存的文件进行学习或借用图形，在绘制图的过程中我们可以随时保存绘制图的成果。

【执行方式】

- ➘ 命令行：OPEN。
- ➘ 菜单栏：选择菜单栏中的"文件"→"打开"命令。
- ➘ 主菜单：单击主菜单下的"打开"命令。
- ➘ 工具栏：单击标准工具栏中的"打开"按钮 📂 或单击快速访问工具栏中的"打开"按钮 📂 。
- ➘ 快捷键：Ctrl+O。

【操作步骤】

执行上述操作后，系统会打开"选择文件"对话框，如图 1-32 所示。

✐ 技巧：

> 高版本 CAD 可以打开低版本 DWG 文件，低版本 CAD 无法打开高版本 DWG 文件。
> 如果我们只是自己画图，可以完全不理会版本，直接设置文件名，单击"保存"按钮就可以了。如果我们需要把图纸传给其他人，就需要根据对方使用的 CAD 版本来选择保存的版本了。

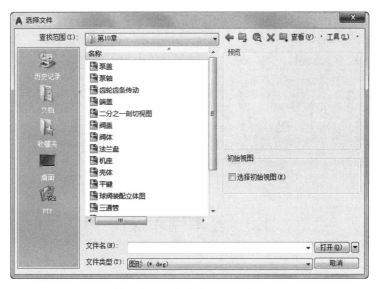

图 1-32　"选择文件"对话框

【选项说明】

在"文件类型"下拉列表框中可选择".dwg"".dwt"".dxf"".dws"文件格式。".dws"文件是包含标准图层、标注样式、线型和文字样式的样板文件；".dxf"文件是用文本形式存储的图形文件，能够被其他程序读取，许多第三方应用软件都支持".dxf"格式。

1.2.6　退出

绘制完图形后，如果不继续绘制就可以直接退出软件。

【执行方式】

↘ 命令行：QUIT 或 EXIT。

↘ 菜单栏：选择菜单栏中的"文件"→"退出"命令。

↘ 主菜单：单击主菜单栏下的"关闭"命令。

↘ 按钮：单击 AutoCAD 操作界面右上角的"关闭"按钮 ⊠。

执行上述操作后，若用户对图形所做的修改尚未保存，则会打开如图 1-33 所示的系统警告对话框。单击"是"按钮，系统将保存文件，然后退出；单击"否"按钮，系统将不保存文件；若用户对图形所做的修改已经保存，则直接退出。

图 1-33　系统警告对话框

动手练——管理图形文件

图形文件管理包括文件的新建、打开、保存、加密、退出等。本练习要求读者熟练掌握.DWG 文件的赋名保存、自动保存、加密及打开的方法。

📋 思路点拨：

> （1）启动 AutoCAD 2019，进入操作界面。
> （2）打开一幅已经保存过的图形。
> （3）进行自动保存设置。
> （4）尝试在图形上绘制任意图线。
> （5）将图形以新的名称保存。
> （6）退出该图形。

1.3 基本输入操作

绘制图形的要点在于快和准，即图形尺寸绘制准确并节省绘图时间。本节主要介绍不同命令的操作方法，用户在后面章节中学习绘图命令时，应尽可能地掌握多种方法，并从中找出适合自己且快速的方法。

1.3.1 命令输入方式

AutoCAD 2019 交互绘图必须输入必要的指令和参数。有多种 AutoCAD 命令输入方式，下面以绘制直线为例，介绍命令输入方式。

（1）在命令行输入命令名。命令字符可不区分大小写，例如，命令 LINE。执行命令时，在命令行提示中经常会出现命令选项。在命令行输入绘制直线命令 LINE 后，命令行提示与操作如下。

```
命令：LINE↙
指定第一个点：（在绘图区指定一点或输入一个点的坐标）
指定下一点或 [放弃(U)]：
```

命令行中不带括号的提示为默认选项（如上面的"指定下一点或"），因此可以直接输入直线的起点坐标或在绘图区指定一点，如果要选择其他选项，则应该首先输入该选项的标识字符与"放弃"选项的标识字符"U"，然后按系统提示输入数据即可。在命令选项的后面有时还带有尖括号，尖括号内的数值为默认数值。

（2）在命令行输入命令缩写字，例如，L（LINE）、C（CIRCLE）、A（ARC）、Z（ZOOM）、R（REDRAW）、M（MOVE）、CO（COPY）、PL（PLINE）、E（ERASE）等。

（3）选择"绘图"菜单栏中对应的命令，在命令行窗口中可以看到对应的命令说明及命令名。

（4）单击"绘图"工具栏中对应的按钮，在命令行窗口中也可以看到对应的命令说明及命令名。

（5）在绘图区打开快捷菜单。如果在前面刚使用过要输入的命令，那么就可以在绘图区右击，打开快捷菜单，在"最近的输入"子菜单中选择需要的命令，如图1-34所示。"最近的输入"子菜单中存储最近使用的命令，如果经常重复使用某个命令，这种方法就比较快捷。

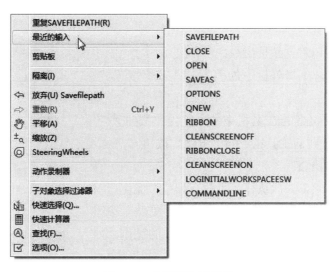

图1-34　绘图区快捷菜单

（6）在命令行直接回车。如果用户要重复使用上次使用的命令，可以直接在命令行回车，系统立即重复执行上次使用的命令，这种方法适用于重复执行某个命令。

1.3.2　命令的重复、撤销和重做

在绘图的过程中经常会重复使用相同命令或者用错命令，下面介绍命令的重复、撤销和重做操作。

1. 命令的重复

按 Enter 键，可重复调用上一个命令，无论上一个命令是完成了还是被取消了。

2. 命令的撤销

在命令执行的任何时刻都可以取消或终止命令。

【执行方式】

- 命令行：UNDO。
- 菜单栏：选择菜单栏中的"编辑"→"放弃"命令。
- 工具栏：单击标准工具栏中的"放弃"按钮 ⇦ 或单击快速访问工具栏中的"放弃"按钮 ⇦ 。
- 快捷键：Esc。

3. 命令的重做

已被撤销的命令要恢复重做，可以恢复撤销的最后一个命令。

【执行方式】

- ➥ 命令行：REDO（快捷命令：RE）。
- ➥ 菜单栏：选择菜单栏中的"编辑"→"重做"命令。
- ➥ 工具栏：单击标准工具栏中的"重做"按钮 ↷ ▾ 或单击快速访问工具栏中的"重做"按钮 ↷ ▾。
- ➥ 快捷键：Ctrl+Y。

AutoCAD 2019 可以一次执行多重放弃和重做操作。单击快速访问工具栏中的"放弃"按钮 ↶ ▾ 或"重做"按钮 ↷ ▾ 后面的小三角形，可以选择要放弃或重做的操作，如图 1-35 所示。

图 1-35 多重放弃选项

1.3.3 命令执行方式

有的命令有两种执行方式，即通过对话框或命令行输入命令。如果指定使用命令行方式，就可以在命令名前加短划线来表示，如-LAYER 表示用命令行方式执行"图层"命令。而如果在命令行输入 LAYER，系统则会打开"图层特性管理器"对话框。

另外，有些命令同时存在命令行、菜单栏、工具栏和功能区 4 种执行方式，这时如果选择菜单栏、工具栏或功能区方式，命令行就会显示该命令，并在前面加下划线。例如，通过菜单栏、工具栏或功能区方式执行"直线"命令时，命令行会显示_line。

1.3.4 数据输入法

在 AutoCAD 2019 中，点的坐标可以用直角坐标、极坐标、球面坐标和柱面坐标表示，每一种坐标又分别具有两种坐标输入方式，即绝对坐标和相对坐标。其中，直角坐标和极坐标最为常用，具体输入方法如下。

（1）直角坐标法。用点的 X、Y 坐标值表示的坐标。

在命令行中输入点的坐标"15,18"，则表示输入了一个 X、Y 的坐标值分别为 15、18 的点，此为绝对坐标输入方式，表示该点的坐标是相对于当前坐标原点的坐标值，如图 1-36（a）所示。如果输入"@10,20"，则为相对坐标输入方式，表示该点的坐标是相对于前一点的坐标值，如图 1-36（c）所示。

（2）极坐标法。用长度和角度表示的坐标，只能用来表示二维点的坐标。

① 在绝对坐标输入方式下，表示为"长度<角度"，如"25<50"，其中，长度表示该点到坐标原点的距离，角度表示该点到原点的连线与 X 轴正向的夹角，如图 1-36（b）所示。

② 在相对坐标输入方式下，表示为"@长度<角度"，如"@25<45"，其中，长度为该点到前一点的距离，角度为该点至前一点的连线与 X 轴正向的夹角，如图 1-36（d）所示。

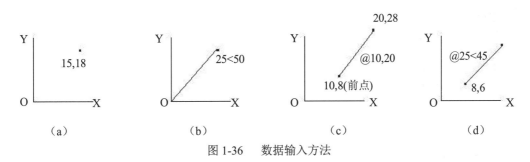

（a）　　　　　　（b）　　　　　　（c）　　　　　　（d）

图 1-36　数据输入方法

（3）动态数据输入。单击状态栏中的"动态输入"按钮 ┼▄，系统打开动态输入功能，可以在绘图区动态地输入某些参数数据。例如，绘制直线时，在光标附近会动态地显示"指定第一个点："，以及后面的坐标框。当前坐标框中显示的是目前光标所在位置，可以输入数据，两个数据之间以逗号隔开，如图 1-37 所示。指定第一点后，系统动态显示直线的角度，同时要求输入线段长度值，如图 1-38 所示，其输入效果与"@长度<角度"方式相同。

图 1-37　动态输入坐标值　　　　　　　　　图 1-38　动态输入长度值

（4）点的输入。在绘图过程中，常需要输入点的位置，AutoCAD 2019 提供了以下几种输入点的方式。

① 用键盘直接在命令行输入点的坐标。直角坐标有两种输入方式："x,y"（点的绝对坐标值，如"100,50"）和"@x,y"（相对于上一点的相对坐标值，如"@ 50,-30"）。

极坐标的输入方式为"长度<角度"（其中，长度为点到坐标原点的距离，角度为原点至该点连线与 X 轴的正向夹角，如"20<45"）或"@长度<角度"（相对于上一点的相对极坐标，如"@ 50<-30"）。

② 用鼠标等定标设备移动光标，在绘图区单击直接取点。

③ 用目标捕捉方式捕捉绘图区已有图形的特殊点（如端点、中点、中心点、插入点、交点、切点、垂足点等）。

④ 直接输入距离。先拖动出直线以确定方向，然后用键盘输入距离，这样有利于准确控制对象的长度。

（5）距离值的输入。在 AutoCAD 命令中，有时需要提供高度、宽度、半径、长度等表示距离的值。AutoCAD 系统提供了两种输入距离值的方式，一种是用键盘在命令行中直接输入数值；另一种是在绘图区选择两点，以两点的距离值确定出所需数值。

扫一扫，看视频

动手学——绘制线段

【操作步骤】

（1）单击“默认”选项卡的“绘图”面板中的“直线”按钮 ⁄，绘制长度为 10mm 的直线。

（2）在绘图区移动光标指明线段的方向，但不要单击，然后在命令行输入“10”，这样就在指定方向上准确地绘制了长度为 10mm 的线段，如图 1-39 所示。

图 1-39　绘制线段

动手练——数据操作

AutoCAD 2019 人机交互的最基本内容就是数据输入。本练习要求用户熟练地掌握各种数据的输入方法。

思路点拨：

（1）在命令行输入 LINE 命令。

（2）输入起点在直角坐标方式下的绝对坐标值。

（3）输入下一点在直角坐标方式下的相对坐标值。

（4）输入下一点在极坐标方式下的绝对坐标值。

（5）输入下一点在极坐标方式下的相对坐标值。

（6）单击直接指定下一点的位置。

（7）单击状态栏中的“正交模式”按钮 ∟，用光标指定下一点的方向，在命令行输入一个数值。

（8）单击状态栏中的“动态输入”按钮 ⁺▬，拖动光标，系统会动态地显示角度，拖动到选定角度后，在长度文本框中输入长度值。

（9）按 Enter 键，结束绘制线段的操作。

1.4　模拟认证考试

1．下面不可以拖动的是（　　）。

A．命令行　　B．工具栏

C．工具选项板　　D．菜单

2．打开和关闭命令行的快捷键是（　　）。

A．F2   B．Ctrl+F2
C．Ctrl+ F9   D．Ctrl+ 9

3．文件有多种输出格式，下列格式输出不正确的是（   ）。

A．.dwfx   B．.wmf
C．.bmp   D．.dgx

4．在 AutoCAD 中，若光标悬停在命令或控件上时，首先显示的提示是（   ）。

A．下拉菜单   B．文本输入框
C．基本工具提示   D．补充工具提示

5．在"全屏显示"状态下，以下不显示在绘图界面中的部分是（   ）。

A．标题栏   B．命令窗口
C．状态栏   D．功能区

6．坐标（@100,80）表示（   ）。

A．表示该点距原点 X 方向的位移为 100，Y 方向的位移为 80
B．表示该点相对原点的距离为 100，该点与前一点连线与 X 轴的夹角为 80°
C．表示该点相对前一点 X 方向的位移为 100，Y 方向的位移为 80
D．表示该点相对前一点的距离为 100，该点与前一点连线与 X 轴的夹角为 80°

7．要恢复用 U 命令放弃的操作，应该用的命令是（   ）。

A．redo（重做）   B．redrawall（重画）
C．regen（重生成）   D．regenall（全部重生成）

8．若图面已有一点 A（2,2），要得到另一点 B（4,4），以下坐标输入不正确的是（   ）。

A．@4,4   B．@2,2
C．4,4   D．@2<45

9．在 AutoCAD 中，设置光标悬停在命令上基本工具提示与显示扩展工具提示之间显示的延迟时间是（   ）。

A．在"选项"对话框的"显示"选项卡中进行设置
B．在"选项"对话框的"文件"选项卡中进行设置
C．在"选项"对话框的"系统"选项卡中进行设置
D．在"选项"对话框的"用户系统配置"选项卡中进行设置

第 2 章　基本绘图设置

内容简介

本章学习关于二维绘图的参数设置知识。了解图层、基本绘图参数的设置并熟练掌握，进而应用到图形绘制过程中。

内容要点

- ➤ 基本绘图参数
- ➤ 图层
- ➤ 实例——设置样板图绘图环境
- ➤ 模拟认证考试

案例效果

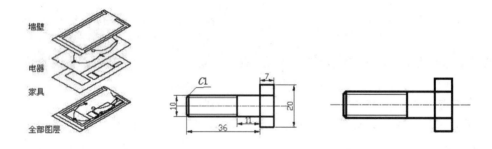

2.1　基本绘图参数

绘制一幅图形时，需要设置一些基本参数，如图形单位、图幅界限等，这里进行简要的介绍。

2.1.1　设置图形单位

在 AutoCAD 2019 中对于任何图形而言，总有其大小、精度和所采用的单位，屏幕上显示的仅为屏幕单位，但屏幕单位应该对应一个真实的单位，不同的单位其显示格式也不同。

【执行方式】

- ➤ 命令行：DDUNITS（或 UNITS，快捷命令：UN）。
- ➤ 菜单栏：选择菜单栏中的"格式"→"单位"命令。

动手学——设置图形单位

【操作步骤】

(1)在命令行中输入快捷命令 UN,系统打开"图形单位"对话框,如图 2-1 所示。

(2)在长度类型下拉列表中选择长度类型为小数,在精度下拉列表中选择精度为 0.0000。

(3)在角度类型下拉列表中选择十进制度数,在精度下拉列表中选择精度为 0。

(4)其他采用默认设置,单击"确定"按钮,完成图形单位的设置。

【选项说明】

(1)"长度"与"角度"选项组:指定测量的长度与角度的当前单位及精度。

(2)"插入时的缩放单位"选项组:控制插入到当前图形中的块和图形的测量单位。如果块或图形创建时使用的单位与该选项指定的单位不同,则在插入这些块或图形时,将对其按比例进行缩放。插入比例是原块或图形使用的单位与目标图形使用的单位之比。如果插入块时不按指定单位缩放,则在其下拉列表框中选择"无单位"选项。

(3)"输出样例"选项组:显示用当前单位和角度设置的例子。

(4)"光源"选项组:控制当前图形中光度控制光源的强度的测量单位。为创建和使用光度控制光源,必须从下拉列表框中指定非"常规"的单位。如果"插入比例"设置为"无单位",则将显示警告信息,通知用户渲染输出可能不正确。

(5)"方向"按钮:单击该按钮,系统打开"方向控制"对话框,如图 2-2 所示,可进行方向控制设置。

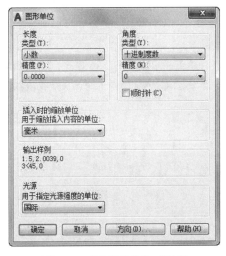

图 2-1 "图形单位"对话框

图 2-2 "方向控制"对话框

2.1.2 设置图形界限

绘图界限用于标明用户的工作区域和图纸的边界,为了便于用户准确地绘制和输出图形，避免绘制的图形超出某个范围，就可以使用 CAD 的绘图界限功能。

【执行方式】

➥ 命令行：LIMITS。

➥ 菜单栏：选择菜单栏中的"格式"→"图形界限"命令。

动手学——设置 A4 图形界限

【操作步骤】

在命令行中输入 LIMITS，设置图形界限为 297×210，命令行提示与操作如下。

```
命令：LIMITS↙
重新设置模型空间界限：
指定左下角点或 [开(ON)/关(OFF)] <0.0000,0.0000>：（输入图形边界左下角的坐标后按
Enter 键）
指定右上角点 <12.0000,90000>：297,210（输入图形边界右上角的坐标后按 Enter 键）
```

【选项说明】

（1）开(ON)：使图形界限有效。系统在图形界限以外拾取的点将视为无效。

（2）关(OFF)：使图形界限无效。用户可以在图形界限以外拾取点或实体。

（3）动态输入角点坐标：可以直接在绘图区的动态文本框中输入角点坐标，输入了横坐标值后，按"，"键，接着输入纵坐标值，如图 2-3 所示；也可以按光标位置直接单击，确定角点位置。

图 2-3 动态输入

✍ **技巧：**

> 在命令行中输入坐标时，请检查此时的输入法是否是英文输入状态。如果是中文输入法，例如输入"150，20"，则由于逗号"，"的原因，系统会认定该坐标输入无效。这时，只需将输入法改为英文输入法重新输入即可。

动手练——设置绘图环境

在绘制图形之前，先设置绘图环境。

📋 **思路点拨：**

> （1）设置图形单位。
> （2）设置 A4 图形界限。

2.2 图 层

图层的概念类似投影片，将不同属性的对象分别放置在不同的投影片（图层）上。例如，

将图形的主要线段、中心线、尺寸标注等分别绘制在不同的图层上，每个图层可设定不同的线型、线条颜色，然后把不同的图层堆栈在一起成为一张完整的视图，这样就可使视图层次分明，方便图形对象的编辑与管理。一个完整的图形就是由它所包含的所有图层上的对象叠加在一起构成的，如图 2-4 所示。

图 2-4　图层效果

2.2.1　图层的设置

用图层功能绘图之前，用户首先要对图层的各项特性进行设置，包括建立和命名图层、设置当前图层、设置图层的颜色和线型、图层是否关闭、图层是否冻结、图层是否锁定，以及图层删除等。

1．利用对话框设置图层

AutoCAD 2019 提供了详细直观的"图层特性管理器"选项板，用户可以方便地通过对该选项板中的各选项及其二级选项板进行设置，从而实现创建新图层、设置图层颜色及线型的各种操作。

【执行方式】

- ➥　命令行：LAYER。
- ➥　菜单栏：选择菜单栏中的"格式"→"图层"命令。
- ➥　工具栏：单击"图层"工具栏中的"图层特性管理器"按钮。
- ➥　功能区：单击"默认"选项卡的"图层"面板中的"图层特性"按钮或单击"视图"选项卡的"选项板"面板中的"图层特性"按钮。

【操作步骤】

执行上述操作后，系统会打开如图 2-5 所示的"图层特性管理器"选项板。

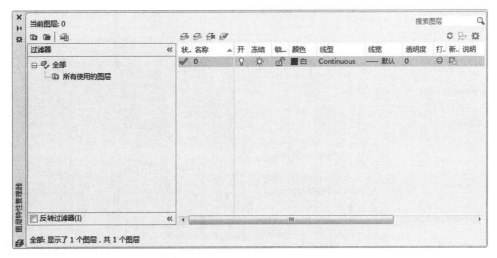

图 2-5　"图层特性管理器"选项板

【选项说明】

（1）"新建特性过滤器"按钮：单击该按钮，可以打开"图层过滤器特性"对话框，如图 2-6 所示。从中可以基于一个或多个图层特性创建图层过滤器。

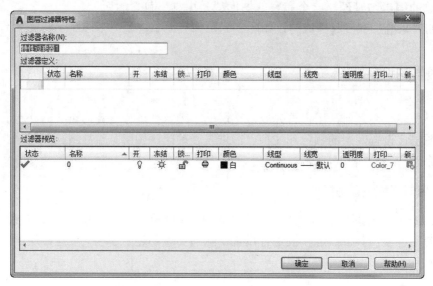

图 2-6　"图层过滤器特性"对话框

（2）"新建组过滤器"按钮：单击该按钮，可以创建一个"组过滤器"，其中包含用户选定并添加到该过滤器的图层。

（3）"图层状态管理器"按钮：单击该按钮，可以打开"图层状态管理器"对话框，如图 2-7 所示。从中可以将图层的当前特性设置保存到命名图层状态中，以后再恢复这些设置会更方便。

图 2-7　"图层状态管理器"对话框

（4）"新建图层"按钮 ：单击该按钮，图层列表中出现一个新的图层名称"图层1"，用户可使用此名称，也可以改名。要想同时创建多个图层，可选中一个图层名后，输入多个名称，各名称之间以逗号分隔。图层的名称可以包含字母、数字、空格和特殊符号，AutoCAD 2019 支持长达 222 个字符的图层名称。新的图层继承了创建新图层时所选中的已有图层的所有特性（颜色、线型、开/关状态等），如果新建图层时没有图层被选中，则新图层具有默认的设置。

（5）"在所有视口中都被冻结的新图层视口"按钮 ：单击该按钮，将创建新图层，然后在所有现有布局视口中将其冻结。可以在"模型"空间或"布局"空间上访问此按钮。

（6）"删除图层"按钮 ：在图层列表中选中某一图层，然后单击该按钮，则把该图层删除。

（7）"置为当前"按钮 ：在图层列表中选中某一图层，然后单击该按钮，则把该图层设置为当前图层，并在"当前图层"列中显示其名称。当前层的名称存储在系统变量CLAYER 中。另外，双击图层名也可以把其设置为当前图层。

（8）"搜索图层"文本框：输入字符时，按名称快速过滤图层列表。关闭图层特性管理器时并不保存此过滤器。

（9）状态行：显示当前过滤器的名称、列表视图中显示的图层数和图形中的图层数。

（10）"反转过滤器"复选框：选中该复选框，显示所有不满足选定图层特性过滤器中条件的图层。

（11）图层列表区：显示已有的图层及其特性。要修改某一图层的某一特性，单击它所对应的图标即可。右击空白区域或利用快捷菜单可快速选中所有图层。列表区中各列的含义如下。

① 状态：指示项目的类型，有图层过滤器、正在使用的图层、空图层和当前图层 4 种。

② 名称：显示满足条件的图层名称。如果要对某图层修改，首先要选中该图层的名称。

③ 状态转换图标：在"图层特性管理器"选项板的图层列表中有一列图标，单击这些图标，可以打开或关闭该图标所代表的功能，如图 2-8 所示，各图标功能说明如表 2-1 所示。

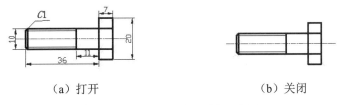

（a）打开　　　　　　　　　　　　（b）关闭

图 2-8　打开或关闭尺寸标注图层

表 2-1　图标功能

图　示	名　称	功　能　说　明
♀/♀	开/关闭	将图层设定为打开或关闭状态，当呈现关闭状态时，该图层上的所有对象将隐藏不显示，只有处于打开状态的图层才会在绘图区中显示或由打印机打印出来。因此，绘制复杂的视图时，先将不编辑的图层暂时关闭，可降低图形的复杂性。图 2-8（a）和图 2-8（b）分别表示尺寸标注图层打开和关闭的情形

续表

图　　示	名　　称	功　能　说　明
☼/❄	解冻/冻结	将图层设定为解冻或冻结状态。当图层呈现冻结状态时，该图层中的对象均不会显示在绘图区中，也不能由打印机打出，而且不会执行重生（REGEN）、缩放（ZOOM）、平移（PAN）等命令的操作，因此若将视图中不编辑的图层暂时冻结，可加快执行绘图编辑的速度。而 💡/💡（开/关闭）功能只是单纯地将对象隐藏，因此并不会加快执行速度
🔓/🔒	解锁/锁定	将图层设定为解锁或锁定状态。被锁定的图层仍然显示在绘图区，但不能编辑修改被锁定的对象，只能绘制新的图形，这样可以防止重要的图形被修改
🖶/🖶	打印/不打印	设定该图层是否可以打印图形
🖵/🖵	视口冻结/视口解冻	仅在当前布局视口中冻结选定的图层。如果图层在图形中已冻结或关闭，则无法在当前视口中解冻该图层

④ 颜色：显示和改变图层的颜色。如果要改变某一图层的颜色，单击其对应的颜色图标，AutoCAD 系统打开如图 2-9 所示的"选择颜色"对话框，用户可从中选择需要的颜色。

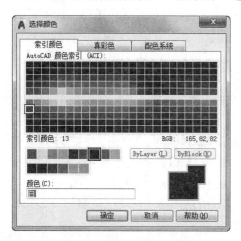

（a）索引颜色　　　　　　　　　　　（b）真彩色

图 2-9　"选择颜色"对话框

⑤ 线型：显示和修改图层的线型。如果要修改某一图层的线型，单击该图层的"线型"项，系统打开"选择线型"对话框，如图 2-10 所示，其中列出了当前可用的线型，用户可从中进行选择。

⑥ 线宽：显示和修改图层的线宽。如果要修改某一图层的线宽，单击该图层的"线宽"列，打开"线宽"对话框，如图 2-11 所示，其中列出了 AutoCAD 设定的线宽，用户可从中进行选择。其中"线宽"列表框中显示可以选用的线宽值，用户可从中选择需要的线宽。"旧的"显示行显示前面赋予图层的线宽，当创建一个新图层时，采用默认线宽（其值为 0.01in，即 0.22mm），默认线宽的值由系统变量 LWDEFAULT 设置，"新的"显示行显示赋予图层的新线宽。

图 2-10　"选择线型"对话框

图 2-11　"线宽"对话框

⑦ 打印样式：打印图形时各项属性的设置。

✍ 技巧：

> 合理地利用图层，就可以事半功倍。我们在开始绘制图形时，可预先设置一些基本图层。每个图层锁定自己的专门用途，这样做我们只需绘制一份图形文件，就可以组合出许多需要的图纸，需要修改时也可以针对各个图层进行。

2．利用面板设置图层

AutoCAD 2019 提供了一个"特性"面板，如图 2-12 所示。用户可以利用面板下拉列表框中的选项，快速地查看和改变所选对象的图层、颜色、线型和线宽特性。"特性"面板中的图层颜色、线型、线宽和打印样式的控制增强了查看和编辑对象属性的命令。在绘图区选择任何对象，都将在面板中自动显示它所在的图层、颜色、线型等属性。"特性"面板各部分的功能介绍如下。

图 2-12　"特性"面板

（1）"颜色控制"下拉列表框：单击右侧的向下箭头，用户可从打开的选项列表中选择一种颜色，使之成为当前颜色，如果选择"选择颜色"选项，系统打开"选择颜色"对话框以选择其他颜色。修改当前颜色后，不论在哪个图层中绘图都采用这种颜色，但对各个图层的颜色是没有影响的。

（2）"线型控制"下拉列表框：单击右侧的向下箭头，用户可从打开的选项列表中选择一种线型，使之成为当前线型。修改当前线型后，不论在哪个图层中绘图都采用这种线型，但对各个图层的线型设置是没有影响的。

（3）"线宽控制"下拉列表框：单击右侧的向下箭头，用户可从打开的选项列表中选择一种线宽，使之成为当前线宽。修改当前线宽后，不论在哪个图层中绘图都采用这种线宽，但对各个图层的线宽设置是没有影响的。

（4）"打印类型控制"下拉列表框：单击右侧的向下箭头，用户可从打开的选项列表中选择一种打印样式，使之成为当前打印样式。

☞ 教你一招：

图层的设置有哪些原则？

（1）在够用的基础上越少越好。不管是什么专业、什么阶段的图纸，图纸上的所有的图元可以按照一定的规律来组织整理，比如说建筑专业的平面图，就按照柱、墙、轴线、尺寸标注、一般汉字、门窗墙线、家具等来定义图层，然后在画图的时候，根据类别把该图元放到相应的图层中去。

（2）0层的使用。很多人喜欢在0层上画图，因为0层是默认层，白色是0层的默认色。因此，有时候屏幕上看上去白花花的一片，这样不可取。不建议在0层上随意画图，而建议用来定义块。定义块时，先将所有图元均设置为0层，然后再定义块。这样，在插入块时，插入时是哪个层，块就是哪个层了。

（3）图层颜色的定义。图层的设置有很多属性，在设置图层时，还应该定义好相应的颜色、线型和线宽。图层的颜色定义要注意两点：一是不同的图层一般来说是要用不同的颜色的。二是颜色的选择应该根据打印时线宽的粗细来选择。打印时，线型设置越宽的图层，颜色就应该选用越亮的。

2.2.2 颜色的设置

AutoCAD 2019绘制的图形对象都具有一定的颜色，为了更清晰地表达绘制的图形，可把同一类的图形对象用相同的颜色绘制，而使不同类的对象具有不同的颜色，以示区分，这样就需要适当地对颜色进行设置。AutoCAD 2019允许用户设置图层颜色，为新建的图形对象设置当前色还可以改变已有图形对象的颜色。

【执行方式】

- 命令行：COLOR（快捷命令：COL）。
- 菜单栏：选择菜单栏中的"格式"→"颜色"命令。
- 功能区：单击"默认"选项卡的"特性"面板中的"对象颜色"下拉菜单中的"更多颜色"按钮 ⬤，如图2-13所示。

【操作步骤】

执行上述操作后，系统打开如图 2-9 所示的"选择颜色"对话框。

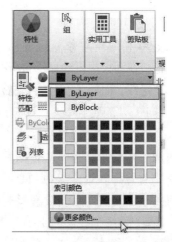

图2-13 "对象颜色"下拉菜单

【选项说明】

1. "索引颜色"选项卡

选择"索引颜色"选项卡，可以在系统所提供的 222 种颜色索引表中选择所需要的颜色，如图2-9（a）所示。

（1）"颜色索引"列表框：依次列出了 222 种索引色，用户可在此列表框中选择所需要的颜色。

（2）"颜色"文本框：所选择的颜色代号值显示在"颜色"文本框中，用户也可以直接在该文本框中输入自己设定的代号值来选择颜色。

（3）ByLayer 和 ByBlock 按钮：单击这两个按钮，颜色分别按图层和图块设置。这两个按钮只有在设定了图层颜色和图块颜色后才可以使用。

2．"真彩色"选项卡

选择"真彩色"选项卡，可以选择需要的任意颜色，如图 2-9（b）所示。可以拖动调色板中的颜色指示光标和亮度滑块选择颜色及其亮度。也可以通过"色调""饱和度"和"亮度"的调节钮来选择需要的颜色。所选颜色的红、绿、蓝值显示在下面的"颜色"文本框中，也可以直接在该文本框中输入自己设定的红、绿、蓝值来选择颜色。

在此选项卡中还有一个"颜色模式"下拉列表框，默认的颜色模式为 HSL 模式，即如图 2-9（b）所示的模式。RGB 模式也是常用的一种颜色模式，如图 2-14 所示。

3．"配色系统"选项卡

选择"配色系统"选项卡，可以从标准配色系统（如 Pantone）中选择预定义的颜色，如图 2-15 所示。首先在"配色系统"下拉列表框中选择需要的系统，然后拖动右边的滑块来选择具体的颜色，所选颜色编号显示在下面的"颜色"文本框中，也可以直接在该文本框中输入编号值来选择需要的颜色。

图 2-14　RGB 模式

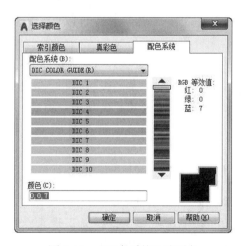

图 2-15　"配色系统"选项卡

2.2.3　线型的设置

在国家标准 GB/T 4457.4—2002 中，对机械图样中使用的各种图线名称、线型、线宽以及在图样中的应用做了规定，如表 2-2 所示。其中常用的图线有 4 种，即粗实线、细实线、虚线、细点划线。图线分为粗、细两种，粗线的宽度 b 应按图样的大小和图形的复杂程度，在 0.2～2mm 选择，细线的宽度约为 $b/2$。

表 2-2 图线的线型及应用

图 线 名 称	线　型	线　宽	主 要 用 途
粗实线	────────	b	可见轮廓线、可见过渡线
细实线	────────	约 $b/2$	尺寸线、尺寸界线、剖面线、引出线、弯折线、牙底线、齿根线、辅助线等
细点划线	─ ─ ─ ─ ─	约 $b/2$	轴线、对称中心线、齿轮节线等
虚线	── ── ── ──	约 $b/2$	不可见轮廓线、不可见过渡线
波浪线	～～～～～	约 $b/2$	断裂处的边界线、剖视与视图的分界线
双折线	─√√√─	约 $b/2$	断裂处的边界线
粗点划线	━━ ━━ ━━	b	有特殊要求的线或面的表示线
双点划线	─ ─ ─ ─	约 $b/2$	相邻辅助零件的轮廓线、极限位置的轮廓线、假想投影的轮廓线

1．在"图层特性管理器"选项板中设置线型

单击"默认"选项卡的"图层"面板中的"图层特性"按钮，打开"图层特性管理器"选项板，如图 2-5 所示。在图层列表的线型列下单击线型名，系统打开"选择线型"对话框，如图 2-10 所示，对话框中选项的含义如下。

（1）"已加载的线型"列表框：显示在当前绘图中加载的线型，可供用户选用，其右侧显示线型的形式。

（2）"加载"按钮：单击该按钮，打开"加载或重载线型"对话框，用户可通过此对话框加载线型并把它添加到线型列中。但要注意的是，加载的线型必须是在线型库（LIN）文件中定义过的。标准线型都保存在 acad.lin 文件中。

2．直接设置线型

【执行方式】

❧　命令行：LINETYPE。

❧　功能区：单击"默认"选项卡的"特性"面板中的"线型"下拉菜单中的"其他"按钮，如图 2-16 所示。

【操作步骤】

在命令行输入上述命令后按 Enter 键，系统打开"线型管理器"对话框，如图 2-17 所示，用户可在该对话框中设置线型。该对话框中的选项含义与前面介绍的选项含义相同，此处不再赘述。

图 2-16　"线型"下拉菜单

图 2-17　"线型管理器"对话框

2.2.4　线宽的设置

在国家标准 GB/T 4457.4—2002 中，对机械图样中使用的各种图线的线宽做了规定，图线分为粗、细两种，粗线的宽度 *b* 应按图样的大小和图形的复杂程度，在 0.2～2mm 选择，细线的宽度约为 *b*/2。AutoCAD 2019 提供了相应的工具帮助用户来设置线宽。

1．在"图层特性管理器"中设置线型

按照 2.2.1 小节讲述的方法，打开"图层特性管理器"选项板，如图 2-5 所示。单击该层的"线宽"项，打开"线宽"对话框，其中列出了 AutoCAD 2019 设定的线宽，用户可从中选取。

2．直接设置线宽

【执行方式】

↳ 命令行：LINEWEIGHT。

↳ 菜单栏：选择菜单栏中的"格式"→"线宽"命令。

↳ 功能区：单击"默认"选项卡的"特性"面板中的"线宽"下拉菜单中的"线宽设置"按钮，如图 2-18 所示。

【操作步骤】

在命令行输入上述命令后，系统打开"线宽"对话框，该对话框与前面讲述的相关知识相同，在此不再赘述。

图 2-18　"线宽"下拉菜单

☞**教你一招：**

> 有的读者设置了线宽，但在图形中显示不出效果来，出现这种情况一般有以下两种原因。
> （1）没有打开状态中的"显示线宽"按钮。
> （2）线宽设置的宽度不够，AutoCAD 2019 只能显示出 0.30mm 以上的线宽的宽度，如果宽度低于 0.30mm，就无法显示出线宽的效果。

动手练——设置绘制螺母的图层

思路点拨：

> 设置"中心线""细实线"和"粗实线"图层。其中：
> （1）"粗实线"图层，线宽为 0.30mm，其余属性默认。
> （2）"中心线"图层，颜色为红色，线型为 CENTER，其余属性默认。
> （3）"细实线"图层，所有属性都为默认。

扫一扫，看视频

2.3　实例——设置样板图绘图环境

新建一个图形文件，设置图形单位与图形界限，最后将设置好的文件保存为".dwt"格式的样板图文件。绘制过程中要用到打开、单位、图形界限和保存等命令。

【操作步骤】

（1）新建文件。单击"快速访问"工具栏中的"新建"按钮，弹出"选择样板"对话框，在"打开"按钮下拉菜单中选择"无样板公制"命令，新建空白文件。

（2）设置单位。选择菜单栏中的"格式"→"单位"命令，AutoCAD 打开"图形单位"对话框，如图 2-19 所示。设置"长度"的"类型"为"小数"，"精度"为 0；"角度"的"类型"为"十进制度数"，"精度"为 0，系统默认逆时针方向为正，"用于缩放插入内容的单位"设置为"毫米"。

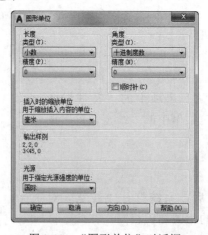

图 2-19　"图形单位"对话框

（3）设置图形边界。国标对图纸的幅面大小作了严格规定，如表2-3所示。

表2-3　图幅国家标准

幅　面　代　号	A0	A1	A2	A3	A4
宽×长（mm×mm）	841×1189	594×841	420×594	297×420	210×297

在这里，不妨按国标 A3 图纸幅面设置图形边界。A3 图纸的幅面为 297mm×420mm。

选择菜单栏中的"格式"→"图形界限"命令，设置图幅，命令行提示与操作如下。

```
命令：LIMITS
重新设置模型空间界限：
指定左下角点或 [开(ON)/关(OFF)] <0.0000,0.0000>:0,0
指定右上角点 <420.0000,297.0000>: 420,297
```

本实例准备设置一个机械制图样板图，图层设置如表2-4所示。

表2-4　图层设置

图　层　名	颜　色	线　型	线　宽	用　途
0	7（白色）	CONTINUOUS	b	图框线
CEN	2（黄色）	CENTER	$1/2b$	中心线
HIDDEN	1（红色）	HIDDEN	$1/2b$	隐藏线
BORDER	5（蓝色）	CONTINUOUS	b	可见轮廓线
TITLE	6（洋红）	CONTINUOUS	b	标题栏零件名
T-NOTES	4（青色）	CONTINUOUS	$1/2b$	标题栏注释
NOTES	7（白色）	CONTINUOUS	$1/2b$	一般注释
LW	5（蓝色）	CONTINUOUS	$1/2b$	细实线
HATCH	5（蓝色）	CONTINUOUS	$1/2b$	填充剖面线
DIMENSION	3（绿色）	CONTINUOUS	$1/2b$	尺寸标注

（4）设置层名。单击"默认"选项卡的"图层"面板中的"图层特性"按钮 ⏷，打开"图层特性管理器"选项板，如图 2-20 所示。在该选项板中单击"新建"按钮 ⏷，在图层列表框中出现一个默认名为"图层 1"的新图层，如图 2-21 所示。单击该图层名，将图层名改为 CEN，如图 2-22 所示。

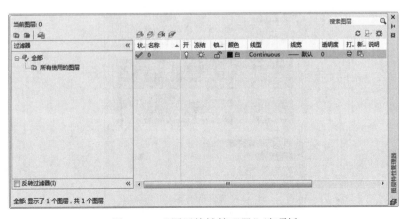

图 2-20　"图层特性管理器"选项板

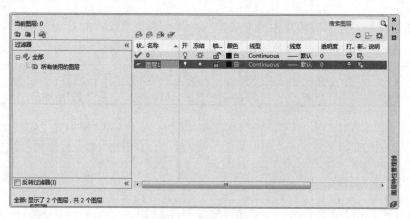

图 2-21　新建图层

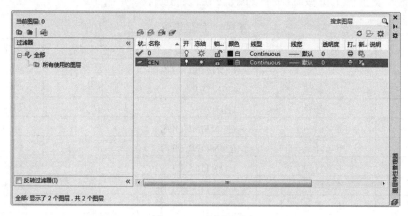

图 2-22　更改图层名

（5）设置图层颜色。为了区分不同的图层上的图线，增加图形不同部分的对比性，可以为不同的图层设置不同的颜色。单击刚建立的 CEN 图层"颜色"标签下的颜色色块，AutoCAD 2019 打开"选择颜色"对话框，如图 2-23 所示。在该对话框中选择黄色，单击"确定"按钮。在"图层特性管理器"选项板中可以发现 CEN 图层的颜色变成了黄色，如图 2-24 所示。

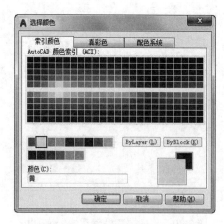

图 2-23　"选择颜色"对话框

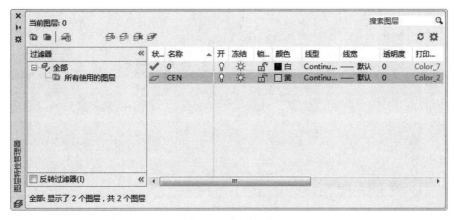

图 2-24 更改颜色

（6）设置线型。在常用的工程图纸中，通常要用到不同的线型，这是因为不同的线型表示不同的含义。在上述"图层特性管理器"选项板中单击 CEN 图层"线型"标签下的线型选项，AutoCAD 2019 打开"选择线型"对话框，如图 2-25 所示。单击"加载"按钮，打开"加载或重载线型"对话框，如图 2-26 所示。在该对话框中选择 CENTER 线型，单击"确定"按钮。系统回到"选择线型"对话框，这时在"已加载的线型"列表框中就出现了CENTER 线型，如图 2-27 所示。选择 CENTER 线型，单击"确定"按钮，在"图层特性管理器"选项板中可以发现 CEN 图层的线型变成了 CENTER 线型，如图 2-28 所示。

图 2-25 "选择线型"对话框

图 2-26 "加载或重载线型"对话框

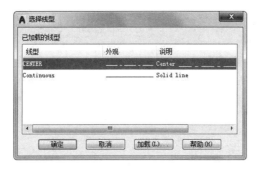

图 2-27 加载线型

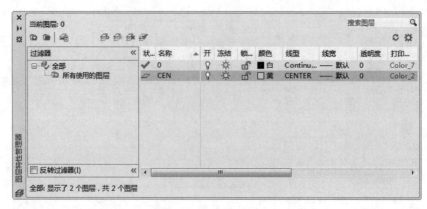

图 2-28　更改线型

（7）设置线宽。在工程图中，不同的线宽也表示不同的含义，因此也要对不同图层的线宽界线进行设置，单击上述"图层特性管理器"选项板中 CEN 图层"线宽"标签下的选项，AutoCAD 2019 打开"线宽"对话框，如图 2-29 所示。在该对话框中选择适当的线宽，单击"确定"按钮，在"图层特性管理器"选项板中可以发现 CEN 图层的线宽变成了 0.15mm，如图 2-30 所示。

图 2-29　"线宽"对话框

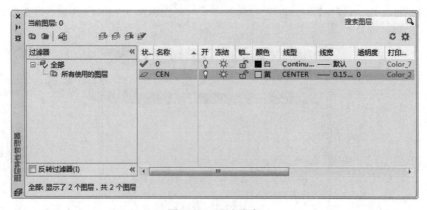

图 2-30　更改线宽

✍ **技巧:**

应尽量按照新国标相关规定，保持细线与粗线之间的比例大约为 1 : 2。

用同样的方法建立不同层名的新图层，这些不同的图层可以分别存放不同的图线或图形的不同部分。最后完成设置的图层如图 2-31 所示。

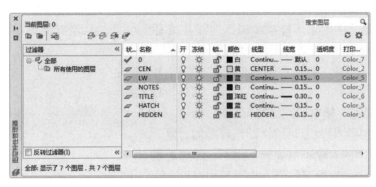

图 2-31　设置图层

（8）保存成样板图文件。单击"快速访问"工具栏中的"另存为"按钮 💾，打开"图形另存为"对话框，如图 2-32 所示。在"文件类型"下拉列表框中选择"AutoCAD 图形样板（*.dwt）"选项，如图 2-32 所示，输入文件名"A3 样板图"，单击"保存"按钮，系统打开"样板选项"对话框，如图 2-33 所示。保存默认设置，单击"确定"按钮，保存文件。

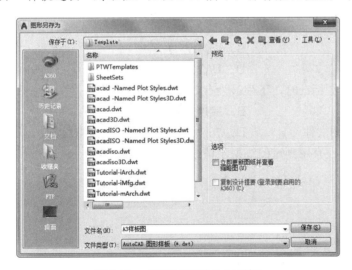

图 2-32　"图形另存为"对话框

图 2-33　"样板选项"对话框

2.4　模拟认证考试

1. 要使图元的颜色始终与图层的颜色一致，应该将该图元的颜色设置为（　　　）。

    A．ByLayer   B．ByBlock

    C．COLOR   D．RED

  2．当前图形有 5 个图层 0、A1、A2、A3、A4，如果 A3 图层为当前图层，并且 0、A1、A2、A3、A4 都处于打开状态且没有被冻结，下面说法正确的是（　　　）。

    A．除了 0 层外其他层都可以冻结   B．除了 A3 层外其他层都可以冻结

    C．可以同时冻结 5 个层   D．一次只能冻结一个层

  3．如果某图层的对象不能被编辑，但能在屏幕上可见，且能捕捉该对象的特殊点和标注尺寸，该图层状态为（　　　）。

    A．冻结   B．锁定

    C．隐藏   D．块

  4．对某图层进行锁定后，则（　　　）。

    A．图层中的对象不可编辑，但可添加对象

    B．图层中的对象不可编辑，也不可添加对象

    C．图层中的对象可编辑，也可添加对象

    D．图层中的对象可编辑，但不可添加对象

  5．不可以通过"图层过滤器特性"对话框中过滤的特性是（　　　）。

    A．图层名、颜色、线型、线宽和打印样式

    B．打开还是关闭图层

    C．锁定还是解锁图层

    D．图层是 ByLayer 还是 ByBlock

  6．可以设置图形界限的命令是（　　　）。

    A．SCALE   B．EXTEND

    C．LIMITS   D．LAYER

  7．在日常工作中贯彻办公和绘图标准时，下列最为有效的谋划方式是（　　　）。

    A．应用典型的图形文件   B．应用模板文件

    C．重复利用已有的二维绘图文件   D．在"启动"对话框中选取公制

  8．绘制图形时，需要一种前面没有用到过的线型，请给出解决步骤。

第3章 简单二维绘图命令

内容简介

本章学习简单二维绘图的基本知识。了解直线类、圆类、点类、平面图形命令，将读者带入绘图知识的殿堂。

内容要点

- ➥ 直线类命令
- ➥ 圆类命令
- ➥ 点类命令
- ➥ 平面图形命令
- ➥ 实例——支架
- ➥ 模拟认证考试

案例效果

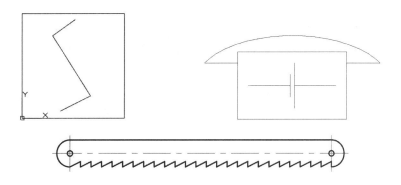

3.1 直线类命令

直线类命令包括直线段、射线和构造线。这几个命令是 AutoCAD 2019 中最简单的绘图命令。

3.1.1 直线

无论多么复杂的图形都是由点、直线、圆弧等按不同的粗细、间隔、颜色组合而成的。其中直线是 AutoCAD 2019 绘图中最简单、最基本的一种图形单元，连续的直线可以组成折线，直线与圆弧的组合又可以组成多段线。直线在机械制图中常用于表达物体棱边或平面的投影，在建筑制图中则常用于建筑平面投影。

【执行方式】

- ➥ 命令行：LINE（快捷命令：L）。
- ➥ 菜单栏：选择菜单栏中的"绘图"→"直线"命令。
- ➥ 工具栏：单击"绘图"工具栏中的"直线"按钮 ╱。
- ➥ 功能区：单击"默认"选项卡的"绘图"面板中的"直线"按钮 ╱。

扫一扫，看视频

动手学——探测器符号

源文件：源文件\第 3 章\探测器符号.dwg

利用直线命令绘制如图 3-1 所示的探测器符号。

【操作步骤】

1. 绘制探测器外框

（1）系统默认打开动态输入，如果动态输入没有打开，单击状态栏中的"动态输入"按钮 ⊞，打开动态输入，单击"默认"选项卡的"绘图"面板中的"直线"按钮 ╱，在动态输入框中输入第一点坐标为（0,0），如图 3-2 所示。按 Enter 键确认第一点。

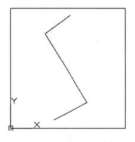

图 3-1　探测器符号

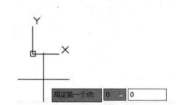

图 3-2　输入第一点坐标

（2）在动态输入框中输入长度为 360，按 Tab 键切换到角度输入框，输入角度为 0°，如图 3-3 所示。按 Enter 键确认第二点。

（3）重复上述步骤输入第三点长度为 360，角度为 90°；输入第四点长度为 360，角度为 180°，最后输入 C（闭合），按 Enter 键确认，形成一个封闭的正方形，作为探测器的外框，如图 3-4 所示。

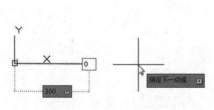

图 3-3　输入第二点坐标

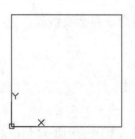

图 3-4　绘制探测器外框

2. 绘制内部结构

单击状态栏中的"动态输入"按钮 <kbd>+</kbd>，关闭动态输入，把文字输入状态调整为英文状态。单击"默认"选项卡的"绘图"面板中的"直线"按钮 ╱，绘制内部结构，命令行提示与操作如下。

```
命令：_line
指定第一个点：135,25
指定下一点或 [放弃(U)]：241,77
指定下一点或 [放弃(U)]：108,284
指定下一点或 [闭合(C)/放弃(U)]：187,339
指定下一点或 [闭合(C)/放弃(U)]：
```

结果如图 3-1 所示。

📢 **注意：**

> （1）一般每个命令有 4 种执行方式，这里只给出了命令行执行方式，其他三种执行方式的操作方法与命令行执行方式相同。（2）坐标中的逗号必须在英文状态下输入，否则会出错。

☞ **教你一招：**

> 动态输入与命令行输入的区别。
>
> 动态输入框中坐标输入与命令行有所不同，如果之前没有定位任何一个点，输入的坐标是绝对坐标，当定位下一个点时默认输入的就是相对坐标，无须在坐标值前加@的符号。
>
> 如果想在动态输入框中输入绝对坐标，反而需要先输入一个#号。例如，输入#20,30 就相当于在命令行直接输入 20,30，输入#20<45 就相当于在命令行输入 20<45。
>
> 需要注意的是，由于 AutoCAD 2019 现在可以通过鼠标确定方向，直接输入距离后回车就可以确定下一点坐标，如果你在输入了#20 后就直接按 Enter 键，这和输入 20 直接按 Enter 键没有任何区别，只是将点定位到沿光标方向距离上一点 20 的位置。

【选项说明】

（1）若采用按 Enter 键响应"指定第一个点"提示，系统会把上次绘制图线的终点作为本次图线的起始点。若上次操作为绘制圆弧，按 Enter 键响应后绘出通过圆弧终点并与该圆弧相切的直线段，该线段的长度为光标在绘图区指定的一点与切点之间线段的距离。

（2）在"指定下一点"提示下，用户可以指定多个端点，从而绘出多条直线段。但是，每一段直线都是一个独立的对象，可以进行单独的编辑操作。

（3）绘制两条以上直线段后，若采用输入选项 C 响应"指定下一点"提示，系统会自动连接起始点和最后一个端点，从而绘出封闭的图形。

（4）若采用输入选项 U 响应提示，则删除最近一次绘制的直线段。

（5）若设置正交方式（单击状态栏中的"正交模式"按钮 <kbd>⌐</kbd>），只能绘制水平线段或垂直线段。

（6）若设置动态数据输入方式（单击状态栏中的"动态输入"按钮 <kbd>+</kbd>），则可以动态输入坐标或长度值，效果与非动态数据输入方式类似，如图 3-5 所示。除了特别需要，以后不再强调，而只按非动态数据输入方式输入相关数据。

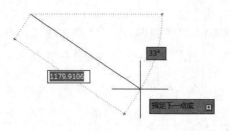

图 3-5　动态输入

 技巧：

> （1）由直线组成的图形，每条线段都是独立的对象，可对每条直线段进行单独编辑。
> （2）在结束直线命令后，再次执行直线命令，根据命令行提示，直接按 Enter 键，则以上次最后绘制的线段或圆弧的终点作为当前线段的起点。
> （3）在命令行中输入三维点的坐标，则可以绘制三维直线段。

3.1.2　构造线

　　构造线就是无穷长度的直线，用于模拟手工作图中的辅助作图线。构造线用特殊的线型显示，在图形输出时可不作输出。应用构造线作为辅助线绘制机械图中的三视图是构造线的主要用途，构造线的应用保证三视图之间"主、俯视图长对正，主、左视图高平齐，俯、左视图宽相等"的对应关系。图 3-6 所示为应用构造线作为辅助线绘制机械图中三视图的示例。图中细线为构造线，粗线为三视图轮廓线。

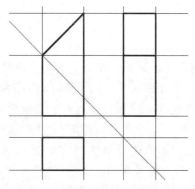

图 3-6　构造线辅助绘制三视图

【执行方式】

- 命令行：XLINE（快捷命令：XL）。
- 菜单栏：选择菜单栏中的"绘图"→"构造线"命令。
- 工具栏：单击"绘图"工具栏中的"构造线"按钮。
- 功能区：单击"默认"选项卡的"绘图"面板中的"构造线"按钮。

【操作步骤】

命令：XLINE↙
指定点或[水平(H)/垂直(V)/角度(A)/二等分(B)/偏移(O)]：（给出根点1）
指定通过点：（给定通过点2，绘制一条双向无限长直线）
指定通过点：[继续给点，继续绘制线，如图3-7（a）所示，按 Enter 键结束]

【选项说明】

（1）指定点：用于绘制通过指定两点的构造线，如图3-7（a）所示。

（2）水平(H)：绘制通过指定点的水平构造线，如图3-7（b）所示。

（3）垂直(V)：绘制通过指定点的垂直构造线，如图3-7（c）所示。

（4）角度(A)：绘制沿指定方向或与指定直线之间的夹角为指定角度的构造线，如图3-7（d）所示。

（5）二等分(B)：绘制平分由指定3点所确定的角的构造线，如图3-7（e）所示。

（6）偏移(O)：绘制与指定直线平行的构造线，如图3-7（f）所示。

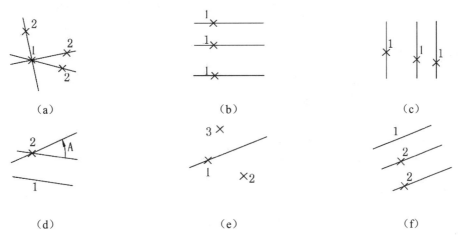

图 3-7　绘制构造线

动手练——绘制螺栓

利用直线绘制如图3-8所示的螺栓。

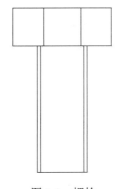

图 3-8　螺栓

📓 思路点拨：

> 源文件：源文件\第 3 章\螺栓.dwg
>
> 为了做到准确无误，要求通过坐标值的输入指定直线的相关点，从而使用户灵活掌握直线的绘制方法。

3.2 圆 类 命 令

圆类命令主要包括"圆""圆弧""圆环""椭圆""椭圆弧"命令，这几个命令是 AutoCAD 2019 中最简单的曲线命令。

3.2.1 圆

圆是最简单的封闭曲线，也是绘制工程图形时经常用到的图形单元。

【执行方式】

➥ 命令行：CIRCLE（快捷命令：C）。

➥ 菜单栏：选择菜单栏中的"绘图"→"圆"命令。

➥ 工具栏：单击"绘图"工具栏中的"圆"按钮 。

➥ 功能区：单击"默认"选项卡的"绘图"面板中的"圆"下拉菜单，如图 3-9 所示。

动手学——射灯

源文件：源文件\第 3 章\射灯.dwg

本实例绘制的射灯如图 3-10 所示。

图 3-9　"圆"下拉菜单

【操作步骤】

（1）单击"默认"选项卡的"绘图"面板中的"圆"按钮 ⊙，在图中适当位置绘制半径为 60 的圆，命令行提示与操作如下。

```
命令: _circle
指定圆的圆心或 [三点(3P)/两点(2P)/切点、切点、半径(T)]:
指定圆的半径或 [直径(D)]: 60
```

结果如图 3-11 所示。

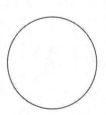

图 3-10　射灯　　　　　　　　　　　　　　　图 3-11　绘制圆

✍ 技巧：

> 有时图形经过缩放或 ZOOM 后，绘制的圆边显示棱边，图形会变得粗糙。在命令行中输入 RE 命令，重新生成模型，圆边光滑。也可以在"选项"对话框的"显示"选项卡中调整"圆弧和圆的平滑度"。

（2）单击"默认"选项卡的"绘图"面板中的"直线"按钮 ✏，以圆心为起点，分别绘制长度为 80 的四条直线，结果如图 3-10 所示。

【选项说明】

（1）切点、切点、半径(T)：通过先指定两个相切对象，再给出半径的方法绘制圆。如图 3-12（a）～图 3-12（d）所示给出了以"切点、切点、半径"方式绘制圆的各种情形（加粗的圆为最后绘制的圆）。

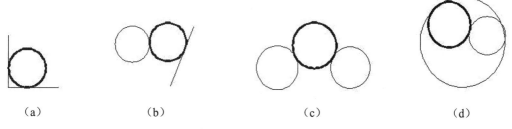

（a）　　　　　　（b）　　　　　　（c）　　　　　　（d）

图 3-12　圆与另外两个对象相切

（2）选择菜单栏中的"绘图"→"圆"命令，其子菜单中比命令行多了一种"相切、相切、相切"的绘制方法，如图 3-13 所示。

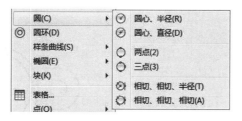

图 3-13　"圆"子菜单栏

3.2.2　圆弧

圆弧是圆的一部分。在工程造型中，圆弧的使用比圆更普遍。通常强调的"流线形"造型或圆润造型实际上就是圆弧造型。

【执行方式】

- ↳ 命令行：ARC（快捷命令：A）。
- ↳ 菜单栏：选择菜单栏中的"绘图"→"圆弧"命令。

> 工具栏：单击"绘图"工具栏中的"圆弧"按钮 。
> 功能区：单击"默认"选项卡的"绘图"面板中的"圆弧"下拉菜单，如图 3-14 所示。

动手学——盘根压盖俯视图

源文件：源文件\第 3 章\盘根压盖俯视图.dwg

本实例绘制如图 3-15 所示的盘根压盖俯视图。盘根压盖在机械设备中主要用于压紧盘根，使盘根与轴之间紧密贴合，产生迷宫般的微小间隙，介质在迷宫中被多次截流，从而达到密封的作用，因此盘根压盖在机械密封中是常用的零件。本实例主要运用直线命令、圆命令和圆弧命令来绘制。

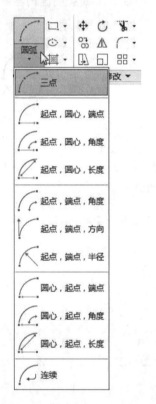

图 3-14　"圆弧"下拉菜单

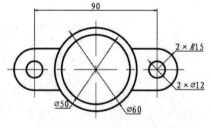

图 3-15　盘根压盖俯视图

【操作步骤】

（1）单击"默认"选项卡的"图层"面板中的"图层特性"按钮 ，打开"图层特性管理器"选项板，新建以下两个图层。

① 第一图层命名为"粗实线"图层，线宽为 0.30mm，其余属性默认。

② 第二图层命名为"中心线"图层，颜色为红色，线型为 CENTER，其余属性默认。

结果如图 3-16 所示。

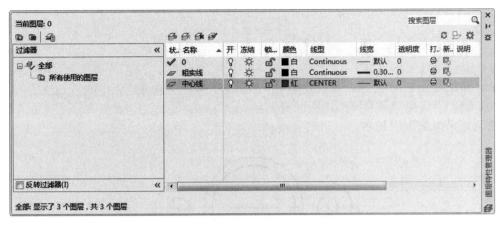

图 3-16　"图层特性管理器"选项板

（2）在"图层特性管理器"选项板中双击"中心线"图层或者选取"中心线"图层单击"置为当前"按钮，将"中心线"图层设置为当前图层。

（3）单击"默认"选项卡的"绘图"面板中的"直线"按钮，绘制 4 条中心线，端点坐标分别是 {（0,45），（0,–45）}{（–45,20），（–45,–20）}{（45,20），（45,–20）}和 {（–65,0），（65,0）}。

（4）将"粗实线"图层设置为当前图层，单击"默认"选项卡的"绘图"面板中的"圆"按钮，分别绘制圆心坐标为（0,0）、半径为 30 和 25 的圆；重复"圆"命令，分别绘制圆心坐标为（–45,0）、（45,0）、半径为 6 的圆，结果如图 3-17 所示。

（5）单击"默认"选项卡的"绘图"面板中的"直线"按钮，绘制 4 条线段，端点坐标分别是 {（–45,15），（–25.98,15）}{（–45,–15），（–25.98,–15）}{（45,15），（25.98,15）}和 {（45,–15），（25.98,–15）}，结果如图 3-18 所示。

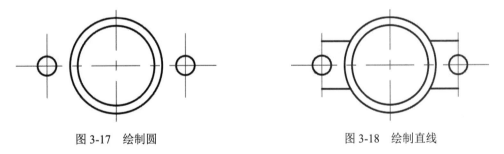

图 3-17　绘制圆　　　　　　　　　　　　　图 3-18　绘制直线

（6）单击"默认"选项卡的"绘图"面板中的"圆弧"按钮，绘制圆头部分圆弧，命令行提示与操作如下。

```
命令: _arc↙
指定圆弧的起点或 [圆心(C)]: -45,15↙
指定圆弧的第二个点或 [圆心(C)/端点(E)]: E↙
指定圆弧的端点: -45, -15↙
指定圆弧的中心点（按住 Ctrl 键以切换方向）或 [角度(A)/方向(D)/半径(R)] :A↙
指定夹角（按住 Ctrl 键以切换方向）: 180↙
```

```
命令: _arc↙
指定圆弧的起点或 [圆心(C)]: 45,15↙
指定圆弧的第二个点或 [圆心(C)/端点(E)]: E↙
指定圆弧的端点: 45,-15↙
指定圆弧的中心点（按住 Ctrl 键以切换方向）或 [角度(A)/方向(D)/半径(R)]:A↙
指定夹角（按住 Ctrl 键以切换方向）: -180↙
```

绘制结果如图 3-19 所示。

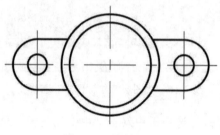

图 3-19　绘制圆弧

✍ 技巧：

　　绘制圆弧时，注意圆弧的曲率是遵循逆时针方向的，所以在选择指定圆弧两个端点和半径模式时，需要注意端点的指定顺序，否则有可能导致圆弧的凹凸形状与预期相反。

【选项说明】

　　（1）用命令行方式绘制圆弧时，可以根据系统提示选择不同的选项，具体功能与利用菜单栏中的"绘图"→"圆弧"中子菜单提供的 11 种方式相似。这 11 种绘制圆弧的方式分别如图 3-20（a）～图 3-20（k）所示。

（a）三点　　　　　（b）起点、圆心、端点　　（c）起点、圆心、角度　　（d）起点、圆心、长度

（e）起点、端点、角度　　　（f）起点、端点、方向　　　（g）起点、端点、半径

（h）圆心、起点、端点　　（i）圆心、起点、角度　　（j）圆心、起点、长度　　　（k）继续

图 3-20　11 种圆弧绘制方法

（2）需要强调的是"继续"方式，绘制的圆弧与上一线段圆弧相切。连续绘制圆弧段，只提供端点即可。

☞**教你一招：**

> 绘制圆弧时，应注意什么？
>
> 绘制圆弧时，注意指定合适的端点或圆心，指定端点的时针方向也即为绘制圆弧的方向。比如，要绘制下半圆弧，则起始端点应在左侧，终端点应在右侧，此时端点的时针方向为逆时针，则即得到相应的逆时针圆弧。

3.2.3　圆环

圆环可以看作两个同心圆，利用"圆环"命令可以快速地完成同心圆的绘制。

【执行方式】

- ➘ 命令行：DONUT（快捷命令：DO）。
- ➘ 菜单栏：选择菜单栏中的"绘图"→"圆环"命令。
- ➘ 功能区：单击"默认"选项卡的"绘图"面板中的"圆环"按钮◎。

【操作步骤】

```
命令:DONUT↙
指定圆环的内径<0.5000>:（指定圆环内径）
指定圆环的外径 <1.0000>:（指定圆环外径）
指定圆环的中心点或 <退出>:（指定圆环的中心点）
指定圆环的中心点或 <退出>:[继续指定圆环的中心点，则继续绘制相同内外径的圆环。用 Enter 键、
空格键或右击结束命令，如图 3-21（a）所示]
```

【选项说明】

（1）绘制不等内外径，则画出填充圆环，如图 3-21（a）所示。

（2）若指定内径为零，则画出实心填充圆，如图 3-21（b）所示。

（3）若指定内外径相等，则画出普通圆，如图 3-21（c）所示。

（4）用命令 FILL 可以控制圆环是否填充，命令行提示与操作如下。

```
命令:FILL↙
输入模式 [开(ON)/关(OFF)] <开>:
```

选择"开"表示填充，选择"关"表示不填充，如图 3-21（d）所示。

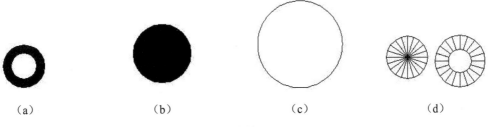

（a）　　　　　　（b）　　　　　　（c）　　　　　　（d）

图 3-21　绘制圆环

3.2.4 椭圆与椭圆弧

椭圆也是一种典型的封闭曲线图形，圆在某种意义上可以看成椭圆的特例。椭圆在工程图形中的应用不多，只在某些特殊造型，如室内设计单元中的浴盆、桌子等造型或机械造型中的杆状结构的截面形状等图形中才会出现。

【执行方式】

- 命令行：ELLIPSE（快捷命令：EL）。
- 菜单栏：选择菜单栏中的"绘图"→"椭圆"→"圆弧"命令。
- 工具栏：单击"绘图"工具栏中的"椭圆"按钮  或"椭圆弧"按钮。
- 功能区：单击"默认"选项卡的"绘图"面板中的"椭圆"下拉菜单，如图 3-22 所示。

动手学——电话机

源文件：源文件\第 3 章\电话机.dwg

本实例利用直线和椭圆弧命令绘制如图 3-23 所示的电话机。

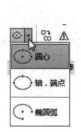

图 3-22 "椭圆"下拉菜单

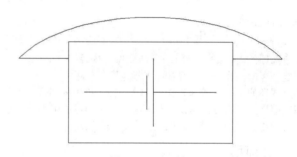

图 3-23 电话机

【操作步骤】

（1）单击"默认"选项卡的"绘图"工具栏中的"直线"按钮 ／，绘制一系列线段，坐标分别为{（100,100），（@100,0），（@0,60），（@-100,0），c}{（152,110），（152,150）}{（148,120），（148,140）}{（148,130），（110,130）}{（152,130），（190,130）}{（100,150），（70,150）}{（200,150），（230,150）}，结果如图 3-24 所示。

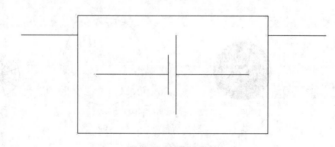

图 3-24 绘制直线

（2）单击"默认"选项卡的"绘图"面板中"椭圆"下拉菜单下的"轴，端点"按钮 ⌒ ，绘制椭圆弧。命令行提示与操作如下。

```
命令: _ellipse
指定椭圆的轴端点或 [圆弧(A)/中心点(C)]: _a
指定椭圆弧的轴端点或 [中心点(C)]: C
指定椭圆弧的中心点:150,130
指定轴的端点:60,130
指定另一条半轴长度或 [旋转(R)]:44.5
指定起点角度或 [参数(P)]:194
指定端点角度或 [参数(P)/夹角(I)]:346
```

结果如图3-23所示。

【选项说明】

（1）指定椭圆的轴端点：根据两个端点定义椭圆的第一条轴，第一条轴的角度确定了整个椭圆的角度。第一条轴既可定义椭圆的长轴，也可定义其短轴。椭圆按图3-25（a）中显示的1—2—3—4顺序绘制。

（2）圆弧(A)：用于创建一段椭圆弧，与"单击'默认'选项卡的'绘图'面板中的'椭圆弧'按钮 ⌒ "功能相同。其中第一条轴的角度确定了椭圆弧的角度。第一条轴既可定义椭圆弧长轴，也可定义其短轴。选择该选项，系统命令行中继续提示与操作如下。

```
指定椭圆弧的轴端点或 [中心点(C)]: (指定端点或输入C)
指定轴的另一个端点: (指定另一端点)
指定另一条半轴长度或 [旋转(R)]: (指定另一条半轴长度或输入R)
指定起点角度或 [参数(P)]: (指定起始角度或输入P)
指定端点角度或 [参数(P)/夹角(I)]:
```

其中各选项含义如下。

① 起点角度：指定椭圆弧端点的两种方式之一，光标与椭圆中心点连线的夹角为椭圆端点位置的角度，如图3-25（b）所示。

（a）椭圆　　　　　　　　　　　　　　　　　（b）椭圆弧

图3-25　椭圆和椭圆弧

② 参数(P)：指定椭圆弧端点的另一种方式，该方式同样是指定椭圆弧端点的角度，但通过以下矢量参数方程式创建椭圆弧。

$$p(u)=c+a\times\cos u+b\times\sin u$$

其中，c 是椭圆的中心点，a 和 b 分别是椭圆的长轴和短轴，u 为光标与椭圆中心点连线的夹角。

③ 夹角(I)：定义从起点角度开始的包含角度。

④ 中心点(C)：通过指定的中心点创建椭圆。

⑤ 旋转(R)：通过绕第一条轴旋转圆来创建椭圆。相当于将一个圆绕椭圆轴翻转一个角度后的投影视图。

✍ **技巧：**

> 椭圆命令生成的椭圆以多段线还是以椭圆为实体，是由系统变量 PELLIPSE 决定的。

动手练——绘制哈哈猪

绘制如图 3-26 所示的哈哈猪。

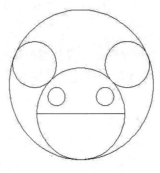

图 3-26　哈哈猪

📋 **思路点拨：**

> 源文件：源文件\第 3 章\哈哈猪.dwg
> 利用圆的各种绘制方法来共同完成造型的绘制，从而使用户灵活掌握圆的绘制方法。

3.3　点 类 命 令

点在 AutoCAD 2019 中有多种不同的表示方式，用户可以根据需要进行设置，也可以设置等分点和测量点。

3.3.1　点

通常认为，点是最简单的图形单元。在工程图形中，点通常用来标定某个特殊的坐标位置，或者作为某个绘制步骤的起点和基础。为了使点更显眼，AutoCAD 2019 为点设置各种样式，用户可以根据需要来选择。

【执行方式】

➥ 命令行：POINT（快捷命令：PO）。

➥ 菜单栏：选择菜单栏中的"绘图"→"点"命令。

➥ 工具栏：单击"绘图"工具栏中的"多点"按钮 ⁑ 。

➥ 功能区：单击"默认"选项卡的"绘图"面板中的"多点"按钮 ⁑ 。

【操作步骤】

```
命令: _point
当前点模式: PDMODE=0  PDSIZE=0.0000
指定点:（指定点所在的位置）
```

【选项说明】

（1）通过菜单方法操作时（见图 3-27），"单点"命令表示只输入一个点，"多点"命令表示可输入多个点。

（2）可以单击状态栏中的"对象捕捉"按钮 ⁑ ，设置点捕捉模式，帮助用户选择点。

（3）点在图形中的表示样式共有 20 种，可通过 DDPTYPE 命令或选择菜单栏中的"格式" → "点样式"命令，通过打开的"点样式"对话框来设置，如图 3-28 所示。

图 3-27　"点"的子菜单

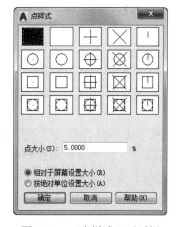

图 3-28　"点样式"对话框

3.3.2　定数等分

有时需要把某个线段或曲线按一定的份数进行等分。这一点在手工绘图中很难实现，但在 AutoCAD 2019 中可以通过相关命令轻松完成。

【执行方式】

➥ 命令行：DIVIDE（快捷命令：DIV）。

➥ 菜单栏：选择菜单栏中的"绘图"→"点"→"定数等分"命令。

➥ 功能区：单击"默认"选项卡的"绘图"面板中的"定数等分"按钮。

动手学——锯条

源文件：源文件\第 3 章\锯条.dwg

本实例绘制如图 3-29 所示的锯条。本实例主要通过直线命令、圆命令、圆弧命令和定数等分命令来绘制。

图 3-29　锯条

【操作步骤】

（1）单击"默认"选项卡的"图层"面板中的"图层特性"按钮，打开"图层特性管理器"选项板，新建以下两个图层。

① 第一图层命名为"轮廓线"图层，线宽为 0.30mm，其余属性默认。

② 第二图层命名为"中心线"图层，颜色为红色，线型为 CENTER，其余属性默认。

（2）将"中心线"图层设置为当前图层。单击"默认"选项卡的"绘图"面板中的"直线"按钮，绘制端点坐标分别为{（-20,0），（320,0）}{（0,-20），（0,20）}和{（300,-20），（300,20）}的直线。绘制结果如图 3-30 所示。

图 3-30　绘制中心线

（3）将"轮廓线"图层设置为当前图层。单击"默认"选项卡的"绘图"面板中的"直线"按钮，绘制端点坐标分别为{（0,-15），（300,-15）}{（0,-9），（300,-9）}和{（0,15），（300,15）}的直线。

（4）单击"默认"选项卡的"绘图"面板中的"圆弧"按钮，以（0,15）为起点、（0,-15）为端点绘制夹角为 180° 的圆弧 1。重复"圆弧"命令，以（300,15）为起点、（300,-15）为端点绘制夹角为-180° 的圆弧 2，结果如图 3-31 所示。

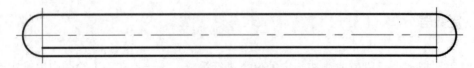

图 3-31　绘制圆弧

（5）单击"默认"选项卡的"绘图"面板中的"圆"按钮⊙，绘制圆心坐标分别是（0,0）和（300,0）、半径为 3 的圆。绘制结果如图 3-32 所示。

图 3-32　绘制圆轮廓

（6）单击"默认"选项卡的"实用工具"面板中的"点样式"按钮 ⠋，在打开的"点样式"对话框中选择⊠样式，其他采用默认设置，如图 3-33 所示，单击"确定"按钮，关闭对话框。

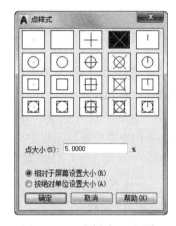

图 3-33　"点样式"对话框

（7）单击"默认"选项卡的"绘图"面板中的"定数等分"按钮 ⠶，对直线进行定数等分，命令行提示与操作如下。

命令：DIVIDE ↙
选择要定数等分的对象：（选取最下边的直线。）
输入线段数目或 [块(B)]：25↙

重复"定数等分"命令，等分倒数第二的直线 25 份，等分结果如图 3-34 所示。

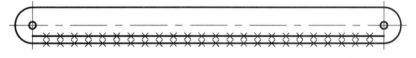

图 3-34　绘制等分点

（8）单击"默认"选项卡的"绘图"面板中的"直线"按钮／，连接绘制的等分点，绘制结果如图 3-35 所示。

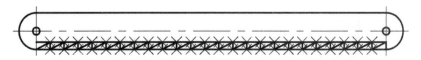

图 3-35　连接等分点

（9）选择绘制的点和多余的直线，按 Delete 键删除，最终绘制效果如图 3-29 所示。

【选项说明】

（1）等分数目范围为 2～32767。

（2）在等分点处，按当前点样式设置画出等分点。

（3）在第二提示行选择"块(B)"选项时，表示在等分点处插入指定的块（块知识的具体讲解见后面章节）。

3.3.3 定距等分

和定数等分类似的是，有时需要把某个线段或曲线按给定的长度为单元进行等分。在 AutoCAD 2019 中，可以通过相关命令来完成。

【执行方式】

- ↘ 命令行：MEASURE（快捷命令：ME）。
- ↘ 菜单栏：选择菜单栏中的"绘图"→"点"→"定距等分"命令。
- ↘ 功能区：单击"默认"选项卡的"绘图"面板中的"定距等分"按钮 ✎。

【操作步骤】

```
命令:MEASURE✓
选择要定距等分的对象:（选择要设置测量点的实体）
指定线段长度或 [块(B)]:（指定分段长度）
```

【选项说明】

（1）设置的起点一般是指定线的绘制起点。

（2）在第二提示行选择"块(B)"选项时，表示在测量点处插入指定的块。

（3）在等分点处，按当前点样式设置绘制测量点。

（4）最后一个测量段的长度不一定等于指定分段长度。

☞ **教你一招：**

> 定距等分和定数等分有什么区别？
>
> 定数等分是将某个线段按段数平均分段，定距等分是将某个线段按距离分段。例如：一条 112mm 的直线，用定数等分命令时，如果该线段被平均分成 10 段，每一个线段的长度都是相等的，长度就是原来的 1/10。而用定距等分时，如果设置定距等分的距离为 10，那么从端点开始，每 10mm 为一段，前 11 段段长都为 10，那么最后一段的长度并不是 10，因为 112/10 是有小数点，并不是整数，所以等距等分的线段并不是所有的线段都相等。

动手练——绘制棘轮

绘制如图 3-36 所示的棘轮。

图 3-36 棘轮

思路点拨：

> 源文件：源文件\第 3 章\绘制棘轮.dwg
> 利用"圆"命令及定数等分点棘轮图形，从而使用户灵活掌握定数等分的使用方法。

3.4 平面图形命令

简单的平面图形命令包括"矩形"命令和"多边形"命令。

3.4.1 矩形

矩形是最简单的封闭直线图形，在机械制图中常用来表达平行投影平面的面，在建筑制图中常用来表达墙体平面。

【执行方式】

- ❏ 命令行：RECTANG（快捷命令：REC）。
- ❏ 菜单栏：选择菜单栏中的"绘图"→"矩形"命令。
- ❏ 工具栏：单击"绘图"工具栏中的"矩形"按钮 □。
- ❏ 功能区：单击"默认"选项卡的"绘图"面板中的"矩形"按钮 □。

动手学——平顶灯

源文件：源文件\第 3 章\平顶灯.dwg
利用矩形命令绘制如图 3-37 所示的平顶灯。

扫一扫，看视频

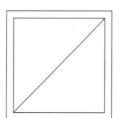

图 3-37 平顶灯

【操作步骤】

（1）单击"默认"选项卡的"绘图"面板中的"矩形"按钮 □ ，以坐标原点为角点，绘制 60×60 的正方形，命令行提示与操作如下。

```
命令：_rectang
指定第一个角点或 [倒角(C)/标高(E)/圆角(F)/厚度(T)/宽度(W)]：0,0
指定另一个角点或 [面积(A)/尺寸(D)/旋转(R)]：60,60
```

结果如图 3-38 所示。

（2）单击"默认"选项卡的"绘图"面板中的"矩形"按钮 □ ，绘制 52×52 的正方形，命令行提示与操作如下。

```
命令：_rectang
指定第一个角点或 [倒角(C)/标高(E)/圆角(F)/厚度(T)/宽度(W)]：4,4
指定另一个角点或 [面积(A)/尺寸(D)/旋转(R)]：@52,52
```

结果如图 3-39 所示。

图 3-38　绘制矩形 1

图 3-39　绘制矩形 2

✍ 技巧：

这里的正方形可以用多边形命令来绘制，第二个正方形也可以在第一个正方形的基础上利用偏移命令来绘制。

（3）单击"默认"选项卡的"绘图"面板中的"直线"按钮 ╱ ，绘制内部矩形的对角线，结果如图 3-37 所示。

【选项说明】

（1）第一个角点：通过指定两个角点确定矩形，如图 3-40（a）所示。

（2）倒角(C)：指定倒角距离，绘制带倒角的矩形，如图 3-40（b）所示。每一个角点的逆时针和顺时针方向的倒角可以相同，也可以不同，其中第一个倒角距离是指角点逆时针方向倒角距离，第二个倒角距离是指角点顺时针方向倒角距离。

（3）标高(E)：指定矩形标高（Z 坐标），即把矩形放置在标高为 Z 并与 XOY 坐标面平行的平面上，并作为后续矩形的标高值。

（4）圆角(F)：指定圆角半径，绘制带圆角的矩形，如图 3-40（c）所示。

（5）厚度(T)：主要用在三维中，输入厚度后绘制出的矩形是立体的，如图 3-40（d）所示。

（6）宽度(W)：指定线宽，如图 3-40（e）所示。

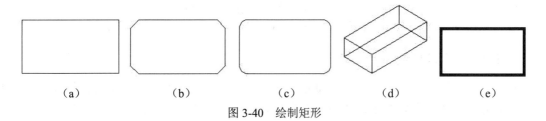

（a）　　　　　（b）　　　　　（c）　　　　　（d）　　　　　（e）

图 3-40　绘制矩形

（7）面积(A)：指定面积和长或宽创建矩形。选择该选项，系统提示与操作如下。

输入以当前单位计算的矩形面积 <20.0000>：（输入面积值）
计算矩形标注时依据 [长度(L)/宽度(W)] <长度>：（按 Enter 键或输入 W）
输入矩形长度 <4.0000>：（指定长度或宽度）

指定长度或宽度后，系统自动计算另一个维度，绘制出矩形。如果矩形被倒角或圆角，则长度或面积计算中也会考虑此设置，如图 3-41 所示。

（8）尺寸(D)：使用长和宽创建矩形，第二个指定点将矩形定位在与第一角点相关的 4 个位置之一。

（9）旋转(R)：使所绘制的矩形旋转一定角度。选择该选项，系统提示与操作如下。

指定旋转角度或 [拾取点(P)] <45>：（指定角度）
指定另一个角点或 [面积(A)/尺寸(D)/旋转(R)]：（指定另一个角点或选择其他选项）

指定旋转角度后，系统按指定角度创建矩形，如图 3-42 所示。

倒角距离（1,1）　　　　　　圆角半径：1.0
面积：20　长度：6　　　　　面积：20　宽度：6

图 3-41　利用"面积"绘制矩形　　　　　　　　　图 3-42　旋转矩形

3.4.2　多边形

正多边形是相对复杂的一种平面图形，人类曾经为准确地找到手工绘制正多边形的方法而长期求索。伟大的数学家高斯为发现正十七边形的绘制方法而引以为毕生的荣誉，以至于他的墓碑被设计成正十七边形。现在利用 AutoCAD 2019 可以轻松地绘制出任意边的正多边形。

【执行方式】

➥ 命令行：POLYGON（快捷命令：POL）。
➥ 菜单栏：选择菜单栏中的"绘图"→"多边形"命令。
➥ 工具栏：单击"绘图"工具栏中的"多边形"按钮⬡。
➥ 功能区：单击"默认"选项卡的"绘图"面板中的"多边形"按钮⬠。

动手学——六角扳手

本实例绘制如图 3-43 所示的六角扳手。六角扳手主要用于紧固或松动螺栓紧固件，主要分为内六角扳手和外六角扳手，适用于工作空间狭小，不能使用普通扳手的场合。本实例主要通过直线命令、矩形命令、圆命令、圆弧命令和多边形命令来绘制。

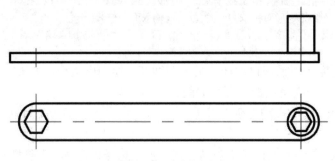

图 3-43　六角扳手

【操作步骤】

（1）单击"默认"选项卡的"图层"面板中的"图层特性"按钮🗂，打开"图层特性管理器"选项板，在其中新建以下两个图层。

① 第一图层命名为"粗实线"图层，线宽为 0.30mm，其余属性默认。

② 第二图层命名为"中心线"图层，颜色为红色，线型为 CENTER，其余属性默认。

（2）将"中心线"图层设置为当前图层，单击"默认"选项卡的"绘图"面板中的"直线"按钮╱，绘制中心线。端点坐标分别是{（-15,0），（165,0）}{（0,-15），（0,15）}{（150,-15），（150,15）}{（0,30），（0,40）}{（150,27.5），（150,62.5）}，结果如图 3-44 所示。

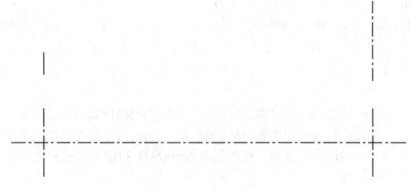

图 3-44　绘制中心线

（3）将"粗实线"图层设置为当前图层，单击"默认"选项卡的"绘图"面板中的"直线"按钮／，绘制直线。端点坐标分别是{（0,10），（150,10）}{（0,-10），（150,-10）}。

（4）单击"默认"选项卡的"绘图"面板中的"矩形"按钮▢，分别以{（-15,32.5），（160,37.5）}和{（142.5,37.5），（157.5,57.5）}为角点，绘制矩形。结果如图 3-45 所示。

图 3-45　绘制轮廓

（5）单击"默认"选项卡的"绘图"面板中的"圆弧"按钮／，以（0,10）为起点、（0,-10）为端点绘制夹角为 180° 的圆弧 1。重复"圆弧"命令，以（150,10）为起点、（150,-10）为端点绘制夹角为-180° 的圆弧 2。结果如图 3-46 所示。

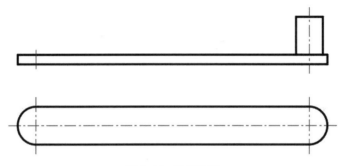

图 3-46　绘制圆弧

（6）单击"默认"选项卡的"绘图"面板中的"圆"按钮⊘，绘制圆心坐标是（150,0）、半径为 7.5 的圆。

（7）单击"默认"选项卡的"绘图"面板中的"多边形"按钮⬠，绘制正多边形，命令行提示与操作如下。

```
命令: _polygon↙
输入侧面数<4>: 6↙
指定正多边形的中心点或 [边(E)]: 0,0↙
输入选项 [内接于圆(I)/外切于圆(C)] <I>: C↙
指定圆的半径:6↙
命令: _polygon↙
输入侧面数<4>: 6↙
指定正多边形的中心点或 [边(E)]:150,0↙
输入选项 [内接于圆(I)/外切于圆(C)] <I>: C↙
指定圆的半径:5↙
```

绘制结果如图 3-43 所示。

【选项说明】

（1）边(E)：选择该选项，则只要指定多边形的一条边，系统就会按逆时针方向创建该正多边形，如图 3-47（a）所示。

（2）内接于圆(I)：选择该选项，绘制的多边形内接于圆，如图 3-47（b）所示。

（3）外切于圆(C)：选择该选项，绘制的多边形外切于圆，如图 3-47（c）所示。

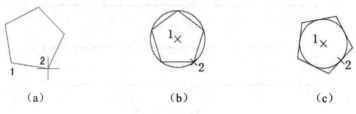

（a）　　　　　　　　（b）　　　　　　　　（c）

图 3-47　绘制多边形

动手练——绘制卡通造型

绘制如图 3-48 所示的卡通造型。

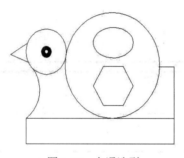

图 3-48　卡通造型

📋 **思路点拨：**

> 源文件：源文件\第 3 章\卡通造型.dwg
> 本练习图形涉及各种命令，可使用户灵活掌握本章各种图形的绘制方法。

3.5　实例——支架

源文件：源文件\第 3 章\支架.dwg

本实例绘制如图 3-49 所示的支架。支架在机械设计中常被用于支撑需要安装的其他零件，比如轴承座支架和轴支架。没有固定的模式，主要根据设计者的需要设计，但要符合机械设计的使用要求。本实例是一个简单的支架，主要运用直线命令、圆命令和矩形命令来绘制。

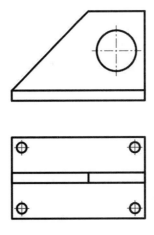

图 3-49　支架

【操作步骤】

（1）单击"默认"选项卡的"图层"面板中的"图层特性"按钮，弹出"图层特性管理器"对话框，在其中新建以下两个图层。

① 第一图层命名为"粗实线"图层，线宽为 0.30mm，其余属性默认。

② 第二图层命名为"中心线"图层，颜色为红色，线型为 CENTER，其余属性默认。

（2）将"中心线"图层设置为当前图层，单击"默认"选项卡的"绘图"面板中的"直线"按钮／，绘制中心线。端点坐标分别是{（2.5,10），（17.5,10）}{（10,2.5），（10,17.5）}{（2.5,70），（17.5,70）}{（10,62.5），（10,77.5）}{（117.5,10），（132.5,10）}{（125,2.5），（125,17.5）}{（117.5,70），（132.5,70）}{（125,62.5），（125,77.5）}{（81.5,165），（131.5,165）}和{（106.5,140），（106.5,190）}，结果如图 3-50 所示。

（3）将"粗实线"图层设置为当前图层，单击"默认"选项卡的"绘图"面板中的"圆"按钮，绘制圆心坐标分别是（10,10）（10,70）（125,10）（125,70）、半径为 5 的圆；重复"圆"命令，绘制圆心坐标是（106.5,165）、半径为 20 的圆。结果如图 3-51 所示。

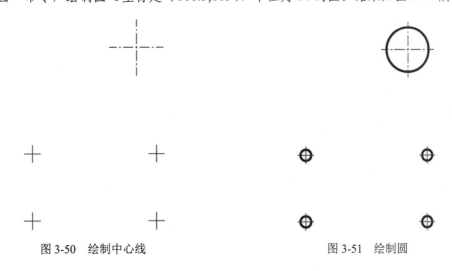

图 3-50　绘制中心线　　　　　　　　　　图 3-51　绘制圆

（4）单击"默认"选项卡的"绘图"面板中的"矩形"按钮 ⬜，分别以{（0,0），
（135,80）}{（0,35），（135,45）}和{（0,116），（135,126）}为角点坐标绘制矩形，然后单击
"绘图"面板中的"直线"按钮 ╱，以{（78,35），（@0,10）}为端点坐标绘制直线，绘制支架
轮廓。结果如图 3-52 所示。

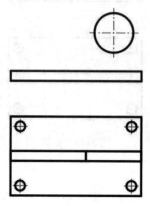

图 3-52   绘制支架轮廓

（5）单击"默认"选项卡的"绘图"面板中的"直线"按钮 ╱，绘制直线。端点坐标是
{（0,126），（@78,78），（@57,0），（@0,-78）}，结果如图 3-49 所示。

3.6   模拟认证考试

1. 已知一长度为 500 的直线，使用"定距等分"命令，若希望一次性绘制 7 个点对象，
输入的线段长度不能是（   ）。

A. 60   B. 63

C. 66   D. 69

2. 在绘制圆时，采用"两点(2P)"选项，两点之间的距离是（   ）。

A. 最短弦长   B. 周长

C. 半径   D. 直径

3. 用"圆环"命令绘制的圆环，说法正确的是（   ）。

A. 圆环是填充环或实体填充圆，即带有宽度的闭合多段线

B. 圆环的两个圆是不能一样大的

C. 圆环无法创建实体填充圆

D. 圆环标注半径值是内环的值

4. 按住（   ）键来切换所要绘制的圆弧方向。

A. Shift   B. Ctrl

C. F1   D. Alt

5．以同一点作为正五边形的中心，圆的半径为 50，分别用 I 和 C 方式画的正五边形的间距为（　　）。

    A．15.32　　　　　　　　　　　　B．9.55

    C．7.43　　　　　　　　　　　　　D．12.76

6．重复使用刚执行的命令，按（　　）键。

    A．Ctrl　　　　　　　　　　　　　B．Alt

    C．Enter　　　　　　　　　　　　D．Shift

7．绘制如图 3-53 所示的螺栓。

8．绘制如图 3-54 所示的圆头平键。

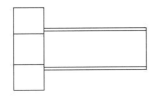　　　　　　　　　　

图 3-53　螺栓　　　　　　　　　　　　　图 3-54　圆头平键

第4章 图纸布局与出图

内容简介

对于施工图而言，其输出对象主要是打印机，打印输出的图纸将成为施工人员施工的主要依据。在打印时，需要确定纸张的大小、输出比例以及打印线宽、颜色等相关内容。

内容要点

↳ 显示图形
↳ 视口与空间
↳ 出图
↳ 模拟认证考试

案例效果

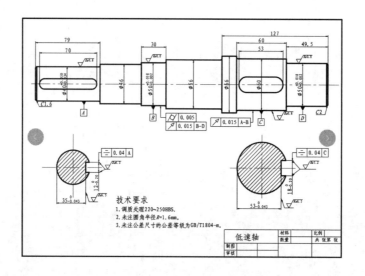

4.1 显 示 图 形

恰当地显示图形的最一般方法就是利用缩放和平移命令。使用这两个命令可以在绘图区域放大或缩小图像显示，或者改变观察位置。

4.1.1 图形缩放

缩放命令将图形放大或缩小显示，以便观察和绘制图形，该命令并不改变图形实际位置和尺寸，只是变更视图的比例。

【执行方式】

↘　命令行：ZOOM。

↘　菜单栏：选择菜单栏中的"视图"→"缩放"→"实时"命令。

↘　工具栏：单击标准工具栏中的"实时缩放"按钮 ±。。

↘　功能区：单击"视图"选项卡的"导航"面板中的"实时"按钮 ±。，如图 4-1 所示。

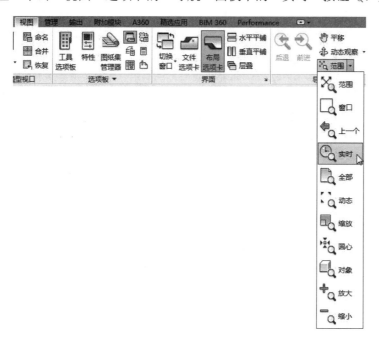

图 4-1　下拉菜单

【操作步骤】

> 命令：ZOOM
> 指定窗口的角点，输入比例因子（nX 或 nXP），或者[全部(A)/中心(C)/动态(D)/范围(E)/上一个(P)/比例(S)/窗口(W)/对象(O)] <实时>：

【选项说明】

（1）输入比例因子：根据输入的比例因子以当前的视图窗口为中心，将视图窗口显示的内容放大或缩小输入的比例倍数。nX 是指根据当前视图指定比例，nXP 是指定相对于图纸空间单位的比例。

（2）全部(A)：缩放以显示所有可见对象和视觉辅助工具。

（3）中心(C)：缩放以显示由中心点和比例值/高度所定义的视图。高度值较小时增加放大比例，高度值较大时减小放大比例。

（4）动态(D)：使用矩形视图框进行平移和缩放。视图框表示视图，可以更改它的大小，或在图形中移动。移动视图框或调整它的大小，将其中的视图平移或缩放，以充满整个视口。

（5）范围(E)：缩放以显示所有对象的最大范围。

（6）上一个(P)：缩放显示上一个视图。

（7）窗口(W)：缩放显示矩形窗口指定的区域。

（8）对象(O)：缩放以便尽可能大地显示一个或多个选定的对象并使其位于视图的中心。

（9）实时：交互缩放更高视图的比例，光标将变为带有加号和减号的放大镜。

☞ **教你一招：**

在 CAD 绘制过程中大家都习惯用滚轮来缩小和放大图纸，但在缩放图纸的时候经常会遇到这样的情况，滚动滚轮，而图纸无法继续放大或缩小，这时状态栏会提示："已无法进一步缩小"或"已无法进一步缩放"，这时视图缩放并不满足我们的要求，还需要继续缩放，CAD 出现这种现象是为什么呢？

（1）CAD 在打开显示图纸的时候，首先读取文件里写的图形数据，然后生成用于屏幕显示数据，生成显示数据的过程在 CAD 里叫重生成，很多人应该经常用 RE 命令。

（2）当用滚轮放大或缩小图形到一定倍数的时候，CAD 判断需要重新根据当前视图范围来生成显示数据，因此就会提示无法继续缩小或放大。直接输入 RE 命令，按 Enter 键，然后就可以继续缩放了。

（3）如果想显示全图，最好就不要用滚轮，直接输入 ZOOM 命令，按 Enter 键，输入 E 或 A，按 Enter 键就行，CAD 在全图缩放时会根据情况自动进行重生成。

4.1.2 平移图形

利用平移，可通过单击和移动光标重新放置图形。

【执行方式】

↳ 命令行：PAN。

↳ 菜单栏：选择菜单栏中的"视图"→"平移"→"实时"命令。

↳ 工具栏：单击标准工具栏中的"实时平移"按钮 。

↳ 功能区：单击"视图"选项卡的"导航"面板中的"平移"按钮 ，如图 4-2 所示。

图 4-2　"导航"面板

执行上述命令后，用鼠标按下"实时平移"按钮，然后移动手形光标即可平移图形。当移动到图形的边沿时，光标就变成一个三角形显示。

另外，在 AutoCAD 2019 中，为显示控制命令设置了一个右键快捷菜单，如图 4-3 所示。在该菜单中，用户可以在显示命令执行的过程中透明地进行切换。

图 4-3　右键快捷菜单

扫一扫，看视频

4.1.3　实例——查看图形细节

调用素材：*初始文件\第 4 章\传动轴零件图.dwg*

本实例查看如图 4-4 所示的传动轴零件图的细节。

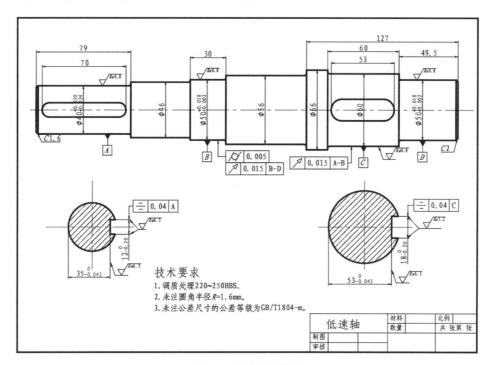

图 4-4　传动轴零件图

【操作步骤】

（1）打开初始文件\第 4 章\传动轴零件图.dwg 文件，如图 4-4 所示。

（2）单击"视图"选项卡的"导航"面板中的"平移"按钮 ，用鼠标将图形向左拖动，如图 4-5 所示。

（3）右击，系统打开快捷菜单，选择其中的"缩放"命令，如图 4-6 所示。

绘图平面出现缩放标记，向上拖动鼠标，将图形实时放大，单击"视图"选项卡的"导航"面板中的"平移"按钮 ，将图形移动到中间位置，结果如图 4-7 所示。

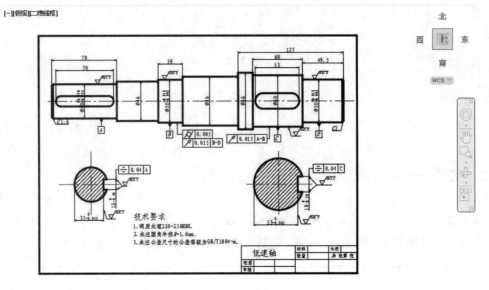

图 4-5　平移图形

图 4-6　快捷菜单

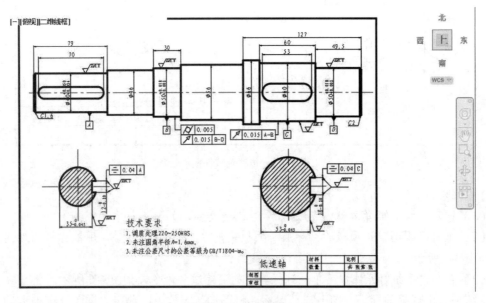

图 4-7　实时放大

（4）单击"视图"选项卡的"导航"面板中的"窗口"按钮，用鼠标拖出一个缩放窗口，如图 4-8 所示。单击确认，窗口缩放结果如图 4-9 所示。

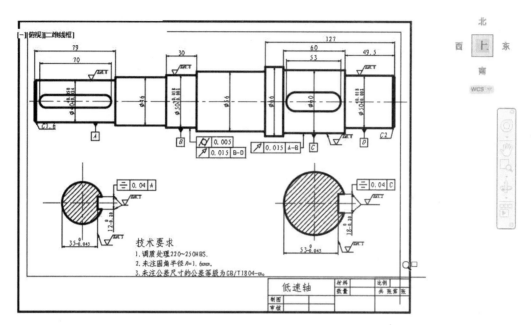

图 4-8　缩放窗口

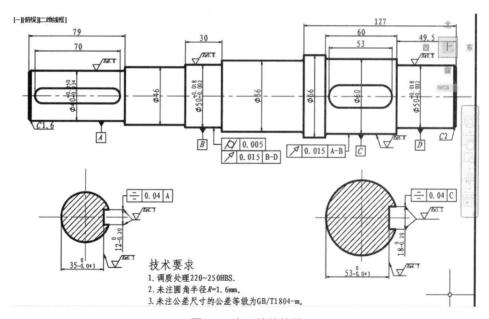

图 4-9　窗口缩放结果

（5）单击"视图"选项卡的"导航"面板中的"圆心"按钮，在图形上要查看大体位置并指定一个缩放中心点，如图 4-10 所示。在命令行提示下输入 2X 为缩放比例，缩放结果如图 4-11 所示。

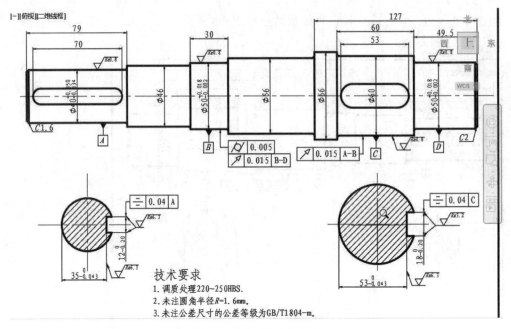

图 4-10　指定缩放中心点

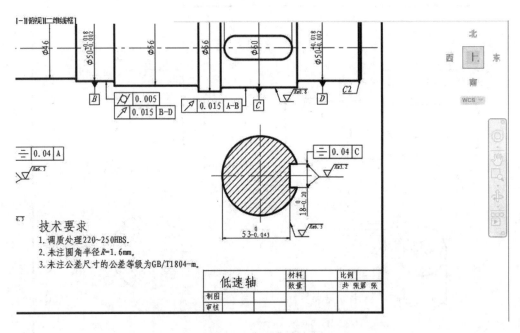

图 4-11　中心缩放结果

（6）单击"视图"选项卡的"导航"面板中的"上一个"按钮，系统自动返回上一次缩放的图形窗口，即中心缩放前的图形窗口。

（7）单击"视图"选项卡的"导航"面板中的"动态"按钮，这时，图形平面上会出现一个中心有小叉的显示范围框，结果如图 4-12 所示。

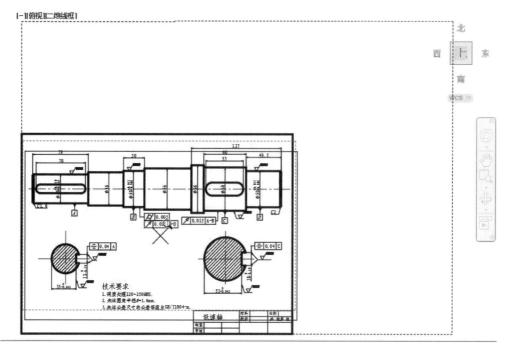

图 4-12　动态缩放范围窗口

（8）单击，会出现右边带箭头的缩放范围显示框，如图 4-13 所示。拖动鼠标，可以看出带箭头的范围框大小在变化，如图 4-14 所示。松开鼠标左键，范围框又变成带小叉的形式，可以再次按住鼠标左键平移显示框，如图 4-15 所示。按 Enter 键，则系统显示动态缩放后的图形，结果如图 4-16 所示。

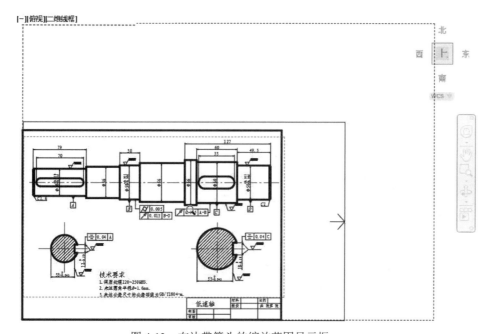

图 4-13　右边带箭头的缩放范围显示框

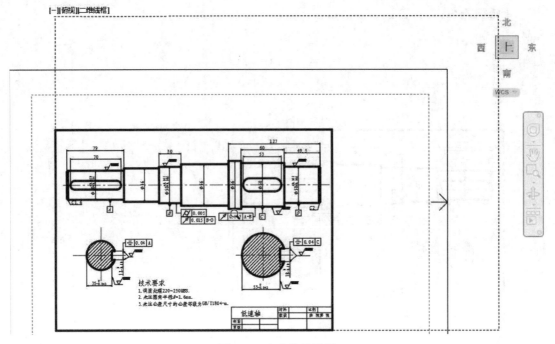

图 4-14　变化的范围框

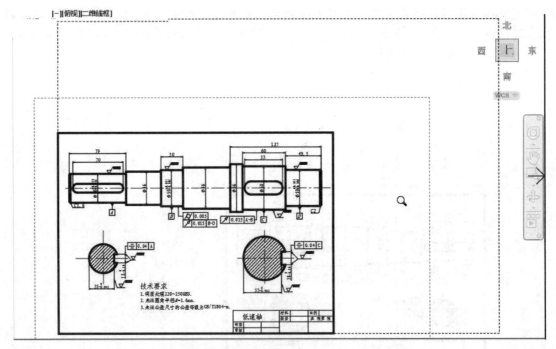

图 4-15　平移显示框

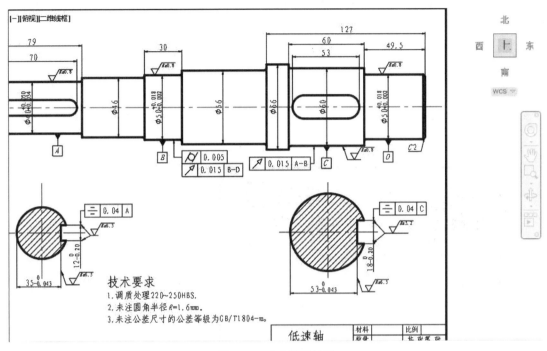

图 4-16　动态缩放结果

（9）单击"视图"选项卡的"导航"面板中的"全部"按钮，系统将显示全部图形画面，最终结果如图 4-17 所示。

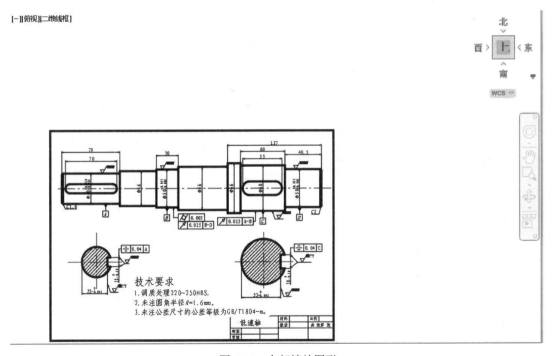

图 4-17　全部缩放图形

（10）单击"视图"选项卡的"导航"面板中的"对象"按钮 ，并框选图 4-18 中箭头所示的范围，系统进行对象缩放，最终结果如图 4-19 所示。

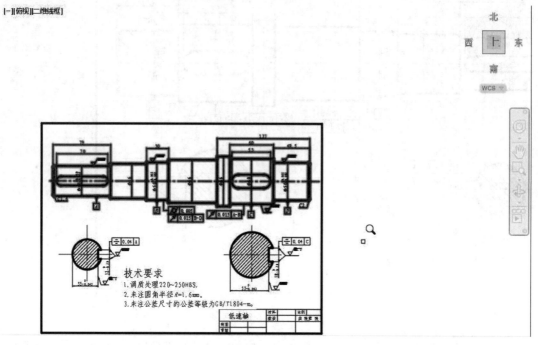

图 4-18　选择对象

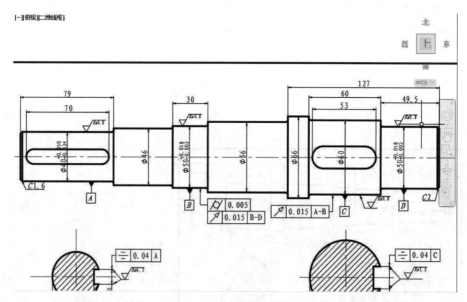

图 4-19　缩放对象结果

动手练——查看零件图细节

本练习要求用户熟练地掌握各种图形显示工具的使用方法。

📋 思路点拨：

如图 4-20 所示，利用"平移"工具和"缩放"工具移动和缩放图形。

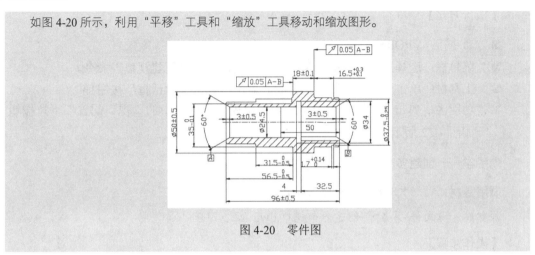

图 4-20　零件图

4.2　视口与空间

视口和空间是有关图形显示和控制的两个重要概念，下面简要介绍一下。

4.2.1　视口

绘图区可以被划分为多个相邻的非重叠视口，在每个视口中可以进行平移和缩放操作，也可以进行三维视图设置与三维动态观察，如图 4-21 所示。

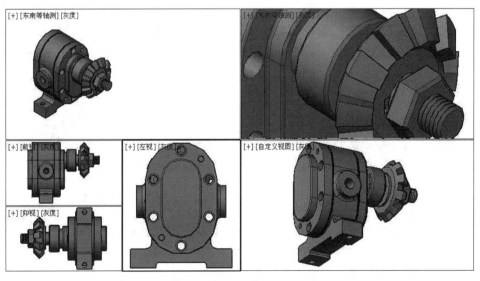

图 4-21　视口

1. 新建视口

【执行方式】

- ➤ 命令行：VPORTS。
- ➤ 菜单栏：选择菜单栏中的"视图"→"视口"→"新建视口"命令。
- ➤ 工具栏：单击"视口"工具栏中的"显示'视口'对话框"按钮 。
- ➤ 功能区：单击"视图"选项卡的"模型视口"面板中的"视口配置"下拉按钮 ，如图 4-22 所示。

动手学——创建多个视口

扫一扫，看视频

调用素材： 初始文件\第 4 章\传动轴.dwg

源文件： 源文件\第 4 章\创建多个视口.dwg

【操作步骤】

（1）选择菜单栏中的"视图"→"视口"→"新建视口"命令，系统打开如图 4-23 所示"视口"对话框中的"新建视口"选项卡。

图 4-22 "视口配置"下拉菜单

图 4-23 "新建视口"选项卡

（2）在标准视口列表中选择"三个：左"，其他采用默认设置。也可以直接在"模型视口"面板中的"视口配置"下拉列表中选择"三个：左"选项。

（3）单击"确定"按钮，在窗口中创建三个视口，如图 4-24 所示。

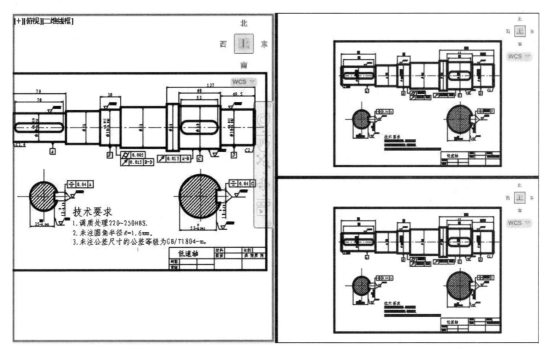

图 4-24　创建视口

2. 命名视口

【执行方式】

- ↳ 菜单栏：选择菜单栏中的"视图"→"视口"→"命名视口"命令。
- ↳ 工具栏：单击"视口"工具栏中的"显示'视口'对话框"按钮，选择"命令视口"选项卡。
- ↳ 功能区：单击"视图"选项卡的"模型视口"面板中的"命名"按钮。

【操作步骤】

执行上述操作后，系统打开如图 4-25 所示"视口"对话框中的"命名视口"选项卡，该选项卡用来显示保存

图 4-25　"命名视口"选项卡

在图形文件中的视口配置。其中，"当前名称"提示行显示当前视口名称；"命名视口"列表框用来显示保存的视口配置；"预览"显示框用来预览被选择的视口配置。

4.2.2 模型空间与图纸空间

AutoCAD 2019可在两个环境中完成绘图和设计工作，即模型空间和图纸空间。模型空间又可分为平铺式模型空间和浮动式模型空间。大部分设计和绘图工作都是在平铺式模型空间中完成的，而图纸空间是模拟手工绘图的空间，它是为绘制平面图而准备的一张虚拟图纸，是一个二维空间的工作环境。从某种意义上说，图纸空间就是为布局图面、打印出图而设计的，还可在其中添加诸如边框、注释、标题和尺寸标注等内容。

在模型空间和图纸空间中都可以进行输出设置。在绘图区底部有"模型"选项卡及一个或多个"布局"选项卡，如图4-26所示。

图4-26 "模型"选项卡和"布局"选项卡

单击"模型"或"布局"选项卡，可以在它们之间进行空间的切换，如图4-27和图4-28所示。

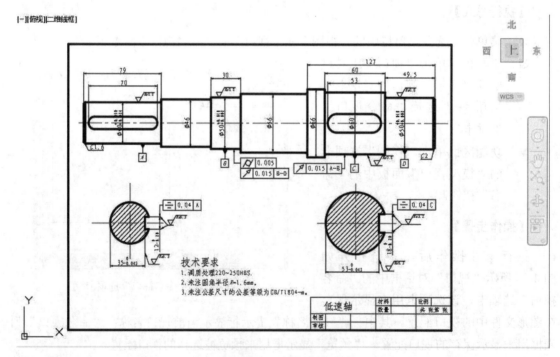

图4-27 "模型"空间

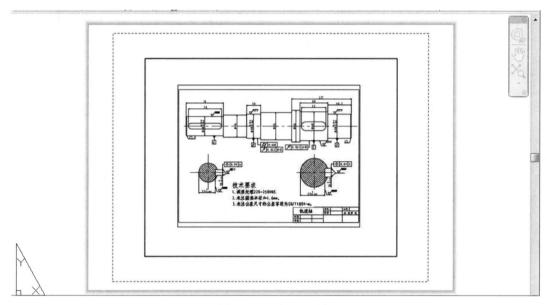

图 4-28　"布局"空间

4.3　出　　图

出图是计算机绘图的最后一个环节，正确的出图需要正确的设置，下面简要讲述出图的基本设置。

4.3.1　打印设备的设置

最常见的打印设备有打印机和绘图仪。在输出图样时，首先需添加和配置要使用的打印设备。

1. 打开打印设备

【执行方式】

- ↳　命令行：PLOTTERMANAGER。
- ↳　菜单栏：选择菜单栏中的"文件"→"绘图仪管理器"命令。
- ↳　功能区：单击"输出"选项卡的"打印"面板中的"绘图仪管理器"按钮 🖶。

【操作步骤】

执行上述命令，弹出如图 4-29 所示的窗口。

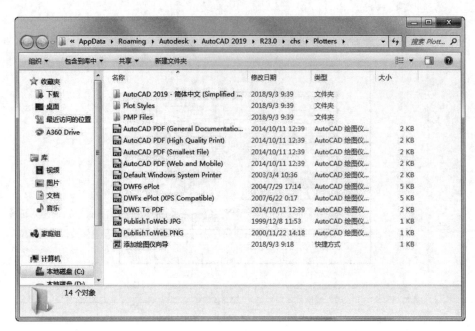

图 4-29　Plotters 窗口

（1）选择菜单栏中的"工具"→"选项"命令，打开"选项"对话框。

（2）选择"打印和发布"选项卡，单击"添加或配置绘图仪"按钮，如图 4-30 所示。

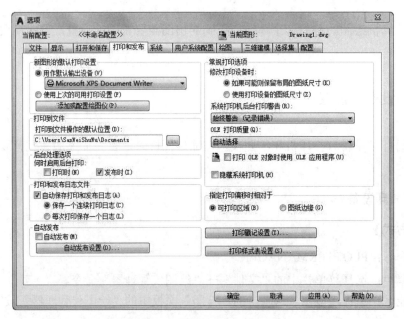

图 4-30　"打印和发布"选项卡

（3）此时，系统打开 Plotters 窗口，如图 4-29 所示。

（4）要添加新的绘图仪器或打印机，可双击 Plotters 窗口中的"添加绘图仪向导"选项，打开"添加绘图仪-简介"对话框，如图 4-31 所示，按向导逐步完成添加。

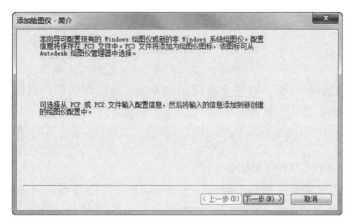

图 4-31　"添加绘图仪-简介"对话框

2. 绘图仪配置编辑器

双击 Plotters 窗口中的绘图仪配置图标，如 PublishToWeb JPG，打开"绘图仪配置编辑器"对话框，如图 4-32 所示，对绘图仪进行相关的设置。

图 4-32　"绘图仪配置编辑器"对话框

在"绘图仪配置编辑器"对话框中有 3 个选项卡，可根据需要进行配置。

☞**教你一招：**

　　输出图像文件方法如下。

　　选择菜单栏中的"文件"→"输出"命令，或直接在命令行中输入 EXPORT，系统将打开"输出"对话框，在"保存类型"下拉列表框中选择"*.bmp"格式，单击"保存"按钮，在绘图区选中要输出的图形后按 Enter 键，这样被选图形便被输出为".bmp"格式的图形文件了。

4.3.2 创建布局

图纸空间是图纸布局环境，可用于指定图纸大小、添加标题栏、显示模型的多个视图及创建图形标注和注释。

【执行方式】

➥ 命令行：LAYOUTWIZARD。
➥ 菜单栏：选择菜单栏中的"插入"→"布局"→"创建布局向导"命令。

动手学——创建图纸布局

调用素材：初始文件\第 4 章\传动轴.dwg

源文件：源文件\第 4 章\创建图纸布局.dwg

【操作步骤】

本实例创建如图 4-33 所示的图纸布局。

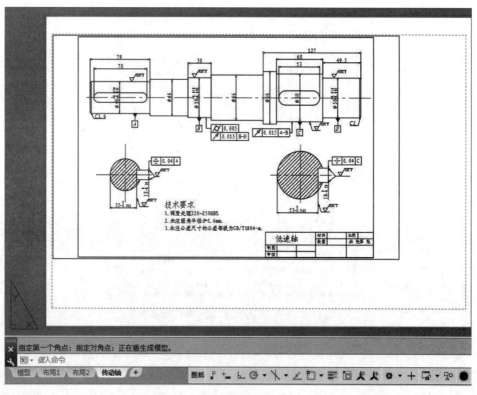

图 4-33　图纸布局

（1）选择菜单栏中的"插入"→"布局"→"创建布局向导"命令，打开"创建布局-开始"对话框。在"输入新布局的名称"文本框中输入新布局名称为"传动轴"，如图 4-34 所示。单击"下一步"按钮。

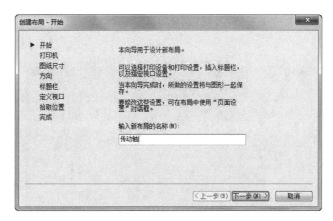

图 4-34　"创建布局-开始"对话框

（2）进入打印机选择页面，为新布局选择配置的绘图仪，这里选择"DWG To PDF .pc3"，如图 4-35 所示。单击"下一步"按钮。

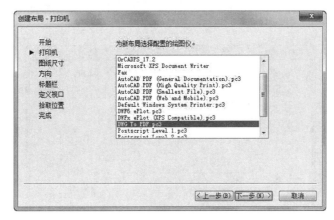

图 4-35　"创建布局-打印机"对话框

（3）进入图纸尺寸选择页面，在图纸尺寸下拉列表中选择"ISO A3（420.00×297.00 毫米）"，图形单位选择"毫米"，如图 4-36 所示。单击"下一步"按钮。

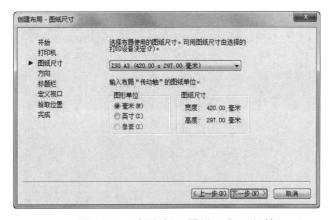

图 4-36　"创建布局-图纸尺寸"对话框

（4）进入图纸方向选择页面，选择"横向"图纸方向，如图 4-37 所示。单击"下一步"按钮。

图 4-37　"创建布局-方向"对话框

（5）进入布局标题栏选择页面，此零件图中带有标题栏，所以这里选择"无"，如图 4-38 所示。单击"下一步"按钮。

图 4-38　"创建布局-标题栏"对话框

（6）进入定义视口页面，视口设置为"单个"，视口比例为"按图纸空间缩放"，如图 4-39 所示。单击"下一步"按钮。

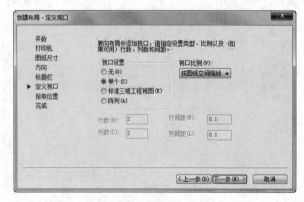

图 4-39　"创建布局-定义视口"对话框

（7）进入拾取位置页面，如图4-40所示。单击"选择位置"按钮，在布局空间中指定图纸的放置区域，如图4-41所示。单击"下一步"按钮。

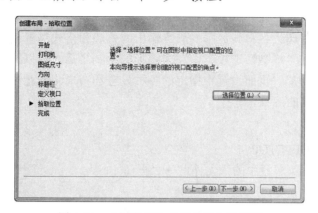

图4-40 "创建布局-拾取位置"对话框

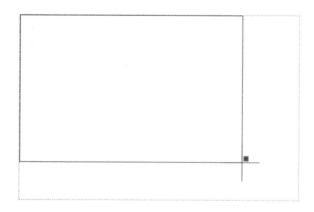

图4-41 指定图纸放置位置

（8）进入完成页面，单击"完成"按钮，完成新图纸布局的创建。系统自动返回到布局空间，显示新创建的布局"传动轴"，如图4-42所示。

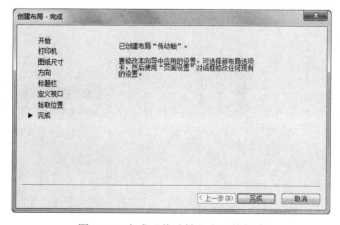

图4-42 完成"传动轴"布局的创建

4.3.3　页面设置

页面设置可以对打印设备和其他影响最终输出的外观和格式进行设置，并将这些设置应用到其他的布局中。在"模型"选项卡中完成图形的绘制之后，可以通过单击"布局"选项卡开始创建要打印的布局。页面设置中指定的各种设置和布局将一起存储在图形文件中，可以随时修改页面设置中的参数。

【执行方式】

- ➥　命令行：PAGESETUP。
- ➥　菜单栏：选择菜单栏中的"文件"→"页面设置管理器"命令。
- ➥　功能区：单击"输出"选项卡的"打印"面板中的"页面设置管理器"按钮 。
- ➥　快捷菜单：在模型空间或布局空间中右击"模型"选项卡或"布局"选项卡，在弹出的快捷菜单中选择"页面设置管理器"命令，如图 4-43 所示。

图 4-43　选择"页面设置管理器"命令

扫一扫，看视频

动手学——设置页面布局

调用素材：初始文件\第 4 章\创建图纸布局.dwg

【操作步骤】

（1）单击"输出"选项卡的"打印"面板中的"页面设置管理器"按钮 ，打开"页面设置管理器"对话框，如图 4-44 所示。在该对话框中可以完成新建布局、修改原有布局、输入存在的布局和将某一布局置为当前等操作。

（2）在"页面设置管理器"对话框中单击"新建"按钮，打开"新建页面设置"对话框，如图 4-45 所示。

图 4-44　"页面设置管理器"对话框

图 4-45　"新建页面设置"对话框

（3）在"新页面设置名"文本框中输入新建页面的名称，如"传动轴-布局 1"，单击"确定"按钮，打开"页面设置-传动轴"对话框，如图4-46所示。

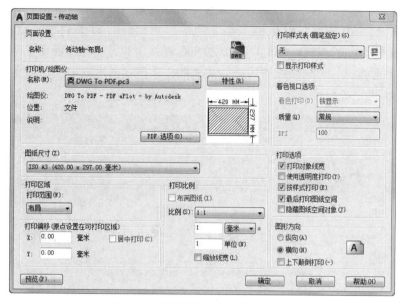

图4-46　"页面设置-传动轴"对话框

（4）在"页面设置-传动轴"对话框中可以设置布局和打印设备并预览布局的结果。对于一个布局，可利用"页面设置-传动轴"对话框来完成其设置，虚线表示图纸中当前配置的图纸尺寸和绘图仪的可打印区域。设置完毕后，单击"确定"按钮。

4.3.4　从模型空间输出图形

从模型空间输出图形时，需要在打印时指定图纸尺寸，即在"打印"对话框中选择要使用的图纸尺寸。该对话框中列出的图纸尺寸取决于在"打印"或"页面设置"对话框中选定的打印机或绘图仪。

【执行方式】

- ↘ 命令行：PLOT。
- ↘ 菜单栏：选择菜单栏中的"文件"→"打印"命令。
- ↘ 工具栏：单击标准工具栏中的"打印"按钮🖨。
- ↘ 功能区：单击"输出"选项卡的"打印"面板中的"打印"按钮🖨。

动手学——打印传动轴零件图纸

调用素材：*初始文件\第4章\传动轴.dwg*

源文件：*源文件\第4章\传动轴零件图纸.dwg*

本实例打印如图4-4所示的传动轴零件图纸。

扫一扫，看视频

【操作步骤】

（1）打开初始文件\第 4 章\传动轴.dwg 文件。

（2）单击"输出"选项卡的"打印"面板中的"打印"按钮，执行打印操作。

（3）打开"打印-模型"对话框，在该对话框中设置打印机名称为"DWG To PDF .pc3"，选择图纸尺寸为"ISO A3（420.00×297.00 毫米）"，打印范围设置为"窗口"，选取传动轴图纸的两角点，勾选"布满图纸"复选框，选择"图形方向"为"横向"，其他采用默认设置，如图 4-47 所示。

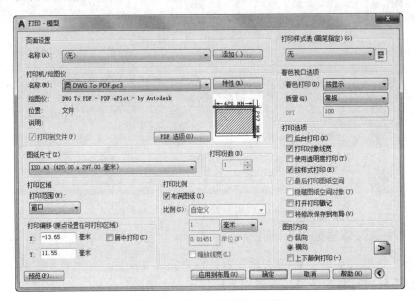

图 4-47　"打印-模型"对话框

（4）完成所有的设置后，单击"确定"按钮，打开"浏览打印文件"对话框，将图纸保存到指定位置，如图 4-48 所示，单击"保存"按钮。

图 4-48　"浏览打印文件"对话框

（5）单击"预览"按钮，打印预览效果如图 4-49 所示。按 Esc 键，退出打印预览并返回"打印"对话框。

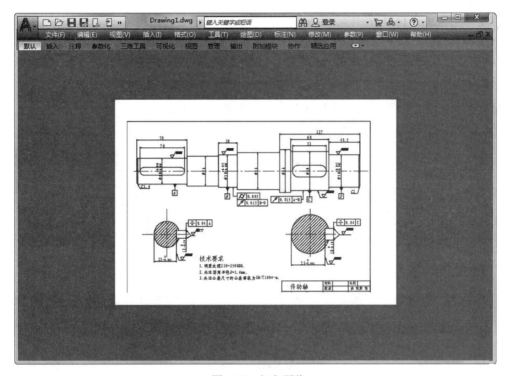

图 4-49　打印预览

【选项说明】

"打印-模型"对话框中的各项功能介绍如下。

（1）"页面设置"选项组：列出了图形中已命名或已保存的页面设置，可以将这些已保存的页面设置作为当前页面设置，也可以单击"添加"按钮，基于当前设置创建一个新的页面设置。

（2）"打印机/绘图仪"选项组：用于指定打印时使用已配置的打印设备。在"名称"下拉列表框中列出了可用的 pc3 文件或系统打印机，可以从中选择。设备名称前面的图标用于识别是 pc3 文件还是系统打印机。

（3）"打印份数"微调框：用于指定要打印的份数。当打印到文件时，此选项不可用。

（4）"应用到布局"按钮：单击此按钮，可将当前打印设置保存到当前布局中。

其他选项与"页面设置-模型"对话框中的相同，此处不再赘述。

4.3.5　从图纸空间输出图形

从图纸空间输出图形时，根据打印的需要进行相关参数的设置，首先应在"页面设置-布局"对话框中指定图纸的尺寸。

动手学——打印传动轴零件图

调用素材：*初始文件\第 4 章\传动轴.dwg*

源文件：*源文件\第 4 章\传动轴.dwg*

【操作步骤】

（1）打开初始文件\第 4 章\传动轴.dwg 文件。

（2）将视图空间切换到"布局 1"，如图 4-50 所示。在"布局 1"选项卡上右击，在弹出的快捷菜单中选择"页面设置管理器"命令，如图 4-51 所示。

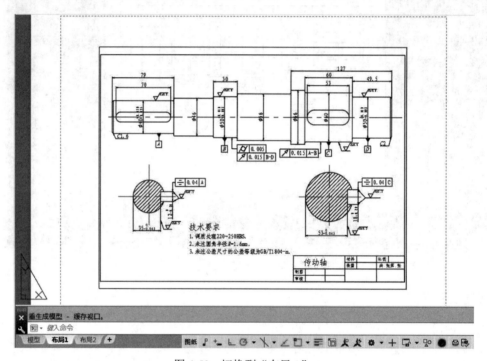

图 4-50　切换到"布局 1"

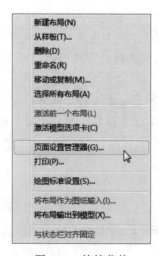

图 4-51　快捷菜单

（3）打开"页面设置管理器"对话框，如图4-52所示。单击"新建"按钮，打开"新建页面设置"对话框。

（4）在"新建页面设置"对话框的"新页面设置名"文本框中输入"传动轴"，如图4-53所示。

图4-52 "页面设置管理器"对话框

图4-53 创建"传动轴"新页面

（5）单击"确定"按钮，打开"页面设置-布局1"对话框，根据打印的需要进行相关参数的设置，如图4-54所示。

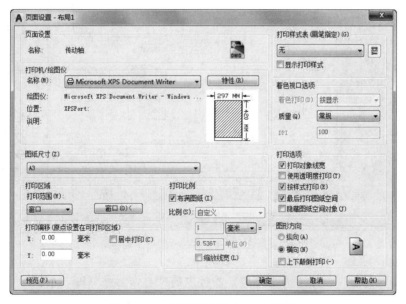

图4-54 "页面设置-布局1"对话框

（6）设置完成后，单击"确定"按钮，返回到"页面设置管理器"对话框。在"页面设置"列表框中选择"传动轴"选项，单击"置为当前"按钮，将其设置为当前布局，如图 4-55 所示。

图 4-55　将"传动轴"布局置为当前

（7）单击"关闭"按钮，完成"A 剖面图"布局的创建，如图 4-56 所示。

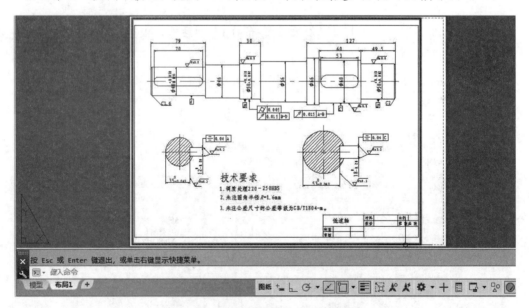

图 4-56　完成"传动轴"布局的创建

（8）单击"输出"选项卡的"打印"面板中的"打印"按钮🖶，打开"打印-布局 1"对话框，如图 4-57 所示，不需要重新设置，单击左下方的"预览"按钮，打印预览效果如图 4-58 所示。

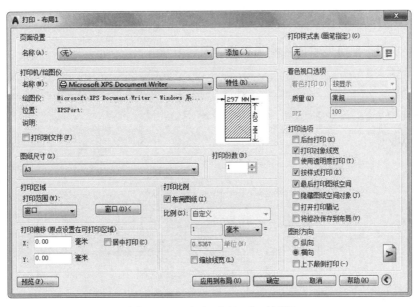

图 4-57　"打印-布局 1"对话框

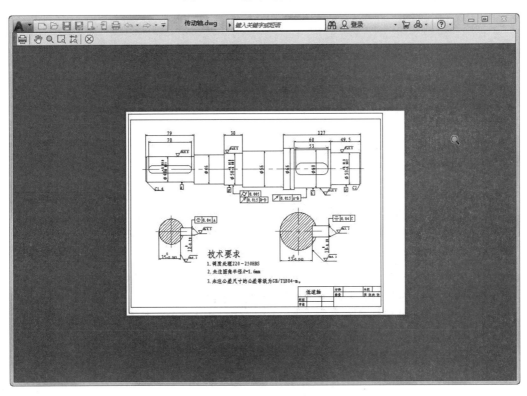

图 4-58　打印预览效果

（9）如果对效果满意，在预览窗口中右击，在弹出的快捷菜单中选择"打印"命令，完成一张零件图的打印。

动手练——打印零件图

本练习要求用户熟练地掌握各种工程图的出图方法。

思路点拨：

如图 4-59 所示，设置打印设备，进行页面设置，然后出图。

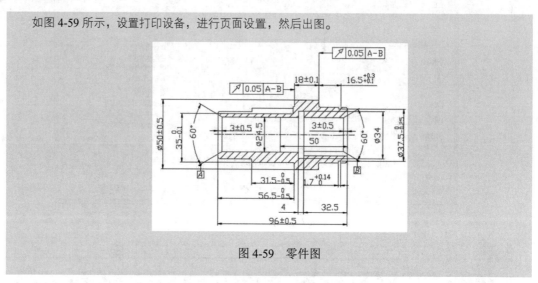

图 4-59　零件图

4.4　模拟认证考试

1. 将当前图形生成 4 个视口，在一个视口中新画一个圆并将全图平移，其他视口的结果是（　　）。

   A．其他视口生成圆也同步平移　　　　　　B．其他视口不生成圆但同步平移

   C．其他视口生成圆但不平移　　　　　　　D．其他视口不生成圆也不平移

2. 在布局中旋转视口，如果不希望视口中的视图随视口旋转，应（　　）。

   A．将视图约束固定　　　　　　　　　　　B．将视图放在锁定层

   C．设置 VPROTATEASSOC=0　　　　　　　D．设置 VPROTATEASSOC=1

3. 要查看图形中的全部对象，下列操作是恰当的是（　　）。

   A．在 ZOOM 下执行 P 命令　　　　　　　B．在 ZOOM 下执行 A 命令

   C．在 ZOOM 下执行 S 命令　　　　　　　D．在 ZOOM 下执行 W 命令

4. 在 AutoCAD 中，使用"打印"对话框中的（　　）选项，可以指定是否在每个输出图形的某个角落上显示绘图标记，以及是否产生日志文件。

   A．打印到文件　　　　　　　　　　　　　B．打开打印戳记

   C．后台打印　　　　　　　　　　　　　　D．样式打印

5. 如果要合并两个视口，必须（　　）。

   A．是模型空间视口并且共享长度相同的公共边

B．在模型空间合并

C．在布局空间合并

D．一样大小

6．利用缩放和平移命令查看如图 4-60 所示的箱体零件图。

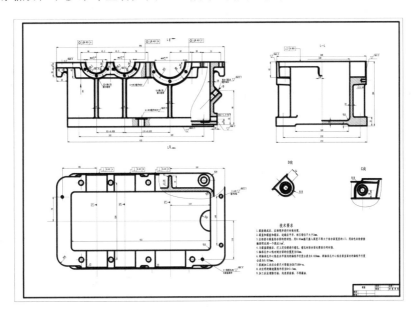

图 4-60　　箱体零件图

7．设置打印，并将图 4-60 的箱体零件图出图。

第 5 章　面域与图案填充

内容简介

本章开始循序渐进地学习有关 AutoCAD 2019 的面域命令和图案填充相关命令。熟练掌握用 AutoCAD 2019 绘制复杂填充图案方法。

内容要点

- ↳ 面域
- ↳ 图案填充
- ↳ 实例——联轴器
- ↳ 模拟认证考试

案例效果

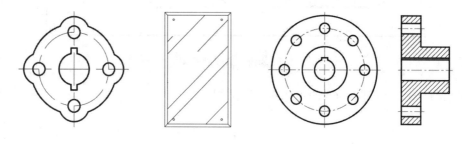

5.1　面　　域

用户可以将由某些对象围成的封闭区域转变为面域。这些封闭区域可以是圆、椭圆、封闭二维多段线、封闭样条曲线等，也可以是由圆弧、直线、二维多段线和样条曲线等构成的封闭区域。

5.1.1　创建面域

面域是具有边界的平面区域，内部可以包含孔。

【执行方式】

- ↳ 命令行：REGION（快捷命令：REG）。
- ↳ 菜单栏：选择菜单栏中的"绘图"→"面域"命令。

- 工具栏：单击"绘图"工具栏中的"面域"按钮 ⬚。
- 功能区：单击"默认"选项卡的"绘图"面板中的"面域"按钮 ⬚。

【操作步骤】

```
命令：REGION↙
选择对象：
```

选择对象后，系统自动将所选择的对象转换成面域。

5.1.2 布尔运算

布尔运算是数学中的一种逻辑运算，用在 AutoCAD 2019 绘图中，能够极大地提高绘图效率。布尔运算包括并集、交集和差集 3 种，其操作方法类似，一并介绍如下。

【执行方式】

- 命令行：UNION（并集，快捷命令：UNI）、INTERSECT（交集，快捷命令：IN）或 SUBTRACT（差集，快捷命令：SU）。
- 菜单栏：选择菜单栏中的"修改"→"实体编辑"→"并集"（"差集""交集"）命令。
- 工具栏：单击"实体编辑"工具栏中的"并集"按钮 🔲（"差集"按钮 🔲 或"交集"按钮 🔲）。
- 功能区：单击"三维工具"选项卡的"实体编辑"面板中的"并集"按钮 🔲（"差集"按钮 🔲 或"交集"按钮 🔲）。

动手学——垫片

源文件：源文件\第 5 章\垫片.dwg

本实例绘制如图 5-1 所示的垫片。本实例主要通过矩形命令、圆命令、布尔运算中的并集和差集命令来绘制。

扫一扫，看视频

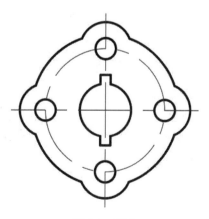

图 5-1　垫片

【操作步骤】

（1）单击"默认"选项卡的"图层"面板中的"图层特性"按钮，打开"图层特性管理器"选项板，新建以下两个图层。

① 第一图层命名为"轮廓线"图层，线宽为0.30mm，其余属性默认。

② 第二图层命名为"中心线"图层，颜色为红色，线型为CENTER，其余属性默认。

（2）将"中心线"图层设置为当前图层。单击"默认"选项卡的"绘图"面板中的"直线"按钮，绘制端点坐标分别为{（–55,0），（55,0）}和{（0,–55），（0,55）}的直线。单击"默认"选项卡的"绘图"面板中的"圆"按钮，绘制圆心坐标为（0,0）、半径为35的圆，绘制结果如图5-2所示。

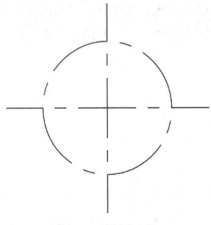

图 5-2　绘制中心线

（3）将"轮廓线"图层设置为当前图层。单击"默认"选项卡的"绘图"面板中的"圆"按钮，绘制圆心坐标分别为（–35,0）（0,35）（35,0）（0,–35）、半径为6的圆；重复"圆"命令绘制圆心坐标分别为（–35,0）（0,35）（35,0）（0,–35）、半径为15的圆；重复"圆"命令绘制圆心坐标为（0,0）、半径分别为15和43的圆，绘制结果如图5-3所示。

（4）单击"默认"选项卡的"绘图"面板中的"矩形"按钮，绘制矩形。角点坐标分别是（–3,–20）和（3,20），绘制结果如图5-4所示。

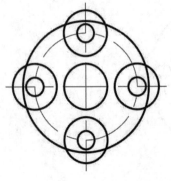

图 5-3　绘制圆

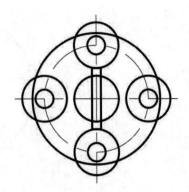

图 5-4　绘制矩形

（5）单击"默认"选项卡的"绘图"面板中的"面域"按钮 ⬚，创建面域。命令行提示与操作如下。

命令：_rejion↙
选择对象：（选择图中所有的粗实线图层的图形）
选择对象：↙
已创建 10 个面域

（6）单击"三维工具"选项卡的"实体编辑"面板中的"并集"按钮 ⬙，将直径为 86 的圆与直径为 30 的四个圆进行并集处理。命令行提示与操作如下。

命令：UNION↙
选择对象：（选择直径 86 的圆）
选择对象：（选择直径 30 的圆）
选择对象：（选择直径 30 的圆）
选择对象：（选择直径 30 的圆）
选择对象：（选择直径 30 的圆）
选择对象：↙

并集处理效果如图 5-5 所示。

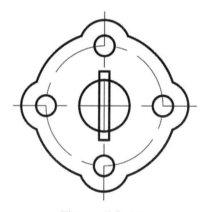

图 5-5　并集处理

（7）单击"三维工具"选项卡的"实体编辑"面板中的"差集"按钮 ⬙，以并集对象为主体对象，直径为 30 的中心圆为对象进行差集处理。命令行提示与操作如下。

命令：SUBTRACT
选择要减去的实体、曲面和面域…
选择对象：（选择差集对象，选择垫片主体）
选择对象：↙
选择要减去的实体、曲面和面域…
选择对象：（选择直径为 30 的中心圆）
选择对象：↙
命令：SUBTRACT
选择要减去的实体、曲面和面域…
选择对象：（选择差集对象，选择垫片主体）
选择对象：↙
选择要减去的实体、曲面和面域…

选择对象：（选择矩形）
选择对象：↙

效果如图 5-1 所示。

✍ 技巧：

> 布尔运算的对象只包括实体和共面面域，对于普通的线条对象无法使用布尔运算。

动手练——绘制法兰盘

利用面域相关功能绘制如图 5-6 所示的法兰盘。

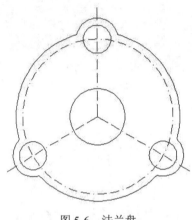

图 5-6 法兰盘

📋 思路点拨：

> 利用一些基本的绘图命令来绘制法兰盘的大体轮廓，然后利用面域命令创建面域，最后利用差集命令完成图形的绘制。

5.2 图 案 填 充

为了表示某一区域的材质或用料，常对其绘制上一定的图案。图形中的填充图案描述了对象的材料特性并增加了图形的可读性。通常，填充图案帮助绘图者实现了表达信息的目的，还可以创建渐变色填充，产生增强演示图形的效果。

5.2.1 基本概念

1. 图案边界

当进行图案填充时，首先要确定填充图案的边界。定义边界的对象只能是直线、双向射线、单向射线、多义线、样条曲线、圆弧、圆、椭圆、椭圆弧、面域等对象或用这些对象定义的块，而且作为边界的对象在当前图层上必须全部可见。

2. 孤岛

在进行图案填充时，把位于总填充区域内的封闭区称为孤岛，如图 5-7 所示。在使用 BHATCH 命令填充时，AutoCAD 2019 系统允许用户以拾取点的方式确定填充边界，即在希望填充的区域内任意拾取一点，系统会自动确定出填充边界，同时也确定该边界内的岛。如果用户以选择对象的方式确定填充边界，则必须确切地选取这些岛，有关知识将在 5.2.2 小节中介绍。

（a）　　　　　　　　　　　　　　（b）

图 5-7　孤岛

3. 填充方式

在进行图案填充时，需要控制填充的范围，AutoCAD 2019 系统为用户设置了以下 3 种填充方式，以实现对填充范围的控制。

（1）普通方式。如图 5-8（a）所示，该方式从边界开始，从每条填充线或每个填充符号的两端向里填充，遇到内部对象与之相交时，填充线或符号断开，直到遇到下一次相交时再继续填充。采用这种填充方式时，要避免剖面线或符号与内部对象的相交次数为奇数，该方式为系统内部的默认方式。

（2）最外层方式。如图 5-8（b）所示，该方式从边界向里填充，只要在边界内部与对象相交，剖面符号就会断开，而不再继续填充。

（3）忽略方式。如图 5-8（c）所示，该方式忽略边界内的对象，所有内部结构都被剖面符号覆盖。

（a）　　　　　　　　　　（b）　　　　　　　　　　（c）

图 5-8　填充方式

5.2.2 图案填充的操作

图案用来区分工程部件或用来表现组成对象的材质。可以使用预定义的图案填充，使用当前的线型定义简单的直线图案或者差集更加复杂的填充图案。可在某一封闭区域内填充关联图案，可以生成随边界变化的相关的填充，也可以生成不相关的填充。

【执行方式】

➡ 命令行：BHATCH（快捷命令：H）。

➡ 菜单栏：选择菜单栏中的"绘图"→"图案填充"命令。

➡ 工具栏：单击"绘图"工具栏中的"图案填充"按钮。

➡ 功能区：单击"默认"选项卡的"绘图"面板中的"图案填充"按钮。

扫一扫，看视频

动手学——镜子

源文件：源文件\第 5 章\镜子.dwg

本实例绘制的镜子如图 5-9 所示。本例首先利用矩形命令绘制镜子外轮廓，然后利用图案填充命令对图形进行图案填充。

【操作步骤】

（1）单击"默认"选项卡的"绘图"面板中的"矩形"按钮 ⬜，以坐标原点为角点，绘制 600×1000 的矩形。重复"矩形"命令，以（25,25）为角点，绘制 550×950 的矩形，结果如图 5-10 所示。

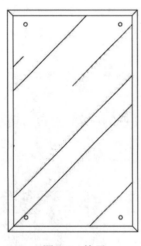

图 5-9 镜子

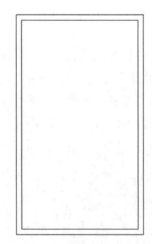

图 5-10 绘制矩形

（2）单击"默认"选项卡的"绘图"面板中的"直线"按钮 ／，连接两个矩形角点，结果如图 5-11 所示。

（3）单击"默认"选项卡的"绘图"面板中的"圆"按钮 ⊙，在四个角上绘制半径为

8 的圆，结果如图 5-12 所示。

图 5-11　绘制连接线

图 5-12　绘制圆

（4）单击"默认"选项卡的"绘图"面板中的"图案填充"按钮，打开"图案填充创建"选项卡，选择 AR-RROOF 图案，设置角度 45°，比例为 20，如图 5-13 所示，选择如图 5-14 所示的内部矩形为填充边界，单击"关闭图案填充创建"按钮，关闭选项卡。结果如图 5-9 所示。

图 5-13　"图案填充创建"选项卡

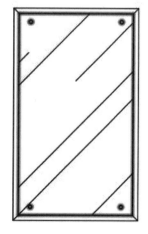

图 5-14　选择填充区域

【选项说明】

1. "边界"面板

（1）拾取点 ▦：通过选择由一个或多个对象形成的封闭区域内的点，确定图案填充边界，如图 5-15 所示。指定内部点时，可以随时在绘图区域中右击以显示包含多个选项的快捷菜单。

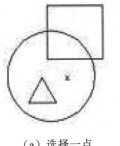
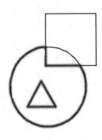
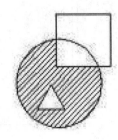

（a）选择一点　　　　　（b）填充区域　　　　　（c）填充结果

图 5-15　边界确定

（2）选择边界对象 ▧：指定基于选定对象的图案填充边界。使用该选项时，不会自动检测内部对象，必须选择选定边界内的对象，以按照当前孤岛检测样式填充这些对象，如图 5-16 所示。

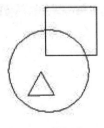
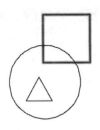
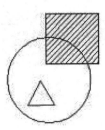

（a）原始图形　　　　　（b）选取边界对象　　　　　（c）填充结果

图 5-16　选取边界对象

（3）删除边界对象 ▨：从边界定义中删除之前添加的任何对象，如图 5-17 所示。

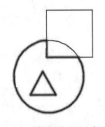
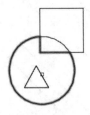
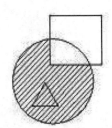

（a）选取边界对象　　　　　（b）删除边界　　　　　（c）填充结果

图 5-17　删除"岛"后的边界

（4）重新创建边界 ▤：围绕选定的图案填充或填充对象创建多段线或面域，并使其与图案填充对象相关联（可选）。

（5）显示边界对象▨：选择构成选定关联图案填充对象的边界对象，使用显示的夹点可修改图案填充边界。

（6）保留边界对象▨：指定如何处理图案填充边界对象。包括以下几个选项。

① 不保留边界。（仅在图案填充创建期间可用）不创建独立的图案填充边界对象。

② 保留边界-多段线。（仅在图案填充创建期间可用）创建封闭图案填充对象的多段线。

③ 保留边界-面域。（仅在图案填充创建期间可用）创建封闭图案填充对象的面域对象。

（7）选择新边界集▱：指定对象的有限集（称为边界集），以便通过创建图案填充时的拾取点进行计算。

2．"图案"面板

显示所有预定义和自定义图案的预览图像。

3．"特性"面板

（1）图案填充类型：指定是使用纯色、渐变色、图案还是用户定义的填充。

（2）图案填充颜色：替代实体填充和填充图案的当前颜色。

（3）背景色：指定填充图案背景的颜色。

（4）图案填充透明度：设定新图案填充或填充的透明度，替代当前对象的透明度。

（5）图案填充角度：指定图案填充或填充的角度。

（6）填充图案比例：放大或缩小预定义或自定义填充图案。

（7）相对图纸空间：（仅在布局中可用）相对于图纸空间单位缩放填充图案，使用此选项很容易做到以适合布局的比例显示填充图案。

（8）交叉线：（仅当"图案填充类型"设定为"用户定义"时可用）将绘制第二组直线，与原始直线成 90°角，从而构成交叉线。

（9）ISO 笔宽：（仅对于预定义的 ISO 图案可用）基于选定的笔宽缩放 ISO 图案。

4．"原点"面板

（1）设定原点▨：直接指定新的图案填充原点。

（2）左下▨：将图案填充原点设定在图案填充边界矩形范围的左下角。

（3）右下▨：将图案填充原点设定在图案填充边界矩形范围的右下角。

（4）左上▨：将图案填充原点设定在图案填充边界矩形范围的左上角。

（5）右上▨：将图案填充原点设定在图案填充边界矩形范围的右上角。

（6）中心▨：将图案填充原点设定在图案填充边界矩形范围的中心。

（7）使用当前原点▨：将图案填充原点设定在 HPORIGIN 系统变量中存储的默认位置。

（8）存储为默认原点▨：将新图案填充原点的值存储在 HPORIGIN 系统变量中。

5．"选项"面板

（1）关联▨：指定图案填充或填充为关联图案填充。关联的图案填充或填充在用户修改其边界对象时将会更新。

（2）注释性 ▲：指定图案填充为注释性。此特性会自动完成缩放注释过程，从而使注释能够以正确的大小在图纸上打印或显示。

（3）特性匹配。

① 使用当前原点▨：使用选定图案填充对象（除图案填充原点外）设定图案填充的特性。

② 使用源图案填充的原点▨：使用选定图案填充对象（包括图案填充原点）设定图案填充的特性。

（4）允许的间隙：设定将对象用作图案填充边界时可以忽略的最大间隙。默认值为 0，此值指定对象必须封闭区域而没有间隙。

（5）创建独立的图案填充：控制当指定了几个单独的闭合边界时，是创建单个图案填充对象，还是创建多个图案填充对象。

（6）孤岛检测。

① 普通孤岛检测▨：从外部边界向内填充。如果遇到内部孤岛，填充将关闭，直到遇到孤岛中的另一个孤岛。

② 外部孤岛检测▨：从外部边界向内填充。此选项仅填充指定的区域，不会影响内部孤岛。

③ 忽略孤岛检测▨：忽略所有内部的对象，填充图案时将通过这些对象。

④ 无孤岛检测▨：关闭以使用传统孤岛检测方法。

（7）绘图次序：为图案填充或填充指定绘图次序。选项包括不指定、后置、前置、置于边界之后和置于边界之前。

5.2.3　渐变色的操作

在绘图的过程中，有些图形在填充时需要用到一种或多种颜色，尤其在绘制装潢、美工等图纸时，这就要用到渐变色图案填充功能，利用该功能可以对封闭区域进行适当的渐变色填充，从而形成比较好的颜色修饰效果。

【执行方式】

❧　　命令行：GRADIENT。

❧　　菜单栏：选择菜单栏中的"绘图"→"渐变色"命令。

❧　　工具栏：单击"绘图"工具栏中的"渐变色"按钮▥。

❧　　功能区：单击"默认"选项卡的"绘图"面板中的"渐变色"按钮▥。

【操作步骤】

执行上述命令后系统打开如图 5-18 所示的"图案填充创建"选项卡，各面板中的按钮含义与图案填充的类似，这里不再赘述。

图 5-18 "图案填充创建"选项卡

5.2.4 编辑填充的图案

用于修改现有的图案填充对象，但不能修改边界。

【执行方式】

- ↘ 命令行：HATCHEDIT（快捷命令：HE）。
- ↘ 菜单栏：选择菜单栏中的"修改"→"对象"→"图案填充"命令。
- ↘ 工具栏：单击"修改Ⅱ"工具栏中的"编辑图案填充"按钮 🖾。
- ↘ 功能区：单击"默认"选项卡的"修改"面板中的"编辑图案填充"按钮 🖾。
- ↘ 快捷菜单：选中填充的图案右击，在打开的快捷菜单中选择"图案填充编辑"命令。
- ↘ 快捷方法：直接选择填充的图案，打开"图案填充编辑器"选项卡，如图 5-19 所示。

图 5-19 "图案填充编辑器"选项卡

动手练——绘制滚花零件

绘制如图 5-20 所示的滚花零件。

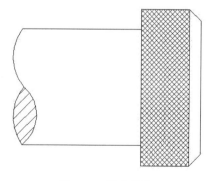

图 5-20 滚花零件

📋 **思路点拨：**

（1）用"直线"命令绘制零件主体部分。
（2）用"圆弧"命令绘制零件断裂部分示意线。
（3）用"图案填充"命令填充断面。

扫一扫，看视频

5.3 实例——联轴器

源文件： 源文件\第 5 章\联轴器.dwg

本实例绘制如图 5-21 所示的联轴器，联轴器是用来联接不同机构中的两根轴，并使之共同旋转以传递扭矩的机械零件。本实例主要通过直线命令、圆命令和图案填充命令来绘制。

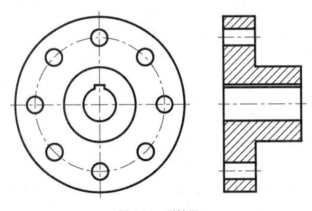

图 5-21 联轴器

【操作步骤】

1．绘制主视图

（1）单击"默认"选项卡的"图层"面板中的"图层特性"按钮，弹出"图层特性管理器"对话框，新建以下 3 个图层。

① 第一图层命名为"粗实线"图层，线宽为 0.30mm，其余属性默认。

② 第二图层命名为"剖面线"图层，颜色为蓝色，其余属性默认。

③ 第三图层命名为"中心线"图层，颜色为红色，线型为 CENTER，其余属性默认。

（2）将"中心线"图层设置为当前图层。单击"默认"选项卡的"绘图"面板中的"直线"按钮，绘制中心线，端点坐标分别为 {（-167.5,0），（167.5,0）} 和 {（0,167.5），（0,-167.5）}；单击"默认"选项卡的"绘图"面板中的"圆"按钮，绘制圆心坐标为（0,0）、半径为 120 的圆。结果如图 5-22 所示。

（3）将"粗实线"图层设置为当前图层。单击"默认"选项卡的"绘图"面板中的"圆"按钮，绘制圆心坐标为（0,0）、半径分别为 30、67 和 157.5 的圆。重复圆命令分别绘制圆心坐标为（0,120）（84.85,84.85）（120,0）（84.85,-84.85）（0,-120）（-84.85,-84.85）

（-120,0）（-84.85,84.85）、半径为 15 的圆。

（4）单击"默认"选项卡的"绘图"面板中的"矩形"按钮 ▢，绘制矩形，角点坐标分别为（-9,0）和（9,35），结果如图 5-23 所示。

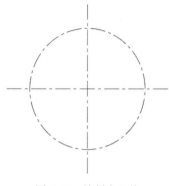

图 5-22 绘制中心线

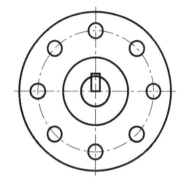

图 5-23 绘制轮廓

（5）单击"默认"选项卡的"绘图"面板中的"面域"按钮 ⊚，创建面域。命令行提示与操作如下。

```
命令：_region↙
选择对象：（选择图 5-23 中直径为 60 的圆和矩形）
选择对象：↙
已创建 2 个面域
```

（6）在命令行中输入 UNION 命令，将直径为 60 的圆与矩形进行并集处理。命令行提示与操作如下。

```
命令：UNION↙
选择对象：（选择直径为 60 的圆）
选择对象：（选择矩形）
选择对象：↙
```

结果如图 5-24 所示。

2. 绘制左视图

（1）将"中心线"图层设置为当前图层。单击"默认"选项卡的"绘图"面板中的"直线"按钮 ／，绘制中心线，端点坐标分别为{（220,-120），（298,-120）}和{（220,0），（382,0）}和{（220,120），（298,120）}。

（2）将"粗实线"图层设置为当前图层。单击"默认"选项卡的"绘图"面板中的"直线"按钮 ／，绘制直线，端点坐标分别为{（230,-157.5），（@0,315），（@58,0），（@0,-90.5），（@84,0），（@0,-134），（@-84,0），（@0,-90.5），（@-58,0）}{（230,-157.5），（288,-157.5）}{（230,-135），（288,-135）}{（230,-105），（288,-105）}{（230,-30），（372,-30）}{（230,30），（372,30）}{（230,35），（372,35）}{（230,105），（288,105）}{（230,135），（288,135）}和{（230,157.5），（288,157.5）}，结果如图 5-25 所示。

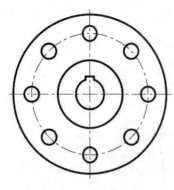

图 5-24　并集处理

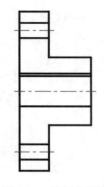

图 5-25　绘制左视图

（3）将"剖面线"图层设置为当前图层。单击"默认"选项卡的"绘图"面板中的"图案填充"按钮圈，打开"图案填充创建"选项卡。单击"图案"面板中的"图案填充图案"按钮，选择填充图案为 ANSI31，在"特性"面板中设置"角度"为 0，设置"比例"为 3，如图 5-26 所示。

图 5-26　"图案填充创建"选项卡

（4）单击"边界"面板中的"拾取点"按钮，在断面处拾取一点，右击，弹出右键快捷菜单，选择"确认"命令，如图 5-27 所示。确认退出，填充效果如图 5-21 所示。

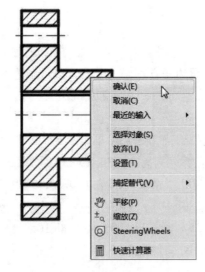

图 5-27　确认填充图案

5.4　模拟认证考试

1. 填充选择边界出现红色圆圈的是（　　　）。

    A．绘制的圆没有删除　　　　　　　　B．检测到点样式为圆的端点

    C．检测到无效的图案填充边界　　　　D．程序出错重新启动可以解决

2. 图案填充时，有时需要改变原点位置来适应图案填充边界，但默认情况下，图案填充原点坐标是（　　　）。

    A．（0,0）　　　　　　　　　　　　　B．（0,1）

    C．（1,0）　　　　　　　　　　　　　D．（1,1）

3. 根据图案填充创建边界时，边界类型可能是（　　　）。

    A．多段线　　　　　　　　　　　　　B．封闭的样条曲线

    C．三维多段线　　　　　　　　　　　D．螺旋线

4. 使用填充图案命令绘制图案时，可以选定（　　　）。

    A．图案的颜色和比例　　　　　　　　B．图案的角度和比例

    C．图案的角度和线型　　　　　　　　D．图案的颜色和线型

5. 创建如图 5-28 所示的图形。

6. 绘制如图 5-29 所示的图形。

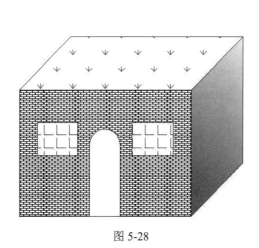

图 5-28

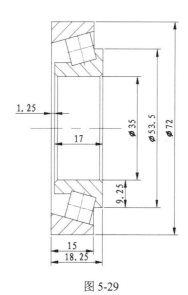

图 5-29

第 6 章　精确绘制图形

内容简介

本章学习关于精确绘图的相关知识。了解正交、栅格、对象捕捉、自动追踪、参数化设计等工具的妙用并熟练掌握，并将各工具应用到图形绘制过程中。

内容要点

- ↘ 精确定位工具
- ↘ 对象捕捉
- ↘ 自动追踪
- ↘ 动态输入
- ↘ 参数化设计
- ↘ 实例——垫块
- ↘ 模拟认证考试

案例效果

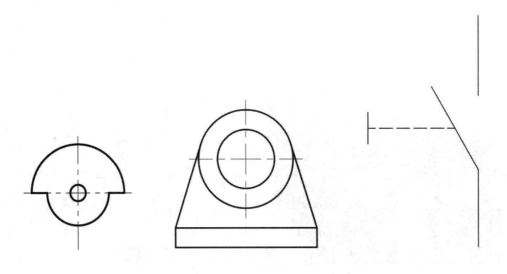

6.1　精确定位工具

精确定位工具是指能够快速、准确地定位某些特殊点（如端点、中点、圆心等）和特殊位置（如水平位置、垂直位置）的工具。

6.1.1　栅格显示

用户可以应用栅格显示工具使绘图区显示网格，类似于传统的坐标纸。本节介绍控制栅格显示及设置栅格参数的方法。

【执行方式】

↳　菜单栏：选择菜单栏中的"工具"→"绘图设置"命令。

↳　状态栏：单击状态栏中的"栅格"按钮 ▦（仅限于打开与关闭）。

↳　快捷键：F7（仅限于打开与关闭）。

【操作步骤】

选择菜单栏中的"工具"→"绘图设置"命令，系统打开"草图设置"对话框，选择"捕捉和栅格"选项卡，如图 6-1 所示。

图 6-1　"捕捉和栅格"选项卡

【选项说明】

（1）"启用栅格"复选框：用于控制是否显示栅格。

（2）"栅格样式"选项组：在二维中设定栅格样式。

① 二维模型空间：将二维模型空间的栅格样式设定为点栅格。

② 块编辑器：将块编辑器的栅格样式设定为点栅格。

③ 图纸/布局：将图纸和布局的栅格样式设定为点栅格。

（3）"栅格间距"选项组。

"栅格 X 轴间距"和"栅格 Y 轴间距"文本框用于设置栅格在水平与垂直方向的间距。

如果"栅格 X 轴间距"和"栅格 Y 轴间距"设置为 0，则 AutoCAD 2019 系统会自动将捕捉的栅格间距应用于栅格，且其原点和角度总是与捕捉栅格的原点和角度相同。另外，还可以通过 GRID 命令在命令行设置栅格间距。

（4）"栅格行为"选项组。

① 自适应栅格：缩小时，限制栅格密度。如果勾选"允许以小于栅格间距的间距再拆分"复选框，则在放大时，生成更多间距更小的栅格线。

② 显示超出界限的栅格：显示超出图形界限指定的栅格。

③ 遵循动态 UCS：更改栅格平面以跟随动态 UCS 的 XY 平面。

✍ 技巧：

在"栅格间距"选项组的"栅格 X 轴间距"和"栅格 Y 轴间距"文本框中输入数值时，若在"栅格 X 轴间距"文本框中输入一个数值后按 Enter 键，系统将自动传送这个值给"栅格 Y 轴间距"，这样可减少工作量。

6.1.2　捕捉模式

为了准确地在绘图区捕捉点，AutoCAD 2019 提供了捕捉工具，可以在绘图区生成一个隐含的栅格（捕捉栅格），这个栅格能够捕捉光标，约束光标只能落在栅格的某一个节点上，使用户能够高精确度地捕捉和选择这个栅格上的点。本节主要介绍捕捉栅格的参数设置方法。

【执行方式】

➥ 菜单栏：选择菜单栏中的"工具"→"绘图设置"命令。

➥ 状态栏：单击状态栏中的"捕捉模式"按钮 ⠿（仅限于打开与关闭）。

➥ 快捷键：F9（仅限于打开与关闭）。

【操作步骤】

选择菜单栏中的"工具"→"绘图设置"命令，打开"草图设置"对话框，选择"捕捉和栅格"选项卡，如图 6-1 所示。

【选项说明】

（1）"启用捕捉"复选框：控制捕捉功能的开关，与按 F9 键或单击状态栏中的"捕捉模式"按钮 ⠿ 功能相同。

（2）"捕捉间距"选项组：设置捕捉参数，其中，"捕捉 X 轴间距"与"捕捉 Y 轴间距"文本框用于确定捕捉栅格点在水平和垂直两个方向上的间距。

（3）"极轴间距"选项组：该选项组只有在选择 PolarSnap 捕捉类型时才可用。可在"极轴距离"文本框中输入距离值，也可以在命令行中输入 SNAP 命令，设置捕捉的有关参数。

（4）"捕捉类型"选项组：确定捕捉类型和样式。AutoCAD 2019 提供了两种捕捉栅格的方式："栅格捕捉"和"极轴捕捉（PolarSnap）"。

① 栅格捕捉：是指按正交位置捕捉位置点。"栅格捕捉"又分为"矩形捕捉"和"等轴测捕捉"两种方式。在"矩形捕捉"方式下捕捉栅格里标准的矩形显示；在"等轴测捕捉"方式下捕捉，栅格和光标十字线不再互相垂直，而是呈绘制等轴测图时的特定角度，在绘制等轴测图时使用这种方式十分方便。

② 极轴捕捉：可以根据设置的任意极轴角捕捉位置点。

6.1.3　正交模式

在利用 AutoCAD 2019 绘图过程中，经常需要绘制水平直线和垂直直线，但是用光标控制选择线段的端点时很难保证两个点严格沿水平方向或垂直方向。为此，AutoCAD 2019 提供了正交功能，当启用正交模式时，画线或移动对象时只能沿水平方向或垂直方向移动光标，也只能绘制平行于坐标轴的正交线段。

【执行方式】

- ↘ 命令行：ORTHO。
- ↘ 状态栏：单击状态栏中的"正交模式"按钮⌐。
- ↘ 快捷键：F8。

【操作步骤】

```
命令：ORTHO✓
输入模式 [开(ON)/关(OFF)] <开>：（设置开或关）
```

✎ 技巧：

"正交"模式必须依托于其他绘图工具才能显示其功能效果。

6.2　对 象 捕 捉

在利用 AutoCAD 2019 绘制图时经常要用到一些特殊点，如圆心、切点、线段或圆弧的端点、中点等。如果只利用光标在图形上选择，要准确地找到这些点是十分困难的。因此，AutoCAD 2019 提供了一些识别这些点的工具，通过这些工具即可很容易地构造新几何体，精确地绘制图形，其结果比传统手工绘图更精确且更容易维护。在 AutoCAD 2019 中，这种功能称为对象捕捉功能。

6.2.1　对象捕捉设置

在 AutoCAD 2019 中绘图之前，可以根据需要事先设置开启一些对象捕捉模式，绘图时系统就能自动捕捉这些特殊点，从而加快绘图速度，提高绘图质量。

【执行方式】

- ↳　命令行：DDOSNAP。
- ↳　菜单栏：选择菜单栏中的"工具"→"绘图设置"命令。
- ↳　工具栏：单击"对象捕捉"工具栏中的"对象捕捉设置"按钮🔲。
- ↳　状态栏：单击状态栏中的"对象捕捉"按钮🔲（仅限于打开与关闭）。
- ↳　快捷键：F3（仅限于打开与关闭）。
- ↳　快捷菜单：按 Shift 键右击，在弹出的快捷菜单中选择"对象捕捉设置"命令。

动手学——圆形插板

扫一扫，看视频

源文件：源文件\第 6 章\圆形插板.dwg

本实例绘制如图 6-2 所示的圆形插板。

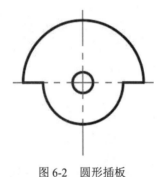

图 6-2　圆形插板

【操作步骤】

（1）单击"默认"选项卡的"图层"面板中的"图层特性"按钮🗂，弹出"图层特性管理器"对话框，新建以下两个图层。

① 第一图层命名为"粗实线"，线宽为 0.30mm，其余属性默认。

② 第二图层命名为"中心线"，颜色为红色，线型为 CENTER，其余属性默认。

（2）将"中心线"图层设置为当前图层，单击"默认"选项卡的"绘图"面板中的"直线"按钮╱，绘制相互垂直的中心线。端点坐标分别是 {(-70,0),(70,0)} 和 {(0,-70),(0,70)}。

（3）选择菜单栏中的"工具"→"绘图设置"命令，打开"草图设置"对话框，选择"对象捕捉"选项卡，单击"全部选择"按钮，选择所有的捕捉模式，然后选中"启用对象捕捉"复选框，如图 6-3 所示，单击"确定"按钮，关闭对话框。

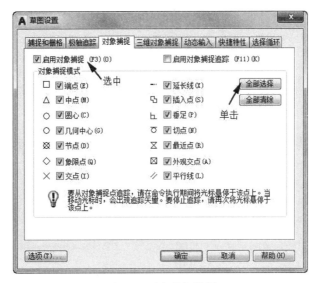

图 6-3　对象捕捉设置

（4）将"粗实线"图层设置为当前图层，单击"默认"选项卡的"绘图"面板中的"圆"按钮⊙，绘制圆，在指定圆心时，捕捉垂直中心线的交点，如图 6-4（a）所示。指定圆的半径为 10，绘制效果如图 6-4（b）所示。

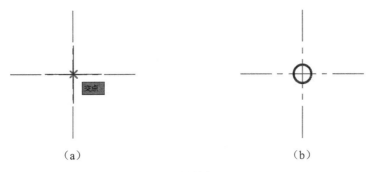

（a）　　　　　　　　　　　　　　　　　（b）

图 6-4　绘制中心圆

（5）单击"默认"选项卡的"绘图"面板中的"圆弧"按钮⌒，绘制圆弧。命令行提示与操作如下。

```
命令: _arc↙
指定圆弧的起点或 [圆心(C)]: C↙
指定圆弧的圆心:（捕捉垂直中心线的交点）
指定圆弧的起点:60,0↙
指定圆弧的端点:（按住 Ctrl 键以切换方向）或 [角度(A)/弦长(L)] -60,0↙
命令: _arc↙
指定圆弧的起点或 [圆心(C)]: C↙
指定圆弧的圆心:（捕捉垂直中心线的交点）
指定圆弧的起点:-40,0↙
指定圆弧的端点:（按住 Ctrl 键以切换方向）或 [角度(A)/弦长(L)] 40,0↙
```

（6）单击"默认"选项卡的"绘图"面板中的"直线"按钮╱，连接两个圆弧的端点，结果如图 6-2 所示。

【选项说明】

（1）"启用对象捕捉"复选框：选中该复选框，在"对象捕捉模式"选项组中，被选中的捕捉模式处于激活状态。

（2）"启用对象捕捉追踪"复选框：用于打开或关闭自动追踪功能。

（3）"对象捕捉模式"选项组：该选项组中列出各种捕捉模式的复选框，被选中的复选框处于激活状态。单击"全部清除"按钮，则所有模式均被清除。单击"全部选择"按钮，则所有模式均被选中。

（4）"选项"按钮：单击该按钮可以打开"选项"对话框的"草图"选项卡，利用该对话框可决定捕捉模式的各项设置。

6.2.2 特殊位置点捕捉

在用 AutoCAD 2019 绘制图形时，有时需要指定一些特殊位置的点，如圆心、端点、中点、平行线上的点等，可以通过对象捕捉功能来捕捉这些点，如表 6-1 所示。

表 6-1 特殊位置点捕捉

捕 捉 模 式	快 捷 命 令	功　　能
临时追踪点	TT	建立临时追踪点
两点之间的中点	M2P	捕捉两个独立点之间的中点
捕捉自	FRO	与其他捕捉方式配合使用，建立一个临时参考点作为指出后继点的基点
中点	MID	用来捕捉对象（如线段或圆弧等）的中点
圆心	CEN	用来捕捉圆或圆弧的圆心
节点	NOD	捕捉用 POINT 或 DIVIDE 等命令生成的点
象限点	QUA	用来捕捉距光标最近的圆或圆弧上可见部分的象限点，即圆周上 0°、90°、180°、270°位置上的点
交点	INT	用来捕捉对象（如线、圆弧或圆等）的交点
延长线	EXT	用来捕捉对象延长路径上的点
插入点	INS	用来捕捉块、形、文字、属性或属性定义等对象的插入点
垂足	PER	在线段、圆、圆弧或其延长线上捕捉一个点，与最后生成的点形成连线，与该线段、圆或圆弧正交
切点	TAN	最后生成的一个点到选中的圆或圆弧上引切线，切线与圆或圆弧的交点
最近点	NEA	用于捕捉离拾取点最近的线段、圆、圆弧等对象上的点
外观交点	APP	用来捕捉两个对象在视图平面上的交点。若两个对象没有直接相交，则系统自动计算其延长后的交点；若两个对象在空间上为异面直线，则系统计算其投影方向上的交点
平行线	PAR	用于捕捉与指定对象平行方向上的点
无	NON	关闭对象捕捉模式
对象捕捉设置	OSNAP	设置对象捕捉

AutoCAD 2019 提供了命令行、工具栏和右键快捷菜单 3 种执行特殊点对象捕捉的方法。

在使用特殊位置点捕捉的快捷命令前，必须先选择绘制对象的命令或工具，再在命令行中输入其快捷命令。

动手学——轴承座

源文件：源文件\第 6 章\轴承座.dwg

绘制如图 6-5 所示的轴承座。

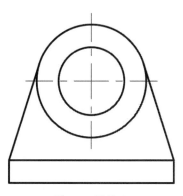

图 6-5　轴承座

【操作步骤】

（1）单击"默认"选项卡的"图层"面板中的"图层特性"按钮，弹出"图层特性管理器"对话框，新建以下两个图层。

① 第一图层命名为"粗实线"，线宽为 0.30mm，其余属性默认。

② 第二图层命名为"中心线"，颜色为红色，线型为 CENTER，其余属性默认。

（2）将"中心线"图层设置为当前图层，单击"默认"选项卡的"绘图"面板中的"直线"按钮，绘制中心线。端点坐标分别为{（-60,0），（60,0）}和{（0,-60），（0,60）}。

（3）将"粗实线"图层设置为当前图层，单击"默认"选项卡的"绘图"面板中的"圆"按钮，绘制圆心坐标为（0,0），半径分别为 30 和 50 的圆。

（4）单击"默认"选项卡的"绘图"面板中的"矩形"按钮，绘制矩形。角点坐标分别为（-75,-90）和（75,-70）。结果如图 6-6 所示。

（5）单击"默认"选项卡的"绘图"面板中的"直线"按钮，绘制切线。命令行提示与操作如下。

```
命令: _line
指定第一个点:捕捉矩形的左上端点✓
指定下一点或 [放弃(U)]:（按 Shift 键并右击，在弹出的如图 6-7 所示的快捷菜单中单击"切点"
按钮）
_tan 到:（指定直径为 100 的圆上一点，系统自动显示"切点"提示，如图 6-8 所示）
指定下一点或 [放弃(U)]: ✓
```

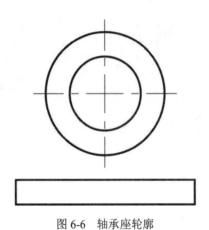

图 6-6　轴承座轮廓

图 6-7　快捷菜单

重复"直线"命令，绘制另外一条切线，最终结果如图 6-5 所示。

动手练——绘制盘盖

绘制如图 6-9 所示的盘盖。

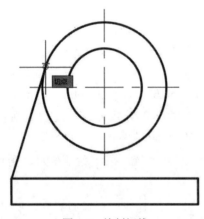

图 6-8　绘制切线

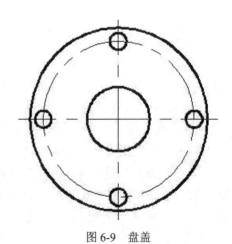

图 6-9　盘盖

📋 **思路点拨：**

（1）设置对象捕捉选项。

（2）利用"直线"命令绘制中心线。

（3）利用"圆"命令捕捉中心线的交点并绘制圆。

6.3 自动追踪

自动追踪是指按指定角度或与其他对象建立指定关系绘制对象。利用自动追踪功能，可以对齐路径，有助于以精确的位置和角度创建对象。自动追踪包括"对象捕捉追踪"和"极轴追踪"两种追踪选项。"对象捕捉追踪"是指以捕捉到的特殊位置点为基点，按指定的极轴角或极轴角的倍数对齐要指定点的路径；"极轴追踪"是指按指定的极轴角或极轴角的倍数对齐要指定点的路径。

6.3.1 对象捕捉追踪

"对象捕捉追踪"必须配合"对象捕捉"功能一起使用，即使状态栏中的"对象捕捉"按钮 和"对象捕捉追踪"按钮 均处于打开状态。

【执行方式】

- 命令行：DDOSNAP。
- 菜单栏：选择菜单栏中的"工具"→"绘图设置"命令。
- 工具栏：单击"对象捕捉"工具栏中的"对象捕捉设置"按钮 。
- 状态栏：单击状态栏中的"对象捕捉"按钮 和"对象捕捉追踪"按钮 或单击"极轴追踪"右侧的下拉按钮，弹出下拉菜单，选择"正在追踪设置"命令，如图 6-10 所示。
- 快捷键：F11。

【操作步骤】

按照上面执行方式操作或者在"对象捕捉"开关或"对象捕捉追踪"开关右击，在弹出的快捷菜单中选择相应的"设置"命令，系统打开"草图设置"对话框，然后选择"对象捕捉"选项卡，选中"启用对象捕捉追踪"复选框，即完成对象捕捉追踪设置。

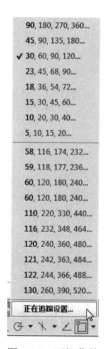

图 6-10 下拉菜单

6.3.2 极轴追踪

"极轴追踪"必须配合"对象捕捉"功能一起使用，即使状态栏中的"极轴追踪"按钮

扫一扫，看视频

和"对象捕捉"按钮 □ 均处于打开状态。

【执行方式】

➡ 命令行：DDOSNAP。

➡ 菜单栏：选择菜单栏中的"工具"→"绘图设置"命令。

➡ 工具栏：单击"对象捕捉"工具栏中的"对象捕捉设置"按钮 ⋒。

➡ 状态栏：单击状态栏中的"对象捕捉"按钮 □ 和"极轴追踪"按钮 ⊙。

➡ 快捷键：F10。

动手学——手动操作开关

源文件：源文件\第 6 章\手动操作开关.dwg

本实例绘制的手动操作开关如图 6-11 所示。

【操作步骤】

（1）单击状态栏中的"极轴追踪"按钮 ⊙ 和"对象捕捉追踪"按钮 ∠，打开极轴追踪和对象捕捉追踪。

图 6-11　手动操作开关

（2）在状态栏中的"极轴追踪"按钮 ⊙ 处右击，打开如图 6-12 所示的快捷菜单，选择"正在追踪设置"选项，打开"草图设置"对话框的"极轴追踪"选项卡，设置增量角为 30，选择"用所有极轴角设置追踪"选项，如图 6-13 所示，单击"确定"按钮，完成极轴追踪的设置。

图 6-12　快捷菜单

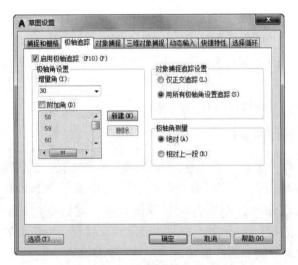

图 6-13　"草图设置"对话框

（3）单击"默认"选项卡的"绘图"面板中的"直线"按钮 ╱，在图中适当位置指定直线的起点，拖动鼠标向上移动，显示极轴角度为 90°，如图 6-14 所示。单击绘制一条竖直线段，继续移动鼠标到左上方，显示极轴角度为 120°，如图 6-15 所示，单击绘制一条与竖直线成 30° 夹角的斜直线。

图 6-14 极轴角度为 90°   图 6-15 极轴角度为 120°

（4）单击状态栏中的"对象捕捉"按钮 ▢，打开对象捕捉。单击"默认"选项卡的"绘图"面板中的"直线"按钮 ／，捕捉竖直线的上端点，如图 6-16 所示。向上移动鼠标，显示极轴角度为 90°，如图 6-17 所示，单击确定直线的起点(保证该起点在第一条竖直的延长线上)，绘制长度适当的竖直线，如图 6-18 所示。

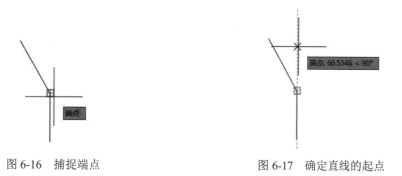

图 6-16 捕捉端点   图 6-17 确定直线的起点

（5）单击"默认"选项卡的"绘图"面板中的"直线"按钮 ／，捕捉斜直线的中点，如图 6-19 所示，为起点绘制一条水平直线，如图 6-20 所示。

图 6-18 绘制竖直线   图 6-19 捕捉中点

（6）单击"默认"选项卡的"绘图"面板中的"直线"按钮 ／，捕捉水平直线的左端点，向上移动鼠标，在适当位置单击确定直线的起点，绘制一条竖直线，如图 6-21 所示。

图 6-20　绘制水平直线　　　　　　　　　　　图 6-21　绘制竖直线

（7）选取水平直线，在"特性"面板的线型下拉列表中单击"其他"选项，如图 6-22 所示。打开如图 6-23 所示"线型管理器"对话框，单击"加载"按钮，打开"加载或重载线型"对话框，选择"ACAD_ISO02W100"线型，如图6-24所示。单击"确定"按钮，返回到"线型管理器"对话框，选择刚加载的线型，单击"确定"按钮。然后将水平直线的线型更改为"ACAD_ISO02W100"线型，结果如图6-11所示。

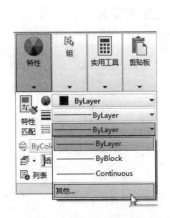

图 6-22　线型下拉列表

图 6-23　"线型管理器"对话框

图 6-24　"加载或重载线型"对话框

【选项说明】

"草图设置"对话框的"极轴追踪"选项卡中各选项功能如下。

（1）"启用极轴追踪"复选框：选中该复选框，即可启用极轴追踪功能。

（2）"极轴角设置"选项组：设置极轴角的值，可以在"增量角"下拉列表框中选择一种角度值，也可选中"附加角"复选框，单击"新建"按钮设置任意附加角。系统在进行极轴追踪时，同时追踪增量角和附加角，可以设置多个附加角。

（3）"对象捕捉追踪设置"和"极轴角测量"选项组：按界面提示设置相应的单选按钮，利用自动追踪可以完成三视图绘制。

动手练——绘制方头平键

绘制如图 6-25 所示的方头平键。

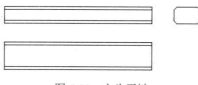

图 6-25 方头平键

📔 **思路点拨：**

> （1）利用"矩形"命令绘制主视图外形。
> （2）启用"对象捕捉"和"对象捕捉追踪"，利用"直线"命令绘制主视图棱线。
> （3）设置"极轴追踪"选项卡，利用"矩形"命令和"直线"命令绘制俯视图。
> （4）利用"构造线"命令和"矩形"命令绘制左视图。

6.4 动 态 输 入

动态输入功能可实现在绘图平面直接动态输入绘制对象的各种参数，使绘图变得直观、简捷。

【执行方式】

- ↳ 命令行：DSETTINGS。
- ↳ 菜单栏：选择菜单栏中的"工具"→"绘图设置"命令。
- ↳ 工具栏：单击"对象捕捉"工具栏中的"对象捕捉设置"按钮🧲。
- ↳ 状态栏：动态输入（只限于打开与关闭）。
- ↳ 快捷键：F12（只限于打开与关闭）。

【操作步骤】

按照上面的执行方式操作或者在"动态输入"开关上右击，在弹出的快捷菜单中选择

“动态输入设置”命令，系统打开如图 6-26 所示的“草图设置”对话框中的“动态输入”选项卡。

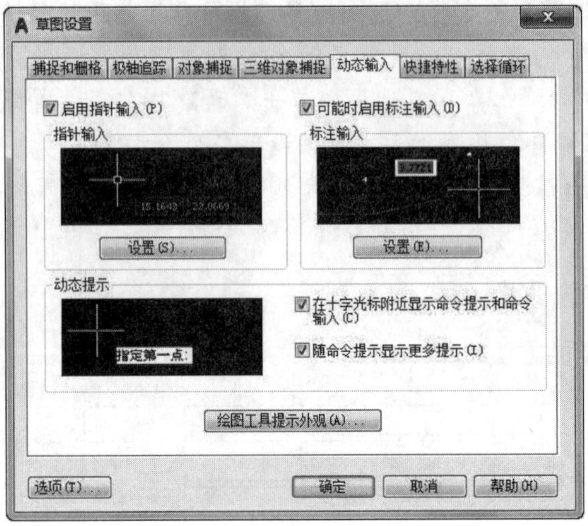

图 6-26 “动态输入”选项卡

6.5 参数化设计

约束能够精确地控制草图中的对象。草图约束有两种类型——几何约束和尺寸约束。

几何约束建立草图对象的几何特性（如要求某一直线具有固定长度）或是两个或更多草图对象的关系类型（如要求两条直线垂直或平行，或是几个圆弧具有相同的半径）。在绘图区，用户可以使用功能区中“参数化”选项卡内的“全部显示”“全部隐藏”或“显示”来显示有关信息，并显示代表这些约束的直观标记，如图 6-27 所示的水平标记、竖直标记和共线标记。

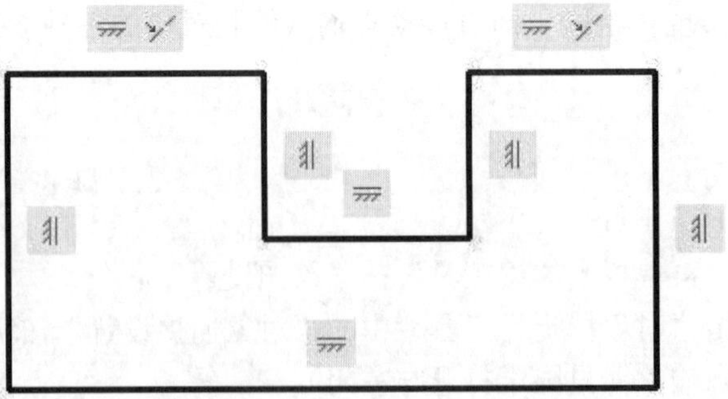

图 6-27 “几何约束”示意图

尺寸约束建立草图对象的大小（如直线的长度、圆弧的半径等）或是两个对象之间的关系（如两点之间的距离），图 6-28 所示为带有尺寸约束的图形示例。

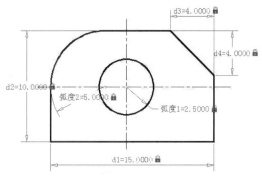

图 6-28 "尺寸约束"示意图

6.5.1 几何约束

利用几何约束工具可以指定草图对象必须遵守的条件或是草图对象之间必须维持的关系。"几何"面板及"几何约束"工具栏（其面板在"二维草图与注释"工作空间"参数化"选项卡的"几何"面板中）如图 6-29 所示，其主要几何约束选项功能如表 6-2 所示。

图 6-29 "几何"面板及"几何约束"工具栏

表 6-2 几何约束选项功能

约束模式	功　　能
重合	约束两个点使其重合，或约束一个点使其位于曲线（或曲线的延长线）上。可以使对象上的约束点与某个对象重合，也可以使其与另一对象上的约束点重合
共线	使两条或多条直线段沿同一直线方向，使其共线
同心	将两个圆弧、圆或椭圆约束到同一个中心点，结果与将重合约束应用于曲线的中心点所产生的效果相同
固定	将几何约束应用于一对对象时，选择对象的顺序以及选择每个对象的点可能会影响对象彼此间的放置方式
平行	使选定的直线位于彼此平行的位置，平行约束在两个对象之间应用
垂直	使选定的直线位于彼此垂直的位置，垂直约束在两个对象之间应用
水平	使直线或点位于与当前坐标系 X 轴平行的位置，默认选择类型为对象
竖直	使直线或点位于与当前坐标系 Y 轴平行的位置
相切	将两条曲线约束为保持彼此相切或其延长线保持彼此相切，相切约束在两个对象之间应用
平滑	将样条曲线约束为连续，并与其他样条曲线、直线、圆弧或多段线保持连续性
对称	使选定对象受对称约束，相对于选定直线对称
相等	将选定圆弧和圆的尺寸重新调整为半径相同，或将选定直线的尺寸重新调整为长度相同

在绘图过程中可指定二维对象或对象上点之间的几何约束。在绘制受约束的几何图形时，将保留约束，因此，通过使用几何约束可以使图形符合设计要求。

在使用 AutoCAD 2019 绘图时，可以控制约束栏的显示，利用"约束设置"对话框可控制约束栏上显示或隐藏的几何约束类型，单独或全局显示或隐藏几何约束和约束栏，可执行以下操作。

（1）显示（或隐藏）所有的几何约束。

（2）显示（或隐藏）指定类型的几何约束。

（3）显示（或隐藏）所有与选定对象相关的几何约束。

动手学——几何约束平键 A6×6×32

源文件：源文件\第 6 章\几何约束平键 A6×6×32.dwg

本实例对平键 A6×6×32 进行几何约束，如图 6-30 所示。

图 6-30　平键 A6×6×32

【操作步骤】

（1）利用绘图命令绘制圆头平键的大体轮廓，如图 6-31 所示。

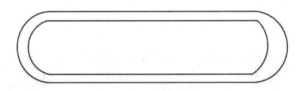

图 6-31　圆头平键

（2）单击"参数化"选项卡的"几何"面板中的"固定"按钮🔒，选择最下端的水平直线添加固定约束，命令行提示如下。

```
命令: _GcFix
选择点或 [对象(O)] <对象>:选取下端水平直线
```

结果如图 6-32 所示。

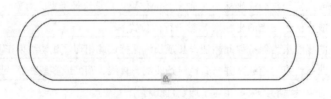

图 6-32　添加固定约束

（3）单击"参数化"选项卡的"几何"面板中的"重合"按钮 ｜_，选取下端水平直线左端点和左端圆弧下端点，命令行提示如下。

命令：_GcCoincident
选择第一个点或 [对象(O)/自动约束(A)] <对象>:选取下端水平直线左端点
选择第二个点或 [对象(O)] <对象>:选取左端圆弧下端点

采用相同的方法，将所有的结合点添加重合约束，如图 6-33 所示。

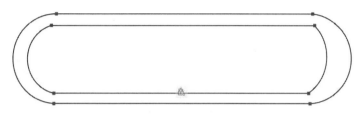

图 6-33   添加重合约束

（4）单击"参数化"选项卡的"几何"面板中的"相切"按钮 ◯，选取圆弧和水平直线添加相切约束关系，命令行提示如下。

命令：_ GcTangent
选择第一个对象:选取下端水平直线
选择第二个对象:选取左端圆弧

采用相同的方法，添加圆弧与直线之间的相切约束关系，如图 6-34 所示。

图 6-34   添加相切约束

（5）单击"参数化"选项卡的"几何"面板中的"同心"按钮 ◎，选取左侧的两个圆弧添加相切约束关系，命令行提示如下。

命令：_ GcConcentric
选择第一个对象:选取左端大圆弧
选择第二个对象:选取左端小圆弧

采用相同的方法，添加右端两个圆弧的同心约束关系，如图 6-35 所示。

图 6-35   添加同心约束

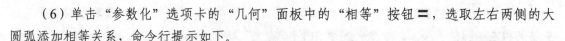

（6）单击"参数化"选项卡的"几何"面板中的"相等"按钮 ，选取左右两侧的大圆弧添加相等关系，命令行提示如下。

```
命令：_GcEqual
选择第一个对象或 ［多个(M)］:选取右端大圆弧
选择第二个对象:选取左端大圆弧
```

采用相同的方法，添加左右两端小圆弧的相等约束关系，如图 6-36 所示。

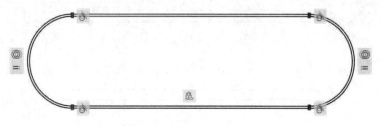

图 6-36　添加相等约束

6.5.2　尺寸约束

建立尺寸约束可以限制图形几何对象的大小，与在草图上标注尺寸相似，同样设置尺寸标注线，与此同时也会建立相应的表达式，不同的是，建立尺寸约束后，可以在后续的编辑工作中实现尺寸的参数化驱动。

生成尺寸约束时，用户可以选择草图曲线、边、基准平面或基准轴上的点，以生成水平、竖直、平行、垂直和角度尺寸。

生成尺寸约束时，系统会生成一个表达式，其名称和值显示在一个文本框中，如图 6-37 所示，用户可以在其中编辑该表达式的名称和值。

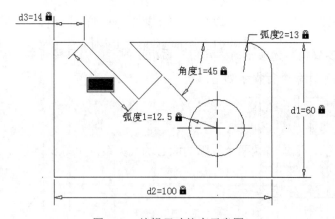

图 6-37　编辑尺寸约束示意图

生成尺寸约束时，只要选中了几何体，其尺寸及其延长线和箭头就会全部显示出来。将尺寸拖动到位，然后单击，这就完成了尺寸约束的添加。完成尺寸约束后，用户还可以随时更改尺寸约束，只需在绘图区选中该值并双击，即可使用生成过程中所采用的方式编辑其名称、值或位置。

在用 AutoCAD 2019 绘图时，使用"约束设置"对话框中的"标注"选项卡可控制显示标注约束时的系统配置，标注约束控制设计的大小和比例。尺寸约束的具体内容如下。

（1）对象之间或对象上点之间的距离。

（2）对象之间或对象上点之间的角度。

动手学——尺寸约束平键 A6×6×32

扫一扫，看视频

源文件：源文件\第 6 章\尺寸约束平键 A6×6×32.dwg

本实例将几何约束后的平键 A6×6×32 添加尺寸约束，如图 6-38 所示。

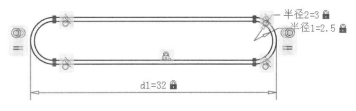

图 6-38　平键 A6×6×32

【操作步骤】

（1）单击"参数化"选项卡的"标注"面板中的"半径"按钮，选取小圆弧标注尺寸，并更改尺寸为 2.5，如图 6-38 所示，按 Enter 键确认，命令行提示如下。

```
命令: _DcRadius
选择圆弧或圆:选取小圆弧
标注文字 = 170.39
指定尺寸线位置:将尺寸拖动到适当的位置，并修改尺寸为2.5
```

采用相同的方法，添加大圆弧的半径尺寸为 3，如图 6-39 所示。

图 6-39　添加半径尺寸

（2）单击"参数化"选项卡的"标注"面板中的"线性"按钮，标注圆头平键的长度尺寸，并更改尺寸为 32，如图 6-38 所示，按 Enter 键确认，命令行提示如下。

```
命令: _DcLinear
指定第一个约束点或 [对象(O)] <对象>:选取左端圆弧左象限点
指定第二个约束点：选取右端圆弧左象限点
指定尺寸线位置：将尺寸拖动到适当的位置
标注文字 = 936.33 （更改尺寸为32）
```

结果如图 6-40 所示。

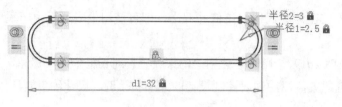

图 6-40　添加长度尺寸

动手练——绘制泵轴

绘制如图 6-41 所示的泵轴。

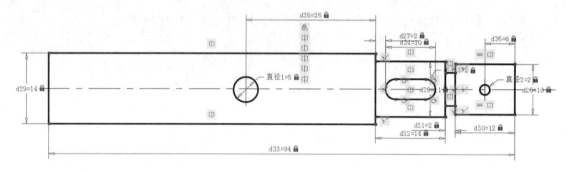

图 6-41　泵轴

思路点拨：

（1）利用"直线"命令绘制泵轴外轮廓线。

（2）对外轮廓线添加几何约束。

（3）对外轮廓线添加尺寸约束。

（4）利用"直线"和"圆弧"命令绘制键槽，然后对键槽添加几何约束和尺寸约束。

（5）利用"圆"命令绘制孔，然后对孔添加尺寸约束。

6.6　实例——垫块

扫一扫，看视频

源文件：源文件\第 6 章\垫块.dwg

本实例绘制如图 6-42 所示的垫块。

【操作步骤】

（1）单击"默认"选项卡的"图层"面板中的"图层特性"按钮，弹出"图层特性管理器"对话框，新建以下两个图层。

① 第一图层命名为"粗实线"，线宽为 0.30mm，其余属性默认。

② 第二图层命名为"中心线"，颜色为红色，线型为 CENTER，其余属性默认。

（2）将"中心线"图层设置为当前图层，单击"默认"选项卡的"绘图"面板中的"直线"按钮╱，绘制中心线，端点坐标分别为{（-30,0），（30,0）}和{（0,-17），（0,17）}。

（3）将"粗实线"图层设置为当前图层，单击"默认"选项卡的"绘图"面板中的"圆"按钮⊙，利用对象捕捉设置捕捉中心线的交点为圆心，绘制半径为 5 的圆。

（4）单击"默认"选项卡的"绘图"面板中的"矩形"按钮▭，绘制主视图外形，角点坐标分别为（-25,-11.5）和（25,11.5）。绘制效果如图 6-43 所示。

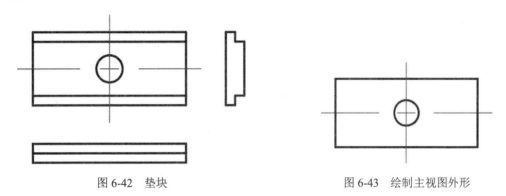

图 6-42　垫块　　　　　　　　　　　　图 6-43　绘制主视图外形

（5）依次单击状态栏中的"对象捕捉"和"对象追踪"按钮，启动对象捕捉追踪功能。单击"默认"选项卡的"绘图"面板中的"直线"按钮╱，绘制主视图凸台轮廓线。命令行提示与操作如下。

```
命令：_line✓
指定第一个点：form✓
基点：（捕捉矩形左上角点，如图 6-44 所示）
<偏移>：@0,-3✓
指定下一点或 [放弃(U)]：（鼠标右移，捕捉矩形右边上的垂足，如图 6-45 所示）
```

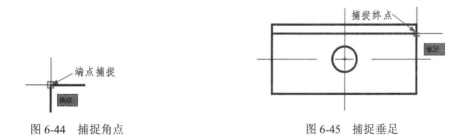

图 6-44　捕捉角点　　　　　　　　　　图 6-45　捕捉垂足

按相同的方法，以矩形左下角点为基点，向上偏移 3 个单位，利用基点捕捉绘制下面的另一条棱线，绘制效果如图 6-46 所示。

（6）单击"默认"选项卡的"绘图"面板中的"矩形"按钮▭，捕捉上面绘制矩形的左下角点，系统显示追踪线，沿追踪线向下在适当位置指定一点，如图 6-47 所示。输入另一角点坐标（@100,18），绘制效果如图 6-48 所示。

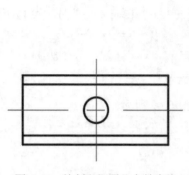

图 6-46　绘制主视图凸台轮廓线

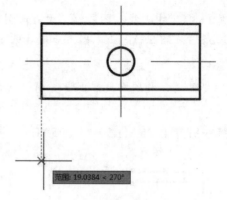

图 6-47　追踪对象

（7）单击"默认"选项卡的"绘图"面板中的"直线"按钮　，绘制俯视图凸台轮廓线。首先利用对象捕捉设置捕捉俯视图左端竖直直线的中点，然后鼠标右移，捕捉其在矩形右边上的垂足，绘制效果如图 6-49 所示。

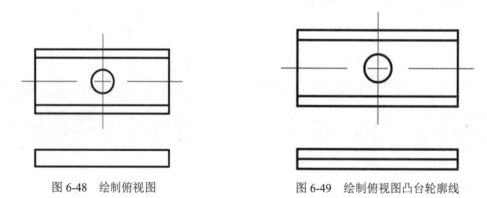

图 6-48　绘制俯视图

图 6-49　绘制俯视图凸台轮廓线

（8）单击"默认"选项卡的"绘图"面板中的"多段线"按钮　，捕捉主视图矩形的右上角点，系统显示追踪线，沿追踪线向下在适当位置指定一点，然后依次绘制其他多段线，点坐标分别为 {（@3,0），（@0,-3），（@3,0），（@0,-17），（@-3,0），（@0,-3），（@-3,0），（@0,23）}，绘制左视图轮廓线。最终效果如图 6-42 所示。

6.7　模拟认证考试

1. 对极轴追踪角度进行设置，把增量角设为 30°，把附加角设为 10°，采用极轴追踪时，不会显示极轴对齐的是（　　　）。

　　A．10　　　　　　　　　　　　　　　　B．30

　　C．40　　　　　　　　　　　　　　　　D．60

2. 当捕捉设定的间距与栅格所设定的间距不同时，（　　　）。

　　A．捕捉仍然只按栅格进行

    B．捕捉时按照捕捉间距进行

    C．捕捉既按栅格，又按捕捉间距进行

    D．无法设置

3．执行对象捕捉时，如果在一个指定的位置上包含多个对象符合捕捉条件，则按（   ）键可以在不同对象间切换。

    A．Ctrl   B．Tab

    C．Alt   D．Shift

4．下列关于被固定约束的圆心的圆的说法错误的是（   ）。

    A．可以移动圆   B．可以放大圆

    C．可以偏移圆   D．可以复制圆

5．几何约束栏设置不包括（   ）。

    A．垂直   B．平行

    C．相交   D．对称

6．下列不是自动约束类型的是（   ）。

    A．共线约束   B．固定约束

    C．同心约束   D．水平约束

7．绘制如图 6-50 所示图形。

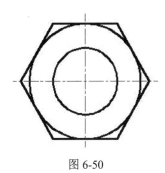

图 6-50

第 7 章　复杂二维绘图命令

内容简介

本章循序渐进地学习有关 AutoCAD 2019 的复杂绘图命令和编辑命令，熟练掌握用 AutoCAD 2019绘制二维几何元素，包括多段线、样条曲线及多线等的方法，同时利用相应的编辑命令修正图形。

内容要点

- ➥ 样条曲线
- ➥ 多线段
- ➥ 多线
- ➥ 对象编辑
- ➥ 模拟认证考试

案例效果

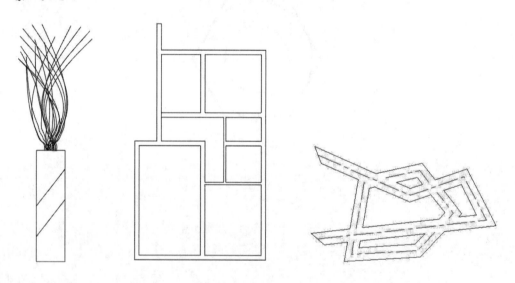

7.1　样　条　曲　线

AutoCAD 2019 使用一种称为非均匀有理 B 样条（NURBS）曲线的特殊样条曲线类型。NURBS 曲线在控制点之间产生一条光滑的样条曲线，如图 7-1 所示。

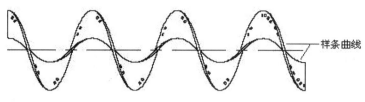

图 7-1　样条曲线

7.1.1　绘制样条曲线

样条曲线可用于创建形状不规则的曲线，例如，为地理信息系统（GIS）应用或汽车设计绘制轮廓线。

【执行方式】

- 命令行：SPLINE。
- 菜单栏：选择菜单栏中的"绘图"→"样条曲线"命令。
- 工具栏：单击"绘图"工具栏中的"样条曲线"按钮 ∿。
- 功能区：单击"默认"选项卡的"绘图"面板中的"样条曲线拟合"按钮 ∿ 或"样条曲线控制点"按钮 ∿。

动手学——装饰瓶

源文件：源文件\第 7 章\装饰瓶.dwg
本实例绘制的装饰瓶如图 7-2 所示。

扫一扫，看视频

【操作步骤】

（1）单击"默认"选项卡的"绘图"面板中的"矩形"按钮 ▭，绘制 139×514 的矩形作为装饰瓶的瓶子外轮廓。

（2）单击"默认"选项卡的"绘图"面板中的"直线"按钮 ╱，绘制瓶子上的装饰线，如图 7-3 所示。

图 7-2　装饰瓶

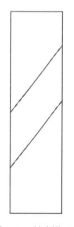

图 7-3　绘制瓶子

（3）单击"默认"选项卡的"绘图"面板中的"样条曲线拟合"按钮，绘制装饰瓶中的植物。命令行提示与操作如下。

```
命令：_SPLINE
当前设置：方式=拟合      节点=弦
指定第一点或 [方式(M)/节点(K)/对象(O)]：_M
输入样条曲线创建方式 [拟合(F)/控制点(CV)] <拟合>：_F
当前设置：方式=拟合      节点=弦
指定第一点或 [方式(M)/节点(K)/对象(O)]：在瓶口适当位置指定第一点
输入下一点或 [起点切向(T)/公差(L)]：指定第二点
输入下一点或 [端点相切(T)/公差(L)/放弃(U)]：指定第三点
输入下一点或 [端点相切(T)/公差(L)/放弃(U)/闭合(C)]：指定第四点
输入下一点或 [端点相切(T)/公差(L)/放弃(U)/闭合(C)]：依次指定其他点
```

采用相同的方法绘制装饰瓶中的所有植物，如图 7-2 所示。

✍ 技巧：

在命令前加一下划线表示采用菜单或工具栏方式执行命令，与命令行方式效果相同。

【选项说明】

（1）第一点：指定样条曲线的第一个点，或者第一个拟合点，或者第一个控制点。

（2）方式(M)：控制使用拟合点或使用控制点创建样条曲线。

① 拟合(F)：通过指定样条曲线必须经过的拟合点创建 3 阶 B 样条曲线。

② 控制点(CV)：通过指定控制点创建样条曲线。使用此方法创建 1 阶（线性）、2 阶（二次）、3 阶（三次）直到最高为 10 阶的样条曲线。通过移动控制点调整样条曲线的形状。

（3）节点(K)：用来确定样条曲线中连续拟合点之间的零部件曲线如何过渡。

（4）对象(O)：将二维或三维的二次或三次样条曲线的拟合多段线转换为等价的样条曲线，然后（根据 DelOBJ 系统变量的设置）删除该拟合多段线。

7.1.2 编辑样条曲线

修改样条曲线的参数或将样条曲线拟合多段线转换为样条曲线。

【执行方式】

- ➥ 命令行：SPLINEDIT。
- ➥ 菜单栏：选择菜单栏中的"修改"→"对象"→"样条曲线"命令。
- ➥ 快捷菜单：选中要编辑的样条曲线，在绘图区右击，在弹出的快捷菜单中选择"样条曲线"下拉菜单中的选项进行编辑。
- ➥ 工具栏：单击"修改Ⅱ"工具栏中的"编辑样条曲线"按钮。
- ➥ 功能区：单击"默认"选项卡的"修改"面板中的"编辑样条曲线"按钮。

【操作步骤】

命令：SPLINEDIT✓
选择样条曲线：（选择要编辑的样条曲线。若选择的样条曲线是用 SPLINE 命令创建的，其近似点以夹点的颜色显示；若选择的样条曲线是用 PLINE 命令创建的，其控制点以夹点的颜色显示）
输入选项 [闭合(C)/合并(J)/拟合数据(F)/编辑顶点(E)/转换为多段线(P)/反转(R)/放弃(U)/退出(X)] <退出>：

【选项说明】

（1）闭合(C)：决定样条曲线是开放的还是闭合的。开放的样条曲线有两个端点，而闭合的样条曲线则形成一个环。

（2）合并(J)：将选定的样条曲线与其他样条曲线、直线、多段线和圆弧在重合端点处合并，形成一个较大的样条曲线。

（3）拟合数据(F)：编辑近似数据。选择该选项后，创建该样条曲线时指定的各点将以小方格的形式显示出来。

（4）转换为多段线(P)：将样条曲线转换为多段线。精度值决定生成的多段线与源样条曲线拟合的精确程度。有效值为介于 0 ~ 99 的任意整数。

（5）反转(R)：反转样条曲线的方向。该项操作主要用于应用程序。

✍ 技巧：

选中已画好的样条曲线，曲线上会显示若干夹点，绘制时单击几个点就有几个夹点。单击某个夹点并拖动可以改变曲线形状，可以更改"拟合公差"数值来改变曲线通过点的精确程度，数值为"0"时精确度最高。

动手练——绘制螺丝刀

绘制如图 7-4 所示的螺丝刀。

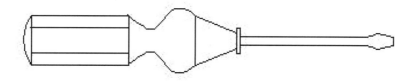

图 7-4　螺丝刀

📋 思路点拨：

（1）利用"直线""矩形"和"圆弧"命令绘制螺丝刀左部把手。
（2）利用"样条曲线"命令绘制螺丝刀中间部分。
（3）利用"直线"命令绘制螺丝刀的右部。

7.2 多 段 线

多段线是作为单个对象创建的相互连接的线段组合图形。该组合线段作为一个整体，可以由直线段、圆弧段或两者的组合线段组成，并且可以是任意开放或封闭的图形。

7.2.1 绘制多段线

多段线由直线段或圆弧连接组成，作为单一对象使用。可以绘制直线箭头和弧形箭头。

【执行方式】

- ↳ 命令行：PLINE（快捷命令：PL）。
- ↳ 菜单栏：选择菜单栏中的"绘图"→"多段线"命令。
- ↳ 工具栏：单击"绘图"工具栏中的"多段线"按钮 ⟶⟩。
- ↳ 功能区：单击"默认"选项卡的"绘图"面板中的"多段线"按钮 ⟶⟩。

动手学——微波隔离器

源文件：源文件\第 7 章\微波隔离器.dwg
利用多段线命令绘制如图 7-5 所示的微波隔离器。

【操作步骤】

（1）单击"默认"选项卡的"绘图"面板中的"多段线"按钮 ⟶⟩，在图中适当位置绘制微波隔离器外框，命令行提示与操作如下。

```
命令: _pline
指定起点: 0,0
当前线宽为 0.0000
指定下一点或 [圆弧(A)/半宽(H)/长度(L)/放弃(U)/宽度(W)]: 50,0
指定下一点或 [圆弧(A)/闭合(C)/半宽(H)/长度(L)/放弃(U)/宽度(W)]: 50,50
指定下一点或 [圆弧(A)/闭合(C)/半宽(H)/长度(L)/放弃(U)/宽度(W)]: 0,50
指定下一点或 [圆弧(A)/闭合(C)/半宽(H)/长度(L)/放弃(U)/宽度(W)]: C
```

结果如图 7-6 所示。

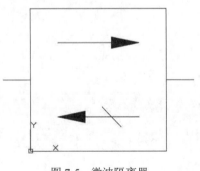

图 7-5　微波隔离器

图 7-6　绘制外框

（2）单击"默认"选项卡的"绘图"面板中的"直线"按钮 ∕，分别以坐标 {（-10,25），（0,25）} 和 {（50,25），（60,25）} 绘制两条直线，如图 7-7 所示。

（3）单击"默认"选项卡的"绘图"面板中的"多段线"按钮 ⊃，在图中适当位置绘制箭头，命令行提示与操作如下。

```
命令：_pline
指定起点：10,38
当前线宽为 0.0000
指定下一点或 [圆弧(A)/半宽(H)/长度(L)/放弃(U)/宽度(W)]：@20,0
指定下一点或 [圆弧(A)/闭合(C)/半宽(H)/长度(L)/放弃(U)/宽度(W)]：W
指定起点宽度 <0.0000>：4
指定端点宽度 <4.0000>：0
指定下一点或 [圆弧(A)/闭合(C)/半宽(H)/长度(L)/放弃(U)/宽度(W)]：@10,0
指定下一点或 [圆弧(A)/闭合(C)/半宽(H)/长度(L)/放弃(U)/宽度(W)]：
命令：PLINE
指定起点：10,12
当前线宽为 0.0000
指定下一点或 [圆弧(A)/半宽(H)/长度(L)/放弃(U)/宽度(W)]：W
指定起点宽度 <0.0000>：
指定端点宽度 <0.0000>：4
指定下一个点或 [圆弧(A)/半宽(H)/长度(L)/放弃(U)/宽度(W)]：@10,0
指定下一点或 [圆弧(A)/闭合(C)/半宽(H)/长度(L)/放弃(U)/宽度(W)]：W
指定起点宽度 <4.0000>：0
指定端点宽度 <0.0000>：
指定下一点或 [圆弧(A)/闭合(C)/半宽(H)/长度(L)/放弃(U)/宽度(W)]：@20,0
指定下一点或 [圆弧(A)/闭合(C)/半宽(H)/长度(L)/放弃(U)/宽度(W)]：
```

结果如图 7-8 所示。

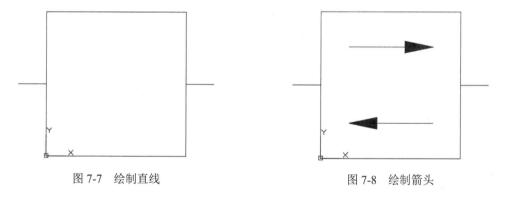

图 7-7 绘制直线   图 7-8 绘制箭头

（4）单击"默认"选项卡的"绘图"面板中的"直线"按钮 ∕，以坐标 {（26.5,15.5），（33.5,8.5）} 绘制斜直线，绘制效果如图 7-5 所示。

【选项说明】

（1）圆弧(A)：绘制圆弧的方法与"圆弧"命令相似。则命令行提示与操作如下。

指定圆弧的端点(按住 Ctrl 键以切换方向) 或 [角度(A)/圆心(CE)/方向(D)/半宽(H)/直线(L)/半径(R)/第二个点(S)/放弃(U)/宽度(W)]：

（2）半宽(H)：指定从宽线段的中心到一条边的宽度。

（3）长度(L)：按照与上一线段相同的角度方向创建指定长度的线段。如果上一线段是圆弧，将创建与该圆弧段相切的新直线段。

（4）宽度(W)：指定下一线段的宽度。

（5）放弃(U)：删除最近添加的线段。

☞ 教你一招：

定义多段线的半宽和宽度时，应注意以下事项。

（1）起点宽度将成为默认的端点宽度。

（2）端点宽度在再次修改宽度之前将作为所有后续线段的统一宽度。

（3）宽线段的起点和端点位于线段的中心。

（4）典型情况下，相邻多段线线段的交点将倒角。但在圆弧段互不相切，有非常尖锐的角或者使用点划线线型的情况下将不倒角。

7.2.2 编辑多段线

编辑多段线可以合并二维多段线、将线条和圆弧转换为二维多段线以及将多段线转换为近似 B 样条曲线的曲线。

【执行方式】

- ➥ 命令行：PEDIT（快捷命令：PE）。
- ➥ 菜单栏：选择菜单栏中的"修改"→"对象"→"多段线"命令。
- ➥ 工具栏：单击"修改Ⅱ"工具栏中的"编辑多段线"按钮 。
- ➥ 快捷菜单：选择要编辑的多线段，在绘图区右击，在弹出的快捷菜单中选择"多段线"→"编辑多段线"命令。
- ➥ 功能区：单击"默认"选项卡的"修改"面板中的"编辑多段线"按钮 。

【操作步骤】

```
命令：PEDIT
选择多段线或 [多条(M)]：
输入选项 [闭合(C)/合并(J)/宽度(W)/编辑顶点(E)/拟合(F)/样条曲线(S)/非曲线化(D)/线型生
成(L)/反转(R)/放弃(U)]：j
选择对象：
选择对象：
输入选项 [打开(O)/合并(J)/宽度(W)/编辑顶点(E)/拟合(F)/样条曲线(S)/非曲线化(D)/线型生
成(L)/反转(R)/放弃(U)]：
```

【选项说明】

编辑多段线命令的选项中允许用户进行移动、插入顶点和修改任意两点间的线宽等操作，具体含义如下。

（1）合并(J)：以选中的多段线为主体，合并其他直线段、圆弧或多段线，使其成为一条多段线。能合并的条件是各段线的端点首尾相连，如图7-9所示。

（a）合并前　　　　　　　　　　　　　　　　（b）合并后

图7-9　合并多段线

（2）宽度(W)：修改整条多段线的线宽，使其具有同一线宽，如图7-10所示。

（a）修改前　　　　　　　　　　　　　　　　（b）修改后

图7-10　修改整条多段线的线宽

（3）编辑顶点(E)：选择该选项后，在多段线起点处出现一个斜的十字叉"×"，为当前顶点的标记，并在命令行出现进行后续操作的提示。

[下一个(N)/上一个(P)/打断(B)/插入(I)/移动(M)/重生成(R)/拉直(S)/切向(T)/宽度(W)/退出(E)] <N>:

这些选项允许用户进行移动、插入顶点和修改任意两点间的线宽等操作。

（4）拟合(F)：从指定的多段线生成由光滑圆弧连接而成的圆弧拟合曲线，该曲线经过多段线的各顶点，如图7-11所示。

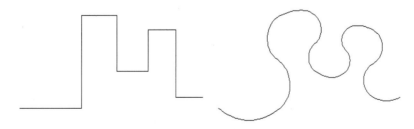

图7-11　生成圆弧拟合曲线

（5）样条曲线(S)：以指定的多段线的各顶点作为控制点生成样条曲线，如图7-12所示。

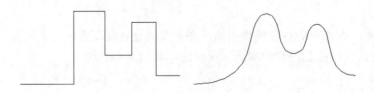

图 7-12　生成 B 样条曲线

（6）非曲线化(D)：用直线代替指定的多段线中的圆弧。对于选择"拟合(F)"选项或"样条曲线(S)"选项后生成的圆弧拟合曲线或样条曲线，删去其生成曲线时新插入的顶点，则恢复成由直线段组成的多段线，如图 7-13 所示。

图 7-13　生成直线

（7）线型生成(L)：当多段线的线型为点划线时，控制多段线的线型生成方式开关。选择此选项，命令行提示与操作如下。

输入多段线线型生成选项 [开(ON)/关(OFF)] <关>：

选择 ON 时，将在每个顶点处允许以短划开始或结束生成线型；选择 OFF 时，将在每个顶点处允许以长划开始或结束生成线型。线型生成不能用于包含带变宽的线段的多段线，图 7-14 所示为控制多段线的线型效果。

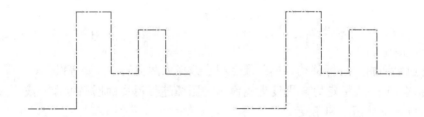

图 7-14　控制多段线的线型（线型为点划线时）

☞ 教你一招：

> 直线、构造线、多段线的区别。
> （1）直线：有起点和端点的线。直线每一段都是分开的，画完以后不是一个整体，在选取时需要一根一根地选取。
> （2）构造线：没有起点和端点的无限长的线。作为辅助线时和 Photoshop 中的辅助线差不多。
> （3）多段线：由多条线段组成一个整体的线段（可能是闭合的，也可能是非闭合的；可能是同一粗细的，也可能是粗细结合的）。如想选中该线段中的一部分，必须先将其分解。同样，多条线段在一起，也可以组合成多段线。

> 多段线是一条完整的线，折弯的地方是一体的，不像直线，线跟线端点相连。另外，多段线可以改变线宽，使端点和尾点的粗细不一。多段线还可以绘制圆弧，这是直线绝对不可能做到的。另外，对"偏移"命令，直线和多段线的偏移对象也不相同，直线是偏移单线，多段线是偏移图形。

动手练——绘制浴缸

绘制如图 7-15 所示的浴缸。

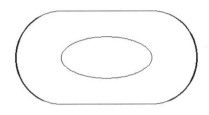

图 7-15　浴缸

📓 **思路点拨：**

> （1）利用"多段线"命令绘制浴缸外沿。
> （2）利用"椭圆"命令绘制缸底。

7.3　多　　线

多线是一种复合线，由连续的直线段复合组成。多线的一个突出优点是能够提高绘图效率，保证图线之间的统一性。多线一般用于电子线路、建筑墙体的绘制等。

7.3.1　定义多线样式

在使用"多线"命令之前，可对多线的数量和每条单线的偏移距离、颜色、线型和背景填充等特性进行设置。

【执行方式】

➥　命令行：MLSTYLE。

➥　菜单栏：选择菜单栏中的"格式"→"多线样式"命令。

动手学——定义住宅墙体的样式

源文件：源文件\第 7 章\定义住宅墙体的样式.dwg

绘制如图 7-16 所示的住宅墙体。

【操作步骤】

（1）单击"默认"选项卡的"绘图"面板中的"构造线"按钮 ，绘制一条水平构造线和一条竖直构造线，组成"十"字辅助线，如图 7-17 所示。继续绘制辅助线，命令行提示与操作如下。

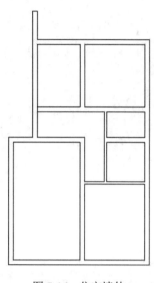

图 7-16　住宅墙体

图 7-17　"十"字辅助线

```
命令: _xline
指定点或 [水平(H)/垂直(V)/角度(A)/二等分(B)/偏移(O)]: O↙
指定偏移距离或[通过（T）]<通过>: 1200↙
选择直线对象: 选择竖直构造线
指定向哪侧偏移: 指定右侧一点
```

采用相同的方法将偏移得到的竖直构造线依次向右偏移 2400、1200 和 2100，绘制的竖直构造线如图 7-18 所示。采用同样的方法绘制水平构造线，依次向下偏移 1500、3300、1500、2100 和 3900，绘制完成的住宅墙体辅助线网格如图 7-19 所示。

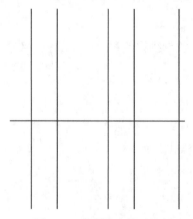

图 7-18　绘制竖直构造线

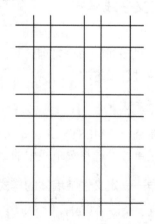

图 7-19　住宅墙体辅助线网格

（2）定义 240 多线样式。选择菜单栏中的"格式"→"多线样式"命令，系统打开如图 7-20 所示的"多线样式"对话框。单击"新建"按钮，系统打开如图 7-21 所示的"创建新的多线样式"对话框，在该对话框的"新样式名"文本框中输入"240 墙"，单击"继续"按钮。

图 7-20 "多线样式"对话框　　　　图 7-21 "创建新的多线样式"对话框

系统打开"新建多线样式"对话框，进行如图 7-22 所示的多线样式设置，单击"确定"按钮，返回到"多线样式"对话框，单击"置为当前"按钮，将 240 墙样式置为当前，单击"确定"按钮，完成 240 墙的设置。

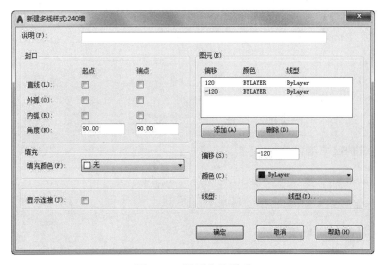

图 7-22 设置多线样式

✍ 技巧：

在建筑平面图中，墙体用双线表示，一般采用轴线定位的方式，以轴线为中心，具有很强的对称关系，因此绘制墙线通常有 3 种方法。

（1）使用"偏移"命令直接偏移轴线，将轴线向两侧偏移一定距离，得到双线，然后将所得双线转移至墙线图层。

（2）使用"多线"命令直接绘制墙线。

（3）当墙体要求填充成实体颜色时，也可以采用"多段线"命令直接绘制，将线宽设置为墙厚即可。笔者推荐选用第二种方法，即采用"多线"命令绘制墙线。

【选项说明】

"新建多线样式"对话框中的选项说明如下。

（1）"封口"选项组：可以设置多线起点和端点的特性，包括直线、外弧、内弧封口、封口线段或圆弧的角度。

（2）"填充"选项组：在"填充颜色"下拉列表框中选择多线填充的颜色。

（3）"图元"选项组：在此选项组中设置组成多线的元素的特性。单击"添加"按钮，为多线添加元素；反之，单击"删除"按钮，可以为多线删除元素。在"偏移"文本框中可以设置选中的元素的位置偏移值。在"颜色"下拉列表框中可以为选中元素选择颜色。单击"线型"按钮，可以为选中元素设置线型。

7.3.2 绘制多线

多线的绘制方法和直线的绘制方法相似，不同的是多线由两条线型相同的平行线组成。绘制的每一条多线都是一个完整的整体，不能对其进行偏移、倒角、延伸和修剪等编辑操作，只能用分解命令将其分解成多条直线以后再编辑。

【执行方式】

➘ 命令行：MLINE。

➘ 菜单栏：选择菜单栏中的"绘图"→"多线"命令。

动手学——绘制住宅墙体

调用素材：*初始文件\第 7 章\定义住宅墙体样式.dwg*

源文件：*源文件\第 7 章\绘制住宅墙体.dwg*

绘制如图 7-23 所示的住宅墙体。

扫一扫，看视频

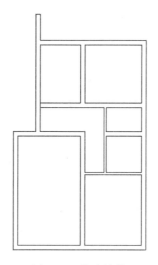

图 7-23　住宅墙体

【操作步骤】

（1）打开初始文件\第 7 章\定义住宅墙体样式.dwg 文件。

（2）选择菜单栏中的"绘图"→"多线"命令，绘制 240 墙体，命令行提示与操作如下。

```
命令: _mline
当前设置: 对正 = 无, 比例 = 1.00, 样式 = 240 墙
指定起点或 [对正(J)/比例(S)/样式(ST)]: S
输入多线比例 <1.00>:
当前设置: 对正 = 无, 比例 = 1.00, 样式 = 240 墙
指定起点或 [对正(J)/比例(S)/样式(ST)]: J
输入对正类型 [上(T)/无(Z)/下(B)] <无>: Z
当前设置: 对正 = 无, 比例 = 1.00, 样式 = 240 墙
指定起点或 [对正(J)/比例(S)/样式(ST)]: 在绘制的辅助线交点上指定一点
指定下一点: 在绘制的辅助线交点上指定下一点
```

绘制结果如图 7-24 所示。采用相同的方法，根据辅助线网格绘制其余的 240 墙线，绘制结果如图 7-25 所示。

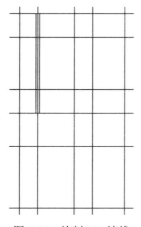

图 7-24　绘制 240 墙线

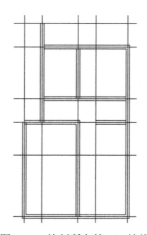

图 7-25　绘制所有的 240 墙线

161

（3）定义 120 多线样式。选择菜单栏中的"格式"→"多线样式"命令，系统打开"多线样式"对话框。单击"新建"按钮，系统打开"创建新的多线样式"对话框，在该对话框的"新样式名"文本框中输入"120 墙"，单击"继续"按钮。系统打开"新建多线样式"对话框，进行如图 7-26 所示的多线样式设置，单击"确定"按钮，返回到"多线样式"对话框，单击"置为当前"按钮，将 120 墙样式置为当前，单击"确定"按钮，完成 120 墙的设置。

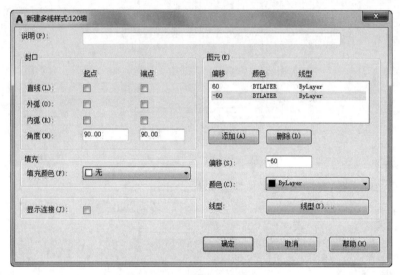

图 7-26　设置多线样式

（4）选择菜单栏中的"绘图"→"多线"命令，根据辅助线网格绘制 120 的墙体，结果如图 7-27 所示。

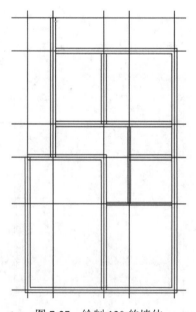

图 7-27　绘制 120 的墙体

【选项说明】

（1）对正(J)：该选项用于给定绘制多线的基准。共有"上""无"和"下" 3 种对正类型。其中，"上"表示以多线上侧的线为基准，以此类推。

（2）比例(S)：选择该选项，要求用户设置平行线的间距。输入值为 0 时，平行线重合；输入值为负时，多线的排列倒置。

（3）样式(ST)：该选项用于设置当前使用的多线样式。

7.3.3　编辑多线

AutoCAD 2019 提供了 4 种类型、12 个多线编辑工具。

【执行方式】

➥　命令行：MLEDIT。

➥　菜单栏：选择菜单栏中的"修改"→"对象"→"多线"命令。

动手学——编辑住宅墙体

调用素材： *初始文件\第 7 章\绘制住宅墙体.dwg*

源文件： *源文件\第 7 章\绘制住宅墙体.dwg*

绘制如图 7-28 所示的住宅墙体。

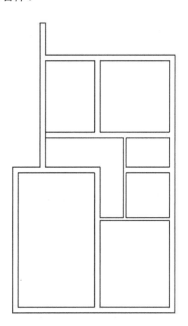

图 7-28　住宅墙体

【操作步骤】

（1）打开初始文件\第 7 章\绘制住宅墙体.dwg 文件。

（2）编辑多线。选择菜单栏中的"修改"→"对象"→"多线"命令，系统打开"多线编辑工具"对话框，如图7-29所示。选择"T形打开"选项，命令行提示与操作如下。

图7-29　"多线编辑工具"对话框

```
命令：_mledit
选择第一条多线：选择多线
选择第二条多线：选择多线
选择第一条多线或 ［放弃(U)］：选择多线
```

采用同样的方法继续进行多线编辑，如图7-30所示。

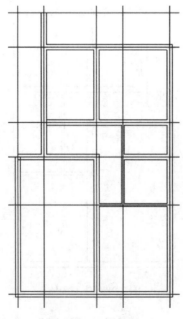

图7-30　T形打开

然后在"多线编辑工具"对话框中选择"角点结合"选项，对墙线进行编辑，并删除辅助线。最后结果如图 7-28 所示。

【选项说明】

对话框中的第一列处理十字交叉的多线，第二列处理 T 形相交的多线，第三列处理角点连接和顶点，第四列处理多线的剪切或接合。

动手练——绘制道路网

源文件：源文件\第 7 章\道路网.dwg

绘制如图 7-31 所示的道路网。

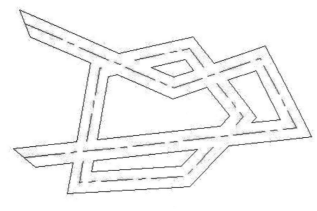

图 7-31　道路网

思路点拨：

> 利用"多线样式""多线""多线编辑"命令绘制道路网。

7.4　对　象　编　辑

在对图形进行编辑时，还可以对图形对象本身的某些特性进行编辑，从而方便图形的绘制。

7.4.1　钳夹功能

要使用钳夹功能编辑对象，必须先打开钳夹功能。

（1）选择菜单栏中的"工具"→"选项"命令，弹出"选项"对话框，选择"选择集"选项卡，如图 7-32 所示。在"夹点"选项组中选中"显示夹点"复选框。在该选项卡中还可以设置代表夹点的小方格的尺寸和颜色。

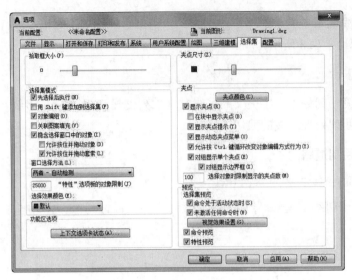

图 7-32　"选择集"选项卡

利用夹点功能可以快速、方便地编辑对象。AutoCAD 2019 在图形对象上定义了一些特殊点，称为夹点，利用夹点可以灵活地控制对象，如图 7-33 所示。

（2）也可以通过 GRIPS 系统变量来控制是否打开夹点功能，1 代表打开，0 代表关闭。

（3）打开夹点功能后，应该在编辑对象之前先选择对象。

夹点表示对象的控制位置。使用夹点编辑对象时，要选择一个夹点作为基点，称为基准夹点。

（4）选择一种编辑操作：镜像、移动、旋转、拉伸和缩放。可以用空格键、Enter 键或键盘上的快捷键循环选择这些功能，如图 7-34 所示。

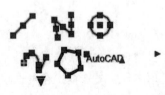

图 7-33　显示夹点

图 7-34　选择编辑操作

7.4.2　特性匹配

利用特性匹配功能可以将目标对象的属性与源对象的属性进行匹配，使目标对象的属性与源对象属性相同。利用特性匹配功能可以方便、快捷地修改对象属性，并保持不同对象的属性相同。

【执行方式】

- ➥　命令行：MATCHPROP。
- ➥　菜单栏：选择菜单栏中的"修改"→"特性匹配"命令。
- ➥　工具栏：单击标准工具栏中的"特性匹配"按钮█。
- ➥　功能区：单击"默认"选项卡的"特性"面板中的"特性匹配"按钮█。

扫一扫，看视频

动手学——修改图形特性

调用素材： 初始文件\第 7 章\7.4.2.dwg

源文件： 源文件\第 7 章\修改图形特性.dwg

【操作步骤】

（1）打开初始文件\第 7 章\7.4.2.dwg 文件，如图 7-35 所示。

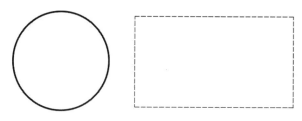

图 7-35　初始文件

（2）单击"默认"选项卡的"特性"面板中的"特性匹配"按钮█，将矩形的线型修改为粗实线，命令行提示与操作如下。

```
命令：_matchprop
选择源对象:选取圆
当前活动设置： 颜色 图层 线型 线型比例 线宽 透明度 厚度 打印样式 标注 文字 图案填充 多段
线 视口 表格材质 多重引线中心对象
选择目标对象或 [设置(S)]:鼠标变成画笔，选取矩形，如图 7-36 所示
```

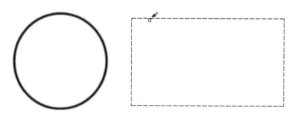

图 7-36　选取目标对象

结果如图 7-37 所示。

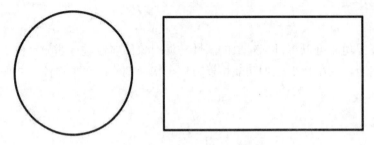

图 7-37　完成矩形特性的修改

【选项说明】

（1）目标对象：指定要将源对象的特性复制到其上的对象。

（2）设置(S)：选择此选项，打开如图 7-38 所示的"特性设置"对话框，可以控制要将哪些对象特性复制到目标对象。默认情况下，选定所有对象特性进行复制。

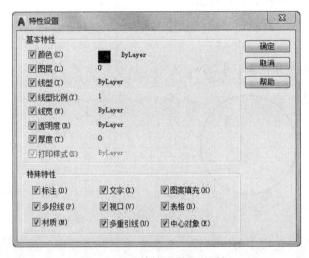

图 7-38　"特性设置"对话框

7.4.3　修改对象属性

【执行方式】

- 命令行：DDMODIFY 或 PROPERTIES。
- 菜单栏：选择菜单栏中的"修改"→"特性"命令或选择菜单栏中的"工具"→"选项板"→"特性"命令。
- 工具栏：单击标准工具栏中的"特性"按钮📇。
- 快捷键：Ctrl+1。
- 功能区：单击"视图"选项卡的"选项板"面板中的"特性"按钮📇。

动手学——五环

源文件：源文件\第 7 章\五环.dwg

本实例绘制如图 7-39 所示的五环。

【操作步骤】

（1）单击"默认"选项卡的"绘图"面板中的"圆环"按钮◎，圆环内径为 40，圆环外径为 50，绘制 5 个圆环，效果如图 7-40 所示。

图 7-39　五环

图 7-40　绘制五环

（2）单击"视图"选项卡的"选项板"面板中的"特性"按钮，弹出"特性"选项板，单击第一个圆环。按 Enter 键后，系统打开"特性"选项板，如图 7-41 所示，其中列出了该圆环所在的图层、颜色、线型、线宽等基本特性及其几何特性。单击"颜色"选项，在表示颜色的色块后出现一个按钮。单击此按钮，打开"颜色"下拉列表，从中选择"蓝"选项，如图 7-42 所示。连续按两次 Esc 键，退出选项板。

图 7-41　"特性"选项板

图 7-42　设置"颜色"选项

第二个圆环的颜色为默认的黑色，将其他三个圆环的颜色分别修改为红色、黄色和绿色。最终绘制的结果如图 7-39 所示。

【选项说明】

（1）（切换 PICKADD 系统变量的值）：单击此按钮，打开或关闭 PICKADD 系统变量。打开 PICKADD 时，每个选定对象都将添加到当前选择集中。

（2）✛（选择对象）：使用任意选择方法选择所需对象。

（3）（快速选择）：单击此按钮，打开如图 7-43 所示的"快速选择"对话框，用于创建基于过滤条件的选择集。

（4）快捷菜单：在"特性"选项板的标题栏中右击，打开如图 7-44 所示的快捷菜单。

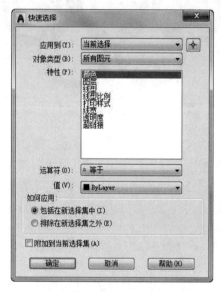

图 7-43　"快速选择"对话框

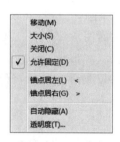

图 7-44　快捷菜单

① 移动：选择此选项，显示用于移动选项板的四向箭头光标，移动光标，移动选项板。

② 大小：选择此选项，显示四向箭头光标，用于拖动选项板中的边或角点，使其变大或变小。

③ 关闭：选择此选项关闭选项板。

④ 允许固定：切换固定或定位选项板。选择此选项，在图形边上的固定区域或拖动窗口时，可以固定该窗口。固定窗口附着到应用程序窗口的边上，并导致重新调整绘图区域的大小。

⑤ 锚点居左/居右：将选项板附着到位于绘图区域左侧或右侧的定位点选项卡基点。

⑥ 自动隐藏：当光标移动到浮动选项板上时，该选项板将展开；当光标离开该选项板时，它将自动关闭。

⑦ 透明度：选择此选项，打开如图 7-45 所示的"透明度"对话框，调整选项板的透明度。

动手练——绘制花朵

绘制如图 7-46 所示的花朵。

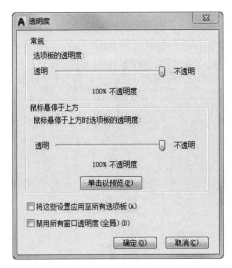

图 7-45　"透明度"对话框　　　　　图 7-46　花朵

思路点拨：

（1）利用"圆"命令绘制花蕊。
（2）利用"多边形"和"圆弧"命令绘制花瓣。
（3）利用"多段线"命令绘制枝叶。
（4）修改花瓣和枝叶的颜色。

7.5　模拟认证考试

1．若需要编辑已知多段线，使用"多段线"命令的（　　）选项可以创建宽度不等的对象。

A．样条曲线(S)　　　　　　　　　B．锥形(T)
C．宽度(W)　　　　　　　　　　　D．编辑顶点(E)

2．执行"样条曲线拟合"命令后，（　　）用来输入曲线的偏差值。值越大，曲线越远离指定的点；值越小，曲线离指定的点越近。

A．闭合　　　　　　　　　　　　　B．端点切向
C．公差　　　　　　　　　　　　　D．起点切向

3．无法用多段线直接绘制的是（　　）。

A．直线段　　　　　　　　　　　　B．弧线段
C．样条曲线　　　　　　　　　　　D．直线段和弧线段的组合段

4. 设置"多线样式"时，下列不属于多线封口的是（　　　）。

   A. 直线　　　　　　　　　　　　B. 多段线

   C. 内弧　　　　　　　　　　　　D. 外弧

5. 下列关于样条曲线拟合点说法错误的是（　　　）。

   A. 可以删除样条曲线的拟合点　　　B. 可以添加样条曲线的拟合点

   C. 可以阵列样条曲线的拟合点　　　D. 可以移动样条曲线的拟合点

6. 绘制如图 7-47 所示的图形。

7. 绘制如图 7-48 所示的图形。

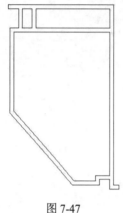

图 7-47

图 7-48

8. 绘制如图 7-49 所示的图形。

图 7-49

第 8 章　简单编辑命令

内容简介

　　二维图形的编辑操作配合绘图命令的使用可以进一步完成复杂图形对象的绘制工作，并可使用户合理安排和组织图形，保证绘图准确，减少重复。因此，对编辑命令的熟练掌握和使用有助于提高设计和绘图的效率。

内容要点

- ➥　选择对象
- ➥　复制类命令
- ➥　改变位置类命令
- ➥　实例——四人桌椅
- ➥　模拟认证考试

案例效果

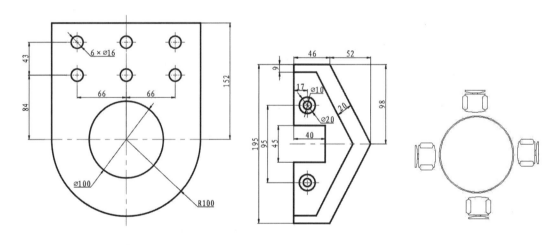

8.1　选　择　对　象

　　选择对象是进行编辑的前提。AutoCAD 2019 提供了多种对象选择方法，如点取方法、用选择窗口选择对象、用选择线选择对象、用对话框选择对象和用套索选择工具选择对象等。

　　AutoCAD 2019 提供两种编辑图形的途径。

　　（1）先执行编辑命令，然后选择要编辑的对象。

　　（2）先选择要编辑的对象，然后执行编辑命令。

这两种途径的执行效果是相同的，但选择对象是进行编辑的前提。AutoCAD 2019可以编辑单个的选择对象，也可以把选择的多个对象组成整体，如选择集和对象组，进行整体编辑与修改。

8.1.1 构造选择集

选择集可以仅由一个图形对象构成，也可以是一个复杂的对象组，如位于某一特定层中具有某种特定颜色的一组对象。选择集的构造可以在调用编辑命令之前或之后。

AutoCAD 2019 提供了以下几种方法构造选择集。

➥ 先选择一个编辑命令，然后选择对象，按 Enter 键结束操作。

➥ 使用 SELECT 命令。

➥ 用点取设备选择对象，然后调用编辑命令。

➥ 定义对象组。

无论使用哪种方法，AutoCAD 2019 都将提示用户选择对象，并且光标的形状由十字光标变为拾取框。

下面结合 SELECT 命令说明选择对象的方法。

【操作步骤】

SELECT 命令可以单独使用，也可以在执行其他编辑命令时自动调用。命令行提示与操作如下。

```
命令：SELECT
选择对象：（等待用户以某种方式选择对象作为回答。AutoCAD 2019 提供多种选择方式，可以输入"?"
查看这些选择方式）
需要点或窗口(W)/上一个(L)/窗交(C)/框(BOX)/全部(ALL)/栏选(F)/圈围(WP)/圈交(CP)/编组
(G)/添加(A)/删除(R)/多个(M)/前一个(P)/放弃(U)/自动(AU)/单个(SI)/子对象(SU)/对象(O)
```

【选项说明】

（1）点：该选项表示直接通过点取的方式选择对象。用鼠标或键盘移动拾取框，使其框住要选取的对象，然后单击，就会选中该对象并以高亮度显示。

（2）窗口(W)：用由两个对角顶点确定的矩形窗口选取位于其范围内部的所有图形，与边界相交的对象不会被选中。在指定对角顶点时应该按照从左向右的顺序，如图 8-1 所示。

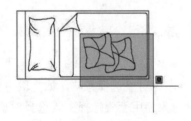

（a）图中深色覆盖部分为选择窗口　　　　　　　　　（b）选择后的图形

图 8-1　"窗口"对象选择方式

（3）上一个(L)：在"选择对象:"提示下输入"L"后，按 Enter 键，系统会自动选取最后绘出的一个对象。

（4）窗交(C)：该方式与上述"窗口"方式类似，区别在于它不但选中矩形窗口内部的对象，也选中与矩形窗口边界相交的对象。选择的对象如图 8-2 所示。

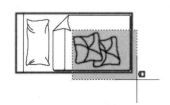
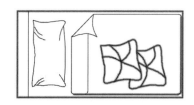

（a）图中深色覆盖部分为选择窗口　　　　　　　　（b）选择后的图形

图 8-2　"窗交"对象选择方式

（5）框(BOX)：使用时，系统会根据用户在屏幕上给出的两个对角点的位置而自动引用"窗口"或"窗交"方式。若从左向右指定对角点，则为"窗口"方式；反之，则为"窗交"方式。

（6）全部(ALL)：选取图面上的所有对象。

（7）栏选(F)：用户临时绘制一些直线，这些直线不必构成封闭图形，凡是与这些直线相交的对象均被选中。选择的对象如图 8-3 所示。

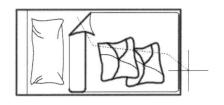
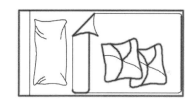

（a）图中虚线为选择栏　　　　　　　　　　　　（b）选择后的图形

图 8-3　"栏选"对象选择方式

（8）圈围(WP)：使用一个不规则的多边形来选择对象。根据提示，用户顺次输入构成多边形的所有顶点的坐标，最后按 Enter 键，结束操作，系统将自动连接第一个顶点到最后一个顶点的各个顶点，形成封闭的多边形。凡是被多边形围住的对象均被选中（不包括边界）。选择的对象如图 8-4 所示。

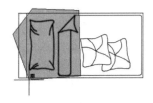

（a）图中十字线所拉出深色多边形为选择窗口　　　　　　（b）选择后的图形

图 8-4　"圈围"对象选择方式

（9）圈交(CP)：类似于"圈围"方式，在"选择对象:"提示后输入"CP"，后续操作与"圈围"方式相同。区别在于与多边形边界相交的对象也被选中。

（10）编组(G)：使用预先定义的对象组作为选择集。事先将若干个对象组成对象组，用组名引用。

（11）添加(A)：添加下一个对象到选择集。也可用于从移走模式（Remove）到选择模式的切换。

（12）删除(R)：按住 Shift 键选择对象，可以从当前选择集中移走该对象。对象由高亮度显示状态变为正常显示状态。

（13）多个(M)：指定多个点，不高亮度显示对象。这种方法可以加快在复杂图形上的选择对象过程。若两个对象交叉，两次指定交叉点，则可以选中这两个对象。

（14）前一个(P)：用关键字 P 回应"选择对象:"的提示，则把上次编辑命令中的最后一次构造的选择集或最后一次使用 SELECT（DDSELECT）命令预置的选择集作为当前选择集。这种方法适用于对同一选择集进行多种编辑操作的情况。

（15）放弃(U)：用于取消加入选择集的对象。

（16）自动(AU)：选择结果视用户在屏幕上的选择操作而定。如果选中单个对象，则该对象为自动选择的结果；如果选择点落在对象内部或外部的空白处，系统会提示"指定对角点"，此时，系统会采取一种窗口的选择方式。对象被选中后，变为虚线形式，并以高亮度显示。

（17）单个(SI)：选择指定的第一个对象或对象集，而不继续提示进行下一步的选择。

（18）子对象(SU)：使用户可以逐个选择原始形状，这些形状是复合实体的一部分或三维实体上的顶点、边和面。可以选择这些子对象的其中之一，也可以创建多个子对象的选择集。选择集可以包含多种类型的子对象。

（19）对象(O)：结束选择子对象的功能。使用户可以使用对象选择方法。

✍ 技巧：

> 若矩形框从左向右定义，即第一个选择的对角点为左侧对角点，矩形框内部的对象被选中，框外部及与矩形框边界相交的对象不会被选中。若矩形框从右向左定义，矩形框内部及与矩形框边界相交的对象都会被选中。

8.1.2 快速选择

有时用户需要选择具有某些共同属性的对象来构造选择集，如选择具有相同颜色、线型或线宽的对象，用户当然也可以使用前面介绍的方法选择这些对象，但如果要选择的对象数量较多且分布在较复杂的图形中，则会增加很大的工作量。

【执行方式】

➥ 命令行：QSELECT。

- 菜单栏：选择菜单栏中的"工具"→"快速选择"命令。
- 快捷菜单：在右键快捷菜单中选择"快速选择"命令，如图 8-5 所示，或在"特性"选项板中单击"快速选择"按钮 ，如图 8-6 所示。

图 8-5 "快速选择"右键菜单　　　　　　　图 8-6 "特性"选项板

【操作步骤】

执行上述命令后，系统会打开如图 8-7 所示的"快速选择"对话框。利用该对话框可以根据用户指定的过滤标准快速创建选择集。

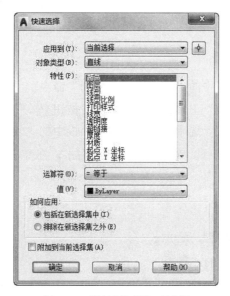

图 8-7 "快速选择"对话框

8.1.3　构造对象组

对象组与选择集并没有本质的区别。当我们把若干个对象定义为选择集并想让它们在以后的操作中始终作为一个整体时，为了简捷，可以给这个选择集命名并保存起来，这个命了名的对象选择集就是对象组，它的名字称为组名。

如果对象组可以被选择（位于锁定层中的对象组不能被选择），那么可以通过它的组名引用该对象组，并且一旦组中任何一个对象被选中，那么组中的全部对象成员都被选中。该命令的调用方法为：在命令行中输入 GROUP 命令。

执行上述命令后，系统打开"对象编组"对话框。利用该对话框可以查看或修改存在的对象组的属性，也可以创建新的对象组。

8.2　复制类命令

本节详细介绍 AutoCAD 2019 的复制类命令。利用这些复制类命令，可以方便地编辑绘制图形。

8.2.1　复制命令

使用复制命令可以从原对象以指定的角度和方向创建对象副本。CAD 复制默认是多重复制，也就是选定图形并指定基点后，可以通过定位不同的目标点复制出多份。

【执行方式】

- ↳　命令行：COPY。
- ↳　菜单栏：选择菜单栏中的"修改"→"复制"命令。
- ↳　工具栏：单击"修改"工具栏中的"复制"按钮 ⌗。
- ↳　功能区：单击"默认"选项卡的"修改"面板中的"复制"按钮 ⌗。
- ↳　快捷菜单：选择要复制的对象，在绘图区右击，在弹出的快捷菜单中选择"复制选择"命令。

动手学——连接板

源文件：源文件\第 8 章\连接板.dwg

本实例绘制如图 8-8 所示的连接板。

扫一扫，看视频

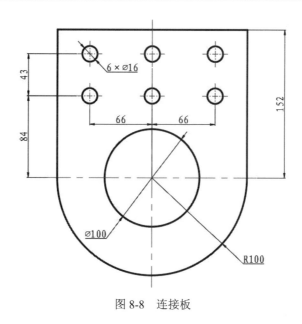

图 8-8　连接板

【操作步骤】

（1）单击"默认"选项卡的"图层"面板中的"图层特性"按钮，弹出"图层特性管理器"对话框，新建以下两个图层。

① 第一图层命名为"粗实线"图层，线宽为 0.30mm，其余属性默认。

② 第二图层命名为"中心线"图层，颜色为红色，线型为 CENTER，其余属性默认。

（2）将"中心线"图层设置为当前图层。单击"默认"选项卡的"绘图"面板中的"直线"按钮，绘制中心线。坐标点分别为{（-110,0），（110,0）}、{（0,-110），（0,162）}、{（-79,127），（-53,127）}和{（-66,114），（-66,140）}，结果如图 8-9 所示。

（3）将"粗实线"图层设置为当前图层。单击"默认"选项卡的"绘图"面板中的"多段线"按钮，绘制连接板轮廓。命令行提示与操作如下。

```
命令:_pline
指定起点:-100,0
当前线宽为 0.0000
指定下一个点或 [圆弧(A)/半宽(H)/长度(L)/放弃(U)/宽度(W)]: @0,152✓
指定下一个点或 [圆弧(A)/半宽(H)/长度(L)/放弃(U)/宽度(W)]: @200,0✓
指定下一个点或 [圆弧(A)/半宽(H)/长度(L)/放弃(U)/宽度(W)]: @0,-152✓
指定下一个点或 [圆弧(A)/半宽(H)/长度(L)/放弃(U)/宽度(W)]:A✓
指定圆弧的端点(按住 Ctrl 键以切换方向)或 [角度(A)/圆心(CE)/闭合(CL)/方向(D)/半宽(H)/
直线(L)/半径(R)/第二个点(S)/放弃(U)/宽度(W)]:A✓
指定夹角: -180✓
指定圆弧的端点（按住 Ctrl 键以切换方向）或[圆心（CE）/半径（R）]: -100,0✓
指定圆弧的端点（按住 Ctrl 键以切换方向）或[角度(A)/圆心(CE)/闭合(CL)/方向(D)/半宽(H)/
直线(L)/半径(R)/第二个点(S)/放弃(U)/宽度(W)]:✓
```

（4）单击"默认"选项卡的"绘图"面板中的"圆"按钮，绘制圆。第一个圆的圆心坐标为（0,0），半径为 50；第二个圆的圆心坐标为（-66,127），半径为 8，结果如图 8-10 所示。

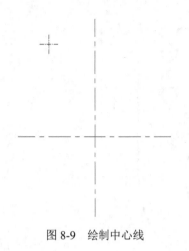

图 8-9　绘制中心线

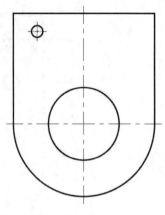

图 8-10　绘制轮廓

✐ 技巧：

> 　　学了阵列命令后，可以利用矩形阵列来绘制这六个孔。读者可以自行绘制，看看哪种命令绘制更方便、快捷。

　　（5）单击"默认"选项卡的"修改"面板中的"复制"按钮⬚，复制圆。命令行提示与操作如下。

```
命令：_copy✓
选择对象：（选择直径为16的圆以及该圆的中心线✓）
当前设置：　复制模式 = 多个
指定基点或[位移(D)/模式(O)]<位移>：（捕捉圆心为基点）
指定第二个点或　[阵列(A)]<使用第一个点作为位移>：0,127✓
指定第二个点或　[阵列(A)/退出(E)/放弃(U)]<退出>：66,127✓
指定第二个点或　[阵列(A)/退出(E)/放弃(U)]<退出>：-66,84✓
指定第二个点或　[阵列(A)/退出(E)/放弃(U)]<退出>：0,84✓
指定第二个点或　[阵列(A)/退出(E)/放弃(U)]<退出>：66,84✓
指定第二个点或　[阵列(A)/退出(E)/放弃(U)]<退出>：✓
```

复制完成后效果如图 8-8 所示。

【选项说明】

　　（1）指定基点：指定一个坐标点后，AutoCAD 2019 把该点作为复制对象的基点。指定第二个点后，系统将根据这两点确定的位移矢量把选择的对象复制到第二点处。如果此时直接按 Enter 键，即选择默认的"用第一点作位移"，则第一个点被当作相对于 X、Y、Z 方向的位移。例如，如果指定基点为（2,3）并在下一个提示下按 Enter 键，则该对象从它当前的位置开始，在 X 方向上移动 2 个单位，在 Y 方向上移动 3 个单位。一次复制完成后，可以不断指定新的第二点，从而实现多重复制。

　　（2）位移(D)：直接输入位移值，表示以选择对象时的拾取点为基准，以拾取点坐标为移动方向，以纵横比移动指定位移后所确定的点为基点。例如，选择对象时的拾取点坐标为（2,3），输入位移为 5，则表示以（2,3）点为基准，沿纵横比为 3:2 的方向移动 5 个单位所确定的点为基点。

（3）模式(O)：控制是否自动重复该命令。确定复制模式是单个还是多个。

（4）阵列(A)：指定在线性阵列中排列的副本数量。

8.2.2　镜像命令

镜像对象是指把选择的对象以一条镜像线为对称轴进行镜像后的对象。镜像操作完成后，可以保留原对象，也可以将其删除。

【执行方式】

- ➥ 命令行：MIRROR。
- ➥ 菜单栏：选择菜单栏中的"修改"→"镜像"命令。
- ➥ 工具栏：单击"修改"工具栏中的"镜像"按钮 ⚠️。
- ➥ 功能区：单击"默认"选项卡的"修改"面板中的"镜像"按钮 ⚠️。

动手学——切刀

源文件：源文件\第 8 章\切刀.dwg

本实例绘制如图 8-11 所示的切刀。

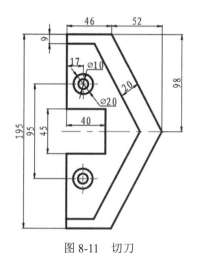

图 8-11　切刀

【操作步骤】

（1）单击"默认"选项卡的"图层"面板中的"图层特性"按钮，弹出"图层特性管理器"选项板，新建以下两个图层。

① 第一图层命名为"粗实线"图层，线宽为 0.30mm，其余属性默认。

② 第二图层命名为"中心线"图层，颜色为红色，线型为 CENTER，其余属性默认。

（2）将"中心线"图层设置为当前图层。单击"默认"选项卡的"绘图"面板中的"直线"按钮，在屏幕上绘制两条水平中心线和一条竖直中心线，端点坐标分别为 {（0,0），

（108,0）}{（7,48），（37,48）}{（22,33），（22,63）}，效果如图 8-12 所示。

图 8-12　绘制中心线

（3）将"粗实线"图层设置为当前图层。单击"默认"选项卡的"绘图"面板中的"直线"按钮／，绘制直线，点坐标分别为{（45,0），（@0,23），（@-40,0），（@0,75），（@45,0），（@52,-98）}{（5,89），（@27,0），（@47,-89）}，效果如图 8-13 所示。

（4）单击"默认"选项卡的"绘图"面板中的"圆"按钮⊙，绘制圆心坐标为（22,48）、半径分别为 5 和 10 的圆，效果如图 8-14 所示。

图 8-13　绘制轮廓

图 8-14　绘制连接孔

（5）单击"默认"选项卡的"修改"面板中的"镜像"按钮▲，以水平中心线为对称线镜像刚绘制的切线。命令行提示与操作如下。

```
命令：mirror↙
选择对象：（较长水平中线上边的所有图形↙）
指定镜像线的第一点：（选择较长水平中心线的左端点）
指定镜像线的第二点：（选择较长水平中心线的右端点）
要删除源对象吗？[是(Y)/否(N)]<否>：n↙
```

镜像效果如图 8-11 所示。

✍ 技巧：

镜像对创建对称的图样非常有用，其可以快速地绘制半个对象，然后将其镜像，而不必绘制整个对象。

在默认情况下，镜像文字、属性及属性定义时，它们在镜像后所得图像中不会反转或倒置。文字的对齐和对正方式在镜像图样前后保持一致。如果制图确实要反转文字，可将 MIRRTEXT 系统变量设置为 1，默认值为 0。

8.2.3 偏移命令

偏移对象是指保持所选择的对象的形状，在不同的位置以不同的尺寸新建的一个对象。

【执行方式】

- ➷ 命令行：OFFSET。
- ➷ 菜单栏：选择菜单栏中的"修改"→"偏移"命令。
- ➷ 工具栏：单击"修改"工具栏中的"偏移"按钮⊑。
- ➷ 功能区：单击"默认"选项卡的"修改"面板中的"偏移"按钮⊑。

动手学——滚轮

源文件：源文件\第 8 章\滚轮.dwg

本实例绘制如图 8-15 所示的滚轮。

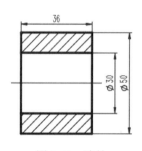

图 8-15 滚轮

【操作步骤】

（1）单击"默认"选项卡的"图层"面板中的"图层特性"按钮，打开"图层特性管理器"选项板，新建以下 3 个图层。

① 第一图层命名为"轮廓线"图层，线宽为 0.30mm，其余属性默认。

② 第二图层命名为"中心线"图层，颜色为红色，线型为 CENTER，其余属性默认。

③ 第三图层命名为"剖面线"图层，颜色设为蓝色，其余属性默认。

（2）将"中心线"图层设置为当前图层。单击"默认"选项卡的"绘图"面板中的"直线"按钮，以{（-23,0），（23,0）}为坐标点绘制一条水平直线。

（3）将"轮廓线"图层设置为当前图层。单击"默认"选项卡的"绘图"面板中的"直线"按钮，以{（-18,-25），（-18,25）}为坐标点绘制一条水平直线，以{（-18,25），（18,25）}为坐标点绘制一条水平直线，效果如图 8-16 所示。

（4）单击"默认"选项卡的"修改"面板中的"偏移"按钮⊑，将水平直线向下偏移，偏移距离分别为 10、40 和 50；重复"偏移"命令，将竖直直线向右偏移，偏移距离为 36。命令行提示与操作如下。

```
命令: _offset
```

当前设置：删除源=否 图层=源 OFFSETGAPTYPE=0
指定偏移距离或 [通过(T)/删除(E)/图层(L)] <0.0000>:10↙
选择要偏移的对象，或 [退出(E)//放弃(U)] <退出>:选择水平直线↙
指定要偏移的那一侧上的点，或 [退出(E)/多个(M)/放弃(U)] <退出>:选择水平直线下侧一点
命令：_offset
当前设置：删除源=否 图层=源 OFFSETGAPTYPE=0
指定偏移距离或 [通过(T)/删除(E)/图层(L)] <0.0000>:40↙
选择要偏移的对象，或 [退出(E)//放弃(U)] <退出>:选择水平直线↙
指定要偏移的那一侧上的点，或 [退出(E)/多个(M)/放弃(U)] <退出>:选择水平直线下侧一点
命令：_offset
当前设置：删除源=否 图层=源 OFFSETGAPTYPE=0
指定偏移距离或 [通过(T)/删除(E)/图层(L)] <0.0000>:50↙
选择要偏移的对象，或 [退出(E)//放弃(U)] <退出>:选择水平直线↙
指定要偏移的那一侧上的点，或 [退出(E)/多个(M)/放弃(U)] <退出>:选择水平直线下侧一点
命令：_offset
当前设置：删除源=否 图层=源 OFFSETGAPTYPE=0
指定偏移距离或 [通过(T)/删除(E)/图层(L)] <0.0000>:36↙
选择要偏移的对象，或 [退出(E)//放弃(U)] <退出>:选择竖直直线↙
指定要偏移的那一侧上的点，或 [退出(E)/多个(M)/放弃(U)] <退出>:选择竖直直线右侧一点

结果如图 8-17 所示。

图 8-16 绘制轮廓线　　　　　　　图 8-17 偏移处理

（5）将"剖面线"图层设置为当前图层，单击"默认"选项卡的"绘图"面板中的"图案填充"按钮▨，打开"图案填充创建"选项卡，选择 ANSI31 图案，其他采用默认设置，对上下两个区域进行图案填充，最终完成滚轮的绘制，效果如图 8-15 所示。

【选项说明】

（1）指定偏移距离：输入一个距离值，或按 Enter 键，使用当前的距离值，系统把该距离值作为偏移距离，如图 8-18 所示。

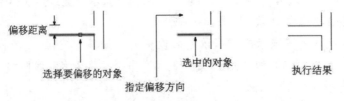

图 8-18 指定偏移对象的距离

（2）通过(T)：指定偏移对象的通过点。选择该选项后出现如下提示。

选择要偏移的对象，或 [退出(E)/放弃(U)] <退出>：（选择要偏移的对象，按 Enter 键结束操作）
指定通过点或 [退出(E)/多个(M)/放弃(U)] <退出>：（指定偏移对象的一个通过点）

操作完毕后，系统根据指定的通过点绘出偏移对象，如图 8-19 所示。

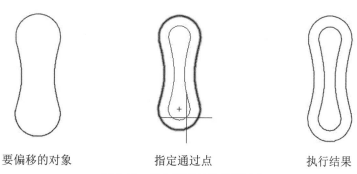

要偏移的对象　　　　　　指定通过点　　　　　　执行结果

图 8-19　指定偏移对象的通过点

（3）删除(E)：偏移后，将源对象删除。选择该选项后出现如下提示。

要在偏移后删除源对象吗？[是(Y)/否(N)] <否>：

（4）图层(L)：确定将偏移对象创建在当前图层上，还是在源对象所在的图层上。选择该选项后出现如下提示。

输入偏移对象的图层选项 [当前(C)/源(S)] <源>：

8.2.4　阵列命令

阵列是指多次重复选择对象并把这些副本按矩形或环形排列。把副本按矩形排列称为建立矩形阵列，把副本按环形排列称为建立极阵列。建立极阵列时，应该控制复制对象的次数和对象是否被旋转；建立矩形阵列时，应该控制行和列的数量以及对象副本之间的距离。

用该命令可以建立矩形阵列、极阵列（环形）和旋转的矩形阵列。

【执行方式】

❧　命令行：ARRAY。

❧　菜单栏：选择菜单栏中的"修改"→"阵列"命令。

❧　工具栏：单击"修改"工具栏中的"矩形阵列"按钮 ，或单击"修改"工具栏中的"路径阵列"按钮 ，或单击"修改"工具栏中的"环形阵列"按钮 。

❧　功能区：单击"默认"选项卡的"修改"面板中的"矩形阵列"按钮 /"路径阵列"按钮 /"环形阵列"按钮 ，如图 8-20 所示。

图 8-20　"阵列"下拉列表

扫一扫，看视频

动手学——工艺吊顶

源文件：源文件\第 8 章\工艺吊顶.dwg

本实例绘制的工艺吊顶如图 8-21 所示。

【操作步骤】

（1）单击"默认"选项卡的"绘图"面板中的"圆"按钮⊙，在适当的位置绘制半径为 100 和 75 的同心圆，如图 8-22 所示。

图 8-21　工艺吊顶

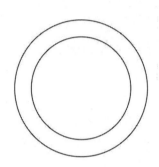

图 8-22　绘制同心圆

（2）单击"默认"选项卡的"绘图"面板中的"直线"按钮╱，以圆心为起点绘制长度为 200 的水平直线，如图 8-23 所示。

（3）单击"默认"选项卡的"绘图"面板中的"圆"按钮⊙，在距离圆心 150 处绘制半径为 25 的圆，命令行提示与操作如下。

```
命令: _circle
指定圆的圆心或 [三点(3P)/两点(2P)/切点、切点、半径(T)]: from
基点: <偏移>: @150,0
指定圆的半径或 [直径(D)] <25.0000>: 25
```

结果如图 8-24 所示。

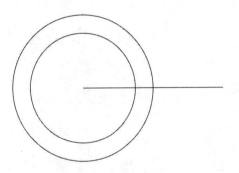

图 8-23　绘制直线

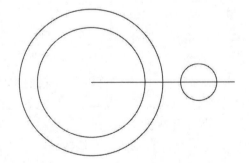

图 8-24　绘制圆

（4）单击"默认"选项卡的"绘图"面板中的"环形阵列"按钮⊙⊙⊙，将直线和小圆进行环形阵列，命令行提示与操作如下。

```
命令：_arraypolar
选择对象：选择直线和小圆
选择对象：
类型 = 极轴 关联 = 否
指定阵列的中心点或 [基点(B)/旋转轴(A)]:选取同心圆的圆心
选择夹点以编辑阵列或 [关联(AS)/基点(B)/项目(I)/项目间角度(A)/填充角度(F)/行(ROW)/层
(L)/旋转项目(ROT)/退出(X)] <退出>：I
输入阵列中的项目数或 [表达式(E)] <6>：8
选择夹点以编辑阵列或 [关联(AS)/基点(B)/项目(I)/项目间角度(A)/填充角度(F)/行(ROW)/层
(L)/旋转项目(ROT)/退出(X)] <退出>：F
指定填充角度(+=逆时针、-=顺时针)或 [表达式(EX)] <360>：
选择夹点以编辑阵列或 [关联(AS)/基点(B)/项目(I)/项目间角度(A)/填充角度(F)/行(ROW)/层
(L)/旋转项目(ROT)/退出(X)] <退出>：
```

📢 提示：

也可以在"阵列创建"选项卡中直接输入项目数和填充角度，如图8-25所示。

图8-25 "阵列创建"选项卡

【选项说明】

（1）矩形(R)（命令行：ARRAYRECT）：将选定对象的副本分布到行数、列数和层数的任意组合。通过夹点，调整阵列间距、列数、行数和层数；也可以分别选择各选项输入数值。

（2）极轴(PO)：在绕中心点或旋转轴的环形阵列中均匀分布对象副本。选择该选项后出现如下提示。

```
指定阵列的中心点或 [基点(B)/旋转轴(A)]:（选择中心点、基点或旋转轴）
选择夹点以编辑阵列或 [关联(AS)/基点(B)/项目(I)/项目间角度(A)/填充角度(F)/行(ROW)/层
(L)/旋转项目(ROT)/退出(X)] <退出>：（通过夹点，调整角度，填充角度；也可以分别选择各选项
输入数值）
```

（3）路径(PA)（命令行：ARRAYPATH）：沿路径或部分路径均匀分布选定对象的副本。选择该选项后出现如下提示。

```
选择路径曲线：（选择一条曲线作为阵列路径）
选择夹点以编辑阵列或 [关联(AS)/方法(M)/基点(B)/切向(T)/项目(I)/行(R)/层(L)/对齐项
目(A)/Z方向(Z)/退出(X)] <退出>：（通过夹点，调整阵列行数和层数；也可以分别选择各选项输入
数值）
```

动手练——绘制洗手台

绘制如图8-26所示的洗手台。

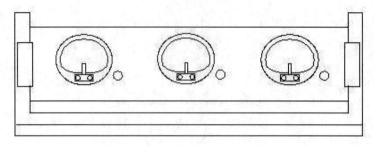

图 8-26　洗手台

思路点拨：

（1）用"直线"和"矩形"命令绘制洗手台架。

（2）用"直线""圆弧""椭圆弧"命令绘制一个洗手盆及肥皂盒。

（3）用"复制"命令复制另两个洗手盆及肥皂盒，或用"矩形阵列"命令复制另两个洗手盆及肥皂盒。

8.3　改变位置类命令

改变位置类命令的功能是按照指定要求改变当前图形或图形的某部分的位置，主要包括移动、旋转和缩放等命令。

8.3.1　移动命令

移动对象是指对象的重定位，可以在指定方向上按指定距离移动对象。对象的位置虽然发生了改变，但方向和大小不改变。

【执行方式】

- ➷ 命令行：MOVE。
- ➷ 菜单栏：选择菜单栏中的"修改"→"移动"命令。
- ➷ 快捷菜单：选择要复制的对象，在绘图区右击，在弹出的快捷菜单中选择"移动"命令。
- ➷ 工具栏：单击"修改"工具栏中的"移动"按钮✛。
- ➷ 功能区：单击"默认"选项卡的"修改"面板中的"移动"按钮✛。

动手学——变压器

源文件：源文件\第 8 章\变压器.dwg

本实例绘制如图 8-27 所示的变压器。

扫一扫，看视频

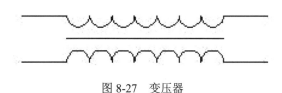

图 8-27 变压器

【操作步骤】

（1）单击"默认"选项卡的"绘图"面板中的"直线"按钮／，绘制一条长度为 27.5mm 的水平直线。

（2）单击"默认"选项卡的"绘图"面板中的"圆"按钮⊙，捕捉直线 1 的左端点为圆心，绘制一个半径为 1.25mm 的圆，如图 8-28 所示。

（3）单击"默认"选项卡的"修改"面板中的"移动"按钮✛，将圆向右平移 6.25mm，命令行提示与操作如下。

```
命令：_move
选择对象：选择圆
选择对象：
指定基点或 [位移(D)] <位移>:选取圆的圆心
指定第二个点或 <使用第一个点作为位移>:@6.25,0
```

结果如图 8-29 所示。

图 8-28 绘制圆 图 8-29 移动圆

（4）单击"默认"选项卡的"修改"面板中的"矩形阵列"按钮品，选择圆为阵列对象，设置行数为 1、列数为 7、列间距为 2.5mm。命令行提示与操作如下。

```
命令：_arrayrect
选择对象：选取圆
选择对象：
类型 = 矩形  关联 = 否
选择夹点以编辑阵列或 [关联(AS)/基点(B)/计数(COU)/间距(S)/列数(COL)/行数(R)/层数(L)/
退出(X)] <退出>: R
输入行数或 [表达式(E)] <3>: 1
指定行数之间的距离或 [总计(T)/表达式(E)] <729.1578>:
指定行数之间的标高增量或 [表达式(E)] <0>:
选择夹点以编辑阵列或 [关联(AS)/基点(B)/计数(COU)/间距(S)/列数(COL)/行数(R)/层数(L)/
退出(X)] <退出>: COL
输入列数或 [表达式(E)] <4>: 7
指定列数之间的距离或 [总计(T)/表达式(E)] <1585.8557>: 2.5
选择夹点以编辑阵列或 [关联(AS)/基点(B)/计数(COU)/间距(S)/列数(COL)/行数(R)/层数(L)/
退出(X)] <退出>:
```

结果如图 8-30 所示。

图 8-30　阵列圆

（5）单击"默认"选项卡的"修改"面板中的"偏移"按钮 ⊏，将直线 1 向下偏移 2.5mm，效果如图 8-31 所示。

（6）单击"默认"选项卡的"修改"面板中的"修剪"按钮 ⊁（此命令将在下一章详细介绍），修剪多余的线段，效果如图 8-32 所示。

图 8-31　偏移直线

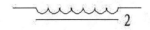

图 8-32　修剪图形

（7）单击"默认"选项卡的"修改"面板中的"镜像"按钮 ⚠，以直线 2 为镜像线，对直线 2 上侧的图形进行镜像处理，完成变压器的绘制，如图 8-27 所示。

8.3.2　旋转命令

在保持原形状不变的情况下，以一定点为中心且以一定角度为旋转角度旋转得到图形。

【执行方式】

- ➥　命令行：ROTATE。
- ➥　菜单栏：选择菜单栏中的"修改"→"旋转"命令。
- ➥　快捷菜单：选择要旋转的对象，在绘图区右击，在弹出的快捷菜单中选择"旋转"命令。
- ➥　工具栏：单击"修改"工具栏中的"旋转"按钮 ↻。
- ➥　功能区：单击"默认"选项卡的"修改"面板中的"旋转"按钮 ↻。

动手学——炉灯

源文件：源文件\第 8 章\炉灯.dwg
本实例绘制如图 8-33 所示的炉灯。

【操作步骤】

（1）单击"默认"选项卡的"绘图"面板中的"圆"按钮 ⊙，绘制一个半径为 5mm 的圆，如图 8-34 所示。

图 8-33　炉灯

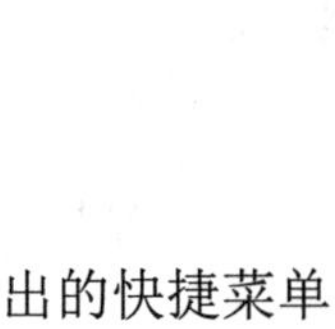

图 8-34　绘制圆

（2）单击"默认"选项卡的"绘图"面板中的"直线"按钮／，打开"对象捕捉"和"正交"功能，用鼠标左键捕捉圆心作为直线的端点，输入直线的长度为 5mm，使得该直线的另外一个端点落在圆周上，如图 8-35 所示。

（3）按照步骤（2）中的方法，绘制另外 3 条正交的线段，如图 8-36 所示。

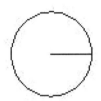

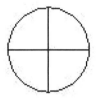

图 8-35　绘制线段　　　　　　　　　　　图 8-36　绘制另外 3 条线段

（4）单击"默认"选项卡的"修改"面板中的"旋转"按钮 ⟳，选择圆和 4 条线段为旋转对象，输入旋转角度为 45°，命令行提示与操作如下。

```
命令: _rotate
UCS 当前的正角方向: ANGDIR=逆时针  ANGBASE=0
选择对象: 选取圆和 4 条线段
选择对象:
指定基点:捕捉圆心为基点
指定旋转角度, 或 [复制(C)/参照(R)] <0>: 45
```

效果如图 8-33 所示。

【选项说明】

（1）复制(C)：选择该选项，旋转对象的同时，保留原对象，如图 8-37 所示。

图 8-37　复制旋转

（2）参照(R)：采用参照方式旋转对象时，系统提示与操作如下。

```
指定参照角 <0>:（指定要参考的角度, 默认值为 0）
指定新角度或[点(P)] <0>:（输入旋转后的角度值）
```

操作完毕后，对象被旋转至指定的角度位置。

✎ 技巧：

　　可以用拖动鼠标的方法旋转对象。选择对象并指定基点后，从基点到当前光标位置会出现一条连线，鼠标选择的对象会动态地随着该连线与水平方向的夹角的变化而旋转，按 Enter 键，确认旋转操作，如图 8-38 所示。

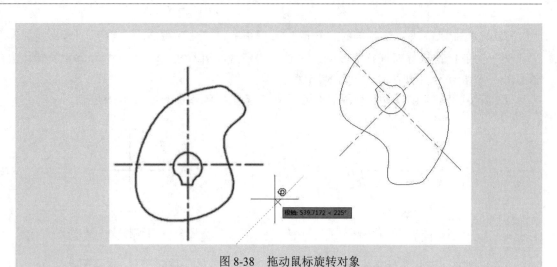

图 8-38　拖动鼠标旋转对象

8.3.3　缩放命令

缩放命令是将已有图形对象以基点为参照进行等比例缩放，它可以调整对象的大小，使其在一个方向上按照要求增大或缩小一定的比例。

【执行方式】

- ➦ 命令行：SCALE。
- ➦ 菜单栏：选择菜单栏中的"修改"→"缩放"命令。
- ➦ 快捷菜单：选择要缩放的对象，在绘图区右击，在弹出的快捷菜单中选择"缩放"命令。
- ➦ 工具栏：单击"修改"工具栏中的"缩放"按钮🔲。
- ➦ 功能区：单击"默认"选项卡的"修改"面板中的"缩放"按钮🔲。

动手学——徽标

源文件：源文件\第 8 章\徽标.dwg
本实例绘制的徽标如图 8-39 所示。

扫一扫，看视频

图 8-39　徽标

【操作步骤】

（1）绘制花瓣外框。单击"默认"选项卡的"绘图"面板中的"圆弧"按钮 ╱，绘制花瓣外形，尺寸适当选取，结果如图 8-40 所示。

（2）绘制五角星。

① 单击"默认"选项卡的"绘图"面板中的"多边形"按钮 ⬠，绘制一个正五边形。

② 单击"默认"选项卡的"绘图"面板中的"直线"按钮 ╱，分别连接正五边形各顶点，绘制结果如图 8-41 所示。

（3）编辑五角星。

① 单击"默认"选项卡的"修改"面板中的"删除"按钮 ✐，删除正五边形，结果如图 8-42 所示。

图 8-40　花瓣外框　　　　　图 8-41　绘制五角星　　　　　图 8-42　删除正五边形

② 单击"默认"选项卡的"修改"面板中的"修剪"按钮 ✂，将五角星内部线段进行修剪，结果如图 8-43 所示。

（4）缩放五角星。单击"默认"选项卡的"修改"面板中的"缩放"按钮 ⬚，缩放五角星，命令行提示与操作如下。

```
命令：SCALE
选择对象：（选择五角星）
选择对象：
指定基点：（适当指定一点）
指定比例因子或 [复制(C)/参照(R)]：0.5
```

结果如图 8-44 所示。

图 8-43　修剪五角星　　　　　　　　　图 8-44　缩放五角星

（5）阵列花瓣。单击"默认"选项卡的"修改"面板中的"环形阵列"按钮 ⬡，将花瓣进行环形阵列，阵列项目数为 5，绘制出的徽标图案如图 8-39 所示。

【选项说明】

（1）指定比例因子：选择对象并指定基点后，从基点到当前光标位置会出现一条线段，线段的长度即为比例因子。鼠标选择的对象会动态地随着该连线长度的变化而缩放，按 Enter 键，确认缩放操作。

（2）参照(R)：采用参考方向缩放对象时，系统提示如下。

指定参照长度 <1>：（指定参考长度值）
指定新的长度或 [点(P)] <1.0000>：（指定新长度值）

若新长度值大于参考长度值，则放大对象；否则，缩小对象。操作完毕后，系统以指定的基点按指定的比例因子缩放对象。如果选择"点(P)"选项，则指定两点来定义新的长度。

（3）复制(C)：选择该选项时，可以复制缩放对象，即缩放对象时，保留原对象，如图 8-45 所示。

图 8-45　复制缩放

动手练——绘制曲柄

绘制如图 8-46 所示的曲柄。

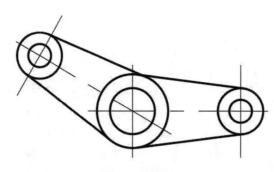

图 8-46　曲柄

📋 **思路点拨：**

（1）用"直线"命令绘制中心线。
（2）用"圆"命令在中心线的交点处绘制同心圆。
（3）用"直线"命令绘制切线。
（4）用"旋转"命令绘制旋转复制另一侧的图形。

8.4 实例——四人桌椅

源文件：源文件\第 8 章\四人桌椅.dwg

利用上面所学的功能绘制四人桌椅，如图 8-47 所示。可以先绘制椅子，再绘制桌子，然后调整桌椅相互位置，最后摆放椅子。在绘制与布置桌椅时，要用到"复制""旋转""移动""偏移"和"环形阵列"等各种编辑命令。在绘制过程中，注意灵活运用这些命令，以最快速、最方便的方法达到目的。

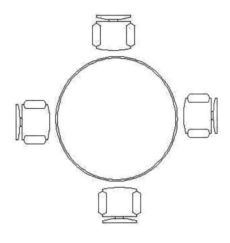

图 8-47 绘制四人桌椅

【操作步骤】

（1）绘制椅子。

① 单击"默认"选项卡的"绘图"面板中的"直线"按钮／，绘制 3 条线段，如图 8-48 所示。

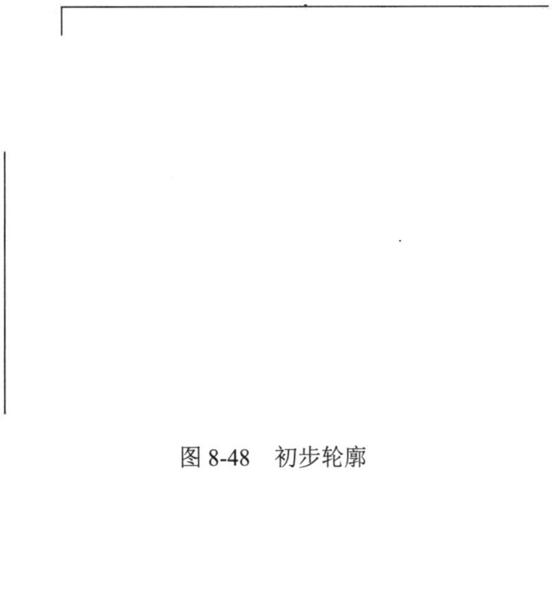

图 8-48 初步轮廓

② 单击"默认"选项卡的"修改"面板中的"复制"按钮 ，复制竖直线段，命令行提示与操作如下。

```
命令：COPY↙
选择对象：（选择左边短竖线）
选择对象：↙
当前设置：复制模式 = 多个
指定基点或 [位移(D)/模式(O)] <位移>：（捕捉横线段左端点）
指定第二个点或 [阵列(A)] <使用第一个点作为位移>：（捕捉横线段右端点）
```

结果如图 8-49 所示。使用同样的方法依次按图 8-50～图 8-52 的顺序复制椅子轮廓线。

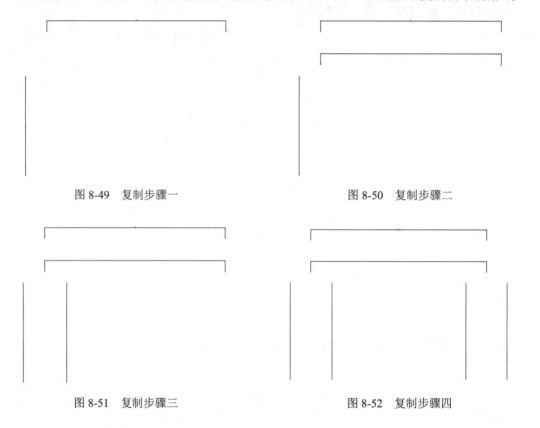

图 8-49　复制步骤一　　　　　　　　　　图 8-50　复制步骤二

图 8-51　复制步骤三　　　　　　　　　　图 8-52　复制步骤四

③ 单击"默认"选项卡的"绘图"面板中的"圆弧"按钮 和"直线"按钮 ，绘制椅背轮廓。

④ 单击"默认"选项卡的"修改"面板中的"复制"按钮 ，复制另一条竖线段，如图 8-53 所示。

⑤ 单击"默认"选项卡的"绘图"面板中的"圆弧"按钮 ，绘制护手上的圆弧，命令行提示与操作如下。

```
命令：ARC↙
指定圆弧的起点或 [圆心(C)]：（用鼠标指定图 8-53 的端点 1）
指定圆弧的第二个点或 [圆心(C)/端点(E)]：E↙
指定圆弧的端点：（用鼠标指定图 8-53 的端点 2）
```

指定圆弧的中心点(按住 Ctrl 键以切换方向)或 [角度(A)/方向(D)/半径(R)]：R✓
指定圆弧的半径(按住 Ctrl 键以切换方向)：(用鼠标指定图 8-53 的端点 3)✓

采用同样的方法或者复制的方法绘制另外 3 段圆弧，如图 8-54 所示。

命令：LINE✓
指定第一个点：(用鼠标在已绘制圆弧正中间指定一点)
指定下一点或 [放弃(U)]：(在垂直方向上用鼠标指定一点)
指定下一点或 [放弃(U)]：✓

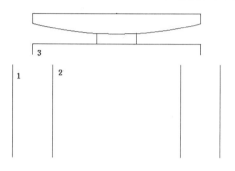

图 8-53　绘制连接板

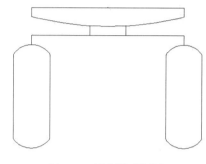

图 8-54　绘制扶手圆弧

⑥ 单击"默认"选项卡的"修改"面板中的"复制"按钮，绘制两条短竖线段。

⑦ 单击"默认"选项卡的"绘图"面板中的"圆弧"按钮，绘制椅子下端的圆弧，命令行提示与操作如下。

命令：ARC✓
指定圆弧的起点或 [圆心(C)]：(用鼠标指定已绘制线段的下端点)
指定圆弧的第二个点或 [圆心(C)/端点(E)]：E✓
指定圆弧的端点：(用鼠标指定已绘制另一线段的下端点)
指定圆弧的中心点(按住 Ctrl 键以切换方向)或 [角度(A)/方向(D)/半径(R)]：D✓
指定圆弧起点的相切方向(按住 Ctrl 键以切换方向)：(用鼠标指定圆弧起点的切向)

完成图形，如图 8-55 所示。

思考： "复制"命令的应用是不是简捷而且准确？是否可以用"偏移"命令取代"复制"命令？

（2）绘制桌子。单击"默认"选项卡的"绘图"面板中的"圆"按钮和"修改"面板中的"偏移"按钮，命令行提示与操作如下。

命令：CIRCLE✓
指定圆的圆心或 [三点(3P)/两点(2P)/切点、切点、半径(T)]：(指定圆心)
指定圆的半径或 [直径(D)]：(指定半径)
命令：OFFSET✓
当前设置：删除源=否　图层=源　OFFSETGAPTYPE=0
指定偏移距离或 [通过(T)/删除(E)/图层(L)] <通过>：✓
选择要偏移的对象，或 [退出(E)/放弃(U)] <退出>：(选择已绘制的圆)
指定通过点或 [退出(E)/多个(M)/放弃(U)] <退出>：(指定一点)
选择要偏移的对象，或 [退出(E)/放弃(U)] <退出>：✓

绘制的图形如图 8-56 所示。

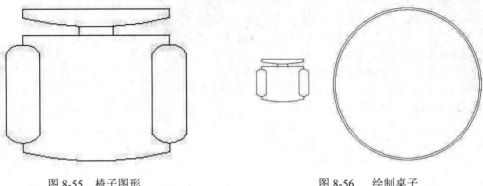

图 8-55　椅子图形　　　　　　　　　　图 8-56　绘制桌子

（3）布置桌椅。

① 单击"默认"选项卡的"修改"面板中的"旋转"按钮 ↻，将椅子正对餐桌，命令行提示与操作如下。

命令：ROTATE↙
UCS 当前的正角方向：ANGDIR=逆时针　ANGBASE=0
选择对象：(框选椅子)
选择对象：↙
指定基点：(指定椅背中心点)
指定旋转角度，或 [复制(C)/参照(R)] <0>：90↙

结果如图 8-57 所示。

② 单击"默认"选项卡的"修改"面板中的"移动"按钮 ✛，将椅子放置到适当位置，命令行提示与操作如下。

命令：MOVE↙
选择对象：(框选椅子)
选择对象：↙
指定基点或 [位移(D)] <位移>：(指定椅背中心点)
指定第二个点或 <使用第一个点作为位移>：(移到水平直径位置)

绘制结果如图 8-58 所示。

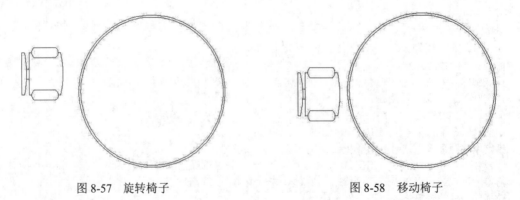

图 8-57　旋转椅子　　　　　　　　　　图 8-58　移动椅子

③ 单击"默认"选项卡的"修改"面板中的"环形阵列"按钮 ⚙，布置椅子，命令行提示与操作如下。

```
命令: _arraypolar
选择对象: (框选椅子图形)
选择对象: ↙
类型 = 极轴 关联 = 是
指定阵列的中心点或 [基点(B)/旋转轴(A)]: (选择桌面圆心)
选择夹点以编辑阵列或 [关联(AS)/基点(B)/项目(I)/项目间角度(A)/填充角度(F)/行(ROW)/层
(L)/旋转项目(ROT)/退出(X)] <退出>: I
输入阵列中的项目数或 [表达式(E)] <6>: 4
选择夹点以编辑阵列或 [关联(AS)/基点(B)/项目(I)/项目间角度(A)/填充角度(F)/行(ROW)/层
(L)/旋转项目(ROT)/退出(X)] <退出>: F
指定填充角度(+=逆时针、-=顺时针)或 [表达式(EX)] <360>:360
选择夹点以编辑阵列或 [关联(AS)/基点(B)/项目(I)/项目间角度(A)/填充角度(F)/行(ROW)/层
(L)/旋转项目(ROT)/退出(X)] <退出>:
```

绘制的最终结果如图 8-47 所示。

8.5 模拟认证考试

1. 在选择集中去除对象，按住（ ）键可以去除对象选择。

    A．Space   B．Shift

    C．Ctrl   D．Alt

2. 执行环形阵列命令，在指定圆心后默认创建（ ）图形。

    A．4   B．6

    C．8   D．10

3. 将半径为 10、圆心为（70,100）的圆矩形阵列，阵列 3 行 2 列，行偏移距离−30，列偏移距离 50，阵列角度 10°。阵列后第 2 列第 3 行圆的圆心坐标是（ ）。

    A．X = 119.2404 Y = 108.6824   B．X=124.4498 Y = 79.1382

    C．X = 129.6593 Y = 49.5939   D．X = 80.4189 Y = 40.9115

4. 已有一个画好的圆，绘制一组同心圆可以用（ ）命令来实现。

    A．STRETCH（伸展）   B．OFFSET（偏移）

    C．EXTEND（延伸）   D．MOVE（移动）

5. 在对图形对象进行复制操作时，指定了基点坐标为（0,0），系统要求指定第二点时直接按 Enter 键结束，则复制出的图形所处位置是（ ）。

    A．没有复制出新图形   B．与原图形重合

    C．图形基点坐标为（0,0）   D．系统提示错误

6. 在一张复杂图样中，要选择半径小于 10 的圆，快速、方便地选择是（ ）。

    A．通过选择过滤

    B．执行快速选择命令，在对话框中设置对象类型为圆，特性为直径，运算符为小于，输入值为 10，单击确定

    C．执行快速选择命令，在对话框中设置对象类型为圆，特性为半径，运算符为小

于，输入值为 10，单击确定

    D. 执行快速选择命令，在对话框中设置对象类型为圆，特性为半径，运算符为等
于，输入值为 10，单击确定

7. 使用偏移命令时，下列说法正确的是（   ）。

    A. 偏移值可以小于 0，这是向反向偏移

    B. 可以框选对象进行一次偏移多个对象

    C. 一次只能偏移一个对象

    D. 偏移命令执行时不能删除原对象

8. 在进行移动操作时，给定了基点坐标为（190,70），系统要求给定第二点时输入@，按
Enter 键结束，那么图形对象移动量是（   ）。

    A. 到原点   B. 190,70

    C. −190,−70   D. 0,0

第9章　高级编辑命令

内容简介

编辑命令除了第 8 章讲的命令之外还有修剪、延伸、拉伸、拉长、圆角、倒角以及打断等命令，本章将介绍这些编辑命令。

内容要点

- ➥ 改变图形特性
- ➥ 圆角和倒角
- ➥ 打断、合并和分解对象
- ➥ 实例——斜齿轮
- ➥ 模拟认证考试

案例效果

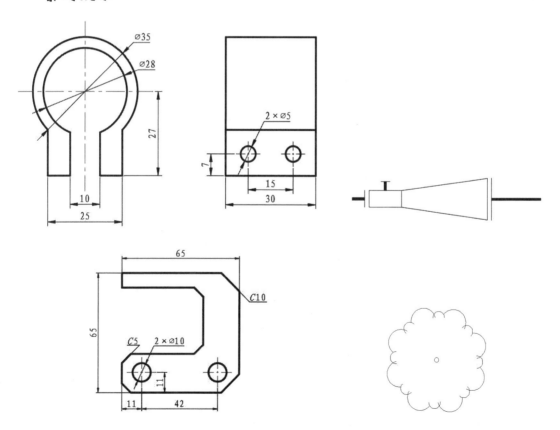

9.1 改变图形特性

改变图形特性这一类编辑命令在对指定对象进行编辑后，使编辑对象的几何特性发生改变，包括修剪、删除、延伸、拉伸、拉长等命令。

9.1.1 修剪命令

修剪命令是将超出边界的多余部分修剪删除掉，与橡皮擦的功能相似，修剪操作可以修改直线、圆、圆弧、多段线、样条曲线、射线和填充图案。

【执行方式】

- ➥ 命令行：TRIM。
- ➥ 菜单栏：选择菜单栏中的"修改"→"修剪"命令。
- ➥ 工具栏：单击"修改"工具栏中的"修剪"按钮 。
- ➥ 功能区：单击"默认"选项卡的"修改"面板中的"修剪"按钮 。

扫一扫，看视频

动手学——锁紧箍

源文件：源文件\第 9 章\锁紧箍.dwg
本实例绘制如图 9-1 所示的锁紧箍。

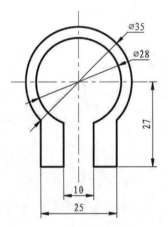
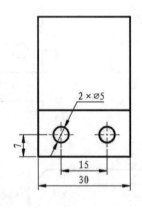

图 9-1   锁紧箍

【操作步骤】

（1）单击"默认"选项卡的"图层"面板中的"图层特性"按钮 ，弹出"图层特性管理器"选项板，新建以下两个图层。

① 第一图层命名为"粗实线"图层，线宽为 0.30mm，其余属性默认。

② 第二图层命名为"中心线"图层，颜色为红色，线型为CENTER，其余属性默认。

（2）将"中心线"图层设置为当前图层，单击"默认"选项卡的"绘图"面板中的"直线"按钮 ／，分别以{（-22.5,0），（22.5,0）}和{（0,-32），（0,22.5）}为坐标点绘制两条中心线。

（3）将"粗实线"图层设置为当前图层。单击"默认"选项卡的"绘图"面板中的"圆"按钮 ⊙，以（0,0）为圆心、14 和 17.5 为半径绘制圆，结果如图 9-2 所示。

（4）单击"默认"选项卡的"修改"面板中的"偏移"按钮 ⊑，将竖直中心线分别向两侧偏移 5 和 12.5；将水平中心线向下偏移 27，并将偏移后的直线修改到"粗实线"层，结果如图 9-3 所示。

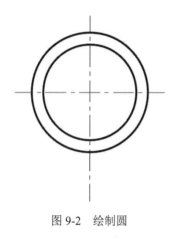

图 9-2　绘制圆　　　　　　　　　　图 9-3　偏移直线

（5）单击"默认"选项卡的"修改"面板中的"修剪"按钮 ⅓，修剪轮廓，命令行提示与操作如下。

```
命令: _trim
当前设置:投影=UCS, 边=无
选择剪切边...
选择对象<全部选择>:（选择上步偏移距离为 5 的两条直线↙）
选择对象: ↙
选择要修剪的对象,或按住 Shift 键选择要延伸的对象,或[栏选(F)/窗交(C)/投影(P)/边(E)/删除(R)/放弃(U)]:（选择直径为 28 的圆要删除的部分↙）
命令: _trim
当前设置:投影=UCS, 边=无
选择剪切边...
选择对象<全部选择>:（选择上步偏移距离为 12.5 的两条直线↙）
选择对象: ↙
选择要修剪的对象,或按住 Shift 键选择要延伸的对象,或[栏选(F)/窗交(C)/投影(P)/边(E)/删除(R)/放弃(U)]:（选择直径为 35 的圆要删除的部分↙）
命令: _trim
当前设置:投影=UCS, 边=无
选择剪切边...
选择对象<全部选择>:（选择图 9-3 中所有直线↙）
选择对象: ↙
```

选择要修剪的对象，或按住 Shift 键选择要延伸的对象，或[栏选(F)/窗交(C)/投影(P)/边(E)/删除(R)/放弃(U)]:（选择要删除的部分↙）

结果如图9-4所示。

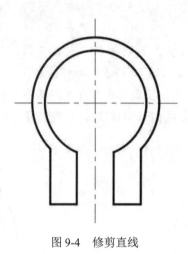

图 9-4　修剪直线

✍ 技巧：

> 修剪边界对象支持常规的各种选择技巧，点选、框选，而且可以不断地累积选择。当然，最简单的选择方式是：当出现选择修剪边界时直接按空格键或按 Enter 键，此时将把图中所有图形作为修剪编辑，我们就可以修剪图中的任意对象。将所有对象作为修剪对象操作非常简单，省略了选择修剪边界的操作，因此大多数设计人员都已经习惯于这样操作。但建议具体情况具体对待，不要什么情况都用这种方式。

（6）将"中心线"图层设置为当前图层，单击"默认"选项卡的"绘图"面板中的"直线"按钮 ╱，分别以{（50,-20），（58,-20）}和{（54,-16），（54,-24）}为坐标点绘制中心线。

（7）将"粗实线"图层设置为当前图层，单击"默认"选项卡的"绘图"面板中的"矩形"按钮 ▭，分别以（46.5,-27）和（76.5,17.5）为角点坐标绘制轮廓。单击"绘图"面板中的"圆"按钮 ⊙，以（54,-20）为圆心、2.5为半径绘制圆。

（8）单击"默认"选项卡的"修改"面板中的"复制"按钮 ╍，将图中的圆和中心线以圆心为基点将其复制到坐标（@15,0）处。

（9）单击"默认"选项卡的"绘图"面板中的"直线"按钮 ╱，根据主视图的投影补全左视图，结果如图9-1所示。

【选项说明】

（1）按 Shift 键：在选择对象时，如果按住 Shift 键，系统就自动将"修剪"命令转换成"延伸"命令。

（2）边(E)：选择该选项时，可以选择对象的修剪方式，即延伸和不延伸。

① 延伸(E)：延伸边界进行修剪。在此方式下，如果剪切边没有与要修剪的对象相交，系统会延伸剪切边直至与要修剪的对象相交，然后再修剪，如图9-5所示。

| 选择剪切边 | 选择要修剪的对象 | 修剪后的结果 |

图 9-5　延伸修剪对象

② 不延伸(N)：不延伸边界修剪对象。只修剪与剪切边相交的对象。

（3）栏选(F)：选择该选项时，系统以栏选的方式选择被修剪对象，如图 9-6（a）所示。

（4）窗交(C)：选择该选项时，系统以窗交的方式选择被修剪对象，如图 9-6（b）所示。

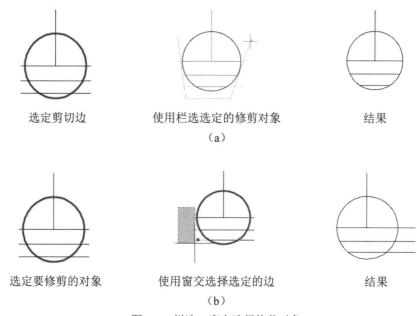

| 选定剪切边 | 使用栏选选定的修剪对象 | 结果 |

（a）

| 选定要修剪的对象 | 使用窗交选择选定的边 | 结果 |

（b）

图 9-6　栏选、窗交选择修剪对象

9.1.2　删除命令

如果所绘制的图形不符合要求或绘错了，可以使用删除命令 ERASE 把它删除。

【执行方式】

↘ 命令行：ERASE。

↘ 菜单栏：选择菜单栏中的"修改"→"删除"命令。

↘ 快捷菜单：选择要删除的对象，在绘图区右击，在弹出的快捷菜单中选择"删除"命令。

↘ 工具栏：单击"修改"工具栏中的"删除"按钮。

↘ 功能区：单击"默认"选项卡的"修改"面板中的"删除"按钮。

【操作步骤】

可以先选择对象，然后调用删除命令；也可以先调用删除命令，然后再选择对象。选择对象时，可以使用前面介绍的各种对象选择的方法。

当选择多个对象时，多个对象都被删除；若选择的对象属于某个对象组，则该对象组的所有对象都被删除。

9.1.3 延伸命令

延伸对象是指延伸一个对象直至另一个对象的边界线，如图 9-7 所示。

选择边界

选择要延伸的对象

执行结果

图 9-7 延伸对象

【执行方式】

* 命令行：EXTEND。
* 菜单栏：选择菜单栏中的"修改"→"延伸"命令。
* 工具栏：单击"修改"工具栏中的"延伸"按钮➔┤。
* 功能区：单击"默认"选项卡的"修改"面板中的"延伸"按钮--➔┤。

动手学——动断按钮

源文件：源文件\第 9 章\动断按钮.dwg

本实例利用直线和偏移命令绘制初步轮廓，然后利用修剪和删除命令对图形进行细化处理，如图 9-8 所示。在绘制过程中应熟练掌握延伸命令的运用。

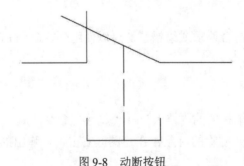

图 9-8 动断按钮

【操作步骤】

（1）单击"默认"选项卡的"图层"面板中的"图层特性"按钮，弹出"图层特性管理器"选项板，新建以下两个图层。

① 第一图层命名为"粗实线"图层，采用默认属性。

② 第二图层命名为"虚线"图层，线型为 ACAD_ISO02W100，其余属性默认。

（2）将粗实线层设置为当前层。单击"默认"选项卡的"绘图"面板中的"直线"按钮 ∕ ，绘制初步图形，如图 9-9 所示。

（3）单击"默认"选项卡的"绘图"面板中的"直线"按钮 ∕ ，分别以图 9-9 中 a 点和 b 点为起点，竖直向下绘制长为 3.5 mm 的直线，结果如图 9-10 所示。

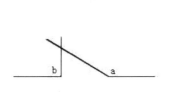

图 9-9 绘制初步图形

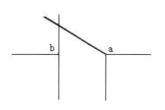

图 9-10 绘制直线 1

（4）单击"默认"选项卡的"绘图"面板中的"直线"按钮 ∕ ，以图 9-10 中 a 点为起点、b 点为终点，绘制直线 ab，结果如图 9-11 所示。

（5）单击"默认"选项卡的"绘图"面板中的"直线"按钮 ∕ ，捕捉直线 ab 的中点，以其为起点，竖直向下绘制长度为 3.5mm 的直线，并将其所在图层更改为"虚线"，如图 9-12 所示。

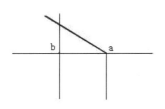

图 9-11 绘制直线 2

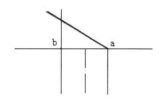

图 9-12 绘制虚线

（6）单击"默认"选项卡的"修改"面板中的"偏移"按钮 ⊂ ，以直线 ab 为起始边，绘制两条水平直线，偏移长度分别为 2.5 mm 和 3.5 mm，如图 9-13 所示。

（7）单击"默认"选项卡的"修改"面板中的"修剪"按钮 ✂ 和"删除"按钮 ✎ ，对图形进行修剪，并删除直线 ab，结果如图 9-14 所示。

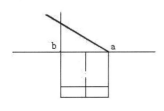

图 9-13 偏移线段

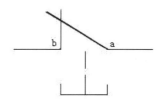

图 9-14 修剪图形

（8）单击“默认”选项卡的“修改”面板中的“延伸”按钮，选择虚线作为延伸的对象，将其延伸到斜线 ac 上，命令行提示与操作如下。

```
命令: _extend
当前设置:投影=UCS，边=无
选择边界的边...
选择对象或 <全部选择>: 选取 ac 斜边
选择对象:
选择要延伸的对象，或按住 Shift 键选择要修剪的对象，或[栏选(F)/窗交(C)/投影(P)/边(E)/放弃(U)]: 选取虚线
选择要延伸的对象，或按住 Shift 键选择要修剪的对象，或[栏选(F)/窗交(C)/投影(P)/边(E)/放弃(U)]:
```

最终结果如图 9-8 所示。

【选项说明】

（1）系统规定可以用作边界对象的对象有直线段、射线、双向无限长线、圆弧、圆、椭圆、二维和三维多段线、样条曲线、文本、浮动的视口和区域。如果选择二维多段线作为边界对象，系统会忽略其宽度而把对象延伸至多段线的中心线上。如果要延伸的对象是适配样条多段线，则延伸后会在多段线的控制框上增加新节点。如果要延伸的对象是锥形的多段线，系统会修正延伸端的宽度，使多段线从起始端平滑地延伸至新的终止端。如果延伸操作导致新终止端的宽度为负值，则取宽度值为 0，如图 9-15 所示。

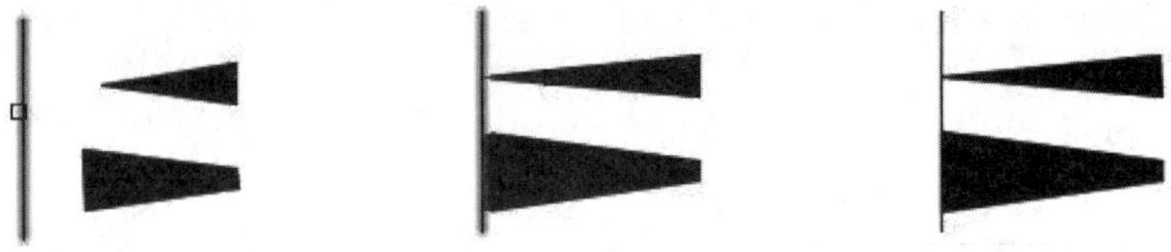

选择边界对象　　选择要延伸的多义线　　延伸后的结果

图 9-15　延伸对象

（2）选择对象时，如果按住 Shift 键，系统会自动将“延伸”命令转换成“修剪”命令。

9.1.4　拉伸命令

拉伸对象是指拖拉选择且形状发生改变后的对象。拉伸对象时，应指定拉伸的基点和移置点。利用一些辅助工具如捕捉、钳夹功能及相对坐标等提高拉伸的精度。

【执行方式】

- 命令行：STRETCH。
- 菜单栏：选择菜单栏中的“修改”→“拉伸”命令。
- 工具栏：单击“修改”工具栏中的“拉伸”按钮。

➡ 功能区：单击"默认"选项卡的"修改"面板中的"拉伸"按钮 。

动手学——管式混合器

扫一扫，看视频

源文件：源文件\第 9 章\管式混合器.dwg

本实例利用直线和多段线绘制管式混合器符号的基本轮廓，再利用拉伸命令细化图形，如图 9-16 所示。

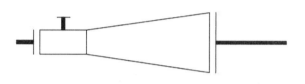

图 9-16 管式混合器

【操作步骤】

（1）单击"默认"选项卡的"绘图"面板中的"直线"按钮 ／，在图形空白位置绘制连续直线，如图 9-17 所示。

（2）单击"默认"选项卡的"绘图"面板中的"直线"按钮 ／，在上步绘制图形左右两侧分别绘制两段竖直直线，如图 9-18 所示。

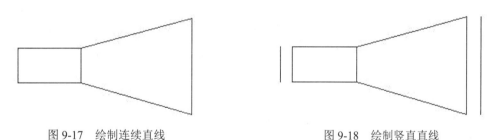

图 9-17 绘制连续直线   图 9-18 绘制竖直直线

（3）单击"默认"选项卡的"绘图"面板中的"多段线"按钮 ⤵ 和"直线"按钮 ／，绘制如图 9-19 所示的图形。

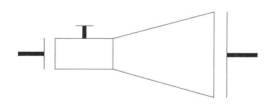

图 9-19 绘制多段线和竖直直线

（4）单击"默认"选项卡的"修改"面板中的"拉伸"按钮 ，选择右侧多段线为拉伸对象并对其进行拉伸操作。命令行提示与操作如下。

```
命令：_stretch
以交叉窗口或交叉多边形选择要拉伸的对象...
```

选择对象:框选右侧的水平多段线
指定基点或［位移(D)］<位移>：后选择右侧竖直直线上任意一点
指定第二个点或 <使用第一个点作为位移>：↙

结果如图 9-16 所示。

✎ 技巧：

> STRETCH 仅移动位于交叉选择内的顶点和端点，不更改那些位于交叉选择外的顶点和端点。部分包含在交叉选择窗口内的对象将被拉伸。

【选项说明】

（1）必须采用"窗交(C)"方式选择拉伸对象。

（2）拉伸选择对象时，指定第一个点后，若指定第二个点，系统将根据这两点决定矢量拉伸对象。若直接按 Enter 键，系统会把第一个点作为 X 轴和 Y 轴的分量值。

9.1.5　拉长命令

拉长命令可以更改对象的长度和圆弧的包含角。

【执行方式】

➥　命令行：LENGTHEN。

➥　菜单栏：选择菜单栏中的"修改"→"拉长"命令。

➥　功能区：单击"默认"选项卡的"修改"面板中的"拉长"按钮／。

扫一扫，看视频

动手学——门联锁开关

源文件：源文件\第 9 章\门联锁开关.dwg

绘制如图 9-20 所示的门联锁开关。

【操作步骤】

（1）单击"默认"选项卡的"绘图"面板中的"直线"按钮／，绘制一条长为 5mm 的直线 1，继续调用"直线"命令，打开"对象捕捉"功能，捕捉直线 1 的右端点作为新绘制直线的左端点，绘制长度为 6mm 的直线 2，按照同样的方法绘制长度为 4mm 的直线 3。结果如图 9-21 所示。

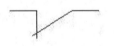

图 9-20　门联锁开关

图 9-21　3 段直线

（2）单击"默认"选项卡的"修改"面板中的"旋转"按钮 ↻，打开"对象捕捉"功能，关闭"正交"功能，捕捉直线 2 的右端点，输入旋转的角度为 30°。结果如图 9-22 所示。

（3）单击"默认"选项卡的"修改"面板中的"拉长"按钮／，将旋转后的直线 2 沿着左端点方向拉长 2mm，命令行提示与操作如下。

```
命令: _lengthen
选择要测量的对象或 [增量(DE)/百分比(P)/总计(T)/动态(DY)] <增量(DE)>:
当前长度: 10.0000
选择要测量的对象或 [增量(DE)/百分比(P)/总计(T)/动态(DY)] <增量(DE)>: DE
输入长度增量或 [角度(A)] <2.0000>:
选择要修改的对象或 [放弃(U)]: 选取直线2的左下端
选择要修改的对象或 [放弃(U)]:
```

结果如图9-23所示。

图9-22　将直线2旋转30°　　　　　　　　图9-23　拉长直线2

（4）单击"默认"选项卡的"绘图"面板中的"直线"按钮╱，同时打开"对象捕捉"和"正交"功能，用鼠标左键捕捉直线1的右端点，向下绘制一条长为5mm的直线，即为绘制完成的门联锁开关。

【选项说明】

（1）增量(DE)：用指定增加量的方法来改变对象的长度或角度。

（2）百分比(P)：用指定要修改对象的长度占总长度的百分比的方法来改变圆弧或直线段的长度。

（3）总计(T)：用指定新的总长度值或总角度值的方法来改变对象的长度或角度。

（4）动态(DY)：在该模式下，可以使用拖拉鼠标的方法来动态地改变对象的长度或角度。

☞**教你一招：**

拉伸和拉长的区别。
拉伸和拉长工具都可以改变对象的大小，所不同的是拉伸可以一次框选多个对象，不仅改变对象的大小，同时改变对象的形状；而拉长只改变对象的长度，且不受边界的局限。可用以拉长的对象包括直线、弧线和样条曲线等。

动手练——绘制铰套

绘制如图9-24所示的铰套。

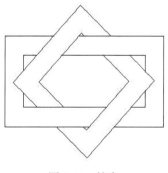

图9-24　铰套

📝 思路点拨：

（1）用"矩形"和"多边形"命令绘制两个四边形。
（2）用"偏移"命令将四边形向内偏移。
（3）用"修剪"命令剪切出层次关系。

9.2　圆角和倒角

在 CAD 绘图的过程中，圆角和倒角是经常用到的。在使用圆角和倒角命令时，要先设置圆角半径、倒角距离；否则，命令执行后，就很可能看不到任何效果。

9.2.1　圆角命令

圆角是指用指定的半径决定的一段平滑的圆弧连接两个对象。系统规定可以用圆角连接一对直线段、非圆弧的多段线段、样条曲线、双向无限长线、射线、圆、圆弧和椭圆。可以在任何时刻用圆角连接非圆弧多段线的每个节点。

【执行方式】

➡ 命令行：FILLET。
➡ 菜单栏：选择菜单栏中的"修改"→"圆角"命令。
➡ 工具栏：单击"修改"工具栏中的"圆角"按钮 ⌐。
➡ 功能区：单击"默认"选项卡的"修改"面板中的"圆角"按钮 ⌐。

动手学——槽钢截面图

源文件：源文件\第 9 章\槽钢截面图.dwg
本实例绘制如图 9-25 所示的槽钢截面图。

扫一扫，看视频

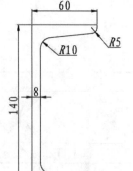

图 9-25　槽钢截面图

【操作步骤】

（1）单击"默认"选项卡的"绘图"面板中的"直线"按钮 ╱，绘制直线。端点坐标为{（0,0），（@0,140），（@60,0）}。

（2）单击"默认"选项卡的"修改"面板中的"偏移"按钮 ⊂，偏移直线。将水平直线向下偏移，偏移距离分别为7、12、128、133和140；将竖直直线向右偏移，偏移距离分别为8和60，结果如图9-26所示。

（3）单击"默认"选项卡的"修改"面板中的"修剪"按钮 ，修剪图形，结果如图9-27所示。

（4）单击"默认"选项卡的"绘图"面板中的"直线"按钮 ╱，分别连接图 9-27 中的 a-b 和 c-d 端点，然后删除多余的直线，结果如图9-28所示。

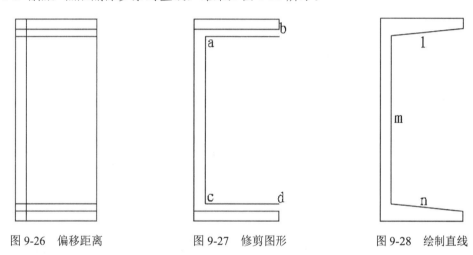

图9-26 偏移距离   图9-27 修剪图形   图9-28 绘制直线

✍ 技巧：

> 进行圆角时，如果选择的两个对象位于同一图层上，会在改变图层时创建圆角，否则将在当前图层创建圆角弧，图层会影响生产圆角的特性。

（5）单击"默认"选项卡的"修改"面板中的"圆角"按钮 ，对槽钢轮廓线进行倒圆角处理，倒圆角半径为10，命令行提示与操作如下。

```
命令：FILLET
当前设置：模式=修剪，半径=0.0000
选择第一个对象或 [放弃(U)/多段线(P)/半径(R)/修剪(T)/多个(M)]：R✓
指定圆角半径<0.0000> 10✓
选择第一个对象或 [放弃(U)/多段线(P)/半径(R)/修剪(T)/多个(M)]：（选择图 9-28 中的直线 l）
选择第二个对象，或按住 Shift 键选择对象以应用角点或 [半径(R)]：（选择图 9-28 中的直线 m）
命令：FILLET
当前设置：模式=修剪，半径=10.0000
选择第一个对象或 [放弃(U)/多段线(P)/半径(R)/修剪(T)/多个(M)]：（选择图 9-28 中的直线 m）
选择第二个对象，或按住 Shift 键选择对象以应用角点或 [半径(R)]：（选择图 9-28 中所示的直线 n）
```

重复圆角命令，仿照步骤（5）绘制槽钢的其他圆角，结果如图9-25所示。

【选项说明】

（1）多段线(P)：在一条二维多段线的两段直线段的节点处插入圆滑的弧。选择多段线后，系统会根据指定的圆弧的半径把多段线各顶点用圆滑的弧连接起来。

（2）修剪(T)：决定在圆角连接两条边时，是否修剪这两条边，如图 9-29 所示。

（3）多个(M)：可以同时对多个对象进行圆角编辑，而不必重新启用命令。

（4）按住 Shift 键并选择两条直线，可以快速创建零距离倒角或零半径圆角。

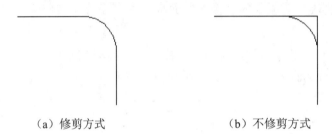

（a）修剪方式　　　　　　　　　　（b）不修剪方式

图 9-29　圆角连接

☞**教你一招：**

几种情况下的圆角。

（1）当两条线相交或不相连时，利用圆角进行修剪和延伸

如果将圆角半径设置为 0，则不会创建圆弧，操作对象将被修剪或延伸直到它们相交。当两条线相交或不相连时，使用圆角命令可以自动进行修剪和延伸，比使用修剪和延伸命令更方便。

（2）对平行直线倒圆角

不仅可以对相交或未连接的线倒圆角，平行的直线、构造线和射线同样可以倒圆角。对平行线进行倒圆角时，软件将忽略原来的圆角设置，自动调整圆角半径，生成一个半圆连接两条直线，绘制键槽或类似零件时比较方便。对于平行线倒圆角时，第一个选定对象必须是直线或射线，不能是构造线，因为构造线没有端点，但是可以作为圆角的第二个对象。

（3）对多段线加圆角或删除圆角

如果想对多段线上适合圆角半径的每条线段的顶点处插入相同长度的圆角弧，可在倒圆角时使用"多段线"选项；如果想删除多段线上的圆角和弧线，也可以使用"多段线"选项，只需将圆角设置为 0，圆角命令将删除该圆弧线段并延伸直线，直到它们相交。

9.2.2　倒角命令

倒角是指用斜线连接两个不平行的线型对象。可以用斜线连接直线段、双向无限长线、射线和多段线。

【执行方式】

➥ 命令行：CHAMFER。

➥ 菜单栏：选择菜单栏中的"修改"→"倒角"命令。

➥ 工具栏：选择"修改"工具栏中的"倒角"按钮 。

➤ 功能区：单击"默认"选项卡的"修改"面板中的"倒角"按钮 ╱。

动手学——卡槽

源文件：源文件\第 9 章\卡槽.dwg

本实例绘制如图 9-30 所示的卡槽。

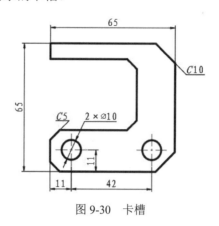

图 9-30 卡槽

【操作步骤】

（1）单击"默认"选项卡的"图层"面板中的"图层特性"按钮，打开"图层特性管理器"选项板，新建以下两个图层。

① 第一图层命名为"轮廓线"图层，线宽为 0.30mm，其余属性默认。

② 第二图层命名为"中心线"图层，颜色为红色，线型为 CENTER，其余属性默认。

（2）将"中心线"图层设置为当前图层。单击"默认"选项卡的"绘图"面板中的"直线"按钮 ╱，绘制两点坐标为{（3,11），（19,11）}和{（11,3），（11,19）}的中心线。

（3）将"轮廓线"图层设置为当前图层。单击"默认"选项卡的"绘图"面板中的"圆"按钮 ⊙，以两条中心线的交点为圆心绘制半径为 5 的圆。

（4）单击"默认"选项卡的"绘图"面板中的"矩形"按钮 ▭，分别以（0,0）和（65,65）为角条坐标分别绘制矩形；单击"默认"选项卡的"绘图"面板中的"直线"按钮 ╱，分别以坐标（0,21）（@45,0）（@0,36）（@-45,0）为端点绘制直线，结果如图 9-31 所示。

（5）单击"默认"选项卡的"修改"面板中的"修剪"按钮 ✂，修剪图形，结果如图 9-32 所示。

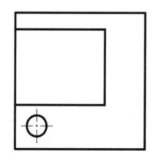

图 9-31 绘制图形

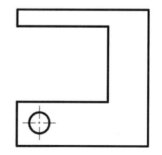

图 9-32 修剪图形

（6）单击"默认"选项卡的"修改"面板中的"倒角"按钮 ⁄，对卡槽的角点进行倒角处理。倒角尺寸为 10，命令行提示与操作如下。

```
命令：CHAMFER✓
（"修剪"模式）当前倒角距离 1=0.0000，距离 2=0.0000
选择第一条直线或 [放弃(U)/多段线(P)/距离(D)/角度(A)/修剪(T)/方式(E)/多个(M)]：D✓
选择第一条直线或 [放弃(U)/多段线(P)/距离(D)/角度(A)/修剪(T)/方式(E)/多个(M)]：D 指定
第一个倒角距离<0.0000>：10✓
指定第二个倒角距离<0.0000>：10✓
选择第一条直线或 [放弃(U)/多段线(P)/距离(D)/角度(A)/修剪(T)/多个(M)]：（选择最右边竖直
线段）
选择第二条直线，或按住 Shift 键选择直线以应用角点或 [距离(D)/角度(A)/方法(M)]：（选择最下
端的水平直线）
命令：CHAMFER✓
（"修剪"模式）当前倒角距离 1=10.0000，距离 2=10.0000
选择第一条直线或 [放弃(U)/多段线(P)/距离(D)/角度(A)/修剪(T)/方式(E)/多个(M)]：D✓
选择第一条直线或 [放弃(U)/多段线(P)/距离(D)/角度(A)/修剪(T)/方式(E)/多个(M)]：D 指定
第一个倒角距离<0.0000>：10✓
指定第二个倒角距离<0.0000>：10✓
选择第一条直线或 [放弃(U)/多段线(P)/距离(D)/角度(A)/修剪(T)/多个(M)]：（选择最右边竖直
线段）
选择第二条直线，或按住 Shift 键选择直线以应用角点或 [距离(D)/角度(A)/方法(M)]：（选择最上
端的水平直线）
```

效果如图 9-33 所示。

（7）单击"默认"选项卡的"修改"面板中的"倒角"按钮 ⁄，设置倒角距离为 5，对卡槽的其他角点进行倒角处理，完善图形，结果如图 9-34 所示。

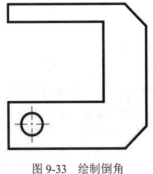

图 9-33　绘制倒角

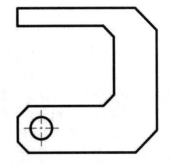

图 9-34　完善图形

（8）单击"默认"选项卡的"修改"面板中的"复制"按钮 ⁕，将图中的圆及其中心线向右复制 42，绘制效果如图 9-30 所示。

【选项说明】

（1）距离(D)：选择倒角的两个斜线距离。斜线距离是指从被连接的对象与斜线的交点到被连接的两对象的可能的交点之间的距离，如图 9-35 所示。这两个斜线距离可以相同也可以不相同，若二者均为 0，则系统不绘制连接的斜线，而是把两个对象延伸至相交，并修剪

超出的部分。

（2）角度(A)：选择第一条直线的斜线距离和角度。采用这种方法连接斜线对象时，需要输入两个参数，斜线与一个对象的斜线距离和斜线与该对象的夹角，如图 9-36 所示。

图 9-35 斜线距离　　　　　　　　　图 9-36 斜线距离与夹角

（3）多段线(P)：对多段线的各个交叉点进行倒角编辑。为了得到最好的连接效果，一般设置斜线是相等的值。系统根据指定的斜线距离把多段线的每个交叉点都作斜线连接，连接的斜线成为多段线新添加的构成部分，如图 9-37 所示。

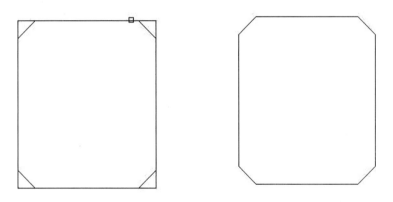

图 9-37 斜线连接多段线

（4）修剪(T)：与圆角连接命令 FILLET 相同，该选项决定连接对象后，是否剪切原对象。

（5）方式(E)：决定采用"距离"方式还是"角度"方式来倒角。

（6）多个(M)：同时对多个对象进行倒角编辑。

动手练——绘制传动轴

绘制如图 9-38 所示的传动轴。

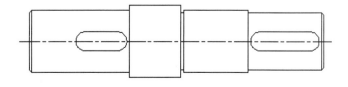

图 9-38 传动轴

思路点拨：

（1）用"直线""偏移"和"修剪"命令绘制传动轴的上半部分。
（2）用"倒角"命令进行倒角处理。
（3）用"镜像"命令延伸完成传动轴主体绘制。
（4）用"圆""直线"和"修剪"命令绘制键槽。

9.3　打断、合并和分解对象

编辑命令除了前面学到的复制类命令、改变位置类命令、改变图形特性命令以及圆角和倒角命令之外，还有打断、打断于点、合并和分解命令。

9.3.1　打断命令

打断是在两个点之间创建间隔，也就是在打断之处存在间隙。

【执行方式】

➜　命令行：BREAK。
➜　菜单栏：选择菜单栏中的"修改"→"打断"命令。
➜　工具栏：单击"修改"工具栏中的"打断"按钮凵。
➜　功能区：单击"默认"选项卡的"修改"面板中的"打断"按钮凵。

动手学——天目琼花

源文件：源文件\第9章\天目琼花.dwg

绘制如图 9-39 所示的天目琼花。天目琼花的树态清秀，叶形美丽，花开似雪，果赤如丹。宜在建筑物四周、草坪边缘配植，也可在道路边、假山旁孤植、丛植或片植。

扫一扫，看视频

图 9-39　天目琼花

【操作步骤】

（1）单击"默认"选项卡的"绘图"面板中的"圆"按钮 ⊙，绘制 3 个适当大小的圆，相对位置大致如图 9-40 所示。

（2）单击"默认"选项卡的"修改"面板中的"打断"按钮 ，打断上方两圆，命令行提示与操作如下。

命令：_break
选择对象：✓（选择上面大圆上适当一点）
指定第二个打断点或[第一点(F)]：✓（选择此圆上适当的另一点）

用相同方法修剪上面的小圆，结果如图 9-41 所示。

图 9-40 绘制圆　　　　　　　　　　　　图 9-41 打断两圆

✍ **技巧：**

系统默认打断的方向是沿逆时针的方向，所以在选择打断点的先后顺序时，要注意不要把顺序弄反了。

（3）单击"默认"选项卡的"修改"面板中的"环形阵列"按钮 ，捕捉未修剪小圆的圆心为中心点，阵列修剪的圆弧的项目数为8，命令行提示与操作如下。

命令：_arraypolar
选择对象：（选择刚打断形成的两段圆弧）
选择对象：✓
类型 = 极轴　关联 = 否
指定阵列的中心点或 [基点(B)/旋转轴(A)]：捕捉下面未修剪小圆的圆心）
选择夹点以编辑阵列或 [关联(AS)/基点(B)/项目(I)/项目间角度(A)/填充角度(F)/行(ROW)/层(L)/旋转项目(ROT)/退出(X)] <退出>：i✓
输入阵列中的项目数或 [表达式(E)] <6>：8✓（结果如图 9-42 所示）
选择夹点以编辑阵列或 [关联(AS)/基点(B)/项目(I)/项目间角度(A)/填充角度(F)/行(ROW)/层(L)/旋转项目(ROT)/退出(X)] <退出>：（选择图形上面蓝色方形编辑夹点）
** 拉伸半径 **
指定半径 （往下拖动夹点，如图 9-43 所示，拖到合适的位置，单击，结果如图 9-44 所示）
选择夹点以编辑阵列或 [关联(AS)/基点(B)/项目(I)/项目间角度(A)/填充角度(F)/行(ROW)/层(L)/旋转项目(ROT)/退出(X)] <退出>：✓

图 9-42　环形阵列

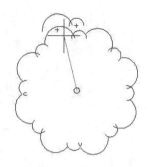
图 9-43　夹点编辑

图 9-44　编辑结果

最终结果如图 9-39 所示。

【选项说明】

如果选择"第一点(F)"选项，系统将丢弃前面的第一个选择点，重新提示用户指定两个打断点。

9.3.2　打断于点命令

打断于点将对象在某一点处打断，打断之处没有间隙。有效的对象包括直线、圆弧等，但不能是圆、矩形和多边形等封闭的图形。此命令与打断命令类似。

【执行方式】

- ↳　命令行：BREAK。
- ↳　工具栏：单击"修改"工具栏中的"打断于点"按钮 ⌷。
- ↳　功能区：单击"默认"选项卡的"修改"面板中的"打断于点"按钮 ⌷。

【操作步骤】

```
命令：_break
选择对象：（选择要打断的对象）
指定第二个打断点或 [第一点(F)]：_f（系统自动执行"第一点(F)"选项）
指定第一个打断点：（选择打断点）
指定第二个打断点：@（系统自动忽略此提示）
```

9.3.3　合并命令

可以将直线、圆弧、椭圆弧和样条曲线等独立的对象合并为一个对象。

【执行方式】

- ↳　命令行：JOIN。
- ↳　菜单栏：选择菜单栏中的"修改"→"合并"命令。

> ⤵ 工具栏：单击"修改"工具栏中的"合并"按钮 ⁺⁺ 。

> ⤵ 功能区：单击"默认"选项卡的"修改"面板中的"合并"按钮 ⁺⁺ 。

【操作步骤】

命令：JOIN↙
选择源对象或要一次合并的多个对象：（选择一个对象）
选择要合并的对象：（选择另一个对象）
选择要合并的对象：↙

9.3.4 分解命令

选择一个对象后，该对象会被分解。系统继续提示该行信息，允许分解多个对象。

【执行方式】

> ⤵ 命令行：EXPLODE。

> ⤵ 菜单栏：选择菜单栏中的"修改"→"分解"命令。

> ⤵ 工具栏：单击"修改"工具栏中的"分解"按钮 ⬚ 。

> ⤵ 功能区：单击"默认"选项卡的"修改"面板中的"分解"按钮 ⬚ 。

扫一扫，看视频

动手学——槽轮

源文件：源文件\第 9 章\槽轮.dwg

绘制如图 9-45 所示的槽轮。

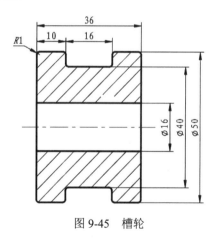

图 9-45 槽轮

【操作步骤】

（1）单击"默认"选项卡的"图层"面板中的"图层特性"按钮 ⬚ ，打开"图层特性管理器"选项板，新建以下 3 个图层。

① 第一图层命名为"轮廓线"图层，线宽为 0.30mm，其余属性默认。

② 第二图层命名为"剖面线"图层，颜色为蓝色，其余属性默认。

③ 第三图层命名为"中心线"图层，颜色为红色，线型为 CENTER，其余属性默认。

（2）将"中心线"图层设置为当前图层。单击"默认"选项卡的"绘图"面板中的"直线"按钮╱，以{（-5,25），（41,25）}为坐标点绘制一条水平中心线。

（3）将"粗实线"图层设置为当前图层。单击"默认"选项卡的"绘图"面板中的"矩形"按钮▢，以{（0,0），（36,50）}为角点坐标绘制矩形。

（4）单击"默认"选项卡的"修改"面板中的"分解"按钮，将矩形分解，命令行提示与操作如下。

```
命令：_explode↙
选择对象：（选择矩形）
选择对象：↙
```

（5）单击"默认"选项卡的"修改"面板中的"偏移"按钮，将上侧的水平直线向下偏移，偏移距离分别为 5、17、33、45，将左侧的竖直直线向右偏移，偏移距离分别为 10 和 26，效果如图 9-46 所示。

（6）单击"默认"选项卡的"修改"面板中的"修剪"按钮，修剪图形，效果如图 9-47 所示。

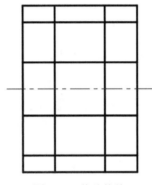

图 9-46　偏移值线

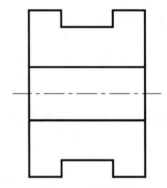

图 9-47　修剪图形

（7）单击"默认"选项卡的"修改"面板中的"圆角"按钮，对图形进行圆角处理，圆角半径为 1，效果如图 9-48 所示。

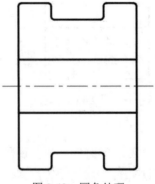

图 9-48　圆角处理

（8）将"剖面线"图层设置为当前图层，单击"默认"选项卡的"绘图"面板中的"图案填充"按钮圝，在打开的"图案填充创建"选项卡中设置"图案填充"为 ANSI31，"角度"为 0，"比例"为 1，对图形进行图案填充，效果如图 9-45 所示。

动手练——绘制沙发

绘制如图 9-49 所示的沙发。

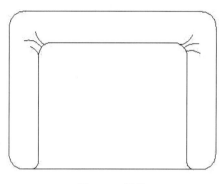

图 9-49　沙发

思路点拨：

（1）用"矩形"和"直线"命令绘制沙发的初步轮廓。
（2）用"圆角"命令绘制倒圆角。
（3）用"延伸"命令延伸图形。
（4）用"圆弧"命令绘制沙发皱纹。

9.4　实例——斜齿轮

源文件：源文件\第 9 章\斜齿轮.dwg

本实例绘制图 9-50 所示的斜齿轮。斜齿轮是机械中常见的零件，是螺旋齿轮啮合方式的一类组成部分，具有啮合性好、传动平稳、噪声小等特点。

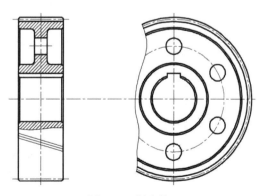

图 9-50　斜齿轮

【操作步骤】

1. 新建文件

选择菜单栏中的"文件"→"新建"命令，弹出"选择样板"对话框，选择A2样板图，单击"打开"按钮，创建一个新的图形文件。

2. 设置图层

单击"默认"选项卡的"图层"面板中的"图层特性"按钮，弹出"图层特性管理器"选项板。依次创建"中心线""轮廓线""剖面线""细实线""尺寸线"5个图层，并设置"轮廓线"图层的线宽为0.3mm，如图9-51所示。

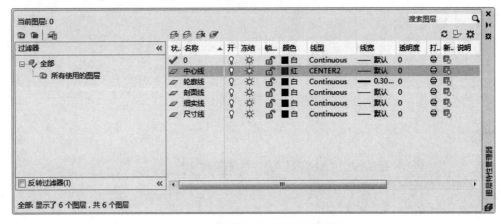

图9-51　"图层特性管理器"选项板

3. 绘制主视图

（1）将"中心线"图层设置为当前层，单击"默认"选项卡的"绘图"面板中的"直线"按钮，绘制一条水平中心线和两条竖直中心线，结果如图9-52所示。

（2）单击"默认"选项卡的"绘图"面板中的"圆"按钮，以右端中心线交点为圆心绘制半径为106.5和70.5的圆；将"轮廓线"图层设置为当前图层，重复"圆"命令，绘制直径为60、64、92、96、187、191、206.75、218的圆，如图9-53所示。

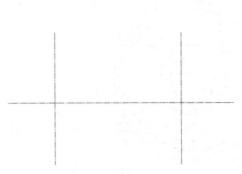

图9-52　绘制中心线

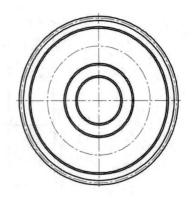

图9-53　绘制圆1

（3）单击"默认"选项卡的"修改"面板中的"偏移"按钮⊑，将水平中心线向上偏移 34.4mm，竖直中心线分别向左、右偏移 9，结果如图 9-54（a）所示。

（4）单击"默认"选项卡的"修改"面板中的"修剪"按钮，修剪掉多余的线条，并将偏移的直线转换到"轮廓线"图层，效果如图 9-54（b）所示。

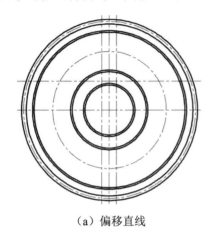

（a）偏移直线

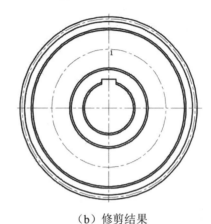

（b）修剪结果

图 9-54 偏移并修剪

（5）单击"默认"选项卡的"绘图"面板中的"圆"按钮⊙，以图 9-54（b）中的 1 点为圆心，半径为 11，绘制一个圆，如图 9-55 所示。

（6）单击"默认"选项卡的"修改"面板中的"环形阵列"按钮，设置项目数为 6，填充角度为 360，选取同心圆的圆心为中心点，选取第（5）步绘制的半径为 11 的圆为阵列对象，效果如图 9-56 所示。

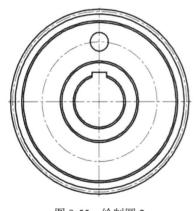

图 9-55 绘制圆 2

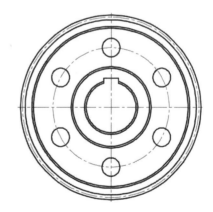

图 9-56 阵列圆

4．绘制左视图

（1）单击"默认"选项卡的"绘图"面板中的"直线"按钮，绘制辅助线，效果如图 9-57 所示。

（2）单击"默认"选项卡的"修改"面板中的"偏移"按钮⊑，将图 9-57 中左边竖直辅助线向右偏移，偏移距离为 9、31.5，并将偏移的直线转换到"轮廓线"图层，效果如图 9-58 所示。

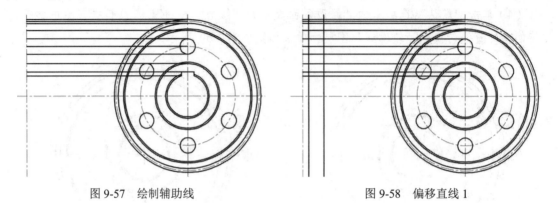

图 9-57　绘制辅助线　　　　　　　　　　图 9-58　偏移直线 1

（3）单击"默认"选项卡的"修改"面板中的"修剪"按钮，修剪掉多余线条，并将中心线圆对应的直线转换到"中心线"图层，效果如图 9-59 所示。

（4）单击"默认"选项卡的"修改"面板中的"倒角"按钮，对齿轮进行倒角，距离为 2，并且单击"默认"选项卡的"绘图"面板中的"直线"按钮，在倒角处绘制直线，然后单击"默认"选项卡的"修改"面板中的"修剪"按钮，修剪掉多余线条，绘制效果如图 9-60 所示。

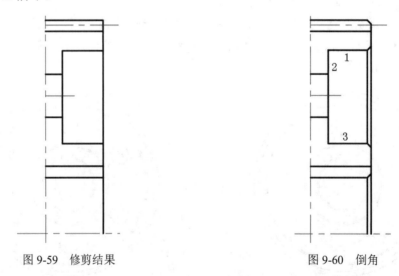

图 9-59　修剪结果　　　　　　　　　　图 9-60　倒角

（5）单击"默认"选项卡的"修改"面板中的"圆角"按钮，对齿轮进行倒圆角，圆角半径为 5，绘制效果如图 9-61 所示。

（6）单击"默认"选项卡的"修改"面板中的"镜像"按钮，将右侧图形沿竖直中心线进行镜像。镜像结果如图 9-62 所示。重复"镜像"命令，将镜像后的齿轮的上半部分外轮廓线沿水平中心线进行镜像。

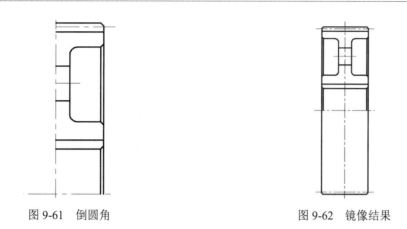

图 9-61　倒圆角　　　　　　　　　　　　图 9-62　镜像结果

（7）单击"默认"选项卡的"绘图"面板中的"直线"按钮 ╱，绘制水平辅助线，如图 9-63 所示。

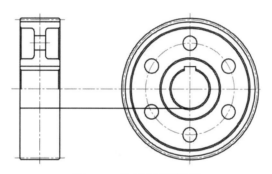

图 9-63　绘制水平辅助线

（8）单击"默认"选项卡的"修改"面板中的"倒角"按钮 ╱，采用不修剪模式，对轴孔处进行倒角，距离为 2，单击"默认"选项卡的"修改"面板中的"修剪"按钮 ✂，修剪多余辅助线，并对下方齿轮的轴径进行倒角 C1。单击"默认"选项卡的"绘图"面板中的"直线"按钮 ╱，连接倒角，结果如图 9-64 所示。

（9）将"细实线"层设置为当前图层。单击"默认"选项卡的"绘图"面板中的"样条曲线拟合"按钮 ∿，在主视图的下方绘制样条曲线，如图 9-65 所示。

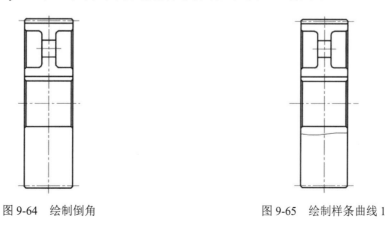

图 9-64　绘制倒角　　　　　　　　　　　图 9-65　绘制样条曲线 1

227

（10）右击状态栏中的"极轴追踪"按钮 ⟳，弹出"草图设置"对话框，输入增量角为-15.6，如图 9-66 所示，单击"确定"按钮，退出对话框。

（11）单击"极轴追踪"按钮，单击"默认"选项卡的"绘图"面板中的"直线"按钮 ∕，绘制斜直线，命令行提示与操作如下。

```
命令：_line
指定第一个点：（在主视图的左端面上单击作为起点）
指定下一点或 [放弃(U)]：（拖动鼠标显示角度为-15.6的追踪线，直到右端面单击，如图 9-67 所示）
指定下一点或 [放弃(U)]：
```

图 9-66 "草图设置"对话框

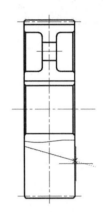

图 9-67 绘制的直线

（12）单击"默认"选项卡的"修改"面板中的"偏移"按钮 ⊑，将上步绘制的斜直线向下偏移，偏移距离为 3、6，效果如图 9-68 所示。

（13）单击"默认"选项卡的"修改"面板中的"修剪"按钮 ✂ 和"延伸"按钮 ⟶｜，使偏移后的直线与两端面相交，效果如图 9-69 所示。

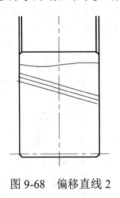

图 9-68 偏移直线 2

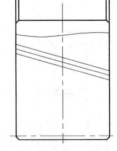

图 9-69 修剪图形

（14）单击"默认"选项卡的"绘图"面板中的"样条曲线拟合"按钮 ∿，在左视图上绘制样条曲线，效果如图 9-70 所示。

（15）单击"默认"选项卡的"修改"面板中的"修剪"按钮 ✂ 和"删除"按钮 ✐，修整左视图，效果如图 9-71 所示。

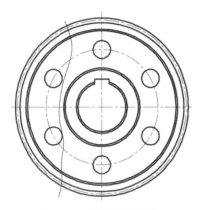

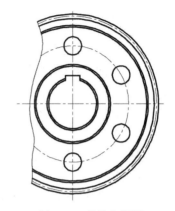

图 9-70 绘制样条曲线 2   图 9-71 修整左视图

（16）将当前图层设置为"剖面线"图层，单击"默认"选项卡的"绘图"面板中的"图案填充"按钮 ▦，在"图案填充创建"选项卡中选择的填充图案为 ANSI31，将"角度"设置为 90，"比例"设置为 1，其他为默认值。单击"拾取点"按钮，选择主视图上相关区域，按 Enter 键完成剖面线的绘制，这样就完成了主视图的绘制，效果如图 9-50 所示。

9.5 模拟认证考试

1. 拉伸命令能够按指定的方向拉伸图形，此命令只能用（   ）方式选择对象。
   A. 交叉窗口   B. 窗口
   C. 点   D. ALL
2. 要剪切与剪切边延长线相交的圆，则需执行的操作为（   ）。
   A. 剪切时按住 Shift 键   B. 剪切时按住 Alt 键
   C. 修改"边"参数为"延伸"   D. 剪切时按住 Ctrl 键
3. 关于分解命令（Explode）的描述正确的是（   ）。
   A. 对象分解后颜色、线型和线宽不会改变
   B. 图案分解后图案与边界的关联性仍然存在
   C. 多行文字分解后将变为单行文字
   D. 构造线分解后可得到两条射线
4. 对一个对象圆角之后，有时候发现对象被修剪，有时候发现对象没有被修剪，究其原因是（   ）。
   A. 修剪之后应当选择"删除"
   B. 圆角选项里有 T，可以控制对象是否被修剪
   C. 应该先进行倒角再修剪

D．用户的误操作

5．在进行打断操作时，系统要求指定第二打断点，这时输入了@，然后按 Enter 键结束，其结果是（　　　）。

 A．没有实现打断

 B．在第一打断点处将对象一分为二，打断距离为零

 C．从第一打断点处将对象另一部分删除

 D．系统要求指定第二打断点

6．分别绘制圆角为 20 的矩形和倒角为 20 的矩形，长均为 100，宽均为 80。它们的面积相比较（　　　）。

 A．圆角矩形面积大   B．倒角矩形面积大

 C．一样大   D．无法判断

7．对两条平行的直线倒圆角（Fillet），圆角半径设置为 20，其结果是（　　　）。

 A．不能倒圆角   B．按半径 20 倒圆角

 C．系统提示错误   D．倒出半圆，其直径等于直线间的距离

8．绘制如图 9-72 所示的图形。

9．绘制如图 9-73 所示的图形。

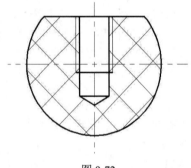

图 9-72

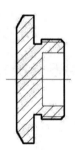

图 9-73

第 10 章　文本与表格

内容简介

文字注释是图形中很重要的一部分内容，进行各种设计时，通常不仅要绘出图形，还要在图形中标注一些文字。如技术要求、注释说明等，对图形对象加以解释。

AutoCAD 2019 提供了多种写入文字的方法。本章将介绍文本的注释和编辑功能。图表在 AutoCAD 2019 图形中也有大量的应用，如明细表、参数表和标题栏等。本章主要内容包括文本样式、文本标注、文本编辑及表格的定义、创建文字等。

内容要点

- ➥ 文本样式
- ➥ 文本标注
- ➥ 文本编辑
- ➥ 表格
- ➥ 实例——绘制 A3 样板图
- ➥ 模拟认证考试

案例效果

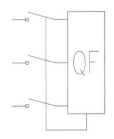

法面模数	m_n	2		
齿数	z	82		
法向压力角	α	20°		
齿顶高系数	h^*	1		
顶隙系数	c^*	0.2500		
螺旋角	β	15.6°		
旋向	右			
变位系数	x	0		
精度等级	8-7-7HK			
全齿高	h	5.6250		
中心距及偏差	135±0.021			
配对齿轮	图号			
	齿数	60		
公差组	检验项目	代号	公差	
I	齿圈径向跳动公差	F_r	0.0630	
	公法线长度变动公差	F_w	0.0500	
II	基节极限偏差	f_{pb}	±0.016	
	齿形公差	f_f	0.0130	
III	齿向公差	$F_β$	0.0160	
公法线平均长度及其偏差				
跨测齿数	K	9		

			材料		比例	
			数量		共 张 第 张	
制图						
审核						

10.1 文本样式

所有 AutoCAD 2019 图形中的文字都有与其相对应的文本样式。当输入文字对象时，AutoCAD 2019 使用当前设置的文本样式。文本样式是用来控制文字基本形状的一组设置。

【执行方式】

➤ 命令行：STYLE（快捷命令：ST）或 DDSTYLE。

➤ 菜单栏：选择菜单栏中的"格式"→"文字样式"命令。

➤ 工具栏：单击"文字"工具栏中的"文字样式"按钮 A，。

➤ 功能区：单击"默认"选项卡的"注释"面板中的"文字样式"按钮 A，。

【操作步骤】

执行上述操作后，系统会打开"文字样式"对话框，如图 10-1 所示。

图 10-1 "文字样式"对话框

【选项说明】

（1）"样式"列表框：列出所有已设定的文字样式名或对已有样式名进行相关操作。单击"新建"按钮，系统打开如图 10-2 所示的"新建文字样式"对话框。在该对话框中可以为新建的文字样式输入名称。从"样式"列表框中选中要改名的文本样式右击，在弹出的快捷菜单中选择"重命名"命令，如图 10-3 所示，可以为所选文本样式输入新的名称。

图 10-2 "新建文字样式"对话框

图 10-3 快捷菜单

（2）"字体"选项组：用于确定字体样式。文字的字体确定字符的形状，在 AutoCAD 2019 图形中，除了它固有的 SHX 形状字体文件外，还可以使用 TrueType 字体（如宋体、楷体、italley 等）。一种字体可以设置不同的效果，从而被多种文本样式使用，图 10-4 所示就是同一种字体（宋体）的不同样式。

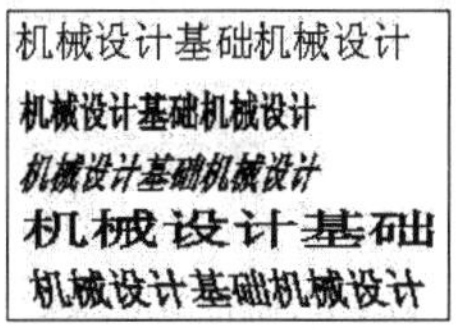

图 10-4 同一种字体的不同样式

（3）"大小"选项组：用于确定文本样式使用的字体文件、字体风格及字高。"高度"文本框用来设置创建文字时的固定字高，在用 TEXT 命令输入文字时，AutoCAD 2019 不再提示输入字高参数。如果在此文本框中设置字高为 0，系统会在每一次创建文字时提示输入字高，所以，如果不想固定字高，就可以把"高度"文本框中的数值设置为 0。

（4）"效果"选项组。

① "颠倒"复选框：选中该复选框，表示将文本文字倒置标注，如图 10-5（a）所示。

② "反向"复选框：确定是否将文本文字反向标注，如图 10-5（b）所示。

（a）　　　　　　　　　　　　（b）

图 10-5 文字倒置标注与反向标注

③ "垂直"复选框：确定文本是水平标注还是垂直标注。选中该复选框时为垂直标注，否则为水平标注。垂直标注如图 10-6 所示。

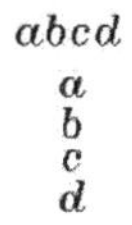

④ "宽度因子"文本框：设置宽度系数，确定文本字符的宽高比。当比例系数为 1 时，表示将按字体文件中定义的宽高比标注文字。当此系数小于 1 时，字会变窄，反之变宽。如图 10-4 所示，是在不同比例系数下标注的文本文字。

图 10-6 垂直标注文字

⑤ "倾斜角度"文本框：用于确定文字的倾斜角度。角度为 0 时不倾斜，为正数时向右倾斜，为负数时向左倾斜，效果如图 10-4 所示。

（5）"应用"按钮。

确认对文字样式的设置。当创建新的文字样式或对现有文字样式的某些特征进行修改后，都需要单击此按钮，系统才会确认所做的改动。

10.2 文 本 标 注

在绘制图形的过程中，文字传递了很多设计信息，它可能是一个很复杂的说明，也可能是一个简短的文字信息。当需要文字标注的文本不太长时，可以利用 TEXT 命令创建单行文本；当需要标注很长、很复杂的文字信息时，可以利用 MTEXT 命令创建多行文本。

10.2.1　单行文本标注

使用单行文字创建一行或多行文字，其中每行文字都是独立的对象，可对其进行移动、格式设置或其他修改。

【执行方式】

- ➥　命令行：TEXT。
- ➥　菜单栏：选择菜单栏中的"绘图"→"文字"→"单行文字"命令。
- ➥　工具栏：单击"文字"工具栏中的"单行文字"按钮**A**。
- ➥　功能区：单击"默认"选项卡的"注释"面板中的"单行文字"按钮**A**或单击"注释"选项卡的"文字"面板中的"单行文字"按钮**A**。

动手学——空气断路器

扫一扫，看视频

源文件：源文件\第 10 章\空气断路器.dwg

本实例绘制如图 10-7 所示的空气断路器。

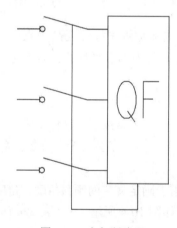

图 10-7　空气断路器

【操作步骤】

（1）单击"默认"选项卡的"绘图"面板中的"矩形"按钮 ▭，绘制一个长度为 12mm、宽度为 32mm 的矩形，结果如图 10-8 所示。

（2）单击"默认"选项卡的"修改"面板中的"分解"按钮 ▥，将矩形分解为四条直线。

（3）单击"默认"选项卡的"修改"面板中的"偏移"按钮 ▤，将竖直直线 1 向左偏移 7mm，将竖直直线 3 向左偏移 6mm，将水平直线 2 向下偏移 5mm，将水平直线 4 向下偏移 2.5mm，结果如图 10-9 所示。

图 10-8　绘制矩形　　　　　　　　　　　图 10-9　偏移直线

（4）单击"默认"选项卡的"绘图"面板中的"直线"按钮／，捕捉偏移直线左端点，分别绘制长度为 4mm、9mm、5mm 的直线，结果如图 10-10 所示。

（5）单击"默认"选项卡的"修改"面板中的"旋转"按钮 ↻，将上步绘制的中间直线旋转-15°，结果如图 10-11 所示。

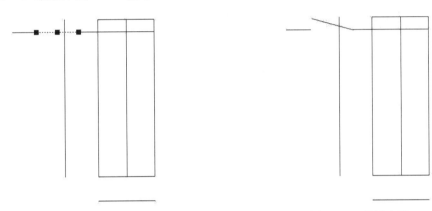

图 10-10　绘制直线　　　　　　　　　　　图 10-11　旋转直线

（6）单击"默认"选项卡的"绘图"面板中的"直线"按钮／和"圆"按钮⊙，绘制直径为 1mm 的端点圆及长度为 1mm 的圆竖直切线，结果如图 10-12 所示。

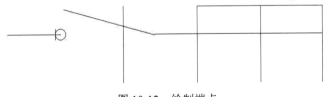

图 10-12　绘制端点

（7）单击"默认"选项卡的"修改"面板中的"复制"按钮 ⸬，将上几步绘制的图形向下复制，距离分别为 13.5mm 和 27mm，结果如图 10-13 所示。

（8）单击"默认"选项卡的"修改"面板中的"延伸"按钮 ⟶ 和"修剪"按钮 ✂，连接并修剪多余部分，结果如图 10-14 所示。

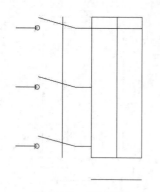

图 10-13　复制图形

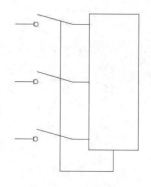

图 10-14　修剪元件

（9）单击"默认"选项卡的"注释"面板中的"文字样式"按钮▲，弹出"文字样式"对话框，在"字体名"下拉菜单中选择 simplex.shx，设置"宽度因子"为 0.7，"高度"为 7，其余参数默认，结果如图 10-15 所示。单击"应用"按钮，并关闭该对话框。

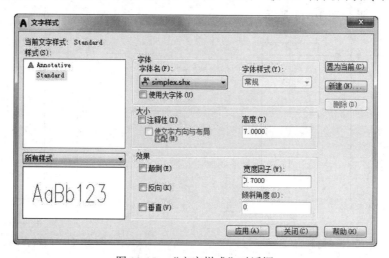

图 10-15　"文字样式"对话框

（10）单击"注释"选项卡"文字"面板中的"单行文字"按钮▲，标注元件名称"QF"，命令行提示与操作如下。

```
命令：TEXT✓
当前文字样式：Standard 文字高度：7.0000 注释性：否　对正：左
指定文字的起点或 [对正(J)/样式(S)]：在矩形区域适当位置单击
指定文字的旋转角度 <0>：直接按 Enter 键，在绘图区域输入 QF 文字
```

结果如图 10-7 所示。

✍ 技巧：

> 　　用 TEXT 命令创建文本时，在命令行输入的文字同时显示在绘图区，而且在创建过程中可以随时改变文本的位置，只要移动光标到新的位置单击，则当前行结束，随后输入的文字在新的文本位置出现，用这种方法可以把多行文本标注到绘图区的不同位置。

【选项说明】

（1）指定文字的起点：在此提示下直接在绘图区选择一点作为输入文本的起始点，执行上述命令后，即可在指定位置输入文本文字，输入后按 Enter 键，文本文字另起一行，可继续输入文字，待全部输入完后按两次 Enter 键，退出 TEXT 命令。可见，TEXT 命令也可创建多行文本，只是这种多行文本每一行是一个对象，不能对多行文本同时进行操作。

✎ 技巧：

> 只有当前文本样式中设置的字符高度为 0，在使用 TEXT 命令时，系统才出现要求用户确定字符高度的提示。AutoCAD 2019 允许将文本行倾斜排列，图 10-16 所示为倾斜角度分别是 0°、45° 和-45° 时的排列效果。在"指定文字的旋转角度 <0>"提示下输入文本行的倾斜角度或在绘图区拉出一条直线来指定倾斜角度。

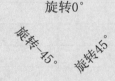

图 10-16　文本行倾斜排列的效果

（2）对正(J)：在"指定文字的起点或[对正(J)/样式(S)]"提示下输入 J，用来确定文本的对齐方式，对齐方式决定文本的哪部分与所选插入点对齐。执行此选项，AutoCAD 2019 提示如下。

输入选项 [左(L)/居中(C)/右(R)/对齐(A)/中间(M)/布满(F)/左上(TL)/中上(TC)/右上(TR)/左中(ML)/正中(MC)/右中(MR)/左下(BL)/中下(BC)/右下(BR)]：

在此提示下选择一个选项作为文本的对齐方式。当文本文字水平排列时，AutoCAD 为标注文本的文字定义了如图 10-17 所示的顶线、中线、基线和底线，各种对齐方式如图 10-18 所示，图中大写字母对应上述提示中的各命令。

图 10-17　文本行的底线、基线、中线和顶线

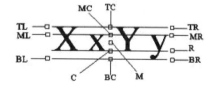

图 10-18　文本的对齐方式

选择"对齐(A)"选项，要求用户指定文本行基线的起始点与终止点的位置，AutoCAD 2019 提示如下。

指定文字基线的第一个端点：（指定文本行基线的起点位置）
指定文字基线的第二个端点：（指定文本行基线的终点位置）
输入文字：（输入一行文本后按 Enter 键）
输入文字：（继续输入文本或直接按 Enter 键结束命令）

输入的文本文字均匀地分布在指定的两点之间，如果两点间的连线不水平，则文本行倾斜放置，倾斜角度由两点间的连线与 X 轴夹角确定；字高、字宽根据两点间的距离、字符的多少以及文本样式中设置的宽度系数自动确定。指定了两点之后，每行输入的字符越多，字宽和字高越小。

其他选项与"对齐"类似，此处不再赘述。

实际绘图时，有时需要标注一些特殊字符，例如直径符号、上划线或下划线、温度符号等，由于这些符号不能直接从键盘上输入，AutoCAD 2019 提供了一些控制码，用来实现这些要求。控制码用两个百分号（%%）加一个字符构成，常用的控制码及功能如表 10-1 所示。

表 10-1 AutoCAD 常用控制码

控 制 码	标注的特殊字符	控 制 码	标注的特殊字符
%%O	上划线	\u+0278	电相位
%%U	下划线	\u+E101	流线
%%D	"度"符号（°）	\u+2261	标识
%%P	正负符号（±）	\u+E102	界碑线
%%C	直径符号（φ）	\u+2260	不相等（≠）
%%%	百分号（%）	\u+2126	欧姆（Ω）
\u+2248	约等于（≈）	\u+03A9	欧米伽（Ω）
\u+2220	角度（∠）	\u+214A	地界线
\u+E100	边界线	\u+2082	下标 2
\u+2104	中心线	\u+00B2	上标 2
\u+0394	差值		

其中，%%O 和%%U 分别是上划线和下划线的开关，第一次出现此符号开始画上划线和下划线，第二次出现此符号上划线和下划线终止。例如输入"I want to %%U go to Beijing %%U."，则得到如图 10-19（a）所示的文本行，输入"50%%D+%%C75%%P12"，则得到如图 10-19（b）所示的文本行。

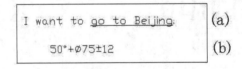

（a）
（b）

图 10-19 文本行

10.2.2 多行文本标注

可以将若干文字段落创建为单个多行文字对象，可以使用文字编辑器格式化文字外观、列和边界。

【执行方式】

- ↘ 命令行：MTEXT（快捷命令：T 或 MT）。
- ↘ 菜单栏：选择菜单栏中的"绘图"→"文字"→"多行文字"命令。
- ↘ 工具栏：单击"绘图"工具栏中的"多行文字"按钮 **A** 或单击"文字"工具栏中的"多行文字"按钮 **A**。
- ↘ 功能区：单击"默认"选项卡的"注释"面板中的"多行文字"按钮 **A** 或单击"注释"选项卡的"文字"面板中的"多行文字"按钮 **A**。

扫一扫，看视频

动手学——标注斜齿轮零件技术要求

源文件： 源文件\第 10 章\标注斜齿轮零件技术要求.dwg

绘制如图 10-20 所示的斜齿轮零件图的技术要求。

技术要求
1. 未标注倒角为 $C2$。
2. 未注圆角半径为 $R=5mm$。
3. 调质处理 220~250HBS。

图 10-20 斜齿轮零件图的技术要求

【操作步骤】

（1）单击"默认"选项卡的"注释"面板中的"文字样式"按钮 **A**，弹出"文字样式"对话框，单击"新建"按钮，弹出"新建文字样式"对话框，输入"文字"，如图 10-21 所示，单击"确定"按钮，返回"文字样式"对话框，设置新样式参数。在"字体名"下拉菜单中选择"宋体"，设置"宽度因子"为 0.8，"高度"为 5，其余参数默认，如图 10-22 所示。单击"置为当前"按钮，将新建文字样式置为当前。

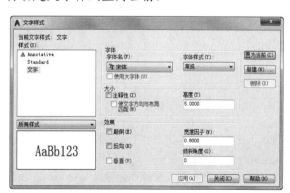

图 10-21 新建文字样式

图 10-22 设置"文字"样式

（2）单击"默认"选项卡的"注释"面板中的"多行文字"按钮 **A**，在空白处单击，指定第一角点，向右下角拖动出适当距离，单击，指定第二点，打开多行文字编辑器和"文字编辑器"选项卡，输入技术要求的文字，如图 10-23 所示。

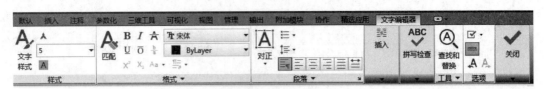

图 10-23　输入文字

（3）单击"文字编辑器"选项卡的"插入"面板中的"符号"下拉菜单，如图 10-24 所示。

（4）选择"其他"命令，弹出"字符映射表"对话框，如图 10-25 所示，选中"鄂化符"字符，单击"选择"按钮，在"复制字符"文本框中显示加载的字符"~"，单击"复制"按钮，复制字符，单击右上角的 ✖ 按钮，退出窗口。

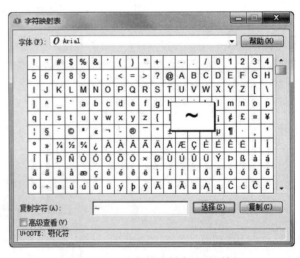

图 10-24　"符号"菜单　　　　　　　图 10-25　"字符映射表"对话框

（5）右击，在弹出的快捷菜单中选择"粘贴"命令，完成字符插入，插入结果如图 10-26 所示。

（6）选中字母 C，单击"格式"面板中的"斜体"按钮 *I*，将字母更改为斜体，采用相同的方式将字母 R 更改为斜体，结果如图 10-27 所示。

图 10-26　插入符号

图 10-27　修改字体

（7）选中第一行中的"技术要求"，将文字高度更改为 7，最终结果如图 10-20 所示。

【选项说明】

单击"默认"选项卡"注释"面板中的"多行文字"按钮 **A**，命令行提示如下。

```
命令: _mtext
当前文字样式: "Standard"  文字高度: 2.5  注释性: 否
指定第一角点:
指定对角点或 [高度(H)/对正(J)/行距(L)/旋转(R)/样式(S)/宽度(W)/栏(C)]:
```

（1）指定对角点：在绘图区选择两个点作为矩形框的两个角点，AutoCAD 2019 以这两个点为对角点构成一个矩形区域，其宽度作为将来要标注的多行文本的宽度，第一个点作为第一行文本顶线的起点。响应后 AutoCAD 2019 打开"文字编辑器"选项卡和"多行文字"编辑器，可利用此编辑器输入多行文本文字并对其格式进行设置。关于该对话框中各项的含义及编辑器功能，稍后再详细介绍。

（2）对正(J)：用于确定所标注文本的对齐方式。选择该选项，AutoCAD 2019 提示如下。

```
输入对正方式 [左上(TL)/中上(TC)/右上(TR)/左中(ML)/正中(MC)/右中(MR)/左下(BL)/中下(BC)/右下(BR)] <左上(TL)>:
```

这些对齐方式与 TEXT 命令中的各对齐方式相同。选择一种对齐方式后按 Enter 键，系统回到上一级提示。

（3）行距(L)：用于确定多行文本的行间距。这里所说的行间距是指相邻两文本行基线之间的垂直距离。选择此选项，AutoCAD 2019 提示如下。

```
输入行距类型 [至少(A)/精确(E)] <至少(A)>:
```

在此提示下有"至少"和"精确"两种方式确定行间距。

① 在"至少"方式下，系统根据每行文本中最大的字符自动调整行间距。

② 在"精确"方式下，系统为多行文本赋予一个固定的行间距，可以直接输入一个确切的间距值，也可以输入 nX 的形式。其中 n 是一个具体数，表示行间距设置为单行文本高度的 n 倍，而单行文本高度是本行文本字符高度的 1.66 倍。

（4）旋转(R)：用于确定文本行的倾斜角度。选择该选项，AutoCAD 2019 提示如下。

```
指定旋转角度 <0>: （输入倾斜角度）
```

输入角度值后按 Enter 键，系统返回到"指定对角点或 [高度(H)/对正(J)/行距(L)/旋转(R)/样式(S)/宽度(W)/栏(C)]:"的提示。

（5）样式(S)：用于确定当前的文本文字样式。

（6）宽度(W)：用于指定多行文本的宽度。可在绘图区选择一点，与前面确定的第一个角点组成一个矩形框的宽作为多行文本的宽度；也可输入一个数值，精确设置多行文本的宽度。

（7）栏(C)：根据栏宽、栏间距宽度和栏高组成矩形框。

"文字编辑器"选项卡：用来控制文本文字的显示特性。可以在输入文本文字前设置文本的特性，也可以改变已输入的文本文字特性。要改变已有文本文字显示特性，首先应选择要修改的文本，选择文本的方式有以下 3 种。

① 将光标定位到文本文字开始处，按住鼠标左键，拖动到文本末尾。

② 双击某个文字，则该文字被选中。

③ 3 次单击鼠标左键，则选中全部内容。

下面介绍图 10-23 输入文字选项卡中部分选项的功能。

① “文字高度”下拉列表框：用于确定文本的字符高度，可在文本编辑器中设置输入新的字符高度，也可从此下拉列表框中选择已设定过的高度值。

② “粗体”按钮**B**和“斜体”按钮*I*：用于设置加粗或斜体效果，但这两个按钮只对 TrueType 字体有效，如图 10-28 所示。

③ “删除线”按钮：用于在文字上添加水平删除线，如图 10-28 所示。

④ “下划线”按钮U和“上划线”按钮O：用于设置或取消文字的上下划线，如图 10-28 所示。

⑤ “堆叠”按钮：为层叠或非层叠文本按钮，用于层叠所选的文本文字，也就是创建分数形式。当文本中某处出现“/”“^”或“#”3 种层叠符号之一时，选中需层叠的文字，才可层叠文本。二者缺一不可。则符号左边的文字作为分子，右边的文字作为分母进行层叠。

AutoCAD 2019 提供了 3 种分数形式。

- 如果选中“abcd/efgh”后单击该按钮，得到如图 10-29（a）所示的分数形式。
- 如果选中“abcd^efgh”后单击该按钮，则得到如图 10-29（b）所示的形式，此形式多用于标注极限偏差。
- 如果选中“abcd#efgh”后单击该按钮，则创建斜排的分数形式，如图 10-29（c）所示。

从入门到实践
从入门到实践
~~从入门到实践~~
<u>从入门到实践</u>
从入门到实践

图 10-28 文本层叠

(a)	(b)	(c)
$\frac{abcd}{efgh}$	abcd efgh	abcd/efgh

图 10-29 文本样式

如果选中已经层叠的文本对象后单击该按钮，则恢复到非层叠形式。

⑥ “倾斜角度”文本框0/：用于设置文字的倾斜角度。

技巧：

倾斜角度与斜体效果是两个不同的概念，前者可以设置任意倾斜角度，后者是在任意倾斜角度的基础上设置斜体效果，如图 10-30 所示。第一行倾斜角度为 0°，非斜体效果；第二行倾斜角度为 12°，非斜体效果；第三行倾斜角度为 12°，斜体效果。

都市农夫
都市农夫
都市农夫

图 10-30 倾斜角度与斜体效果

⑦ “符号”按钮@：用于输入各种符号。单击该按钮，系统打开符号列表，如图 10-31 所示，可以从中选择符号输入到文本中。

⑧ “字段”按钮：用于插入一些常用或预设字段。单击该按钮，系统打开“字段”对话框，如图 10-32 所示，用户可从中选择字段插入到标注文本中。

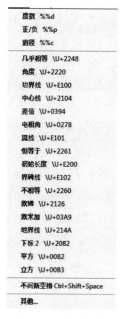

图 10-31　符号列表

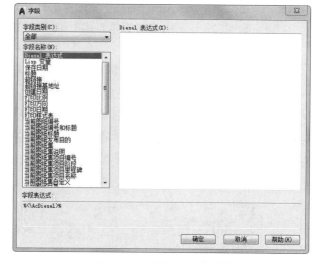

图 10-32　"字段"对话框

⑨ "追踪"下拉列表框：用于增大或减小选定字符之间的空间。1.0 表示设置常规间距，设置大于 1.0 表示增大间距，设置小于 1.0 表示减小间距。

⑩ "宽度因子"下拉列表框：用于扩展或收缩选定字符。1.0 表示设置代表此字体中字母的常规宽度，可以增大该宽度或减小该宽度。

⑪ "上标"按钮：将选定文字转换为上标，即在输入线的上方设置稍小的文字。

⑫ "下标"按钮：将选定文字转换为下标，即在输入线的下方设置稍小的文字。

⑬ "项目符号和编号"下拉列表：显示用于创建列表的选项，缩进列表以与第一个选定的段落对齐。如果清除复选标记，多行文字对象中的所有列表格式都将被删除，各项将被转换为纯文本。

- ↘ 关闭：如果选择该选项，将从应用了列表格式的选定文字中删除字母、数字和项目符号。不更改缩进状态。

- ↘ 以数字标记：应用将带有句点的数字用于列表中的项的列表格式。

- ↘ 以字母标记：应用将带有句点的字母用于列表中的项的列表格式。如果列表含有的项多于字母中含有的字母，可以使用双字母继续序列。

- ↘ 以项目符号标记：应用将项目符号用于列表中的项的列表格式。

- ↘ 起点：在列表格式中启动新的字母或数字序列。如果选定的项位于列表中间，则选定项下面的未选中的项也将成为新列表的一部分。

- ↘ 继续：将选定的段落添加到上面最后一个列表然后继续序列。如果选择了列表项而非段落，选定项下面的未选中的项将继续序列。

- ↘ 允许自动项目符号和编号：在输入时应用列表格式。以下字符可以用作字母和数字后的标点但不能用作项目符号：句点（.）、逗号（,）、右括号（)）、右尖括号（>）、右方括号（]）和右花括号（}）。

➥ 允许项目符号和列表：如果选择该选项，列表格式将应用到外观类似列表的多行文字对象中的所有纯文本。

　◇ 拼写检查：确定输入时拼写检查处于打开还是关闭状态。

　◇ 编辑词典：显示词典对话框，从中可添加或删除在拼写检查过程中使用的自定义词典。

　◇ 标尺：在编辑器顶部显示标尺。拖动标尺末尾的箭头可更改文字对象的宽度。列模式处于活动状态时，还显示高度和列夹点。

⑭ 输入文字：选择该选项，系统打开"选择文件"对话框，如图 10-33 所示。选择任意 ASCII 或 RTF 格式的文件。输入的文字保留原始字符格式和样式特性，但可以在多行文字编辑器中编辑和格式化输入的文字。选择要输入的文本文件后，可以替换选定的文字或全部文字，或在文字边界内将插入的文字附加到选定的文字中。输入文字的文件必须小于 32KB。

图 10-33　"选择文件"对话框

☞ 教你一招：

　　单行文字和多行文字的区别。

　　（1）单行文字每行文字是一个独立的对象，对于不需要多种字体或多行的内容，可以创建单行文字，单行文字对于标签非常方便。

　　（2）多行文字可以是一组文字，对于较长、较为复杂的内容，可以创建多行或段落文字。多行文字是由任意数目的文字行段落组成的，布满指定的宽度，还可以沿垂直方向无限延伸。多行文字中，无论行数是多少，单个编辑任务中创建的每个段落集将构成单个对象，用户可对其进行移动、旋转、删除、复制、镜像或缩放操作。

　　单行文字和多行文字之间的互相转换：多行文字用"分解"命令分解成单行文字；选中单行文字然后输入 text2mtext 命令，即可将单行文字转换为多行文字。

动手练——标注技术要求

绘制如图 10-34 所示的技术要求。

1. 当无标准齿轮时,允许检查下列三项代替检查径
向综合公差和一齿径向综合公差
    a. 齿圈径向跳动公差 F_r 为 0.056
    b. 齿形公差 ff 为 0.016
    c. 基节极限偏差 $\pm f_{pb}$ 为 0.018
2. 用带凸角的刀具加工齿轮,但齿根不允许有凸
台,允许下凹,下凹深度不大于 0.2
3. 未注倒角 $C1$
4. 尺寸为 $\varnothing 30^{+0.05}_{-0.06}$ 的孔抛光处理。

图 10-34　技术要求

📋 **思路点拨:**

（1）设置文字样式。
（2）用"多行文字"命令输入技术要求文字。

10.3　文本编辑

AutoCAD 2019 提供了"文字样式"编辑器,通过这个编辑器可以方便直观地设置需要的文本样式,或是对已有样式进行修改。

【执行方式】

➥ 命令行:TEXTEDIT。
➥ 菜单栏:选择菜单栏中的"修改"→"对象"→"文字"→"编辑"命令。
➥ 工具栏:单击"文字"工具栏中的"编辑"按钮 A 。

【操作步骤】

```
命令: TEXTEDIT↙
当前设置: 编辑模式 = Multiple
选择注释对象或 [放弃(U)/模式(M)]:
```

【选项说明】

（1）选择注释对象:选取要编辑的文字、多行文字或标注对象。
要求选择想要修改的文本,同时光标变为拾取框。用拾取框选择对象时:
① 如果选择的文本是用 TEXT 命令创建的单行文本,则深显该文本,可对其进行修改。
② 如果选择的文本是用 MTEXT 命令创建的多行文本,选择对象后则打开"文字编辑器"选项卡和多行文字编辑器,可根据前面的介绍对各项设置或内容进行修改。

（2）放弃(U)：放弃对文字对象的上一个更改。

（3）模式(M)：控制是否自动重复命令。选择此选项，命令行提示如下。

输入文本编辑模式选项 [单个(S)/多个(M)] <Multiple>:

① 单个(S)：修改选定的文字对象一次，然后结束命令。

② 多个(M)：允许在命令持续时间内编辑多个文字对象。

10.4 表　格

在以前的 AutoCAD 版本中，要绘制表格必须采用绘制图线或结合偏移、复制等编辑命令来完成，这样的操作过程烦琐而复杂，不利于提高绘图效率。自从 AutoCAD 2005 新增加了"表格"绘图功能，创建表格就变得非常容易，用户可以直接插入设置好样式的表格。同时随着版本的不断升级，表格功能也在精益求精、日趋完善。

10.4.1　定义表格样式

和文字样式一样，所有 AutoCAD 图形中的表格都有与其相对应的表格样式。当插入表格对象时，系统使用当前设置的表格样式。表格样式是用来控制表格基本形状和间距的一组设置。模板文件 ACAD.DWT 和 ACADISO.DWT 中定义了名为 Standard 的默认表格样式。

【执行方式】

- 命令行：TABLESTYLE。
- 菜单栏：选择菜单栏中的"格式"→"表格样式"命令。
- 工具栏：单击"样式"工具栏中的"表格样式管理器"按钮▦。
- 功能区：单击"默认"选项卡的"注释"面板中的"表格样式"按钮▦。

扫一扫，看视频

动手学——设置斜齿轮参数表样式

源文件： 源文件\第9章\设置斜齿轮参数表样式.dwg

设置绘制如图 10-35 所示的斜齿轮参数表的表格样式。

法面模数	m_n	2	
齿数	z	82	
法向压力角	α	20°	
齿顶高系数	h^*	1	
顶隙系数	c^*	0.2500	
螺旋角	β	15.6°	
旋向	右		
变位系数	x	0	
精度等级	8-7-7HK		
全齿高	h	5.6250	
中心距及偏差	135±0.021		
配对齿轮	图号		
	齿数	60	
公差组	检验项目	代号	公差
I	齿圈径向跳动公差	F_r	0.0630
	公法线长度变动公差	F_w	0.0500
II	基节极限偏差	f_{pb}	±0.016
	齿形公差	f_f	0.0130
III	齿向公差	$F_β$	0.0160
公法线平均长度及其偏差			
跨测齿数	K	9	

图 10-35　斜齿轮参数表

【操作步骤】

单击"默认"选项卡的"注释"面板中的"表格样式"按钮▦，系统弹出"表格样式"对话框，如图 10-36 所示。单击"修改"按钮，打开"修改表格样式"对话框，如图 10-37 所示。在该对话框中进行如下设置：在"常规"选项卡中，填充颜色设为"无"，对齐方式为"中上",水平单元边距和垂直单元边距均为 1;在"文字"选项卡中,文字样式为 Standard,文字高度为 4,文字颜色为 ByBlock;表格方向为"向下"。设置好表格样式后,单击"确定"按钮退出。

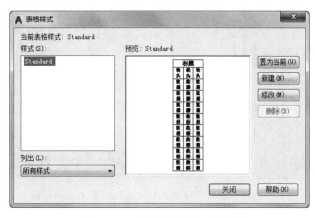

图 10-36 "表格样式"对话框

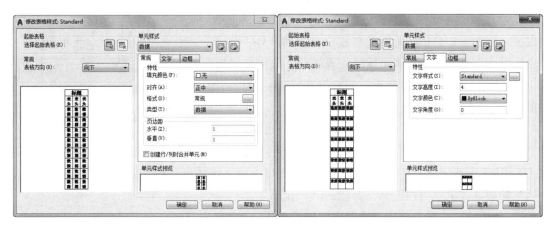

图 10-37 "修改表格样式"对话框

【选项说明】

(1)"新建"按钮:单击该按钮,系统打开"创建新的表格样式"对话框,如图 10-38 所示。输入新的表格样式名后,单击"继续"按钮,系统打开"新建表格样式:Standand 副本"对话框,如图 10-39 所示,从中可以定义新的表格样式。

图 10-38 "创建新的表格样式"对话框

图 10-39　"新建表格样式：Standand 副本"对话框

　　"新建表格样式"对话框的"单元样式"下拉列表框中有 3 个重要的选项："数据""表头"和"标题"，分别控制表格中数据、列标题和总标题的有关参数，如图 10-40 所示。在"新建表格样式"对话框中有 3 个重要的选项卡，分别介绍如下。

　　① "常规"选项卡：用于控制数据栏格与标题栏格的上下位置关系，如图 10-39 所示。

标题		
表头	表头	表头
数据	数据	数据
数据	数据	数据
数据	数据	数据
数据	数据	数据
数据	数据	数据
数据	数据	数据

图 10-40　表格样式

　　② "文字"选项卡：用于设置文字属性，选择该选项卡，在"文字样式"下拉列表框中可以选择已定义的文字样式并应用于数据文字，也可以单击右侧的 按钮重新定义文字样式。其中"文字高度""文字颜色"和"文字角度"各选项设定的相应参数格式可供用户选择，如图 10-41 所示。

　　③ "边框"选项卡：用于设置表格的边框属性，下面的边框线按钮控制数据边框线的各种形式，如绘制所有数据边框线、只绘制数据边框外部边框线、只绘制数据边框内部边框线、无边框线、只绘制底部边框线等。选项卡中的"线宽""线型"和"颜色"下拉列表框则控制边框线的线宽、线型和颜色；选项卡中的"间距"文本框用于控制单元格边界和内容之间的间距，如图 10-42 所示。

图 10-41　"文字"选项卡

图 10-42　"边框"选项卡

（2）"修改"按钮：用于对当前表格样式进行修改，方式与新建表格样式相同。

10.4.2　创建表格

在设置好表格样式后，用户可以利用 TABLE 命令创建表格。

【执行方式】

- ➘　命令行：TABLE。
- ➘　菜单栏：选择菜单栏中的"绘图"→"表格"命令。
- ➘　工具栏：单击"绘图"工具栏中的"表格"按钮▥。
- ➘　功能区：单击"默认"选项卡的"注释"面板中的"表格"按钮▥或单击"注释"
  选项卡的"表格"面板中的"表格"按钮▥。

动手学——绘制斜齿轮参数表

调用素材： 初始文件\第 10 章\设置斜齿轮参数表样式.dwg

源文件： 源文件\第 10 章\绘制斜齿轮参数表.dwg

绘制如图 10-43 所示的斜齿轮参数表。绘制表格并对表格进行编辑，最后输入文字。

法面模数	m_n	2
齿数	z	82
法向压力角	α	20°
齿顶高系数	h^*	1
顶隙系数	c^*	0.2500
螺旋角	β	15.6°
旋向	右	
变位系数	x	0
精度等级	8-7-7HK	
全齿高	h	5.6250
中心距及偏差	135±0.021	
配对齿轮	图号	
	齿数	60
公差组	检验项目	代号	公差
I	齿圈径向跳动公差	F_r	0.0630
	公法线长度变动公差	F_W	0.0500
II	基节极限偏差	f_{pb}	±0.016
	齿形公差	f_f	0.0130
III	齿向公差	F_B	0.0160
公法线平均长度及其偏差			
	跨测齿数	K	9

图 10-43　斜齿轮参数表

【操作步骤】

（1）打开初始文件\第 10 章\设置斜齿轮参数表样式.dwg。

（2）单击"默认"选项卡的"注释"面板中的"表格"按钮▥，系统弹出"插入表格"
对话框，如图 10-44 所示。设置插入方式为"指定插入点"，行和列设置为 19 行 4 列，列宽为10，行高为1。"第一行单元样式""第二行单元样式"和"所有其他行单元样式"都设置为"数据"。

图 10-44 "插入表格"对话框

（3）单击"确定"按钮，退出"插入表格"对话框。

（4）在绘图平面指定插入点插入表格，效果如图 10-45 所示。

（5）单击第一列某个表格，出现钳夹点，将右边钳夹点向右拉，使列宽拉到合适的长度，效果如图 10-46 所示。同样将第二列和第三列的列宽拉到合适的长度，效果如图 10-47 所示。

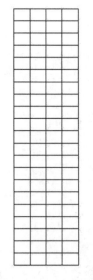

图 10-45 插入表格

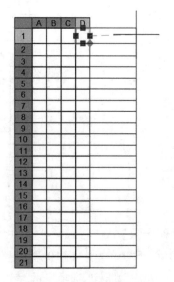

图 10-46 调整表格宽度

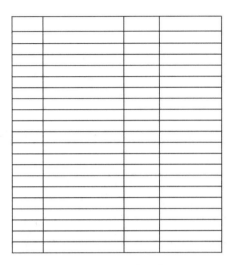

图 10-47　改变列宽

（6）选取第一行的第一列和第二列，选择"表格单元"选项卡中"合并单元"下拉列表中的"按行合并"选项，合并单元，采用相同的方法合并其他单元，效果如图 10-48 所示。

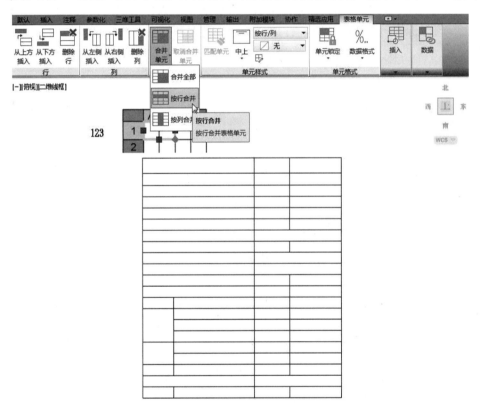

图 10-48　合并并编辑单元格

（7）双击单元格，打开文字编辑器，在各单元格中输入相应的文字或数据，最终完成参数表的绘制，效果如图 10-43 所示。

✍ 技巧：

> 如果有多个文本格式一样，可以采用复制后修改文字内容的方法进行表格文字的填充，这样只需双击就可以直接修改表格文字的内容，而不用重新设置每个文本格式。

【选项说明】

（1）"表格样式"选项组：可以在"表格样式"下拉列表框中选择一种表格样式，也可以通过单击后面的▣按钮来新建或修改表格样式。

（2）"插入选项"选项组：指定插入表格的方式。

① "从空表格开始"单选按钮：创建可以手动填充数据的空表格。

② "自数据链接"单选按钮：通过启动数据连接管理器来创建表格。

③ "自图形中的对象数据"单选按钮：通过启动"数据提取"向导来创建表格。

（3）"插入方式"选项组。

① "指定插入点"单选按钮：指定表格左上角的位置。可以使用定点设备，也可以在命令行中输入坐标值。如果表格样式将表格的方向设置为由下而上读取，则插入点位于表格的左下角。

② "指定窗口"单选按钮：指定表的大小和位置。可以使用定点设备，也可以在命令行中输入坐标值。选中该单选按钮时，行数、列数、列宽和行高取决于窗口的大小以及列和行的设置。

✍ 技巧：

> 在"插入方式"选项组中选中"指定窗口"单选按钮后，列与行设置的两个参数中只能指定一个，另外一个由指定窗口的大小自动等分来确定。

（4）"列和行设置"选项组。指定列和数据行的数目以及列宽与行高。

（5）"设置单元样式"选项组。指定"第一行单元样式""第二行单元样式"和"所有其他行单元样式"分别为标题、表头或者数据样式。

动手练——减速器装配图明细表

绘制如图 10-49 所示的减速器装配图明细表。

14	端盖	1	HT150	
13	端盖	1	HT150	
12	定距环	1	Q235A	
11	大齿轮	1	40	
10	键 16×70	1	Q275	GB 1095-79
9	轴	1	45	
8	轴承	2		30208
7	端盖	1	HT200	
6	轴承	2		30211
5	轴	1	45	
4	键8×50	1	Q275	GB 1095-79
3	端盖	1	HT200	
2	调整垫片	2组	08F	
1	减速器箱体	1	HT200	
序号	名　称	数量	材　料	备　注

图 10-49　减速器装配图明细表

📋 思路点拨：

（1）设置表格样式。
（2）插入空表格，并调整列宽。
（3）重新输入文字和数据。

10.5 实例——绘制 A3 样板图

绘制好的 A3 样板图如图 10-50 所示。

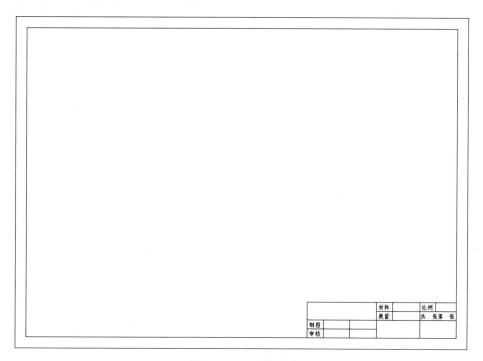

图 10-50 A3 样板图

📢 注意：

所谓样板图，就是将绘制图形通用的一些基本内容和参数事先设置好并绘制出来，以.dwt 格式保存起来。在本实例中绘制的 A3 图纸，可以绘制好图框、标题栏，设置好图层、文字样式、标注样式等，然后作为样板图保存。以后需要绘制 A3 幅面的图形时，可打开此样板图在此基础上绘图。

【操作步骤】

（1）新建文件。单击快速访问工具栏中的"新建"按钮 □，弹出"选择样板"对话框，在"打开"下拉菜单中选择"无样板公制"命令，新建空白文件。

（2）设置图层。单击"默认"选项卡的"图层"面板中的"图层特性"按钮，新建以下两个图层。

① 图框层：颜色为白色，其余参数默认。

② 标题栏层：颜色为白色，其余参数默认。

（3）绘制图框。将"图框层"图层设定为当前图层。

单击"默认"选项卡的"绘图"面板中的"矩形"按钮 ▭，分别指定矩形的角点 {（0,0），（420,297）}和{（10,10），（410,287）}作为图纸边和图框。绘制结果如图 10-51 所示。

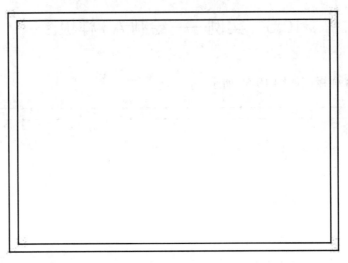

图 10-51　绘制的边框

（4）绘制标题栏。将"标题栏层"图层设定为当前图层。

① 单击"默认"选项卡的"注释"面板中的"文字样式"按钮 A，弹出"文字样式"对话框，新建"长仿宋体"，在"字体名"下拉列表框中选择"仿宋_GB2312"选项，"高度"为 4，其余参数默认，如图 10-52 所示。单击"置为当前"按钮，将新建文字样式置为当前。

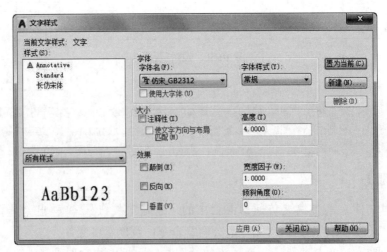

图 10-52　新建"长仿宋体"

② 单击"默认"选项卡的"注释"面板中的"表格样式"按钮，系统弹出"表格样式"对话框，如图 10-53 所示。

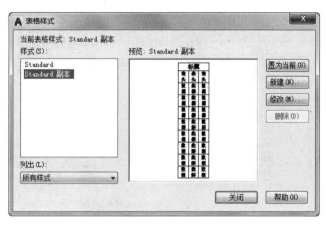

图 10-53 "表格样式"对话框

③ 单击"修改"按钮，系统弹出"修改表格样式"对话框，在"单元样式"下拉列表框中选择"数据"选项，在下面的"文字"选项卡中单击"文字样式"下拉列表框右侧的 按钮，弹出"文字样式"对话框，选择"长仿宋体"，如图 10-54 所示。再打开"常规"选项卡，将"页边距"选项组中的"水平"和"垂直"都设置为 1，"对齐"为"正中"，如图 10-55 所示。

④ 单击"确定"按钮，系统回到"表格样式"对话框，单击"关闭"按钮退出。

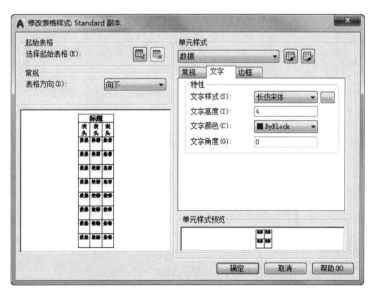

图 10-54 "修改表格样式"对话框

图 10-55　设置"常规"选项卡

⑤　单击"默认"选项卡的"注释"面板中的"表格"按钮囲，系统弹出"插入表格"对话框，在"列和行设置"选项组中将"列数"设置为 28，"列宽"设置为 5，"数据行数"设置为 2（加上标题行和表头行共 4 行），"行高"设置为 1 行（即为 10）；在"设置单元样式"选项组中将"第一行单元样式""第二行单元样式"和"所有其他行单元样式"都设置为"数据"，如图 10-56 所示。

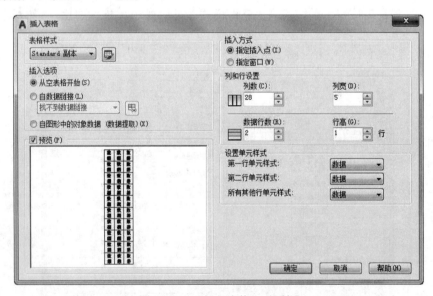

图 10-56　"插入表格"对话框

⑥　在图框线右下角附近指定表格位置，系统生成表格，不输入文字，如图 10-57 所示。

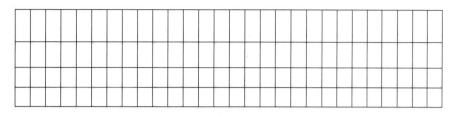

图 10-57 生成表格

⑦ 单击表格中的任一单元格，系统显示其编辑夹点，右击，在弹出的快捷菜单中选择"特性"命令，如图 10-58 所示，系统弹出"特性"选项板，将单元高度参数改为 8，这样该单元格所在行的高度就统一改为 8，如图 10-59 所示。用同样的方法将其他行的高度改为 8，如图 10-60 所示。

图 10-58　快捷菜单 1

图 10-59　"特性"选项板

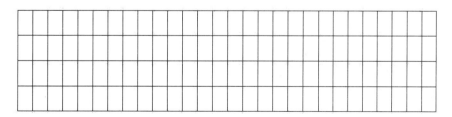

图 10-60　修改表格高度

⑧ 选择 A1 单元格，按住 Shift 键，同时选择右边的 12 个单元格以及下面的 13 个单元格，右击，在弹出的快捷菜单中选择"合并"→"全部"命令，如图 10-61 所示，这些单元格完成合并，如图 10-62 所示。用同样的方法合并其他单元格，结果如图 10-63 所示。

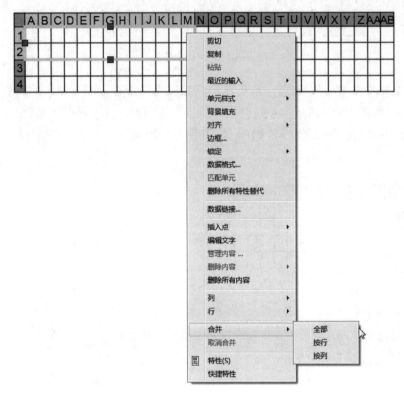

图 10-61　快捷菜单 2

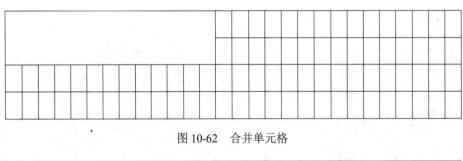

图 10-62　合并单元格

图 10-63　完成表格绘制

⑨ 在单元格处双击鼠标左键，将字体设置为“仿宋_GB2312”，文字大小设置为 4，在单元格中输入文字，结果如图 10-64 所示。

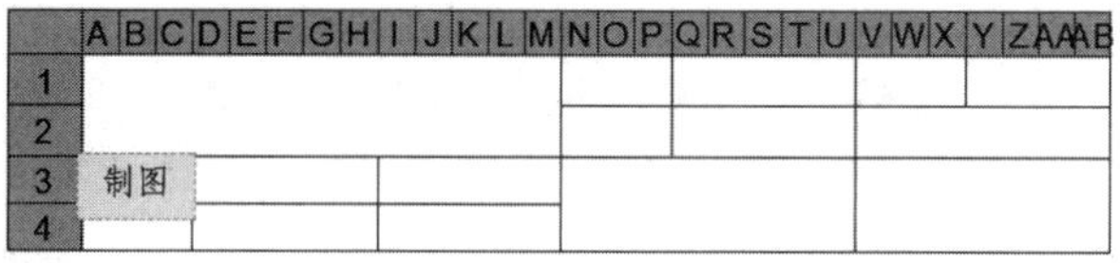

图 10-64　输入文字

用同样的方法输入其他单元格文字，结果如图 10-65 所示。

<table>
<tr><td colspan="3" rowspan="2"></td><td>材料</td><td></td><td>比例</td><td></td></tr>
<tr><td>数量</td><td></td><td colspan="2">共　张　第　张</td></tr>
<tr><td>制图</td><td></td><td></td><td colspan="2" rowspan="2"></td><td colspan="2" rowspan="2"></td></tr>
<tr><td>审核</td><td></td><td></td></tr>
</table>

图 10-65　输入标题栏文字

（5）移动标题栏。单击“默认”选项卡的“修改”面板中的“移动”按钮，将刚生成的标题栏准确地移动到图框的右下角。最终如图 10-50 所示。

（6）保存样板图。单击快速访问工具栏中的“保存”按钮，输入名称为“A3 样板图 1”，保存绘制好的图形。

10.6　模拟认证考试

1．在设置文字样式的时候设置了文字的高度，其效果是（　　）。

A．在输入单行文字时，可以改变文字高度

B．在输入单行文字时，不可以改变文字高度

C．在输入多行文字时，不能改变文字高度

D．都能改变文字高度

2．使用多行文本编辑器时，其中%%C、%%D、%%P 分别表示（　　）。

A．直径、度数、下划线　　B．直径、度数、正负

C．度数、正负、直径　　D．下划线、直径、度数

3．以下不能创建表格方式的是（　　）。

A．从空表格开始　　B．自数据链接

C．自图形中的对象数据　　D．自文件中的数据链接

4．在正常输入汉字时却显示“？”，原因是（　　）。

A．因为文字样式没有设定好　　B．输入错误

C．堆叠字符　　D．字高太高

5. 按如图 10-66 所示设置文字样式，则文字的宽度因子是（　　　）。

A. 0   B. 0.5

C. 1   D. 无效值

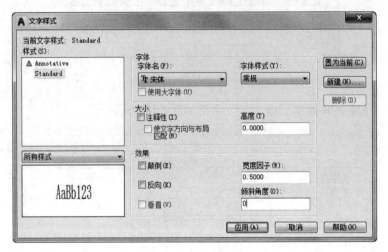

图 10-66　文字样式

6. 利用 MTEXT 命令输入如图 10-67 所示的文本。

7. 绘制如图 10-68 所示的齿轮参数表。

技术要求：
1. Ø20的孔配做。
2. 未注倒角 $C1$。

图 10-67　技术要求

齿数	Z	24
模数	m	3
压力角	α	30°
公差等级及配合类别	6H-GE	T3478.1-1995
作用齿槽宽最小值	Evmin	4.7120
实际齿槽宽最大值	Emax	4.8370
实际齿槽宽最小值	Emin	4.7590
作用齿槽宽最大值	Evmax	4.7900

图 10-68　齿轮参数表

第11章 尺寸标注

内容简介

尺寸标注是绘图设计过程当中相当重要的一个环节。因为图形的主要作用是表达物体的形状，而物体各部分的真实大小和各部分之间的确切位置只能通过尺寸标注来表达。因此，没有正确的尺寸标注，绘制出的图样对于加工制造就没有意义。AutoCAD 2019 提供了方便、准确的标注尺寸功能。本章介绍 AutoCAD 2019 的尺寸标注功能。

内容要点

➥ 尺寸样式
➥ 标注尺寸
➥ 引线标注
➥ 几何公差
➥ 编辑尺寸标注
➥ 实例——标注斜齿轮
➥ 模拟认证考试

案例效果

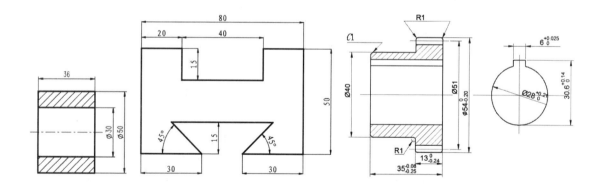

11.1 尺寸样式

组成尺寸标注的尺寸线、尺寸界线、尺寸文本和尺寸箭头可以采用多种形式，尺寸标注以什么形态出现，取决于当前所采用的尺寸标注样式。标注样式决定尺寸标注的形式，包括尺寸线、尺寸界线、尺寸箭头和中心标记的形式、尺寸文本的位置、特性等。在 AutoCAD 2019 中用户可以利用"标注样式管理器"对话框方便地设置自己所需要的尺寸标注样式。

11.1.1 新建或修改尺寸样式

在进行尺寸标注前，先要创建尺寸标注的样式。如果用户不创建尺寸样式而直接进行标注，系统使用默认名称为 Standard 的样式。如果用户认为使用的标注样式某些设置不合适，也可以修改标注样式。

【执行方式】

- ➥ 命令行：DIMSTYLE（快捷命令：D）。
- ➥ 菜单栏：选择菜单栏中的"格式"→"标注样式"命令或"标注"→"标注样式"命令。
- ➥ 工具栏：单击"标注"工具栏中的"标注样式"按钮 ┝╌◢。
- ➥ 功能区：单击"默认"选项卡的"注释"面板中的"标注样式"按钮 ┝╌◢。

【操作步骤】

执行上述操作后，系统会打开"标注样式管理器"对话框，如图 11-1 所示。利用该对话框可方便直观地定制和浏览尺寸标注样式，包括创建新的标注样式、修改已存在的标注样式、设置当前尺寸标注样式、样式重命名以及删除已有的标注样式等。

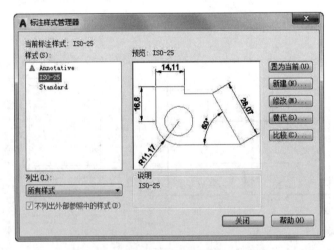

图 11-1　"标注样式管理器"对话框

【选项说明】

（1）"置为当前"按钮：单击该按钮，把在"样式"列表框中选择的样式设置为当前标注样式。

（2）"新建"按钮：创建新的尺寸标注样式。单击该按钮，系统打开"创建新标注样式"对话框，如图 11-2 所示，利用该对话框可创建一个新的尺寸标注样式，其中各项功能说明如下。

图 11-2 "创建新标注样式"对话框

① "新样式名"文本框：为新的尺寸标注样式命名。

② "基础样式"下拉列表框：选择创建新样式所基于的标注样式。单击"基础样式"下拉列表框，打开当前已有的样式列表，从中选择一个作为定义新样式的基础，新的样式是在所选样式的基础上修改一些特性得到的。

③ "用于"下拉列表框：指定新样式应用的尺寸类型。单击该下拉列表框，打开尺寸类型列表，如果新建样式应用于所有尺寸，则选择"所有标注"选项；如果新建样式只应用于特定的尺寸标注（如只在标注直径时使用此样式），则选择相应的尺寸类型。

④ "继续"按钮：各选项设置好以后，单击该按钮，系统打开"新建标注样式"对话框，如图 11-3 所示，利用该对话框可对新标注样式的各项特性进行设置。该对话框中各部分的含义和功能将在后面介绍。

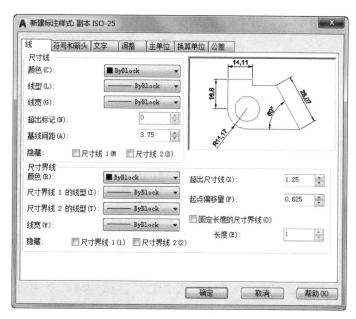

图 11-3 "新建标注样式"对话框

（3）"修改"按钮：修改一个已存在的尺寸标注样式。单击该按钮，系统打开"修改标注样式"对话框，该对话框中的各选项与"新建标注样式"对话框中完全相同，可以对已有标注样式进行修改。

（4）"替代"按钮：设置临时覆盖尺寸标注样式。单击该按钮，系统打开"替代当前样式"对话框，该对话框中各选项与"新建标注样式"对话框中完全相同，用户可通过改变选项的设置来覆盖原来的设置，但这种修改只对指定的尺寸标注起作用，而不影响当前其他尺寸变量的设置。

（5）"比较"按钮：比较两个尺寸标注样式在参数上的区别，或浏览一个尺寸标注样式的参数设置。单击该按钮，系统打开"比较标注样式"对话框，如图 11-4 所示。可以把比较结果复制到剪贴板上，然后再粘贴到其他的 Windows 应用软件上。

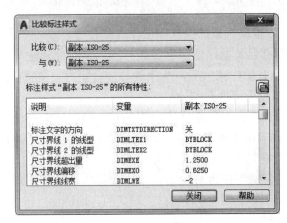

图 11-4　"比较标注样式"对话框

11.1.2　线

在"新建标注样式"对话框中，第一个选项卡就是"线"选项卡，如图 11-3 所示。该选项卡用于设置尺寸线、尺寸界线的形式和特性。现对该选项卡中的各选项分别说明如下。

1. "尺寸线"选项组

该选项组用于设置尺寸线的特性，其中各选项的含义如下。

（1）"颜色"（"线型""线宽"）下拉列表框：用于设置尺寸线的颜色（线型、线宽）。

（2）"超出标记"微调框：当尺寸箭头设置为短斜线、短波浪线等，或尺寸线上无箭头时，可利用此微调框设置尺寸线超出尺寸界线的距离。

（3）"基线间距"微调框：设置以基线方式标注尺寸时，相邻两尺寸线之间的距离。

（4）"隐藏"复选框组：确定是否隐藏尺寸线及相应的箭头。选中"尺寸线 1（2）"复选框，表示隐藏第一（二）段尺寸线。

2. "尺寸界线"选项组

该选项组用于确定尺寸界线的形式，其中各选项的含义如下。

（1）"颜色"（"线宽"）下拉列表框：用于设置尺寸界线的颜色（线宽）。

（2）"尺寸界线 1（2）的线型"下拉列表框：用于设置第一条尺寸界线的线型（DIMLTEX1 系统变量）。

（3）"超出尺寸线"微调框：用于确定尺寸界线超出尺寸线的距离。

（4）"起点偏移量"微调框：用于确定尺寸界线的实际起始点相对于指定尺寸界线起始点的偏移量。

（5）"隐藏"复选框组：确定是否隐藏尺寸界线。

（6）"固定长度的尺寸界线"复选框：选中该复选框，系统以固定长度的尺寸界线标注尺寸，可以在其下面的"长度"文本框中输入长度值。

3. 尺寸样式显示框

在"新建标注样式"对话框的右上方，有一个尺寸样式显示框，该显示框以样例的形式显示用户设置的尺寸样式。

11.1.3 符号和箭头

在"新建标注样式"对话框中，第二个选项卡是"符号和箭头"选项卡，如图 11-5 所示。该选项卡用于设置箭头、圆心标记、弧长符号和半径折弯标注的形式和特性，现对该选项卡中的各选项分别说明如下。

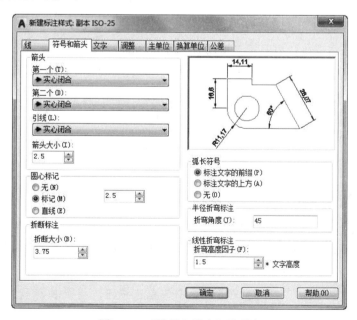

图 11-5 "符号和箭头"选项卡

1．"箭头"选项组

该选项组用于设置尺寸箭头的形式。AutoCAD 2019 提供了多种箭头形状，列在"第一个"和"第二个"下拉列表框中。另外，还允许采用用户自定义的箭头形状。两个尺寸箭头可以采用相同的形式，也可采用不同的形式。

（1）"第一（二）个"下拉列表框：用于设置第一（二）个尺寸箭头的形式。单击此下拉列表框，打开各种箭头形式，其中列出了各类箭头的形状即名称。一旦选择了第一个箭头的类型，第二个箭头则自动与其匹配，要想第二个箭头取不同的形状，可在"第二个"下拉列表框中设定。

如果在列表框中选择了"用户箭头"选项，则打开如图 11-6 所示的"选择自定义箭头块"对话框，可以事先把自定义的箭头存成一个图块，在该对话框中输入该图块名即可。

图 11-6　"选择自定义箭头块"对话框

（2）"引线"下拉列表框：确定引线箭头的形式，与"第一个"设置类似。

（3）"箭头大小"微调框：用于设置尺寸箭头的大小。

2．"圆心标记"选项组

该选项组用于设置半径标注、直径标注和中心标注中的中心标记和中心线形式。其中各项含义如下。

（1）"无"单选按钮：选中该单选按钮，既不产生中心标记，也不产生中心线。

（2）"标记"单选按钮：选中该单选按钮，中心标记为一个点记号。

（3）"直线"单选按钮：选中该单选按钮，中心标记采用中心线的形式。

（4）"大小"微调框：用于设置中心标记和中心线的大小和粗细。

3．"折断标注"选项组

该选项组用于控制折断标注的间距宽度。

4．"弧长符号"选项组

该选项组用于控制弧长标注中圆弧符号的显示，其中 3 个单选按钮的含义介绍如下。

（1）"标注文字的前缀"单选按钮：选中该单选按钮，将弧长符号放在标注文字的左侧，如图 11-7（a）所示。

（2）"标注文字的上方"单选按钮：选中该单选按钮，将弧长符号放在标注文字的上方，如图 11-7（b）所示。

（3）"无"单选按钮：选中该单选按钮，不显示弧长符号，如图 11-7（c）所示。

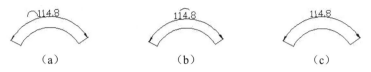

图 11-7　弧长符号

5. "半径折弯标注"选项组

该选项组用于控制半径折弯（Z 字形）标注的显示。半径折弯标注通常在中心点位于页面外部时创建。在"折弯角度"文本框中可以输入连接半径标注的尺寸界线和尺寸线的横向直线角度，如图 11-8 所示。

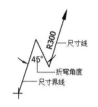

图 11-8　折弯角度

6. "线性折弯标注"选项组

该选项组用于控制线性折弯标注的显示。当标注不能精确表示实际尺寸时，常将折弯线添加到线性标注中。通常，实际尺寸比所需值小。

11.1.4　文字

在"新建标注样式"对话框中，第三个选项卡是"文字"选项卡，如图 11-9 所示。该选项卡用于设置尺寸文本文字的形式、布置、对齐方式等，现对该选项卡中的各选项分别说明如下。

1. "文字外观"选项组

（1）"文字样式"下拉列表框：用于选择当前尺寸文本采用的文字样式。

（2）"文字颜色"下拉列表框：用于设置尺寸文本的颜色。

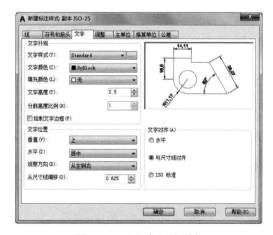

图 11-9　"文字"选项卡

（3）"填充颜色"下拉列表框：用于设置标注中文字背景的颜色。

（4）"文字高度"微调框：用于设置尺寸文本的字高。如果选用的文本样式中已设置了具体的字高（不是 0），则此处的设置无效；如果文本样式中设置的字高为 0，才以此处设置为准。

（5）"分数高度比例"微调框：用于确定尺寸文本的比例系数。

（6）"绘制文字边框"复选框：选中该复选框，AutoCAD 2019 在尺寸文本的周围加上边框。

2．"文字位置"选项组

（1）"垂直"下拉列表框：用于确定尺寸文本相对于尺寸线在垂直方向的对齐方式，如图 11-10 所示。

上　　　　　　　下　　　　　　　居中　　　　　　　外部　　　　　　　JIS

图 11-10　尺寸文本在垂直方向的放置

（2）"水平"下拉列表框：用于确定尺寸文本相对于尺寸线和尺寸界线在水平方向的对齐方式。单击此下拉列表框，可从中选择的对齐方式有 5 种：居中、第一条尺寸界线、第二条尺寸界线、第一条尺寸界线上方、第二条尺寸界线上方，如图 11-11（a）~图 11-11（e）所示。

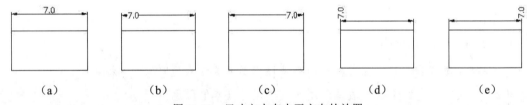

（a）　　　　　　（b）　　　　　　（c）　　　　　　（d）　　　　　　（e）

图 11-11　尺寸文本在水平方向的放置

（3）"观察方向"下拉列表框：用于控制标注文字的观察方向（可用 DIMTXTDIRE-CTION 系统变量设置）。

（4）"从尺寸线偏移"微调框：当尺寸文本放在断开的尺寸线中间时，该微调框用来设置尺寸文本与尺寸线之间的距离。

3．"文字对齐"选项组

该选项组用于控制尺寸文本的排列方向。

（1）"水平"单选按钮：选中该单选按钮，尺寸文本沿水平方向放置。不论标注什么方向的尺寸，尺寸文本总保持水平。

（2）"与尺寸线对齐"单选按钮：选中该单选按钮，尺寸文本沿尺寸线方向放置。

（3）"ISO 标准"单选按钮：选中该单选按钮，当尺寸文本在尺寸界线之间时，沿尺寸线方向放置；当尺寸文本在尺寸界线之外时，沿水平方向放置。

11.1.5　调整

在"新建标注样式"对话框中，第四个选项卡是"调整"选项卡，如图 11-12 所示。该选项卡根据两条尺寸线之间的空间，设置将尺寸文本、尺寸箭头放置在两尺寸界线内还是外。如果空间允许，AutoCAD 2019 总是把尺寸文本和箭头放置在尺寸界线的里面；如果空间不够，则根据本选项卡的各项设置放置，现对该选项卡中的各选项分别说明如下。

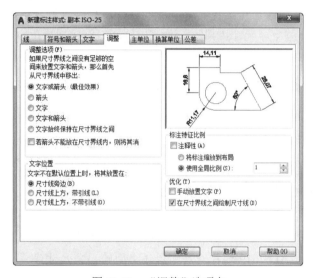

图 11-12　"调整"选项卡

1．"调整选项"选项组

（1）"文字或箭头"单选按钮：选中该单选按钮，如果空间允许，把尺寸文本和箭头都放置在两尺寸界线之间；如果两尺寸界线之间只够放置尺寸文本，则把尺寸文本放置在尺寸界线之间，而把箭头放置在尺寸界线之外；如果只够放置箭头，则把箭头放在里面，把尺寸文本放在外面；如果两尺寸界线之间既放不下文本，也放不下箭头，则把二者均放在外面。

（2）"文字和箭头"单选按钮：选中该单选按钮，如果空间允许，把尺寸文本和箭头都放置在两尺寸界线之间；否则，把尺寸文本和箭头都放在尺寸界线外面。

其他选项含义类似，不再赘述。

2．"文字位置"选项组

该选项组用于设置尺寸文本的位置，包括尺寸线旁边；尺寸线上方，带引线以及尺寸线上方，不带引线，如图 11-13 所示。

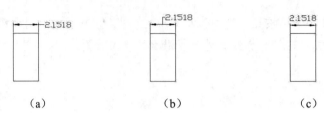

图 11-13　尺寸文本的位置

3．"标注特征比例"选项组

（1）注释性：指定标注为注释性。注释性对象和样式用于控制注释对象在模型空间或布局中显示的尺寸和比例。

（2）"将标注缩放到布局"单选按钮：根据当前模型空间视口和图纸空间之间的比例确定比例因子。当在图纸空间而不是模型空间视口中工作时，或当 TILEMODE 被设置为 1 时，将使用默认的比例因子 1:0。

（3）"使用全局比例"单选按钮：确定尺寸的整体比例系数。其后面的"比例值"微调框可以用来选择需要的比例。

4．"优化"选项组

该选项组用于设置附加的尺寸文本布置选项，包含以下两个选项。

（1）"手动放置文字"复选框：选中该复选框，标注尺寸时由用户确定尺寸文本的放置位置，忽略前面的对齐设置。

（2）"在尺寸界线之间绘制尺寸线"复选框：选中该复选框，不管尺寸文本在尺寸界线里面还是在外面，AutoCAD 2019 均在两尺寸界线之间绘出一尺寸线；否则，当尺寸界线内放不下尺寸文本而将其放在外面时，尺寸界线之间无尺寸线。

11.1.6　主单位

在"新建标注样式"对话框中，第五个选项卡是"主单位"选项卡，如图 11-14 所示。该选项卡用来设置尺寸标注的主单位和精度，以及为尺寸文本添加固定的前缀或后缀。现对该选项卡中的各选项分别说明如下。

1．"线性标注"选项组

该选项组用来设置标注长度型尺寸时采用的单位和精度。

（1）"单位格式"下拉列表框：用于确定标注尺寸时使用的单位制（角度型尺寸除外）。在其下拉列表框中 AutoCAD 2019 提供了"科学""小数""工程""建筑""分数""Windows 桌面"6 种单位制，可根据需要选择。

（2）"精度"下拉列表框：用于确定标注尺寸时的精度，也就是精确到小数点后几位。

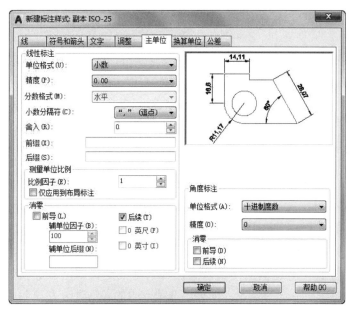

图 11-14 "主单位"选项卡

✍ **技巧：**

> 精度设置一定要和用户的需求吻合，如果设置的精度过低，标注会出现误差。

（3）"分数格式"下拉列表框：用于设置分数的形式。AutoCAD 2019 提供了"水平""对角"和"非堆叠"3 种形式供用户选用。

（4）"小数分隔符"下拉列表框：用于确定十进制单位（Decimal）的分隔符。AutoCAD 2019 提供了句点（.）、逗点（,）和空格 3 种形式。系统默认的小数分隔符是逗点，所以每次标注尺寸时要注意把此处设置为句点。

（5）"舍入"微调框：用于设置除角度之外的尺寸测量圆整规则。在文本框中输入一个值，如果输入"1"，则所有测量值均为整数。

（6）"前缀"文本框：为尺寸标注设置固定前缀。可以输入文本，也可以利用控制符产生特殊字符，这些文本将被加在所有尺寸文本之前。

（7）"后缀"文本框：为尺寸标注设置固定后缀。

2．"测量单位比例"选项组

该选项组用于确定 AutoCAD 2019 自动测量尺寸时的比例因子。其中"比例因子"微调框用来设置除角度之外所有尺寸测量的比例因子。例如，用户确定比例因子为 2，AutoCAD 2019 则把实际测量为 1 的尺寸标注为 2。如果选中"仅应用到布局标注"复选框，则设置的比例因子只适用于布局标注。

3．"消零"选项组

该选项组用于设置是否省略标注尺寸时的 0。

（1）"前导"复选框：选中该复选框，省略尺寸值处于高位的 0。例如，0.50000 标注为 .50000。

（2）"后续"复选框：选中该复选框，省略尺寸值小数点后末尾的 0。例如，8.5000 标注为 8.5，而 30.0000 标注为 30。

（3）"0 英尺（寸）"复选框：选中该复选框，采用"工程"和"建筑"单位制时，如果尺寸值小于 1 英尺（寸）时，省略尺（寸）。例如，0'-6 1/2" 标注为 6 1/2"。

4．"角度标注"选项组

该选项组用于设置标注角度时采用的角度单位。

11.1.7 换算单位

在"新建标注样式"对话框中，第六个选项卡是"换算单位"选项卡，如图 11-15 所示。该选项卡用于对替换单位的设置，现对该选项卡中的各选项分别说明如下。

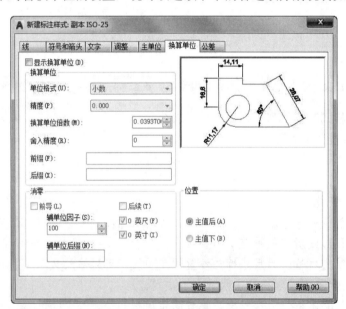

图 11-15 "换算单位"选项卡

1．"显示换算单位"复选框

选中该复选框，则替换单位的尺寸值也同时显示在尺寸文本上。

2．"换算单位"选项组

该选项组用于设置替换单位，其中各选项的含义如下。

（1）"单位格式"下拉列表框：用于选择替换单位采用的单位制。

（2）"精度"下拉列表框：用于设置替换单位的精度。

（3）"换算单位倍数"微调框：用于指定主单位和替换单位的转换因子。

（4）"含入精度"微调框：用于设定替换单位的圆整规则。

（5）"前缀"文本框：用于设置替换单位文本的固定前缀。

（6）"后缀"文本框：用于设置替换单位文本的固定后缀。

3．"消零"选项组

（1）"辅单位因子"微调框：将辅单位的数量设置为一个单位。它用于在距离小于一个单位时以辅单位为单位计算标注距离。例如，如果后缀为 m 而辅单位后缀则以 cm 显示，则输入"100"。

（2）"辅单位后缀"文本框：用于设置标注值辅单位中包含的后缀。可以输入文字或使用控制代码显示特殊符号。例如，输入"cm"可将.96m 显示为 96cm。

其他选项含义与"主单位"选项卡中"消零"选项组含义类似，不再赘述。

4．"位置"选项组

该选项组用于设置替换单位尺寸标注的位置。

11.1.8　公差

在"新建标注样式"对话框中，第七个选项卡是"公差"选项卡，如图 11-16 所示。该选项卡用于确定标注公差的方式，现对该选项卡中的各选项分别说明如下。

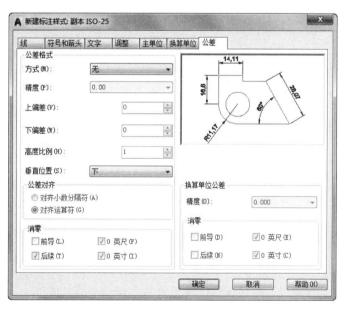

图 11-16　"公差"选项卡

1．"公差格式"选项组

该选项组用于设置公差的标注方式。

（1）"方式"下拉列表框：用于设置公差标注的方式。AutoCAD 2019 提供了 5 种标注公差的方式，分别是"无""对称""极限偏差""极限尺寸"和"基本尺寸"，其中"无"表示不标注公差，其余 4 种标注情况如图 11-17 所示。

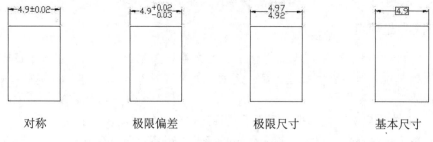

| 对称 | 极限偏差 | 极限尺寸 | 基本尺寸 |

图 11-17　公差标注的形式

（2）"精度"下拉列表框：用于确定公差标注的精度。

✍ 技巧：

> 公差标注的精度设置一定要准确，否则标注出的公差值会出现错误。

（3）"上（下）偏差"微调框：用于设置尺寸的上（下）偏差。

（4）"高度比例"微调框：用于设置公差文本的高度比例，即公差文本的高度与一般尺寸文本的高度之比。

✍ 技巧：

> 国家标准规定，公差文本的高度是一般尺寸文本高度的 0.5 倍，用户要注意设置。

（5）"垂直位置"下拉列表框：用于控制"对称"和"极限偏差"形式公差标注的文本对齐方式，如图 11-18 所示。

| 上 | 中 | 下 |

图 11-18　公差文本的对齐方式

2．"公差对齐"选项组

该选项组用于在堆叠时控制上偏差值和下偏差值的对齐。

（1）"对齐小数分隔符"单选按钮：选中该单选按钮，通过值的小数分隔符堆叠值。

（2）"对齐运算符"单选按钮：选中该单选按钮，通过值的运算符堆叠值。

3．"消零"选项组

该选项组用于控制是否禁止输出前导 0 和后续 0 以及 0 英尺和 0 英寸部分（可用 DIMTZIN 系统变量设置）。

4."换算单位公差"选项组

该选项组用于对形位公差标注的替换单位进行设置,各项的设置方法与上面相同。

11.2 标 注 尺 寸

正确地进行尺寸标注是设计绘图工作中非常重要的一个环节,AutoCAD 2019提供了方便快捷的尺寸标注方法,可通过执行命令实现,也可利用菜单或工具按钮实现。本节重点介绍如何对各种类型的尺寸进行标注。

11.2.1 线性标注

线性标注用于标注图形对象的线性距离或长度,包括水平标注、垂直标注和旋转标注三种类型。

【执行方式】

- ➥ 命令行:DIMLINEAR(缩写名:DIMLIN)。
- ➥ 菜单栏:选择菜单栏中的"标注"→"线性"命令。
- ➥ 工具栏:单击"标注"工具栏中的"线性"按钮 。
- ➥ 快捷键:D+L+I。
- ➥ 功能区:单击"默认"选项卡的"注释"面板中的"线性"按钮 。

动手学——标注滚轮尺寸

调用素材: *初始文件\第 11 章\滚轮.dwg*
源文件: *源文件\第 11 章\标准滚轮尺寸.dwg*
本实例标注如图 11-19 所示的滚轮尺寸。

【操作步骤】

(1)打开初始文件\第 11 章\滚轮.dwg,如图 11-20 所示。

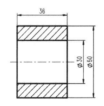

图 11-19 标注滚轮尺寸

图 11-20 滚轮

(2)单击"默认"选项卡的"注释"面板中的"标注样式"按钮 ,打开"标注样式管理器"对话框,如图 11-21 所示。

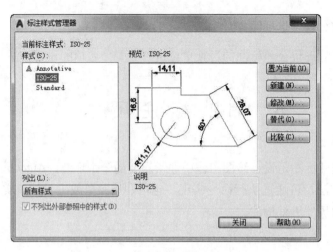

图 11-21　"标注样式管理器"对话框

　　由于系统的标注样式有些不符合要求，因此，根据图 11-21 中的标注样式，对标注样式进行设置。单击"新建"按钮，打开"创建新标注样式"对话框，如图 11-22 所示，在"用于"下拉列表框中选择"线性标注"选项，然后单击"继续"按钮，打开"新建标注样式"对话框，选择"符号和箭头"选项，设置"箭头大小"为 3；选择"文字"选项卡，单击文字样式后边的按钮 [...]，打开"文字样式"对话框，设置字体为"仿宋-GB2312"，然后单击"应用"按钮，关闭"文字样式"对话框；设置"文字高度"为 4，其他选项保持默认设置，单击"确定"按钮，返回"标注样式管理器"对话框。单击"置为当前"按钮，将设置的标注样式置为当前标注样式，再单击"关闭"按钮。

　　（3）单击"注释"选项卡"标注"面板中的"线性"按钮├─┤，标注主视图内径，命令行提示与操作如下。

```
命令：_dimlinear✓
指定第一条尺寸界线原点或<选择对象>：（选择垫圈内孔的右上角）
指定第二条尺寸界线原点：（选择垫圈内孔的右下角）
指定尺寸线位置或 [多行文字(M)/文字(T)/角度(A)/水平(H)/垂直(V)/旋转(R)]：T✓
输入标注文字<30>：%%C30✓
指定尺寸线位置或 [多行文字(M)/文字(T)/角度(A)/水平(H)/垂直(V)/旋转(R)]：（指定尺寸线位置）
```

标注效果如图 11-23 所示。

图 11-22　"创建新标注样式"对话框

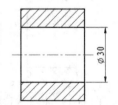

图 11-23　标注内径尺寸

　　（4）单击"注释"选项卡"标注"面板中的"线性"按钮├─┤，标注其他水平与竖直方向的尺寸，方法与上面相同，在此不再赘述。最后效果如图 11-19 所示。

【选项说明】

（1）指定尺寸线位置：用于确定尺寸线的位置。用户可移动鼠标选择合适的尺寸线位置，然后按 Enter 键或单击，AutoCAD 2019 则自动测量要标注线段的长度并标注出相应的尺寸。

（2）多行文字(M)：用多行文本编辑器确定尺寸文本。

（3）文字(T)：用于在命令行提示下输入或编辑尺寸文本。选择该选项后，命令行提示与操作如下。

输入标注文字 <默认值>：

其中的默认值是 AutoCAD 2019 自动测量得到的被标注线段的长度，直接按 Enter 键即可采用此长度值，也可输入其他数值代替默认值。当尺寸文本中包含默认值时，可使用尖括号"<>"表示默认值。

（4）角度(A)：用于确定尺寸文本的倾斜角度。

（5）水平(H)：水平标注尺寸，不论标注什么方向的线段，尺寸线总保持水平放置。

（6）垂直(V)：垂直标注尺寸，不论标注什么方向的线段，尺寸线总保持垂直放置。

（7）旋转(R)：输入尺寸线旋转的角度值，旋转标注尺寸。

11.2.2　对齐标注

对齐标注是指所标注尺寸的尺寸线与两条尺寸界线起始点间的连线平行。

【执行方式】

- ↘ 命令行：DIMALIGNED（快捷命令：DAL）。
- ↘ 菜单栏：选择菜单栏中的"标注"→"对齐"命令。
- ↘ 工具栏：单击"标注"工具栏中的"对齐"按钮 ↖。
- ↘ 功能区：单击"默认"选项卡的"注释"面板中的"对齐"按钮 ↖ 或单击"注释"选项卡的"标注"面板中的"对齐"按钮 ↖。

【操作步骤】

命令：DIMALIGNED✓
指定第一条尺寸界线原点或 <选择对象>：
指定第二条尺寸界线原点：
指定尺寸线位置或[多行文字(M)/文字(T)/角度(A)]：

【选项说明】

对齐标注命令标注的尺寸线与所标注轮廓线平行，标注起始点到终点之间的距离尺寸。

11.2.3　基线标注

基线标注用于产生一系列基于同一尺寸界线的尺寸标注，适用于长度尺寸、角度和坐标标注。在使用基线标注方式之前，应该先标注出一个相关的尺寸作为基线标准。

【执行方式】

➧ 命令行：DIMBASELINE（快捷命令：DBA）。

➧ 菜单栏：选择菜单栏中的"标注"→"基线"命令。

➧ 工具栏：单击"标注"工具栏中的"基线"按钮⊢。

➧ 功能区：单击"注释"选项卡的"标注"面板中的"基线"按钮⊢。

【操作步骤】

```
命令：DIMBASELINE✓
指定第二条尺寸界线原点或 [选择(S)/放弃(U)] <选择>：
```

【选项说明】

（1）指定第二条尺寸界线原点：直接确定另一个尺寸的第二条尺寸界线的起点，AutoCAD 2019 以上次标注的尺寸为基准标注，标注出相应尺寸。

（2）选择(S)：在上述提示下直接按 Enter 键，AutoCAD 2019 提示如下。

选择基准标注：（选取作为基准的尺寸标注）

✍ 技巧：

基线（或平行）和连续（或链）标注是一系列基于线性标注的连续标注，连续标注是首尾相连的多个标注。在创建基线或连续标注之前，必须创建线性、对齐或角度标注。可从当前任务最近创建的标注中以增量方式创建基线标注。

11.2.4 连续标注

连续标注又叫尺寸链标注，用于产生一系列连续的尺寸标注，后一个尺寸标注均把前一个标注的第二条尺寸界线作为它的第一条尺寸界线。适用于长度型尺寸、角度型尺寸和坐标标注。在使用连续标注方式之前，应该先标注出一个相关的尺寸。

【执行方式】

➧ 命令行：DIMCONTINUE（快捷命令：DCO）。

➧ 菜单栏：选择菜单栏中的"标注"→"连续"命令。

➧ 工具栏：单击"标注"工具栏中的"连续"按钮⊢⊢。

➧ 功能区：单击"注释"选项卡的"标注"面板中的"连续"按钮⊢⊢。

动手学——标注球头螺栓尺寸

调用素材：初始文件\第 11 章\球头螺栓.dwg

源文件：源文件\第 11 章\标注球头螺栓尺寸.dwg

本实例标注如图 11-24 所示的球头螺栓尺寸。

扫一扫，看视频

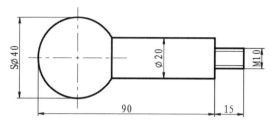

图 11-24　标注球头螺栓尺寸

【操作步骤】

（1）打开初始文件\第 11 章\球头螺栓.dwg，如图 11-25 所示。

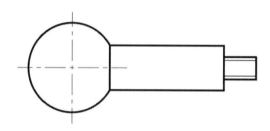

图 11-25　球头螺栓

（2）单击"默认"选项卡的"注释"面板中的"标注样式"按钮，打开"标注样式管理器"对话框，单击"新建"按钮，打开"创建新标注样式"对话框，在"用于"下拉列表框中选择"线性标注"选项，然后单击"继续"按钮，打开"新建标注样式"对话框，选择"符号和箭头"选项，设置"箭头大小"为 3；选择"文字"选项卡，单击文字样式后边的按钮，打开"文字样式"对话框，设置字体为"仿宋-GB2312"，然后单击"应用"按钮，关闭"文字样式"对话框；设置"文字高度"为 4，其他选项保持默认设置，单击"确定"按钮，返回"标注样式管理器"对话框。单击"置为当前"按钮，将设置的标注样式置为当前标注样式，再单击"关闭"按钮。

（3）将"尺寸标注"图层设置为当前图层，单击"默认"选项卡的"注释"面板中的"线性"按钮，标注 M10 尺寸，命令行提示与操作如下。

```
命令：_dimlinear↙
指定第一条尺寸界线原点或 <选择对象>：（捕捉标注为 M10 的右上端的一个端点，作为第一条尺寸标注的起点）
指定第二条尺寸界线原点：（捕捉标注为 M10 的边的另一个端点，作为第一条尺寸标注的终点）
指定尺寸线位置或 [多行文字(M)/文字(T)/水平(H)/垂直(V)/旋转(R)]：t↙
输入标注文字<10>：M10↙（将 M 字体设置为斜体）
指定尺寸线位置或 [多行文字(M)/文字(T)/角度(A)/水平(H)/垂直(V)/旋转(R)]：（指定尺寸线位置）
```

结果如图 11-26 所示。

（4）单击"默认"选项卡的"注释"面板中的"线性"按钮，标注直径 20 的尺寸，命令行提示与操作如下。

```
命令：_dimlinear↙
```

指定第一条尺寸界线原点或 <选择对象>：（捕捉标注为⌀20 的右上端的一个端点，作为第一条尺寸标注的起点）
指定第二条尺寸界线原点：（捕捉标注为⌀20 的边的另一个端点，作为第一条尺寸标注的终点）
指定尺寸线位置或 [多行文字(M)/文字(T)/水平(H)/垂直(V)/旋转(R)]：t↙
输入标注文字<20>：%%C20↙
指定尺寸线位置或 [多行文字(M)/文字(T)/角度(A)/水平(H)/垂直(V)/旋转(R)]：（指定尺寸线位置）

结果如图 11-27 所示。

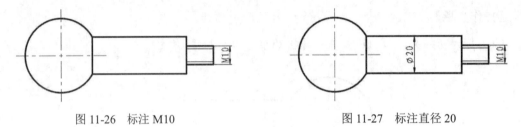

图 11-26　标注 M10　　　　　　　　　图 11-27　标注直径 20

（5）单击"默认"选项卡的"注释"面板中的"线性"按钮├┤，标注球面直径 40 的尺寸，命令行提示与操作如下。

命令：_dimlinear↙
指定第一条尺寸界线原点或 <选择对象>：（捕捉标注为 S⌀40 的圆与竖直中心线的上端交点，作为第一条尺寸标注的起点）
指定第二条尺寸界线原点：（捕捉标注为 S⌀40 的圆与竖直中心线的下端交点，作为第一条尺寸标注的终点）
指定尺寸线位置或 [多行文字(M)/文字(T)/水平(H)/垂直(V)/旋转(R)]：t↙
输入标注文字<40>：S%%C40↙
指定尺寸线位置或 [多行文字(M)/文字(T)/角度(A)/水平(H)/垂直(V)/旋转(R)]：（指定尺寸线位置）

结果如图 11-28 所示。

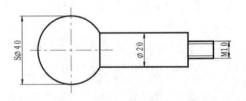

图 11-28　标注球面直径 40

（6）单击"默认"选项卡的"注释"面板中的"线性"按钮├┤，标注尺寸 15。

（7）单击"注释"选项卡的"标注"面板中的"连续"按钮├┼┤，标注尺寸 90，命令行提示与操作如下。

命令：_dimcontinue↙
指定第二条尺寸界线原点或 [放弃(U)/选择(S)]<选择>：（选择球头螺栓头的顶端为第二条尺寸界线）
标注文字=90
指定第二条尺寸界线原点或 [放弃(U)/选择(S)]<选择>：↙
选择连续标注：↙

效果如图 11-24 所示。

✍ 技巧:

> AutoCAD 2019 允许用户利用连续标注方式和基线标注方式进行角度标注,如图 11-29 所示。
>
>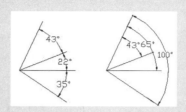
>
> 图 11-29　连续型和基线型角度标注

11.2.5　角度标注

角度标注用于圆弧包含角、两条非平行线的夹角以及三点之间夹角的标注。

【执行方式】

- ➥ 命令行: DIMANGULAR (快捷命令: DAN)。
- ➥ 菜单栏: 选择菜单栏中的"标注"→"角度"命令。
- ➥ 工具栏: 单击"标注"工具栏中的"角度"按钮 △ 。
- ➥ 功能区: 单击"默认"选项卡的"注释"面板中的"角度"按钮 △ (或单击"注释"选项卡的"标注"面板中的"角度"按钮 △)。

动手学——标注燕尾槽尺寸

调用素材:初始文件\第 11 章\燕尾槽.dwg

源文件:源文件\第 11 章\标注燕尾槽尺寸.dwg

本实例标注如图 11-30 所示的燕尾槽尺寸。

扫一扫,看视频

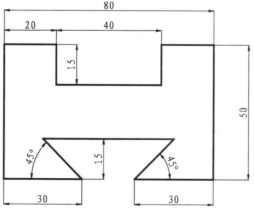

图 11-30　标准燕尾槽尺寸

【操作步骤】

（1）打开初始文件\第 11 章\燕尾槽.dwg 文件，如图 11-31 所示。

（2）单击"默认"选项卡的"注释"面板中的"线性"按钮┝┥，对燕尾槽标注线性尺寸，结果如图 11-32 所示。

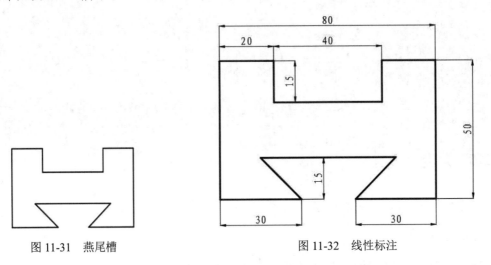

图 11-31　燕尾槽　　　　　　　　　　图 11-32　线性标注

（3）单击"默认"选项卡的"注释"面板中的"角度"按钮△，标注尺寸 45°，命令行提示与操作如下。

```
命令: _dimangular↙
选择圆弧、圆、直线或 <指定顶点>：（选择燕尾槽左下边线）
选择第二条直线：（选择燕尾槽左边的斜线）
指定标注弧线位置或 [多行文字(M)/文字(T)/角度(A)/象限点(Q)]：（指定标注弧线位置）
```

结果如图 11-33 所示。

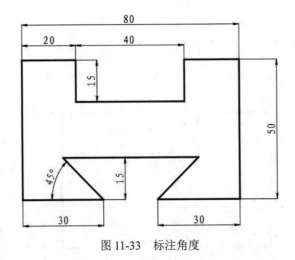

图 11-33　标注角度

重复"角度"标注命令，标注另一边的角度，角度如图 11-30 所示。

【选项说明】

（1）选择圆弧：标注圆弧的中心角。当用户选择一段圆弧后，AutoCAD 2019 提示如下。

> 指定标注弧线位置或 [多行文字(M)/文字(T)/角度(A)/象限点(Q)]：（确定尺寸线的位置或选取某一项）

在此提示下确定尺寸线的位置，AutoCAD 2019 系统按自动测量得到的值标注出相应的角度，在此之前用户可以选择"多行文字""文字"或"角度"选项，通过多行文本编辑器或命令行来输入或定制尺寸文本，以及指定尺寸文本的倾斜角度。

（2）选择圆：标注圆上某段圆弧的中心角。当用户选择圆上的一点后，AutoCAD 2019 提示选取第二点。

> 指定角的第二个端点：（选取另一点，该点可在圆上，也可不在圆上）
> 指定标注弧线位置或 [多行文字(M)/文字(T)/角度(A)/象限点(Q)]：

确定尺寸线的位置，AutoCAD 2019 标出一个角度值，该角度以圆心为顶点，两条尺寸界线通过所选取的两点，第二点可以不必在圆周上。用户可以选择"多行文字""文字"或"角度"选项，编辑其尺寸文本或指定尺寸文本的倾斜角度。

（3）选择直线：标注两条直线间的夹角。当用户选择一条直线后，AutoCAD 2019 提示选取另一条直线。

> 选择第二条直线：（选取另外一条直线）
> 指定标注弧线位置或 [多行文字(M)/文字(T)/角度(A)/象限点(Q)]：

系统自动标出两条直线之间的夹角。该角以两条直线的交点为顶点，以两条直线为尺寸界线，所标注角度取决于尺寸线的位置。用户还可以选择"多行文字"、"文字"或"角度"选项，编辑其尺寸文本或指定尺寸文本的倾斜角度。

（4）指定顶点：直接按 Enter 键，AutoCAD 2019 提示如下。

> 指定角的顶点：（指定顶点）
> 指定角的第一个端点：（输入角的第一个端点）
> 指定角的第二个端点：（输入角的第二个端点）
> 指定标注弧线位置或 [多行文字(M)/文字(T)/角度(A)/象限点(Q)]：（输入一点作为角的顶点）

给定尺寸线的位置，AutoCAD 2019 根据指定的 3 点标注出角度，如图 11-34 所示。另外，用户还可以选择"多行文字""文字"或"角度"选项，编辑其尺寸文本或指定尺寸文本的倾斜角度。

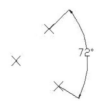

图 11-34　用 DIMANGULAR 命令标注 3 点确定的角度

（5）指定标注弧线位置：指定尺寸线的位置并确定绘制延伸线的方向。指定位置之后，DIMANGULAR 命令将结束。

（6）多行文字(M)：显示在位文字编辑器，可用它来编辑标注文字。要添加前缀或后缀，请在生成的测量值前后输入前缀或后缀。

（7）文字(T)：自定义标注文字，生成的标注测量值显示在尖括号"< >"中。输入标注文字，或按 Enter 键接受生成的测量值。要包括生成的测量值，请用尖括号"< >"表示生成的测量值。

（8）角度(A)：修改标注文字的角度。

（9）象限点(Q)：指定标注应锁定到的象限。打开象限行为后，将标注文字放置在角度标注外时，尺寸线会延伸超过延伸线。

11.2.6 直径标注

直径标注用于圆或圆弧的直径尺寸标注。

【执行方式】

- ➥ 命令行：DIMDIAMETER（快捷命令：DDI）。
- ➥ 菜单栏：选择菜单栏中的"标注"→"直径"命令。
- ➥ 工具栏：单击"标注"工具栏中的"直径"按钮 ⊘ 。
- ➥ 功能区：单击"默认"选项卡的"注释"面板中的"直径"按钮 ⊘ 或单击"注释"选项卡的"标注"面板中的"直径"按钮 ⊘ 。

动手学——标注连接板直径尺寸

调用素材： *初始文件\第 11 章\连接板.dwg*

源文件： *源文件\第 11 章\标注连接板直径尺寸.dwg*

本实例标注如图 11-35 所示的连接板直径尺寸。

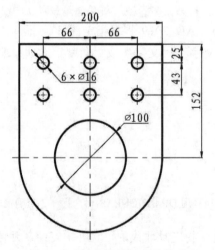

图 11-35 标注连接板直径尺寸

【操作步骤】

（1）打开初始文件\第 11 章\连接板.dwg 文件，如图 11-36 所示。

（2）单击"默认"选项卡的"注释"面板中的"线性"按钮├──┤，对连接板标注线性尺寸，结果如图 11-37 所示。

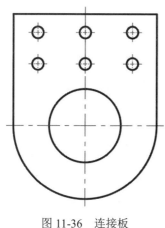

图 11-36　连接板

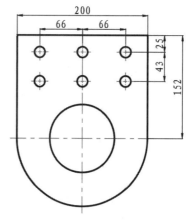

图 11-37　线性标注

（3）单击"默认"选项卡的"注释"面板中的"直径"按钮⊘，标注直径，命令行提示与操作如下。

```
命令：_dimdiameter✓
选择圆弧或圆：（选择连接板左上角的圆）
标注文字=16
指定尺寸线位置或 [多行文字(M)/文字(T)/角度(A)]：t✓
输入标注文字<16>：6×%%c16✓
指定尺寸线位置或 [多行文字(M)/文字(T)/角度(A)]：（指定尺寸线位置）
命令：_dimdiameter✓
选择圆弧或圆：（选择连接板中心较大的圆）
标注文字=100
指定尺寸线位置或 [多行文字(M)/文字(T)/角度(A)]：（指定尺寸线位置）
```

结果如图 11-35 所示。

【选项说明】

（1）尺寸线位置：确定尺寸线的角度和标注文字的位置。如果未将标注放置在圆弧上而导致标注指向圆弧外，则 AutoCAD 2019 会自动绘制圆弧延伸线。

（2）多行文字(M)：显示在位文字编辑器，可用它来编辑标注文字。要添加前缀或后缀，请在生成的测量值前后输入前缀或后缀。用控制代码和 Unicode 字符串来输入特殊字符或符号。

（3）文字(T)：自定义标注文字，生成的标注测量值显示在尖括号"<>"中。

（4）角度(A)：修改标注文字的角度。

11.2.7 半径标注

半径标注用于圆或圆弧的半径尺寸标注。

【执行方式】

- ➤ 命令行：DIMRADIUS（快捷命令：DRA）。
- ➤ 菜单栏：选择菜单栏中的"标注"→"半径"命令。
- ➤ 工具栏：单击"标注"工具栏中的"半径"按钮 ⟨。
- ➤ 功能区：单击"默认"选项卡的"注释"面板中的"半径"按钮 ⟨ 或单击"注释"选项卡的"标注"面板中的"半径"按钮 ⟨。

动手学——标注连接板半径尺寸

调用素材：初始文件\第 11 章\标注连接板直径尺寸.dwg

源文件：源文件\第 11 章\标注连接板半径尺寸.dwg

本实例标注如图 11-38 所示的连接板半径尺寸。

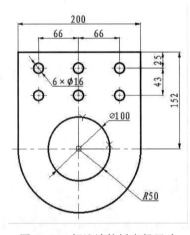

图 11-38 标注连接板半径尺寸

【操作步骤】

（1）打开初始文件\第 11 章\标注连接板直径尺寸.dwg

（2）单击"默认"选项卡的"注释"面板中的"半径"按钮 ⟨，标注尺寸 R100，命令行提示与操作如下。

```
命令: _dimradius↙
选择圆弧或圆:（选择连接板下端的圆弧）
标注文字=50
指定尺寸线位置或 [多行文字(M)/文字(T)/角度(A)]: t↙
输入标注文字<50>: R50↙（将 R 字体设置为斜体）
指定尺寸线位置或 [多行文字(M)/文字(T)/角度(A)]:（指定尺寸线位置）
```

结果如图 11-38 所示。

11.2.8 折弯标注

【执行方式】

- ↘ 命令行：DIMJOGGED（快捷命令：DJO 或 JOG）。
- ↘ 菜单栏：选择菜单栏中的"标注"→"折弯"命令。
- ↘ 工具栏：单击"标注"工具栏中的"折弯"按钮 ⌒。
- ↘ 功能区：单击"默认"选项卡的"注释"面板中的"折弯"按钮 ⌒或单击"注释"
  选项卡的"标注"面板中的"已折弯"按钮 ⌒。

【操作步骤】

命令：DIMJOGGED↙
选择圆弧或圆：选择圆弧或圆
指定中心位置替代：指定一点
标注文字 = 50
指定尺寸线位置或 [多行文字(M)/文字(T)/角度(A)]：指定一点或选择某一选项

指定折弯位置如图 11-39 所示。

动手练——标注挂轮架

标注如图 11-40 所示的挂轮架尺寸。

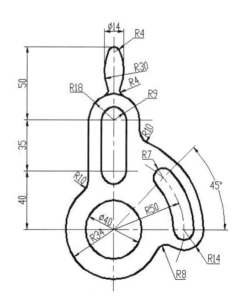

图 11-39 折弯标注　　　　　　　图 11-40 标注挂轮架

思路点拨：

（1）设置尺寸标注样式。

（2）标注半径尺寸、连续尺寸和线性尺寸。
（3）标注直径尺寸和角度尺寸。

11.3 引线标注

AutoCAD 2019 提供了引线标注功能，利用该功能不仅可以标注特定的尺寸，如圆角、倒角等，还可以实现在图中添加多行旁注、说明。在引线标注中指引线可以是折线，也可以是曲线，指引线端部可以有箭头，也可以没有箭头。

11.3.1 一般引线标注

LEADER 命令可以创建灵活多样的引线标注形式，可根据需要把指引线设置为折线或曲线，指引线可带箭头，也可不带箭头，注释文本可以是多行文本，可以是形位公差，也可以从图形其他部位复制，还可以是一个图块。

【执行方式】

➽ 命令行：LEADER。

动手学——标注卡槽尺寸

调用素材：*初始文件\第 11 章\卡槽.dwg*
源文件：*源文件\第 11 章\标注卡槽尺寸.dwg*
本实例标注如图 11-41 所示的卡槽尺寸。

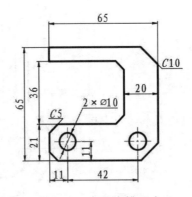

图 11-41　标注卡槽尺寸

【操作步骤】

（1）打开初始文件\第 11 章\卡槽.dwg 文件，如图 11-42 所示。
（2）单击"默认"选项卡的"注释"面板中的"线性"按钮┝┥，标注卡槽的线性尺寸，如图 11-43 所示。

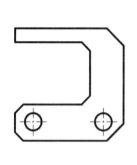

图 11-42　卡槽

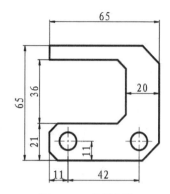

图 11-43　线性标注

（3）单击"默认"选项卡的"注释"面板中的"直径"按钮⌀，标注直径尺寸。结果如图 11-44 所示。

（4）在命令行中输入 LEADER 命令，标注倒角尺寸，命令行提示与操作如下。

```
命令：_LEADER↙
指定引线起点：（选择倒角处中点）
指定下一点：（在适当处选择下一点）
指定下一点或 [注释(A)/格式(F)/放弃(U)]<注释>：（在适当处选择下一点）
指定下一点或 [注释(A)/格式(F)/放弃(U)]<注释>：↙
输入注释文字的第一行或<选项>：↙
输入注释选项 [公差(T)/副本(C)/块(B)/无(N)多行文字(M)]<多行文字>：↙
```

弹出"文字编辑器"选项卡和多行文字编辑器，输入 C10，并将 C 改为斜体，单击"关闭"按钮，效果如图 11-45 所示。

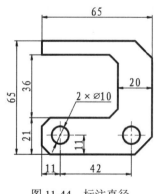

图 11-44　标注直径

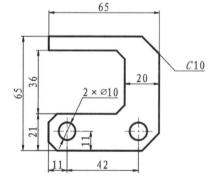

图 11-45　标注倒角

重复步骤（4），标注其他倒角，结果如图 11-41 所示。

【选项说明】

（1）指定下一点：直接输入一点，AutoCAD 2019 根据前面的点画出折线作为指引线。

（2）注释(A)：输入注释文本，为默认项。在系统提示下直接按 Enter 键，AutoCAD 2019 提示如下。

```
输入注释文字的第一行或 <选项>：
```

① 输入注释文本：在此提示下输入第一行文本后按 Enter 键，可继续输入第二行文本，如此反复执行，直到输入全部注释文本，然后在此提示下直接按 Enter 键，AutoCAD 2019 会在指引线终端标注出所输入的多行文本，并结束 LEADER 命令。

② 直接按 Enter 键：如果在上面的提示下直接按 Enter 键，AutoCAD 2019 提示如下。

输入注释选项 [公差(T)/副本(C)/块(B)/无(N)/多行文字(M)] <多行文字>：

选择一个注释选项或直接按 Enter 键选择默认的"多行文字"选项。其中各选项的含义如下。

❧ 公差(T)：标注形位公差。

❧ 副本(C)：把已由 LEADER 命令创建的注释复制到当前指引线末端。

执行该选项，系统提示与操作如下。

选择要复制的对象：

在此提示下选取一个已创建的注释文本，则 AutoCAD 2019 把它复制到当前指引线的末端。

❧ 块(B)：插入块，把已经定义好的图块插入到指引线的末端。

执行该选项，系统提示与操作如下。

输入块名或 [?]：

在此提示下输入一个已定义好的图块名，AutoCAD 2019 把该图块插入到指引线的末端。或输入"?"，列出当前已有图块，用户可从中选择。

❧ 无(N)：不进行注释，没有注释文本。

❧ 多行文字(M)：用多行文本编辑器标注注释文本并定制文本格式，为默认选项。

（3）格式(F)：确定指引线的形式。选择该选项，AutoCAD 2019 提示如下。

输入引线格式选项 [样条曲线(S)/直线(ST)/箭头(A)/无(N)] <退出>：

选择指引线形式，或直接按 Enter 键回到上一级提示

① 样条曲线(S)：设置指引线为样条曲线。

② 直线(ST)：设置指引线为直线。

③ 箭头(A)：在指引线的起始位置画箭头。

④ 无(N)：在指引线的起始位置不画箭头。

⑤ 退出：该选项为默认选项，选择该选项退出"格式"选项，返回"指定下一点或[注释(A)/格式(F)/放弃(U)] <注释>："提示，并且指引线形式按默认方式设置。

11.3.2 快速引线标注

利用 QLEADER 命令可快速生成指引线及注释，而且可以通过命令行优化对话框进行用户自定义，由此可以消除不必要的命令行提示，取得最高的工作效率。

【执行方式】

❧ 命令行：QLEADER。

【操作步骤】

命令：QLEADER↙
指定第一个引线点或 [设置(S)] <设置>：

【选项说明】

（1）指定第一个引线点：在上面的提示下确定一点作为指引线的第一点。AutoCAD 2019 提示如下。

指定下一点：（输入指引线的第二点）
指定下一点：（输入指引线的第三点）

AutoCAD 提示用户输入的点的数目由"引线设置"对话框确定。输入完指引线的点后 AutoCAD 2019 提示如下。

指定文字宽度 <0.0000>：（输入多行文本的宽度）
输入注释文字的第一行 <多行文字(M)>：

此时，有两种命令输入选择，含义如下。

① 输入注释文字的第一行：在命令行输入第一行文本。

② 多行文字(M)：打开多行文字编辑器，输入编辑多行文字。

直接按 Enter 键，结束 QLEADER 命令，并把多行文本标注在指引线的末端附近。

（2）设置(S)：直接按 Enter 键或输入 S，打开"引线设置"对话框，允许对引线标注进行设置。该对话框包含"注释""引线和箭头""附着" 3 个选项卡，下面分别进行介绍。

① "注释"选项卡（见图 11-46）。用于设置引线标注中注释文本的类型、多行文本的格式并确定注释文本是否多次使用。

图 11-46 "注释"选项卡

② "引线和箭头"选项卡（见图 11-47）。用来设置引线标注中指引线和箭头的形式。其中"点数"选项组设置执行 QLEADER 命令时，AutoCAD 2019 提示用户输入点的数目。例如，设置点数为 3，执行 QLEADER 命令时，当用户在提示下指定 3 个点后，AutoCAD 2019 自动提示用户输入注释文本。注意，设置的点数要比用户希望的指引线的段数多 1。可利用微调框进行设置，如果选中"无限制"复选框，AutoCAD 2019 会一直提示用户输入点直到连续

按两次 Enter 键为止。"角度约束"选项组设置第一段和第二段指引线的角度约束。

图 11-47　"引线和箭头"选项卡

③　"附着"选项卡（见图 11-48）：设置注释文本和指引线的相对位置。如果最后一段指引线指向右边，系统自动把注释文本放在右侧；反之放在左侧。利用该选项卡左侧和右侧的单选按钮分别设置位于左侧和右侧的注释文本与最后一段指引线的相对位置，二者可相同也可不相同。

图 11-48　"附着"选项卡

11.3.3　多重引线

多重引线可创建为箭头优先、引线基线优先或内容优先。

1．多重引线样式

多重引线样式可以控制引线的外观，包括基线、引线、箭头和内容的格式。

【执行方式】

↘　命令行：MLEADERSTYLE。

➘ 菜单栏：选择菜单栏中的"格式"→"多重引线样式"命令。

➘ 功能区：单击"默认"选项卡的"注释"面板中的"多重引线样式"按钮 。

【操作步骤】

执行上述操作后，系统打开"多重引线样式管理器"对话框，如图 11-49 所示。利用该对话框可方便、直观地定制和浏览多重引线样式，包括创建新的多重引线样式、修改已存在的多重引线样式、设置当前多重引线样式等。

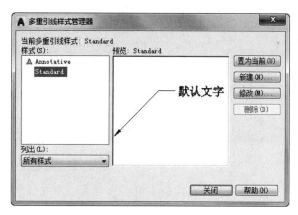

图 11-49 "多重引线样式管理器"对话框

【选项说明】

（1）"置为当前"按钮：单击该按钮，把在"样式"列表框中选择的样式设置为当前多重引线标注样式。

（2）"新建"按钮：创建新多重引线样式。单击该按钮，系统打开"创建新多重引线样式"对话框，如图 11-50 所示，利用该对话框可创建一个新的多重引线样式，其中各项功能说明如下。

图 11-50 "创建新多重引线样式"对话框

① "新样式名"文本框：为新的多重引线样式命名。

② "基础样式"下拉列表框：选择创建新样式所基于的多重引线样式。单击"基础样式"下拉列表框，打开当前已有的样式列表，从中选择一个作为定义新样式的基础，新的样式是在所选样式的基础上修改一些特性得到的。

③ "继续"按钮：各选项设置好以后，单击该按钮，系统打开"修改多重引线样式"对话框，如图 11-51 所示，利用该对话框可对新多重引线样式的各项特性进行设置。

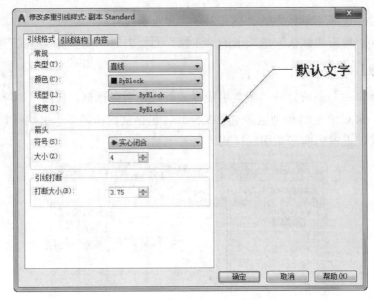

图 11-51 "修改多重引线样式"对话框

（3）"修改"按钮：修改一个已存在的多重引线样式。单击该按钮，系统打开"修改多重引线样式"对话框，可以对已有标注样式进行修改。

"修改多重引线样式"对话框中选项说明如下。

（1）"引线格式"选项卡。

① "常规"选项组：设置引线的外观。其中，"类型"下拉列表框用于设置引线的类型，列表中有"直线""样条曲线""无"3 个选项，分别表示引线为直线、样条曲线或者没有引线；分别在"颜色""线型""线宽"下拉列表框中设置引线的颜色、线型及线宽。

② "箭头"选项组：设置箭头的样式和大小。

③ "引线打断"选项组：设置引线打断时的打断距离。

（2）"引线结构"选项卡，如图 11-52 所示。

① "约束"选项组：控制多重引线的结构。其中，"最大引线点数"复选框用于确定是否要指定引线端点的最大数量；"第一段角度"和"第二段角度"复选框分别用于确定是否设置反映引线中第一段直线和第二段直线方向的角度，选中复选框后，可以在对应的输入框中指定角度。需要说明的是，一旦指定了角度，对应线段的角度方向会按设置值的整数倍变化。

② "基线设置"选项组：设置多重引线中的基线。其中"自动包含基线"复选框用于设置引线中是否含基线，还可以通过"设置基线距离"来指定基线的长度。

③ "比例"选项组：设置多重引线标注的缩放关系。"注释性"复选框用于确定多重引线样式是否为注释性样式。"将多重引线缩放到布局"单选按钮表示将根据当前模型空间视口和图纸空间之间的比例确定比例因子。"指定比例"单选按钮用于为所有多重引线标注设置一个缩放比例。

（3）"内容"选项卡，如图 11-53 所示。

图 11-52 "引线结构"选项卡

图 11-53 "内容"选项卡

① "多重引线类型"下拉列表：设置多重引线标注的类型。下拉列表中有"多行文字""块""无"3 个选择，即表示由多重引线标注出的对象分别是多行文字、块或没有内容。

② "文字选项"选项组：如果在"多重引线类型"下拉列表中选中"多行文字"，则会显示出此选项组，用于设置多重引线标注的文字内容。其中，"默认文字"框用于确定所采用的文字样式；"文字样式"下拉列表框用于选择当前尺寸文本采用的文字样式；"文字角度"下拉列表框用于确定文字的倾斜角度；"文字颜色"和"文字高度"分别用于确定文字的颜色和高度；"始终左对正"复选框用于确定是否使文字左对齐；"文字边框"复选框用于确定是否要为文字加边框。

③ "引线连接"选项组："水平连接"单选按钮表示引线终点位于所标注文字的左侧或右侧。"垂直连接"单选按钮表示引线终点位于所标注文字的上方或下方。

如果"多重引线类型"下拉列表中选中"块"，表示多重引线标注的对象是块，对话框如图 11-54 所示。"源块"下拉列表框用于确定多重引线标注使用的块对象；"附着"下拉列表框用于指定块与引线的关系；"颜色"下拉列表框用于指定块的颜色，但一般采用 ByBlock。

图 11-54 "块"多重引线类型

2. 多重引线标注

【执行方式】

- ↘ 命令行：MLEADER。
- ↘ 菜单栏：选择菜单栏中的"标注"→"多重引线"命令。
- ↘ 工具栏：单击"多重引线"工具栏中的"多重引线"按钮 ⌁。
- ↘ 功能区：单击"默认"选项卡的"注释"面板中的"多重引线"按钮 ⌁。

【操作步骤】

```
命令: _mleader
指定引线箭头的位置或 [引线基线优先(L)/内容优先(C)/选项(O)] <选项>:
指定引线箭头的位置:
```

【选项说明】

（1）引线箭头位置：指定多重引线对象箭头的位置。

（2）引线基线优先(L)：指定多重引线对象的基线的位置。如果先前绘制的多重引线对象是基线优先，则后续的多重引线也将先创建基线（除非另外指定）。

（3）内容优先(C)：指定与多重引线对象相关联的文字或块的位置。如果先前绘制的多重引线对象是内容优先，则后续的多重引线对象也将先创建内容（除非另外指定）。

（4）选项(O)：指定用于放置多重引线对象的选项。输入 O 选项后，命令行提示与操作如下。

```
输入选项 [引线类型(L)/引线基线(A)/内容类型(C)/最大节点数(M)/第一个角度(F)/第二个角度
(S)/退出选项(X)] <退出选项>:
```

① 引线类型(L)：指定要使用的引线类型。

② 内容类型(C)：指定要使用的内容类型。

③ 最大节点数(M)：指定新引线的最大节点数。

④ 第一个角度(F)：约束新引线中的第一个点的角度。

⑤ 第二个角度(S)：约束新引线中的第二个点的角度。

⑥ 退出选项(X)：返回到第一个 MLEADER 命令提示。

动手练——标注齿轮轴套

标注如图 11-55 所示的齿轮轴套。

📋 思路点拨：

（1）设置文字样式和标注样式。

（2）标注线性尺寸和半径尺寸。

（3）用引线命令标注圆角半径尺寸和倒角尺寸。

（4）标注带偏差的尺寸。

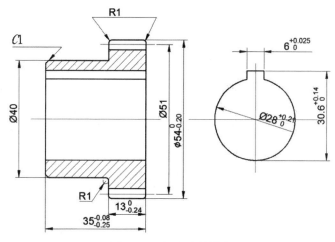

图 11-55　标注齿轮轴套

11.4　几 何 公 差

为方便机械设计工作，AutoCAD 2019 提供了标注形状、位置公差的功能。在新版《机械制图》新国家标准中改为"几何公差"，形位公差的标注形式如图 11-56 所示，主要包括指引线、特征符号、公差值、附加符号、基准代号及其附加符号。

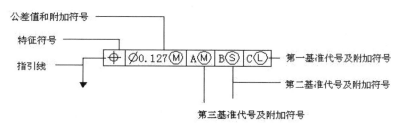

图 11-56　形位公差标注

【执行方式】

- 命令行：TOLERANCE（快捷命令：TOL）。
- 菜单栏：选择菜单栏中的"标注"→"公差"命令。
- 工具栏：单击"标注"工具栏中的"公差"按钮 ⊞。
- 功能区：单击"注释"选项卡的"标注"面板中的"公差"按钮 ⊞。

动手学——标注传动轴的形位公差

调用素材：初始文件\第 11 章\传动轴.dwg

源文件：源文件\第 11 章\标注传动轴的形位公差.dwg

标注如图 11-57 所示传动轴的形位公差。

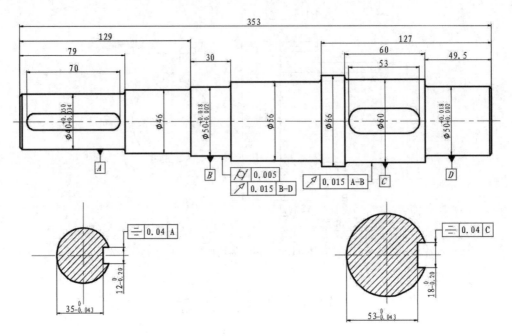

图 11-57　标注传动轴形位公差

【操作步骤】

（1）打开初始文件\第 11 章\传动轴.dwg 文件，如图 11-58 所示。

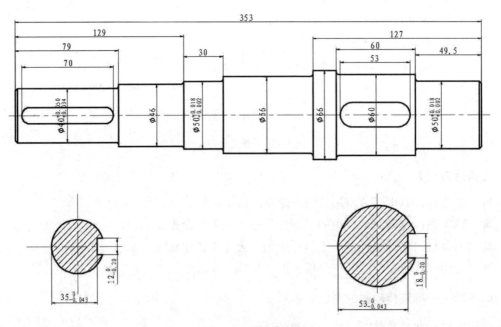

图 11-58　传动轴

（2）单击"默认"选项卡的"绘图"工具栏中的"矩形"按钮 ⬜、"图案填充"按钮 ▨、"直线"按钮╱和"多行文字"按钮 **A**，绘制基准符号，效果如图 11-59 所示。

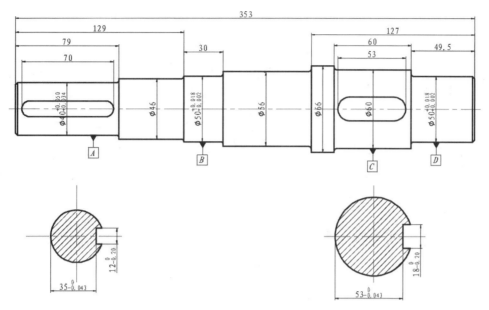

图 11-59 标注基准符号

（3）单击"注释"选项卡的"标注"面板中的"公差"按钮 ⊞，打开如图 11-60 所示的"形位公差"对话框，单击第一栏中"符号"下方的色块，打开如图 11-61 所示的"特征符号"对话框，选择圆柱度符号 ⌀，然后在公差 1 中输入公差为 0.005；采用相同的方法设置第二栏公差符号为圆跳动 ⌁，输入公差值为 0.015，基准为 B-D，如图 11-62 所示。单击"确定"按钮，将形位公差符号放置到图中适当位置，结果如图 11-63 所示。

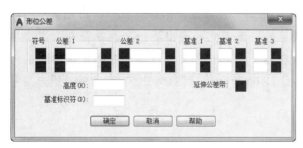

图 11-60 "形位公差"对话框

图 11-61 "特征符号"对话框

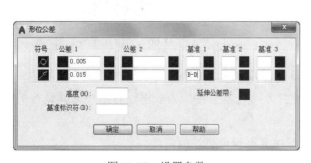

图 11-62 设置参数

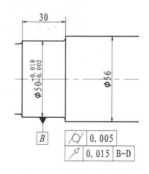

图 11-63 标注形位公差

299

（4）在命令行中输入 qleader 命令，按照如图 11-64 所示设置引线，在图中指定形位公差的指引线位置。

图 11-64　引线设置

 技巧：

> 可以直接在此步中设置注释类型为"公差"，指定引线后直接打开"形位公差"对话框，设置形位公差内容进行标注，一步即可完成形位公差的标注。

【选项说明】

（1）符号：用于设定或改变公差代号。单击下面的黑块，系统打开如图 11-65 所示的"特征符号"对话框，可从中选择需要的公差代号。

（2）公差 1/2：用于产生第 1/2 个公差的公差值及"附加符号"。白色文本框左侧的黑块控制是否在公差值之前加一个直径符号，单击它，则出现一个直径符号；再次单击，则消失。白色文本框用于确定公差值，在其中输入一个具体数值。右侧黑块用于插入"包容条件"符号，单击它，系统会打开如图 11-66 所示的"附加符号"列表框，用户可从中选择所需的符号。

图 11-65　"特征符号"对话框

图 11-66　"附加符号"列表框

（3）基准 1/2/3：用于确定第 1/2/3 个基准代号及材料状态符号。在白色文本框中输入一个基准代号。单击其右侧的黑块，系统打开"包容条件"列表框，可从中选择适当的"包容条件"符号。

（4）"高度"文本框：用于确定标注复合形位公差的高度。

（5）延伸公差带：单击该黑块，在复合公差带后面加一个复合公差符号，如图 11-67（d）所示，其他形位公差标注如图 11-67 所示的例图。

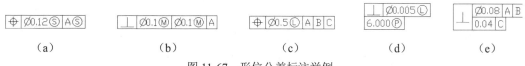

（a）　　　　　　　（b）　　　　　　　（c）　　　　　　　　（d）　　　　（e）

图 11-67　形位公差标注举例

（6）"基准标识符"文本框：用于产生一个标识符号，用一个字母表示。

✐ 技巧：

在"形位公差"对话框中有两行可以同时对形位公差进行设置，可实现复合形位公差的标注。如果两行中输入的公差代号相同，则得到如图 11-67（e）所示的形式。

动手练——标注阀盖

标注如图 11-68 所示的阀盖。

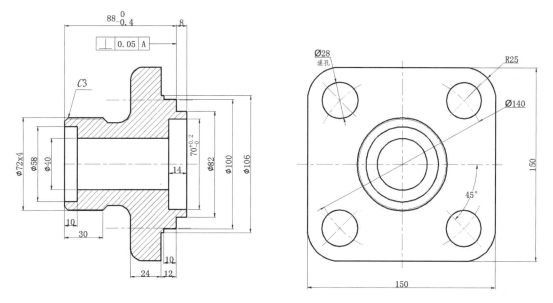

图 11-68　标注阀盖

📋 思路点拨：

（1）设置文字样式和标注样式。

（2）标注线性尺寸和半径尺寸。

（3）标注阀盖主视图中的形位公差。

11.5　编辑尺寸标注

AutoCAD 2019 允许对已经创建好的尺寸标注进行编辑修改，包括修改尺寸文本的内容、改变其位置、使尺寸文本倾斜一定的角度等，还可以对尺寸界线进行编辑。

11.5.1　尺寸编辑

利用 DIMEDIT 命令可以修改已有尺寸标注的文本内容、把尺寸文本倾斜一定的角度，还可以对尺寸界线进行修改，使其旋转一定的角度，从而标注一段线段在某一方向上的投影尺寸。DIMEDIT 命令可以同时对多个尺寸标注进行编辑。

【执行方式】

- ↘ 命令行：DIMEDIT（快捷命令：DED）。
- ↘ 菜单栏：选择菜单栏中的"标注"→"对齐文字"→"默认"命令。
- ↘ 工具栏：单击"标注"工具栏中的"编辑标注"按钮 。

【操作步骤】

```
命令：DIMEDIT↙
输入标注编辑类型 [默认(H)/新建(N)/旋转(R)/倾斜(O)] <默认>:
```

【选项说明】

（1）默认(H)：按尺寸标注样式中设置的默认位置和方向放置尺寸文本，如图 11-69（a）所示。选择该选项，命令行提示与操作如下。

```
选择对象：选择要编辑的尺寸标注
```

（2）新建(N)：选择该选项，系统打开多行文字编辑器，可利用该编辑器对尺寸文本进行修改。

（3）旋转(R)：改变尺寸文本行的倾斜角度。尺寸文本的中心点不变，使文本沿指定的角度方向倾斜排列，如图 11-69（b）所示。若输入角度为 0，则按"新建标注样式"对话框的"文字"选项卡中设置的默认方向排列。

（4）倾斜(O)：修改长度型尺寸标注的尺寸界线，使其倾斜一定的角度，与尺寸线不垂直，如图 11-69（c）所示。

11.5.2　尺寸文本编辑

通过 DIMTEDIT 命令可以改变尺寸文本的位置，使其位于尺寸线上面左端、右端或中间，而且可使文本倾斜一定的角度。

【执行方式】

- ➥ 命令行：DIMTEDIT。
- ➥ 菜单栏：选择菜单栏中的"标注"→"对齐文字"→除"默认"命令外其他命令。
- ➥ 工具栏：单击"标注"工具栏中的"编辑标注文字"按钮 ⬛。
- ➥ 功能区：单击"默认"选项卡的"注释"面板中的"文字角度" ⬔ 、"左对正" ⊢⊣ 、"居中对正" ⊢⊣ 、"右对正" ⊢⊣ 。

【操作步骤】

```
命令：DIMTEDIT✓
选择标注：（选择一个尺寸标注）
为标注文字指定新位置或 [左对齐(L)/右对齐(R)/居中(C)/默认(H)/角度(A)]：
```

【选项说明】

（1）为标注文字指定新位置：更新尺寸文本的位置。用鼠标把文本拖动到新的位置，这时系统变量 DIMSHO 为 ON。

（2）左（右）对齐：使尺寸文本沿尺寸线左（右）对齐，如图 11-69（d）和图 11-69（e）所示。该选项只对长度型、半径型、直径型尺寸标注起作用。

（3）居中(C)：把尺寸文本放在尺寸线上的中间位置，如图 11-69（a）所示。

（4）默认(H)：把尺寸文本按默认位置放置。

（5）角度(A)：改变尺寸文本行的倾斜角度。

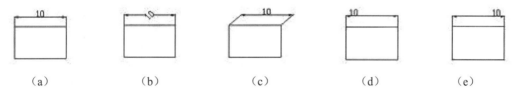

| (a) | (b) | (c) | (d) | (e) |

图 11-69 尺寸标注的编辑

11.6 实例——标注斜齿轮

扫一扫，看视频

调用素材：*初始文件\第 11 章\斜齿轮.dwg*

源文件：*源文件\第 11 章\标注斜齿轮.dwg*

本实例标注的斜齿轮零件图如图 11-70 所示。

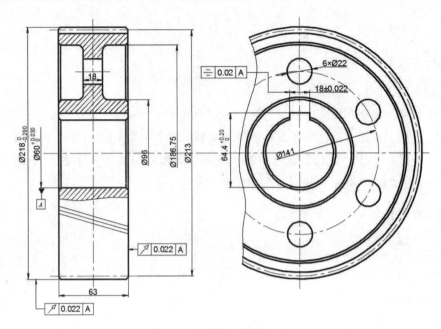

图 11-70　标注斜齿轮尺寸

【操作步骤】

打开初始文件\第 9 章\斜齿轮.dwg 文件，如图 11-71 所示。

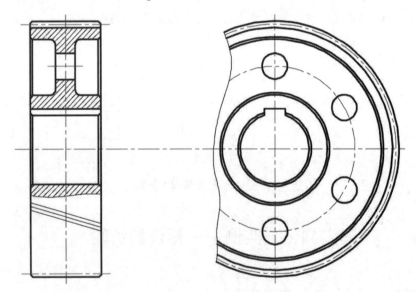

图 11-71　斜齿轮

1．无公差尺寸标注

（1）设置无公差尺寸标注。

① 单击"默认"选项卡的"注释"面板中的"标注样式"按钮，打开"标注样式管理器"对话框，如图 11-72 所示。

②　单击"新建"按钮，系统弹出"创建新标注样式"对话框，创建"齿轮标注"样式，如图 11-73 所示。

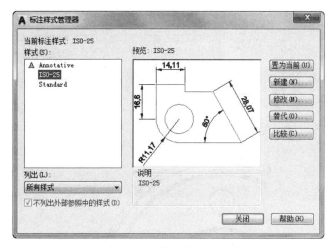

图 11-72　"标注样式管理器"对话框

图 11-73　"创建新标注样式"对话框

③　在"创建新标注样式"对话框中单击"继续"按钮，系统弹出"新建标注样式：齿轮标注"对话框。其中，在"线"选项卡中，设置尺寸线和尺寸界线的"颜色"为 ByBlock，其他保持默认设置；在"符号和箭头"选项卡中，设置"箭头大小"为 5，其他保持默认设置。在"文字"选项卡中，设置"颜色"为 ByBlock，文字高度为 5，文字对齐为"ISO 标准"，其他保持默认设置，如图 11-74 所示；在"主单位"选项卡中，设置"精度"为 0.00，"小数分隔符"为"句点"，其他保持默认设置，单击"确定"按钮，返回到"标注样式管理器"对话框，并将齿轮标注置为当前。

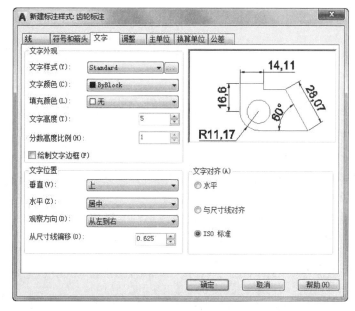

图 11-74　"新建标注样式：齿轮标注"对话框

（2）标注无公差尺寸。

① 单击"默认"选项卡的"注释"面板中的"线性"按钮|——|，标注线性尺寸。命令行提示与操作如下。

```
命令：_dimlinear
指定第一条尺寸界线原点或 <选择对象>：（捕捉尺寸界线原点）
指定第二条尺寸界线原点：（捕捉尺寸界线原点）
指定尺寸线位置或[多行文字(M)/文字(T)/角度(A)/水平(H)/垂直(V)/旋转(R)]：（指定尺寸线
位置）
标注文字 = 18
```

② 使用同样的方法对图中其他线性尺寸进行标注，最终效果如图 11-75 所示。

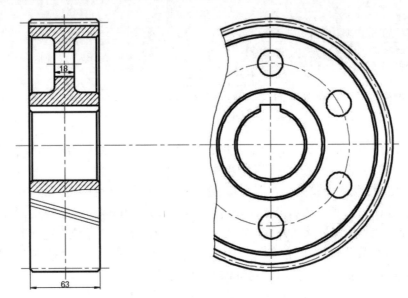

图 11-75　标注线性尺寸

③ 单击"默认"选项卡的"注释"面板中的"直径"按钮⊘，标注直径尺寸。命令行提示与操作如下。

```
命令：_dimdiameter
选择圆弧或圆：（选择左视图中半径为 11 的圆）
标注文字 = 22
指定尺寸线位置或 [多行文字(M)/文字(T)/角度(A)]：m↙（按 Enter 键后弹出"多行文字"编辑
器，输入"6×%%c22"）
指定尺寸线位置或 [多行文字(M)/文字(T)/角度(A)]（指定尺寸线位置）↙
```

效果如图 11-76 所示。

④ 使用线性标注对圆进行标注，要通过修改标注文字来实现，单击"默认"选项卡的"注释"面板中的"线性"按钮|——|，命令行提示与操作如下。

```
命令：_dimlinear
指定第一条尺寸界线原点或 <选择对象>：（选择主视图中的分度圆上中心线）
指定第二条尺寸界线原点：（选择主视图中的分度圆下中心线）
指定尺寸线位置或[多行文字(M)/文字(T)/角度(A)/水平(H)/垂直(V)/旋转(R)]：T
输入标注文字 <213>：%%c213
```

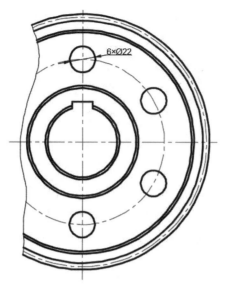

图 11-76　标注直径

⑤ 完成操作后，在图中显示的标注文字就变成了 φ 213。用相同的方法标注主视图中其他的直径尺寸，最终效果如图 11-77 所示。

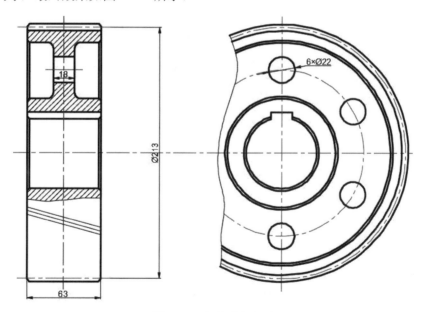

图 11-77　标注直径尺寸

2. 半尺寸标注

（1）设置半尺寸标注样式。

① 单击"默认"选项卡的"注释"面板中的"标注样式"按钮，弹出"标注样式管理器"对话框，单击"新建"按钮，创建新样式名为"齿轮标注（半尺寸）"，基础样式为"齿轮标注"，如图 11-78 所示。

图 11-78　"创建新标注样式"对话框

② 在"创建新标注样式"对话框中单击"继续"按钮，在弹出的"新建标注样式：齿轮标注（半尺寸）"对话框中选择"线"选项卡，设置如图 11-79 所示。同时将"齿轮标注（半尺寸）"样式设置为当前使用的标注样式。

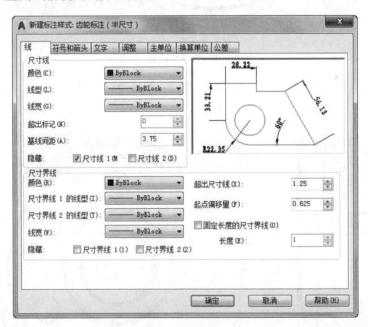

图 11-79　"新建标注样式：齿轮标注（半尺寸）"对话框

（2）标注半公差尺寸。

① 单击"默认"选项卡的"注释"面板中的"直径"按钮 ，选择左视图中半径为 70.5 的圆标注尺寸。使用线性标注对圆进行半尺寸标注，要通过修改标注文字来实现，单击"默认"选项卡的"注释"面板中的"线性"按钮 ，命令行提示与操作如下。

```
命令：_dimlinear
指定第一条尺寸界线原点或 <选择对象>：（选择主视图中的下方适当位置）
指定第二条尺寸界线原点：（选择主视图中的上方要标注尺寸的端点）
指定尺寸线位置或[多行文字(M)/文字(T)/角度(A)/水平(H)/垂直(V)/旋转(R)]：T
输入标注文字 <96>：%%c96
```

② 完成操作后，在图中显示的标注文字就变成了ϕ96。用相同的方法标注主视图中其他的直径尺寸，最终效果如图 11-80 所示。

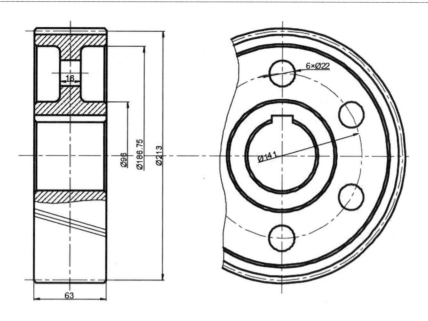

图 11-80 标注半尺寸

3. 带公差尺寸标注

（1）设置带公差标注样式。

① 单击"默认"选项卡的"注释"面板中的"标注样式"按钮 ⊯⊿，弹出"标注样式管理器"对话框，单击"新建"按钮，创建新样式名为"齿轮标注（带公差）"，基础样式为"齿轮标注"，如图 11-81 所示。

② 在"创建新标注样式"对话框中单击"继续"按钮，在弹出的"新建标注样式：齿轮标注（带公差）"对话框中选择"公差"选项卡，设置如图 11-82 所示。同时将"齿轮标注（带公差）"样式设置为当前使用的标注样式。

图 11-81 "创建新标注样式"对话框

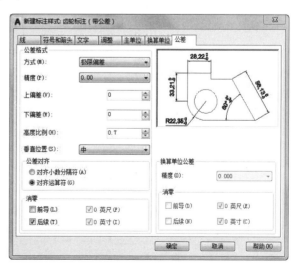

图 11-82 "新建标注样式：齿轮标注（带公差）"对话框

（2）标注带公差尺寸。单击"默认"选项卡的"注释"面板中的"线性"按钮，在主视图中标注齿顶圆尺寸，如图 11-83 所示。然后单击"默认"选项卡的"修改"面板中的"分解"按钮，分解带公差的尺寸标注。分解完成后，双击图 11-83 中标注的文字"218"，修改为"%%C218"。完成操作后，在图中显示的标注文字就变成了ϕ218。然后修改编辑极限偏差文字，最终效果如图 11-84 所示。标注图中其他的带公差尺寸效果如图 11-85 所示。

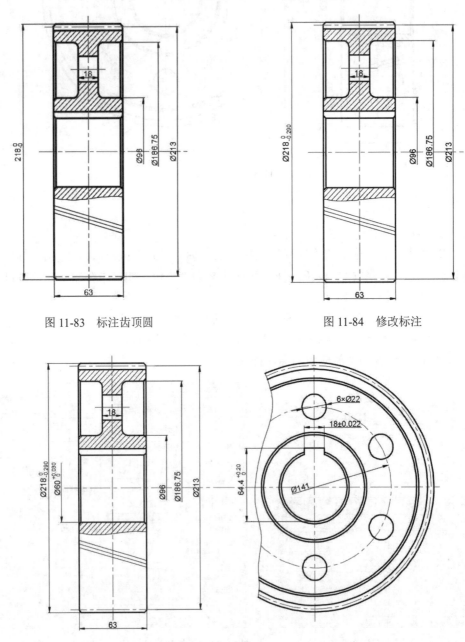

图 11-83　标注齿顶圆　　　　　　　　图 11-84　修改标注

图 11-85　标注带公差尺寸

✍ 技巧：

> 公差尺寸的分解需要使用两次"分解"命令，第一次分解尺寸线与公差文字；第二次分解公差文字中的主尺寸文字与极限偏差文字。只有这样才能单独利用"编辑文字"命令对公差文字进行编辑修改。

4. 形位公差标注

（1）基准符号。单击"默认"选项卡的"绘图"面板中的"矩形"按钮 □、"图案填充"按钮 ▣、"直线"按钮 ╱ 和"多行文字"按钮 Ａ，绘制基准符号，如图 11-86 所示。

✍ 技巧：

> 可以直接打开标注传动轴形位公差.dwg 文件，将图形中的基准符号复制到此文件中直接使用。也可以通过下一章的学习将基准符号创建成图块，这样方便使用，也能提高绘图效率。

（2）标注几何公差。单击"注释"选项卡的"标注"面板中的"公差"按钮 ⊞，系统打开"形位公差"对话框，选择对称度几何公差符号，输入公差值和基准面符号，如图 11-87 所示。然后单击"默认""标注"面板中的"多重引线"按钮 ⟋○，绘制相应引线，完成形位公差的标注。用相同的方法完成其他形位公差的标注，最终效果如图 11-70 所示。

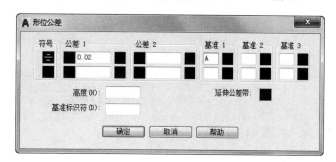

图 11-86　基准符号　　　　　　　图 11-87　"形位公差"对话框

11.7　模拟认证考试

1. 如果选择的比例因子为 2，则长度为 50 的直线将被标注为（　　）。
   A. 100　　　　　　　　　　　　　B. 50
   C. 25　　　　　　　　　　　　　 D. 询问，然后由设计者指定
2. 图和已标注的尺寸同时放大 2 倍，其结果是（　　）。
   A. 尺寸值是原尺寸的 2 倍　　　　 B. 尺寸值不变，字高是原尺寸的 2 倍
   C. 尺寸箭头是原尺寸的 2 倍　　　 D. 原尺寸保持不变
3. 将尺寸标注对象如尺寸线、尺寸界线、箭头和文字作为单一的对象，必须将（　　）变量设置为 ON。
   A. DIMON　　　　　　　　　　　 B. DIMASZ
   C. DIMASO　　　　　　　　　　　D. DIMEXO

4．尺寸公差中的上下偏差可以在线性标注的（　　）选项中堆叠起来。

    A．多行文字　　　　　　　　　　　　B．文字

    C．角度　　　　　　　　　　　　　　D．水平

5．不能作为多重引线线型类型的是（　　）。

    A．直线　　　　　　　　　　　　　　B．多段线

    C．样条曲线　　　　　　　　　　　　D．以上均可以

6．新建一个标注样式，此标注样式的基准标注为（　　）。

    A．ISO-25　　　　　　　　　　　　　B．当前标注样式

    C．应用最多的标注样式　　　　　　　D．命名最靠前的标注样式

7．标注如图 11-88 所示的图形。

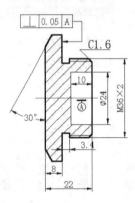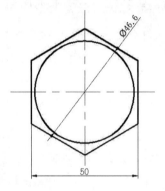

图 11-88

8．标注如图 11-89 所示的图形。

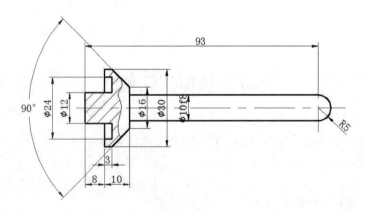

图 11-89

第 12 章　辅助绘图工具

内容简介

为了提高系统整体的图形设计效率，并有效地管理整个系统的所有图形设计文件，经过不断地探索和完善，AutoCAD 2019推出了大量的集成化绘图工具。利用设计中心和工具选项板用户可以建立自己的个性化图库，也可以利用其他用户提供的资源快速、准确地进行图形设计。

本章主要介绍查询工具、图块、设计中心、工具选项板等知识。

内容要点

- ↳ 对象查询
- ↳ 图块
- ↳ 图块属性
- ↳ 设计中心
- ↳ 工具选项板
- ↳ 模拟认证考试

案例效果

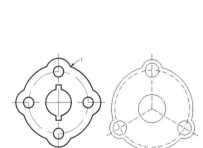
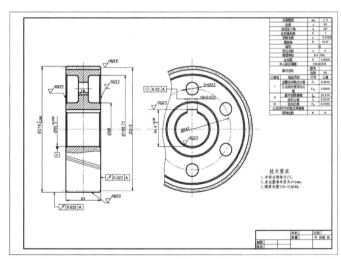

12.1　对　象　查　询

在绘制图形或阅读图形的过程中，有时需要即时查询图形对象的相关数据，例如，图形对象之间的距离、建筑平面图室内面积等。为了方便查询，AutoCAD 2019 提供了相关的查询命令。

12.1.1 查询距离

查询距离测量两点之间的距离和角度。

【执行方式】

- ⇨ 命令行：DIST。
- ⇨ 菜单栏：选择菜单栏中的"工具"→"查询"→"距离"命令。
- ⇨ 工具栏：单击"查询"工具栏中的"距离"按钮 。
- ⇨ 功能区：单击"默认"选项卡的"实用工具"面板中的"距离"按钮 。

扫一扫，看视频

动手学——查询垫片属性

调用素材： *初始文件\第 12 章\垫片.dwg*

源文件： *源文件\第 12 章\查询垫片属性.dwg*

在图 12-1 中通过查询垫片的属性来熟悉查询命令的用法。

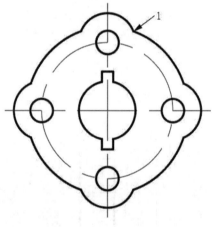

图 12-1　垫片零件图

【操作步骤】

（1）打开初始文件\第 12 章\垫片.dwg 文件，如图 12-1 所示。

（2）选择菜单栏中的"工具"→"查询"→"点坐标"命令，查询点 1 的坐标值。命令行提示与操作如下。

```
命令：'_id 指定点：X = 13.8748 Y = 40.7000 Z = 0.0000
```

要进行更多查询，重复以上步骤即可。

（3）单击"默认"选项卡的"实用工具"面板中的"距离"按钮 ，快速计算出任意指定的两点间的距离，命令行提示与操作如下。

```
命令：_MEASUREGEOM
```

输入选项 [距离(D)/半径(R)/角度(A)/面积(AR)/体积(V)] <距离>: _distance
指定第一个点:（见图12-1）
指定第二个点或 [多个点(M)]:（见图12-2）
距离 = 86.0000，XY 平面中的倾角 = 251，与 XY 平面的夹角 = 0
X 增量 = -27.7496，Y 增量 = -81.4000，Z 增量 = 0.0000
输入选项 [距离(D)/半径(R)/角度(A)/面积(AR)/体积(V)/退出(X)] <距离>:

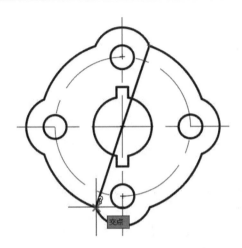

图 12-2　查询垫片两点间距离

（4）单击"默认"选项卡的"绘图"面板中的"面域"按钮▣，选取中间的轴孔创建面域。

（5）单击"默认"选项卡的"实用工具"面板中的"面积"按钮▷，计算一系列指定点之间的面积和周长，命令行提示与操作如下。

命令：MEASUREGEOM
输入选项 [距离(D)/半径(R)/角度(A)/面积(AR)/体积(V)] <距离>: _area
指定第一个角点或 [对象(O)/增加面积(A)/减少面积(S)/退出(X)] <对象(O)>:o
选择对象:选取上步创建的面域
区域 = 768.0657，修剪的区域 = 0.0000 ，周长 = 115.3786

✍ 技巧：

图形查询功能主要是通过一些查询命令来完成的，这些命令在"查询"工具栏中大多都可以找到。通过查询工具，可以查询点的坐标、距离、面积、面域和质量特性。

【选项说明】

查询结果的各个选项的说明如下。

（1）距离：两点之间的三维距离。

（2）XY 平面中的倾角：两点之间连线在 XY 平面上的投影与 X 轴的夹角。

（3）与 XY 平面的夹角：两点之间连线与 XY 平面的夹角。

（4）X 增量：第二点 X 坐标相对于第一点 X 坐标的增量。

（5）Y 增量：第二点 Y 坐标相对于第一点 Y 坐标的增量。

（6）Z 增量：第二点 Z 坐标相对于第一点 Z 坐标的增量。

12.1.2 查询对象状态

查询对象状态显示图形的统计信息、模式和范围。

【执行方式】

➥ 命令行：STATUS。

➥ 菜单栏：选择菜单栏中的"工具"→"查询"→"状态"命令。

【操作步骤】

执行上述命令后，系统自动切换到文本显示窗口，显示当前所有文件的状态，包括文件中的各种参数状态以及文件所在磁盘的使用状态，如图 12-3 所示。

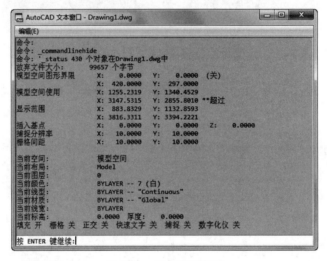

图 12-3 文本显示窗口

列表显示、点坐标、时间、系统变量等查询工具与查询对象状态的方法和功能相似，这里不再赘述。

动手练——查询法兰盘属性

查询如图 12-4 所示法兰盘的属性。

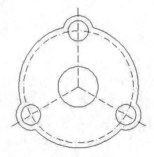

图 12-4 法兰盘

📋 思路点拨：

（1）用"距离"命令查询法兰盘中任意两点之间的距离。
（2）用"面积"命令查询三个小圆圆心所围成的面积。

12.2 图　　块

图块又称块，它是由一组图形对象组成的集合，一组对象一旦被定义为图块，它们将成为一个整体，选中图块中任意一个图形对象即可选中构成图块的所有对象。AutoCAD 2019 把一个图块作为一个对象进行编辑修改等操作，用户可根据绘图需要把图块插入到图中指定的位置，在插入时还可以指定不同的缩放比例和旋转角度。如果需要对组成图块的单个图形对象进行修改，还可以利用"分解"命令把图块炸开，分解成若干个对象。图块还可以重新定义，一旦被重新定义，整个图中基于该块的对象都将随之改变。

12.2.1 定义图块

将图形创建一个整体形成块，方便在作图时插入同样的图形，不过这个块只相对于这个图纸，其他图纸不能插入此块。

【执行方式】

- ↳ 命令行：BLOCK（快捷命令：B）。
- ↳ 菜单栏：选择菜单栏中的"绘图"→"块"→"创建"命令。
- ↳ 工具栏：单击"绘图"工具栏中的"创建块"按钮 。
- ↳ 功能区：单击"默认"选项卡的"块"面板中的"创建"按钮 或单击"插入"选项卡的"块定义"面板中的"创建块"按钮 。

动手学——创建轴号图块

源文件：源文件\第 12 章\创建轴号图块.dwg

扫一扫，看视频

本实例绘制的轴号图块如图 12-5 所示。本实例应用二维绘图及文字命令绘制轴号，利用创建块命令将其创建为图块。

【操作步骤】

1. 绘制轴号

（1）单击"默认"选项卡的"绘图"面板中的"圆"按钮 ，绘制一个直径为 900 的圆，结果如图 12-6 所示。

（2）单击"默认"选项卡的"注释"面板中的"多行文字"按钮 A，在圆内输入轴号字样，字高为 250。

图 12-5　轴号图块　　　　　　　　　　图 12-6　绘制轴号

2. 保存图块

单击"默认"选项卡的"块"面板中的"创建"按钮，打开"块定义"对话框，如图 12-7 所示。单击"拾取点"按钮，拾取轴号的圆心为基点，单击"选择对象"按钮，拾取下面图形为对象，输入图块名称"轴号"，单击"确定"按钮，保存图块。

图 12-7　"块定义"对话框

【选项说明】

（1）"基点"选项组：确定图块的基点，默认值是（0,0,0），也可以在下面的 X、Y、Z 文本框中输入块的基点坐标值。单击"拾取点"按钮，系统临时切换到绘图区，在绘图区中选择一点后，返回"块定义"对话框中，把选择的点作为图块的放置基点。

（2）"对象"选项组：用于选择制作图块的对象，以及设置图块对象的相关属性。如图 12-8 所示，把图 12-8（a）中的正五边形定义为图块，图 12-8（b）为选中"删除"单选按钮的结果，图 12-8（c）为选中"保留"单选按钮的结果。

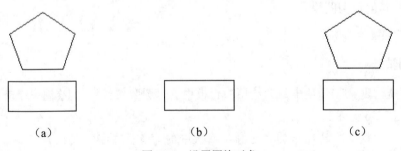

（a）　　　　　　　　　　（b）　　　　　　　　　　（c）

图 12-8　设置图块对象

（3）"设置"选项组：指定从 AutoCAD 2019 设计中心拖动图块时用于测量图块的单位，以及缩放、分解和超链接等设置。

（4）"在块编辑器中打开"复选框：选中该复选框，可以在块编辑器中定义动态块，后面将详细介绍。

（5）"方式"选项组：指定块的行为。"注释性"复选框指定在图纸空间中块参照的方向与布局方向匹配；"按统一比例缩放"复选框指定是否阻止块参照不按统一比例缩放；"允许分解"复选框指定块参照是否可以被分解。

12.2.2　图块的存盘

利用 BLOCK 命令定义的图块保存在其所属的图形当中，该图块只能在该图形中插入，而不能插入到其他的图形中。但是有些图块在许多图形中要经常用到，这时可以用 WBLOCK 命令把图块以图形文件的形式（后缀为.dwg）写入磁盘。图形文件可以在任意图形中用 INSERT 命令插入。

【执行方式】

➥　命令行：WBLOCK（快捷命令：W）。
➥　功能区：单击"插入"选项卡的"块定义"面板中的"写块"按钮。

动手学——写轴号图块

源文件：源文件\第 12 章\写轴号图块.dwg

本实例绘制的轴号图块如图 12-9 所示。本实例应用二维绘图及文字命令绘制轴号，利用写块命令将其定义为图块。

【操作步骤】

1．绘制轴号

（1）单击"默认"选项卡的"绘图"面板中的"圆"按钮⊙，绘制一个直径为 900 的圆，结果如图 12-10 所示。

（2）单击"默认"选项卡的"注释"面板中的"多行文字"按钮 **A**，在圆内输入轴号字样，字高为 250。

图 12-9　轴号图块

图 12-10　绘制轴号

2．保存图块

单击"插入"选项卡的"块定义"面板中的"写块"按钮，打开"写块"对话框，如图 12-11 所示。单击"拾取点"按钮 ，拾取轴号的圆心为基点，单击"选择对象"按钮 ，拾取下面图形为对象，输入图块名称"轴号"并指定路径，单击"确定"按钮，保存图块。

图 12-11 "写块"对话框

【选项说明】

（1）"源"选项组：确定要保存为图形文件的图块或图形对象。选中"块"单选按钮，单击右侧的下拉列表框，在其展开的列表中选择一个图块，将其保存为图形文件；选中"整个图形"单选按钮，则把当前的整个图形保存为图形文件；选中"对象"单选按钮，则把不属于图块的图形对象保存为图形文件。对象的选择通过"对象"选项组来完成。

（2）"基点"选项组：用于选择图形。

（3）"目标"选项组：用于指定图形文件的名称、保存路径和插入单位。

☞**教你一招：**

> 创建图块与写块的区别。
>
> 创建图块是内部图块，在一个文件内定义的图块，可以在该文件内部自由作用，内部图块一旦被定义，它就和文件同时被存储和打开。写块是外部图块，将"块"以主文件的形式写入磁盘，其他图形文件也可以使用它，注意这是外部图块和内部图块的一个重要区别。

12.2.3 图块的插入

在 AutoCAD 2019 绘图的过程中，可根据需要随时把已经定义好的图块或图形文件插入到当前图形的任意位置，在插入的同时还可以改变图块的大小、旋转一定角度或把图块炸开等。插入图块的方法有多种，本节将逐一进行介绍。

【执行方式】

❧　命令行：INSERT（快捷命令：I）。

❧　菜单栏：选择菜单栏中的"插入"→"块"命令。

❧　工具栏：单击"插入"工具栏中的"插入块"按钮或单击"绘图"工具栏中的"插入块"按钮。

❧　功能区：单击"默认"选项卡的"块"面板中的"插入"按钮或单击"插入"选项卡的"块"面板中的"插入"按钮。

动手学——完成斜齿轮标注

调用素材：*初始文件\第 12 章\标注斜齿轮.dwg*

源文件：*源文件\第 12 章\完成斜齿轮零件图.dwg*

完成如图 12-12 所示的斜齿轮标注。

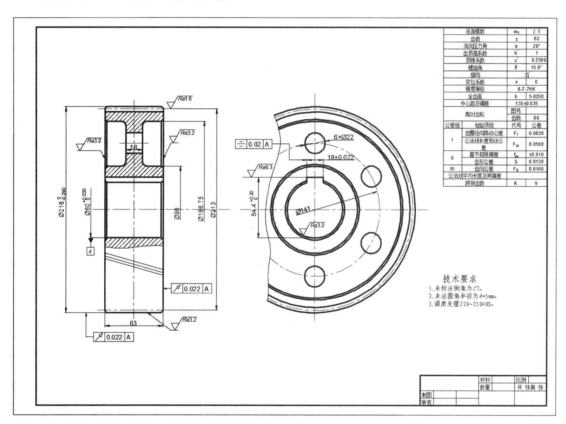

图 12-12　斜齿轮零件图

【操作步骤】

打开初始文件\第 12 章\标注斜齿轮.dwg 文件，如图 12-13 所示。

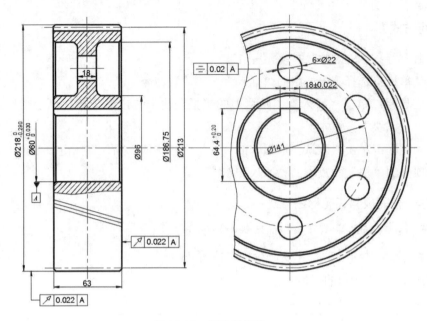

图 12-13　标注斜齿轮

1. 标注表面结构符号

（1）单击"默认"选项卡的"绘图"面板中的"直线"按钮，绘制表面结构符号，如图 12-14 所示。

（2）在命令行中输入 WBLOCK 后按 Enter 键，打开"写块"对话框，单击"选择对象"按钮，回到绘图窗口，拖动鼠标指针选择绘制的表面结构符号，按 Enter 键，回到"写块"对话框，在"名称"文本框中添加"表面结构符号"，选取基点，其他选项为默认设置，如图 12-15 所示。单击"确定"按钮，完成创建图块的操作。在以后使用表面结构符号时，可以直接以块的形式插入目标文件中。

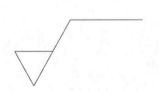

图 12-14　绘制表面结构符号

图 12-15　"写块"对话框

（3）单击"默认"选项卡的"块"面板中的"插入"按钮📭，系统弹出"插入"对话框，如图 12-16 所示。单击"浏览"按钮，选择"表面结构符号.dwg"，然后单击"打开"按钮。在"插入"对话框中，缩放比例和旋转使用默认设置。单击"确定"按钮，将表面结构符号插入到图中合适位置，然后单击"默认"选项卡的"注释"面板中的"多行文字"按钮 **A**，标注表面结构符号，最终效果如图 12-17 所示。

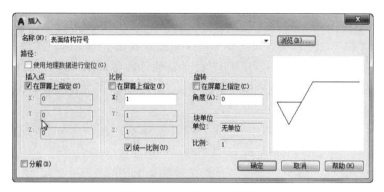

图 12-16　"插入"对话框

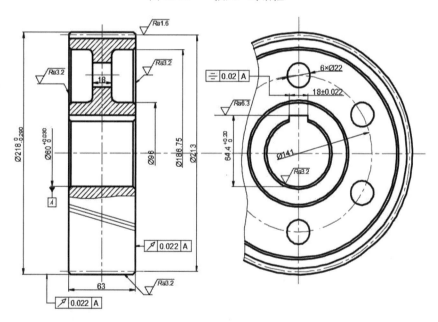

图 12-17　标注表面结构

（4）添加参数表。将第 10.4.2 节绘制的斜齿轮参数表复制粘贴到图幅的右上角。

（5）标注技术要求。将第 10.2.2 节绘制的技术要求复制粘贴到图中适当位置。

2．插入标题栏

单击"默认"选项卡的"块"面板中的"插入"按钮📭，将标题栏插入到图中合适位置，然后单击"默认"选项卡的"注释"面板中的"多行文字"按钮 **A**，填写相应的内容。至此，斜齿轮零件图绘制完毕，最终效果如图 12-12 所示。

【选项说明】

（1）"路径"显示框：显示图块的保存路径。

（2）"插入点"选项组：指定插入点，插入图块时该点与图块的基点重合。可以在绘图区指定该点，也可以在下面的文本框中输入坐标值。

（3）"比例"选项组：确定插入图块时的缩放比例。图块被插入到当前图形中时，可以以任意比例放大或缩小。图 12-18（a）是被插入的图块，图 12-18（b）为按比例系数 1.5 插入该图块的结果，图 12-18（c）为按比例系数 0.5 插入该图块的结果。X 轴方向和 Y 轴方向的比例系数也可以取不同，如图 12-18（d）所示，插入的图块 X 轴方向的比例系数为 1，Y 轴方向的比例系数为 1.5。另外，比例系数还可以是一个负数，当为负数时，表示插入图块的镜像，其效果如图 12-19 所示。

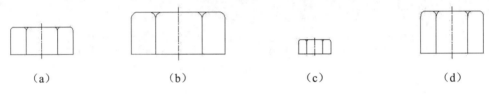

（a）　　　　　　（b）　　　　　　（c）　　　　　　（d）

图 12-18　取不同比例系数插入图块的效果

X 比例=1，Y 比例=1　　X 比例=-1，Y 比例=1　　X 比例=1，Y 比例=-1　　X 比例=-1，Y 比例=-1

图 12-19　取比例系数为负值插入图块的效果

（4）"旋转"选项组：指定插入图块时的旋转角度。图块被插入到当前图形中时，可以绕其基点旋转一定的角度，角度可以是正数（表示沿逆时针方向旋转），也可以是负数（表示沿顺时针方向旋转），如图 12-20（a）所示。图 12-20（b）为图块旋转 30° 后插入的效果，图 12-20（c）为图块旋转-30° 后插入的效果。

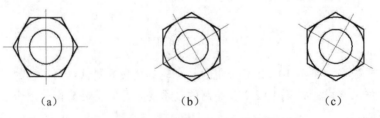

（a）　　　　　　　（b）　　　　　　　（c）

图 12-20　以不同旋转角度插入图块的效果

如果选中"在屏幕上指定"复选框，系统切换到绘图区，在绘图区选择一点，AutoCAD 2019 自动测量插入点与该点连线和 X 轴正方向之间的夹角，并把它作为块的旋转角。也可以在"角度"文本框中直接输入插入图块时的旋转角度。

（5）"分解"复选框：选中该复选框，则在插入块的同时把其炸开，插入到图形中的组成块对象不再是一个整体，可对每个对象单独进行编辑操作。

动手练——标注表面结构符号

标注如图 12-21 所示阀盖零件的表面粗糙度。

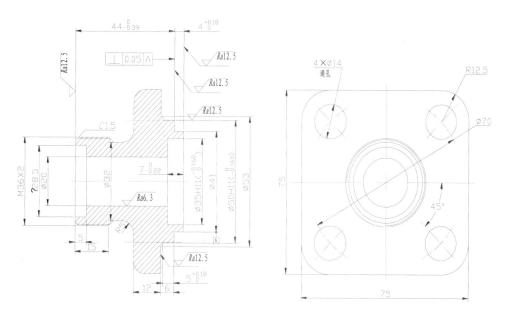

图 12-21　标注阀盖的表面粗糙度

📋 **思路点拨：**

（1）用"直线"命令绘制表面结构符号。
（2）用"写块"命令创建表面结构图块。
（3）用"插入块"命令插入表面结构图块。
（4）用"多行文字"命令输入表面结构数值。

12.3　图 块 属 性

图块除了包含图形对象以外，还可以具有非图形信息，例如把一个椅子的图形定义为图块后，还可以把椅子的号码、材料、重量、价格以及说明等文本信息一并加入到图块当中。图块的这些非图形信息叫作图块的属性，它是图块的一个组成部分，与图形对象一起构成一个整体。在插入图块时，AutoCAD 2019 把图形对象连同属性一起插入到图形中。

12.3.1　定义图块属性

定义图块属性是将数据附着到块上的标签或标记，此属性中可能包含的数据包括零件编号、价格、注释和物主的名称等。

【执行方式】

- ➥ 命令行：ATTDEF（快捷命令：ATT）。
- ➥ 菜单栏：选择菜单栏中的"绘图"→"块"→"定义属性"命令。
- ➥ 功能区：单击"默认"选项卡的"块"面板中的"定义属性"按钮或单击"插入"选项卡的"块定义"面板中的"定义属性"按钮。

动手学——定义轴号图块属性

源文件：源文件\第 12 章\定义轴号图块属性.dwg

【操作步骤】

（1）单击"默认"选项卡的"绘图"面板中的"构造线"按钮，绘制一条水平构造线和一条竖直构造线，组成"十"字构造线，如图 12-22 所示。

（2）单击"默认"选项卡的"修改"面板中的"偏移"按钮，将水平构造线连续分别向上偏移，偏移后相邻直线间的距离分别为 1200、3600、1800、2100、1900、1500、1100、1600 和 1200，得到水平方向的辅助线；将竖直构造线连续分别向右偏移，偏移后相邻直线间的距离分别为 900、1300、3600、600、900、3600、3300 和 600，得到竖直方向的辅助线。

（3）单击"默认"选项卡的"绘图"面板中的"矩形"按钮和"修改"面板中的"修剪"按钮，将轴线修剪，如图 12-23 所示。

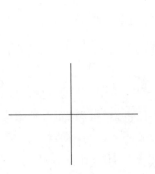

图 12-22　绘制"十"字构造线

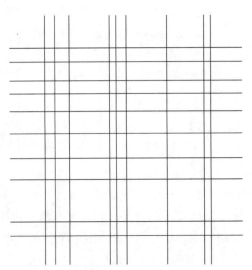

图 12-23　绘制轴线网

（4）单击"默认"选项卡的"绘图"面板中的"圆"按钮⊙，在适当位置绘制一个半径为 450 的圆，如图 12-24 所示。

（5）单击"默认"选项卡的"块"面板中的"定义属性"按钮✎，打开"属性定义"对话框，如图 12-25 所示。单击"确定"按钮，在圆心位置输入一个块的属性值。

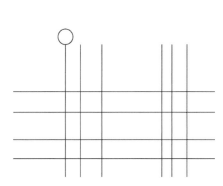

图 12-24　绘制圆

图 12-25　块属性定义

【选项说明】

（1）"模式"选项组。

该选项组用于确定属性的模式。

① "不可见"复选框：选中该复选框，属性为不可见显示方式，即插入图块并输入属性值后，属性值在图中并不显示出来。

② "固定"复选框：选中该复选框，属性值为常量，即属性值在属性定义时给定，在插入图块时系统不再提示输入属性值。

③ "验证"复选框：选中该复选框，当插入图块时，系统重新显示属性值，提示用户验证该值是否正确。

④ "预设"复选框：选中该复选框，当插入图块时，系统自动把事先设置好的默认值赋予属性，而不再提示输入属性值。

⑤ "锁定位置"复选框：锁定块参照中属性的位置。解锁后，属性可以相对于使用夹点编辑块的其他部分移动，并且可以调整多行文字属性的大小。

⑥ "多行"复选框：选中该复选框，可以指定属性值包含多行文字，可以指定属性的边界宽度。

（2）"属性"选项组。

该选项组用于设置属性值。在每个文本框中，AutoCAD 2019 允许输入不超过 256 个字符。

① "标记"文本框：输入属性标签。属性标签可由除空格和感叹号以外的所有字符组

成，系统自动把小写字母改为大写字母。

② "提示"文本框：输入属性提示。属性提示是插入图块时系统要求输入属性值的提示，如果不在此文本框中输入文字，则以属性标签作为提示。如果在"模式"选项组中选中"固定"复选框，即设置属性为常量，则不需设置属性提示。

③ "默认"文本框：设置默认的属性值。可把使用次数较多的属性值作为默认值，也可不设默认值。

（3）"插入点"选项组。用于确定属性文本的位置。可以在插入时由用户在图形中确定属性文本的位置，也可以在 X、Y、Z 文本框中直接输入属性文本的位置坐标。

（4）"文字设置"选项组。用于设置属性文本的对齐方式、文本样式、字高和倾斜角度。

（5）"在上一个属性定义下对齐"复选框。选中该复选框表示把属性标签直接放在前一个属性的下面，而且该属性继承前一个属性的文本样式、字高和倾斜角度等特性。

12.3.2　修改属性的定义

在定义图块之前，可以对属性的定义加以修改，不仅可以修改属性标签，还可以修改属性提示和属性默认值。

【执行方式】

- ➘　命令行：TEXTEDIT。
- ➘　菜单栏：选择菜单栏中的"修改"→"对象"→"文字"→"编辑"命令。

【操作步骤】

```
命令：TEXTEDIT✓
当前设置：编辑模式 = Multiple
选择注释对象或 [放弃(U)/模式(M)]：
```

选择定义的图块，打开"编辑属性定义"对话框，如图 12-26 所示。

图 12-26　"编辑属性定义"对话框

【选项说明】

该对话框表示要修改属性的"标记""提示"及"默认"，可在各文本框中对各项进行修改。

12.3.3　图块属性编辑

当属性被定义到图块当中，甚至图块被插入到图形当中之后，用户还可以对图块属性进行编辑。利用 ATTEDIT 命令可以通过对话框对指定图块的属性值进行修改，利用 ATTEDIT 命令不仅可以修改属性值，而且可以对属性的位置、文本等其他设置进行编辑。

【执行方式】

- ➥　命令行：ATTEDIT（快捷命令：ATE）。
- ➥　菜单栏：选择菜单栏中的"修改"→"对象"→"属性"→"单个"命令。
- ➥　工具栏：单击"修改 II"工具栏中的"编辑属性"按钮 ✍。
- ➥　功能区：单击"默认"选项卡的"块"面板中的"编辑属性"按钮 ✍。

动手学——编辑轴号图块属性并标注

调用素材：*初始文件\第 12 章\定义轴号图块属性.dwg*

源文件：*源文件\第 12 章\编辑轴号图块属性并标注.dwg*

标注如图 12-27 所示的轴号。

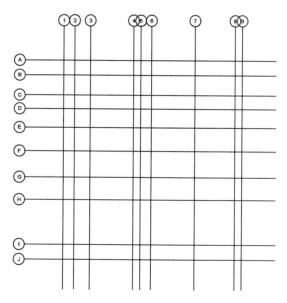

图 12-27　标注轴号

【操作步骤】

（1）单击"默认"选项卡的"块"面板中的"创建块"按钮 ⛶，打开"块定义"对话框，如图 12-28 所示。在"名称"文本框中写入"轴号"，指定圆心为基点；选择整个圆和刚才的"轴号"标记为对象，如图 12-29 所示。单击"确定"按钮，打开如图 12-30 所示的"编辑属性"对话框，输入轴号为"1"，单击"确定"按钮，轴号效果图如图 12-31 所示。

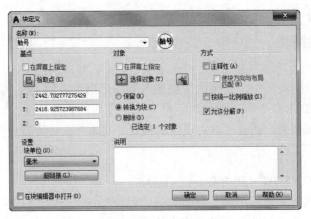

图 12-28 "块定义"对话框

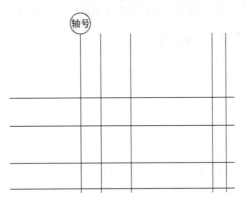

图 12-29 在圆心位置写入属性值

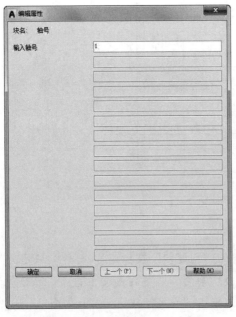

图 12-30 "编辑属性"对话框

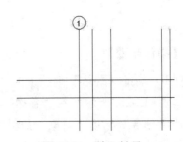

图 12-31 输入轴号

（2）单击"默认"选项卡的"块"面板中的"插入块"按钮，打开如图 12-32 所示的"插入"对话框，将轴号图块插入到轴线上，打开"编辑属性"对话框修改图块属性，效果如图 12-27 所示。

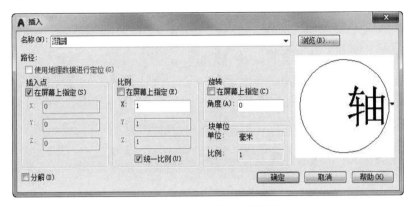

图 12-32 "插入"对话框

【选项说明】

对话框中显示出所选图块中包含的前 8 个属性的值，用户可对这些属性值进行修改。如果该图块中还有其他的属性，可单击"上一个"按钮和"下一个"按钮对它们进行观察和修改。

当用户通过菜单栏或工具栏执行上述命令时，系统打开"增强属性编辑器"对话框，如图 12-33 所示。该对话框不仅可以编辑属性值，还可以编辑属性的文字选项和图层、线型、颜色等特性值。

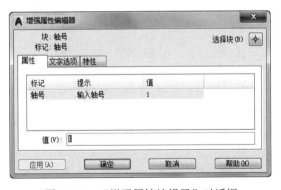

图 12-33 "增强属性编辑器"对话框

另外，还可以通过"块属性管理器"对话框来编辑属性。单击"默认"选项卡的"块"面板中的"块属性管理器"按钮，系统打开"块属性管理器"对话框，如图 12-34 所示。单击"编辑"按钮，系统打开"编辑属性"对话框，如图 12-35 所示，可以通过该对话框编辑图块属性。

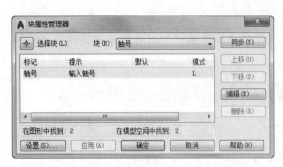

图 12-34　"块属性管理器"对话框

图 12-35　"编辑属性"对话框

动手练——标注带属性的表面结构符号

标注如图 12-36 所示阀盖零件的表面结构符号。

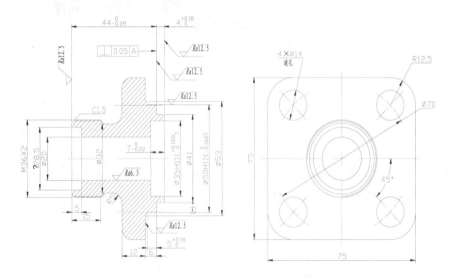

图 12-36　标注阀盖表面结构符号

思路点拨：

（1）用"直线"命令绘制表面结构符号。

（2）用"定义属性"命令和"写块"命令创建表面结构符号图块。

（3）用"插入块"命令插入表面结构图块并输入属性值。

12.4　设 计 中 心

使用 AutoCAD 2019 设计中心可以很容易地组织设计内容，并把它们拖动到自己的图形中。可以使用 AutoCAD 2019 设计中心窗口的内容显示框，观察用 AutoCAD 2019 设计中心资源管理器所浏览资源的细目。

【执行方式】

- 命令行：ADCENTER（快捷命令：ADC）。
- 菜单栏：选择菜单栏中的"工具"→"选项板"→"设计中心"命令。
- 工具栏：单击标准工具栏中的"设计中心"按钮📖。
- 功能区：单击"视图"选项卡的"选项板"面板中的"设计中心"按钮📖。
- 快捷键：Ctrl+2。

【操作步骤】

执行上述操作后，系统打开"设计中心"选项板。第一次启动设计中心时，默认打开的选项卡为"文件夹"选项卡。内容显示区采用大图标显示，左边的资源管理器显示系统的树形结构，浏览资源的同时，在内容显示区显示所浏览资源的有关细目或内容，如图 12-37 所示。

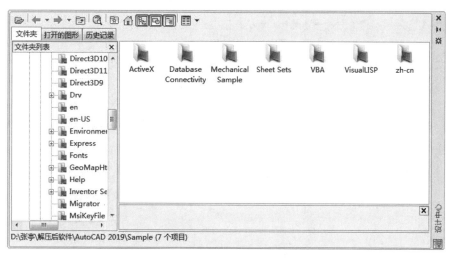

图 12-37　"设计中心"选项板

在该区域中，左侧方框为 AutoCAD 2019 设计中心的资源管理器，右侧方框为 AutoCAD 2019 设计中心的内容显示框。其中，上面窗口为文件显示框，中间窗口为图形预览显示框，下面窗口为说明文本显示框。

【选项说明】

可以利用鼠标拖动边框的方法来改变 AutoCAD 2019 设计中心资源管理器和内容显示区以及 AutoCAD 2019 绘图区的大小，但内容显示区的最小尺寸应能显示两列大图标。

如果要改变 AutoCAD 2019 设计中心的位置，可以按住鼠标左键拖动，松开鼠标左键后，AutoCAD 2019 设计中心便处于当前位置，到新位置后，仍可用鼠标改变各窗口的大小。也可以通过设计中心边框左上方的"自动隐藏"按钮来自动隐藏设计中心。

☞教你一招：

利用设计中心插入图块。

在利用 AutoCAD 2019 绘制图形时，可以将图块插入到图形当中。将一个图块插入到图形中时，块定义就被复制到图形数据库当中。在一个图块被插入图形之后，如果原来的图块被修改，则插入到图形当中的图块也随之改变。

当其他命令正在执行时，不能插入图块到图形当中。例如，如果在插入块时，在提示行正在执行一个命令，此时光标变成一个带斜线的圆，提示操作无效。另外，一次只能插入一个图块。

AutoCAD 2019 设计中心提供了两种插入图块的方法："利用鼠标指定比例和旋转方式"与"精确指定坐标、比例和旋转角度方式"。

（1）利用鼠标指定比例和旋转方式插入图块

系统根据光标拉出的线段长度、角度确定比例与旋转角度，插入图块的步骤如下。

① 从文件夹列表或查找结果列表中选择要插入的图块，按住鼠标左键，将其拖动到打开的图形中。松开鼠标左键，此时选择的对象被插入到当前被打开的图形当中。利用当前设置的捕捉方式，可以将对象插入到存在的任何图形当中。

② 在绘图区单击，指定一点作为插入点，移动鼠标，光标位置点与插入点之间距离为缩放比例，单击确定比例。采用同样的方法移动鼠标，光标指定位置和插入点的连线与水平线的夹角为旋转角度。被选择的对象就根据光标指定的比例和角度插入到图形当中。

（2）精确指定坐标、比例和旋转角度方式插入图块

利用该方法可以设置插入图块的参数，插入图块的步骤如下。

① 从文件夹列表或查找结果列表框中选择要插入的对象，拖动对象到打开的图形中。

② 右击，可以选择快捷菜单中的"比例""旋转"等命令，如图 12-38 所示。

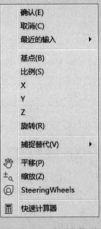

图 12-38　快捷菜单

③ 在相应的命令行提示下输入比例和旋转角度等数值。被选择的对象根据指定的参数插入到图形当中。

12.5　工具选项板

工具选项板中的选项卡提供了组织、共享和放置块及填充图案的有效方法。工具选项板

还可以包含由第三方开发人员提供的自定义工具。

12.5.1 打开工具选项板

可在工具选项板中整理块、图案填充和自定义工具。

【执行方式】

⬎ 命令行：TOOLPALETTES（快捷命令：TP）。

⬎ 菜单栏：选择菜单栏中的"工具"→"选项板"→"工具选项板"命令。

⬎ 工具栏：单击标准工具栏中的"工具选项板窗口"按钮 ▦。

⬎ 功能区：单击"视图"选项卡的"选项板"面板中的"工具选项板"按钮 ▦。

⬎ 快捷键：Ctrl+3。

【操作步骤】

执行上述操作后，系统会自动打开工具选项板，如图 12-39 所示。

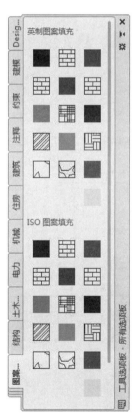

图 12-39　工具选项板

在工具选项板中，系统设置了一些常用图形选项卡，这些常用图形可以方便用户绘图。

12.5.2　新建工具选项板

用户可以创建新的工具选项板，这样既有利于个性化绘制图，又能够满足特殊绘制图的需要。

【执行方式】

- ➡ 命令行：CUSTOMIZE。
- ↘ 菜单栏：选择菜单栏中的"工具"→"自定义"→"工具选项板"命令。
- ➡ 快捷菜单：在快捷菜单中选择"自定义"命令。

动手学——新建工具选项板

【操作步骤】

（1）选择菜单栏中的"工具"→"自定义"→"工具选项板"命令，系统打开"自定义"对话框，如图 12-40 所示。在"选项板"列表框中右击，在弹出的快捷菜单中选择"新建选项板"命令。

（2）在"选项板"列表框中出现一个"新建选项板"，可以为其命名，确定后，工具选项板中就增加了一个新的选项卡，如图 12-41 所示。

图 12-40　"自定义"对话框

图 12-41　新建选项卡

动手学——从设计中心创建选项板

将图形、块和图案填充从设计中心拖动到工具选项板中。

【操作步骤】

（1）单击"视图"选项卡的"选项板"面板中的"设计中心"按钮▥，打开"设计中心"选项板。

（2）在 DesignCenter 文件夹上右击，在弹出的快捷菜单中选择"创建块的工具选项板"命令，如图 12-42 所示。设计中心中存储的图元就出现在工具选项板中新建的 DesignCenter 选项卡中，如图 12-43 所示。

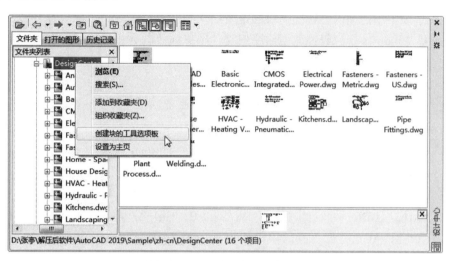

图 12-42　"设计中心"选项板

图 12-43　新创建的工具选项板

这样就可以将设计中心与工具选项板结合起来，建立一个快捷、方便的工具选项板。将工具选项板中的图形拖动到另一个图形中时，图形将作为块插入。

12.6 模拟认证考试

1. 下列选项中不能插入创建好的块的是（　　　）。

 A. 从 Windows 资源管理器中将图形文件图标拖放到 AutoCAD 绘图区域插入块

 B. 从设计中心插入块

 C. 用"粘贴"命令（pasteclip）插入块

 D. 用"插入"命令（insert）插入块

2. 将不可见的属性修改为可见的命令的是（　　　）。

 A. eattedit   B. battman

 C. attedit   D. ddedit

3. 在 AutoCAD 中，下列两种操作均可以打开设计中心的是（　　　）。

 A. Ctrl+3，ADC   B. Ctrl+2，ADC

 C. Ctrl+3，AGC   D. Ctrl+2，AGC

4. 在设计中心里，单击"收藏夹"，则会（　　　）。

 A. 出现搜索界面   B. 定位到 home 文件夹

 C. 定位到 DesignCenter 文件夹   D. 定位到 autodesk 文件夹

5. 属性定义框中"提示"栏的作用是（　　　）。

 A. 提示输入属性值插入点   B. 提示输入新的属性值

 C. 提示输入属性值所在图层   D. 提示输入新的属性值的字高

6. 图形无法通过设计中心更改的是（　　　）。

 A. 大小   B. 名称

 C. 位置   D. 外观

7. 下列不能用块属性管理器进行修改的是（　　　）。

 A. 属性文字如何显示

 B. 属性的个数

 C. 属性所在的图层和属性行的颜色、宽度及类型

 D. 属性的可见性

8. 在属性定义框中，（　　　）选框不设置，将无法定义块属性。

 A. 固定   B. 标记

 C. 提示   D. 默认

9. 用 BLOCK 命令定义的内部图块，说法正确的是（　　　）。

 A. 只能在定义它的图形文件内自由调用

B．只能在另一个图形文件内自由调用

C．既能在定义它的图形文件内自由调用，又能在另一个图形文件内自由调用

D．两者都不能用

10．带属性的块经分解后，属性显示为（　　）。

　　A．属性值　　　　　　　　　　　　B．标记

　　C．提示　　　　　　　　　　　　　D．不显示

11．绘制如图 12-44 所示的图形。

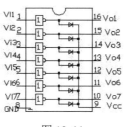

图 12-44

第 13 章　外部参照与光栅图像

内容简介

在设计绘图过程中，经常会遇到一些重复出现的图形（如机械设计中的螺钉、螺帽，建筑设计中的桌椅、门窗等），如果每次都重新绘制这些图形，不仅造成大量的重复工作，而且存储这些图形及其信息要占据相当大的磁盘空间。AutoCAD 2019 提供了图块和外部参照来解决这些问题。

本章主要介绍外部参照、光栅图像等知识。

内容要点

➡ 外部参照
➡ 外部参照和在位编辑
➡ 光栅图像
➡ 模拟认证考试

案例效果

13.1　外　部　参　照

外部参照"XREF"是把已有的其他图形文件链接到当前图形文件中。它与插入"外部块"的区别在于，插入"外部块"是将块的图形数据全部插入到当前图形中，而外部参照只记录参照图形位置等链接信息，并不插入该参照图形的图形数据。

13.1.1　外部参照附着

利用外部参照的第一步是要将外部参照附着到宿主图形上，下面讲述其具体的操作方法。

【执行方式】

- ➘　命令行：XATTACH（或 XA）。
- ➘　菜单栏：选择菜单栏中的"插入"→"DWG 参照"命令。
- ➘　工具栏：单击"参照"工具栏中的"附着外部参照"按钮 。

动手学——创建花园

调用素材：*初始文件\第 13 章\花草.dwg*

源文件：*源文件\第 13 章\创建花园.dwg*

创建如图 13-1 所示的花园。

图 13-1　创建花园

【操作步骤】

（1）单击"参照"工具栏中的"附着外部参照"按钮 ，打开"选择参照文件"对话框，如图 13-2 所示。从中选择欲参照的图形文件"花草"，单击"打开"按钮，打开"附着外部参照"对话框，如图 13-3 所示，在"参照类型"选项组中选中"附着型"单选按钮，比例统一为 1，单击"确定"按钮后，将"花草"插入到当前图形中的适当位置，如图 13-4 所示。

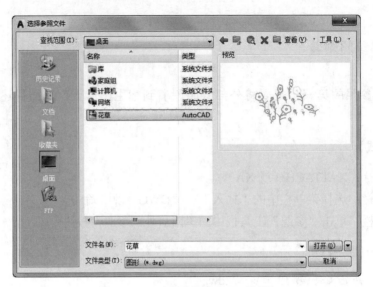

图 13-2 "选择参照文件"对话框

图 13-3 "附着外部参照"对话框

图 13-4 插入第一束花草

（2）重复"附着"命令，在"附着外部参照"对话框中取消勾选"统一比例"复选框，输入 Y 比例值为 2，其他采用默认设置，插入第二束花草，如图 13-5 所示。

图 13-5　插入第二束花草

（3）采用相同的方法插入不同比例的花草，形成花园，效果如图 13-1 所示。

【选项说明】

（1）"参照类型"选项组。

① "附着型"单选按钮：若选中该单选按钮，则外部参照是可以嵌套的。

② "覆盖型"单选按钮：若选中该单选按钮，则外部参照不会嵌套。

举个简单的例子，如图 13-6 所示，假设图形 B 附加于图形 A，图形 A 又附加或覆盖于图形 C。如果选择了"附着型"，则 B 图会嵌套到 C 图中。而选择了"覆盖型"，B 图就不会嵌套进 C 图中，如图 13-7 所示。

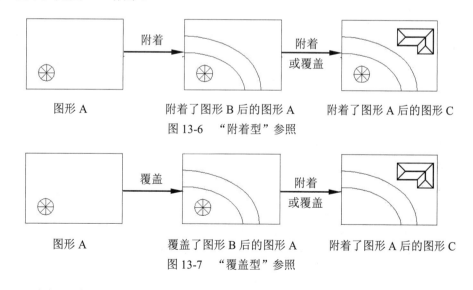

图形 A　　　　　附着了图形 B 后的图形 A　　　附着了图形 A 后的图形 C

图 13-6　"附着型"参照

图形 A　　　　　覆盖了图形 B 后的图形 A　　　附着了图形 A 后的图形 C

图 13-7　"覆盖型"参照

（2）"路径类型"下拉列表框。

① 无路径：在不使用路径附着外部参照时，AutoCAD 2019 首先在宿主图形的文件夹中查找外部参照。当外部参照文件与宿主图形位于同一个文件夹时，此选项非常有用。

② 完整路径：当使用完整路径附着外部参照时，外部参照的精确位置（例如，C:\Projects\2018\ Smith Residence\xrefs\Site plan.dwg）将保存到宿主图形中。此选项的精确度最高，但灵活性最小。如果移动工程文件夹，AutoCAD 2019 将无法融入任何使用完整路径附着的外部参照。

③ 相对路径：使用相对路径附着外部参照时，将保存外部参照相对于宿主图形的位置。此选项的灵活性最大。如果移动工程文件夹，AutoCAD 2019 仍可以融入使用相对路径附着的外部参照，只要此外部参照相对宿主图形的位置未发生变化。

13.1.2　外部参照裁剪

附着的外部参照可以根据需要对其范围进行裁剪，也可以控制边框的显示。

1．裁剪外部参照

根据指定边界修剪选定外部参照或块参照的显示。

【执行方式】

➥　命令行：XCLIP。
➥　工具栏：单击"参照"工具栏中的"裁剪外部参照"按钮。

【操作步骤】

```
命令：XCLIP✓
选择对象：（选择被参照图形）
选择对象：（继续选择，或按 Enter 键结束命令）
输入剪裁选项[开(ON)/关(OFF)/剪裁深度(C)/删除(D)/生成多段线(P)/新建边界(N)] <新建边界>：
```

【选项说明】

（1）开(ON)：在宿主图形中不显示外部参照或块的被剪裁部分。

（2）关(OFF)：在宿主图形中显示外部参照或块的全部几何信息，忽略剪裁边界。

（3）剪裁深度(C)：在外部参照或块上设置前剪裁平面和后剪裁平面，如果对象位于边界和指定深度定义的区域外将不显示。

（4）删除(D)：为选定的外部参照或块删除剪裁边界。

（5）生成多段线(P)：自动绘制一条与剪裁边界重合的多段线。此多段线采用当前的图层、线型、线宽和颜色设置。

当用 PEDIT 修改当前剪裁边界，然后用新生成的多段线重新定义剪裁边界时，请使用该选项。如在重定义剪裁边界时查看整个外部参照，请使用"关"选项关闭剪裁边界。

（6）新建边界(N)：定义一个矩形或多边形剪裁边界，或者用多段线生成一个多边形剪裁边界。裁剪后，外部参照在剪裁边界内的部分仍然可见，而剩余部分则变为不可见，外部参照附着和块插入的几何图形并未改变，只是改变了显示可见性，并且裁剪边界只对选择的外部参照起作用，对其他图形没有影响，如图 13-8 所示。

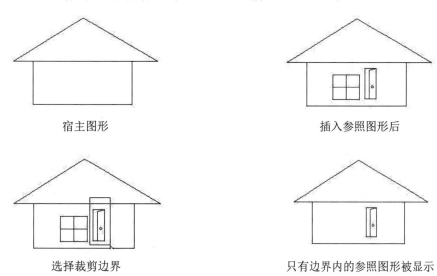

宿主图形 插入参照图形后

选择裁剪边界 只有边界内的参照图形被显示

图 13-8 裁剪参照边界

2. 裁剪边界边框

裁剪边界边框决定外部参照剪裁边界在当前图形中是否可见或进行打印。

【执行方式】

- ↘ 命令行：XCLIPFRAME。
- ↘ 菜单栏：选择菜单栏中的"修改"→"对象"→"外部参照"→"边框"命令。
- ↘ 工具栏：单击"参照"工具栏中的"外部参照边框"按钮 。

【操作步骤】

```
命令: XCLIPFRAME✓
输入 XCLIPFRAME 的新值 <0>:
```

【选项说明】

裁剪外部参照图形时，可以通过该系统变量来控制是否显示裁剪边界的边框。如图 13-9 所示，当其值设置为 1 时，将显示剪裁边框，并且该边框可以作为对象的一部分进行选择和打印。当其值设置为 0 时，则不显示剪裁边框。

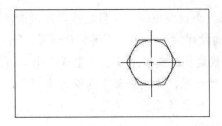
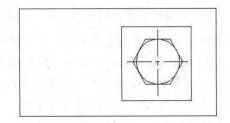

不显示边框   显示边框

图 13-9　裁剪边界边框

13.1.3　外部参照绑定

如果将外部参照绑定到当前图形中，则外部参照及其依赖命名对象将成为当前图形的一部分。外部参照依赖命名对象的命名语法从"块名|定义名"变为"块名\$n\$定义名"。在这种情况下，将为绑定到当前图形中的所有外部参照相关定义名创建唯一的命名对象。例如，如果有一个名为 FLOOR1 的外部参照，它包含一个名为 WALL 的图层，那么在绑定了外部参照后，依赖外部参照的图层 FLOOR1|WALL 将变为名为 FLOOR1\$0\$WALL 的本地定义图层。如果已经存在同名的本地命名对象，\$n\$中的数字将自动增加。在此例中，如果图形中已经存在 FLOOR1\$0\$WALL，依赖外部参照的图层 FLOOR1|WALL 将重命名为 FLOOR1\$1\$WALL。

【执行方式】

- 命令行：XBIND。
- 菜单栏：选择菜单栏中的"修改"→"对象"→"外部参照"→"绑定"命令。
- 工具栏：单击"参照"工具栏中的"外部参照绑定"按钮 。

【操作步骤】

执行上述操作后，系统会打开"外部参照绑定"对话框，如图 13-10 所示。选择外部参照完毕后，确认退出。系统将外部参照所依赖的命名对象（如块、标注样式、图层、线型和文字样式等）添加到用户图形。

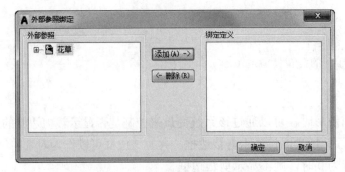

图 13-10　"外部参照绑定"对话框

【选项说明】

（1）外部参照：显示所选择的外部参照。可以将其展开，进一步显示该外部参照的各种设置定义名，如标注样式、图层、线型和文字样式等。

（2）绑定定义：显示将被绑定的外部参照的有关设置定义。

13.1.4　外部参照管理

外部参照附着后，可以利用相关命令对其进行管理。

【执行方式】

- ↘　命令行：XREF（或 XR）。
- ↘　菜单栏：选择菜单栏中的"插入"→"外部参照"命令。
- ↘　工具栏：单击"参照"工具栏中的"外部参照"按钮□。
- ↘　快捷菜单：选择外部参照，在绘图区域右击，在弹出的快捷菜单中选择"外部参照管理器"命令。

【操作步骤】

执行该命令后，系统会自动打开如图 13-11 所示的"外部参照"选项板。在该选项板中，可以附着、组织和管理所有与图形相关联的文件参照，还可以附着和管理参照图形（外部参照）、附着的 DWF 参考底图和输入的光栅图像。

图 13-11　"外部参照"选项板

☞**教你一招：**

外部参照与插入图块的区别。

与插入图块方式相比，外部参照提供了另一种更为灵活的图形引用方法。使用外部参照可以将多个图形链接到当前图形中，使用户方便地在自己的图形中以引用的方式看到其他图样，并且作为外部参照的图形会随着原图形的修改而更新。外部参照引用的图并不成为当前图样的一部分，当前图形中仅记录了外部引用文件的位置和名称。因此，外部参照不会明显地增加当前图形文件的大小，从而可以节省磁盘空间，也有利于保持系统的性能。

当一个图形文件被作为外部参照插入到当前图形中时，外部参照中每个图形的数据仍然分别保存在各自的源图形文件中，当前图形中所保存的只是外部参照的名称和路径。无论一个外部参照文件多么复杂，都会把它作为一个单一的对象来处理，而不允许进行分解。用户可对外部参照进行比例缩放、移动、复制、镜像或旋转等操作，还可以控制外部参照的显示状态，但这些操作都不会影响到原图文件。

13.2　外部参照和在位编辑

AutoCAD 2019在处理带外部参照的图形时，可对外部参照进行修改，并将修改保存到原始图形中，甚至可以将对象从自己的图形转移到外部参照块中。

13.2.1　在单独的窗口中打开外部参照

在宿主图形中，可以选择附着的外部参照，并使用"打开参照"（XOPEN）命令在单独的窗口中打开此外部参照，不需要浏览后再打开外部参照文件。使用"打开参照"命令可以在新窗口中立即打开外部参照。

【执行方式】

➴　命令行：XOPEN。

➴　菜单栏：选择菜单栏中的"工具"→"外部参照和块在位编辑"→"打开参照"命令。

【操作步骤】

```
命令：XOPEN↙
选择外部参照：
```

选择外部参照后，系统立即重新建立一个窗口，显示外部参照图形。

13.2.2　在位编辑参照

直接在当前图形中编辑外部参照或块定义。

【执行方式】

➴　命令行：REFEDIT。

➴　菜单栏：选择菜单栏中的"工具"→"外部参照和块编辑"→"在位编辑参照"命令。

➴　工具栏：单击"参照编辑"工具栏中的"在位编辑参照"按钮 。

➴　功能区：单击"插入"选项卡的"参照"面板中的"编辑参照"按钮 。

【操作步骤】

执行上述操作，选择要编辑的参照后，系统会打开"参照编辑"对话框，如图 13-12 所示。在对话框中完成设定后，单击"确定"按钮退出，就可以对所选择的参照进行编辑。

【选项说明】

（1）"标识参照"选项卡：为标识要编辑的参照提供形象化辅助工具并控制选择参照的方式。

（2）"设置"选项卡：该选项卡为编辑参照提供选项，如图 13-13 所示。

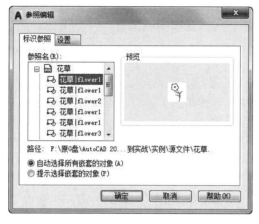

图 13-12　"参照编辑"对话框

图 13-13　"设置"选项卡

✍ 技巧：

　　对某一个参照进行编辑后，该参照在其他图形中或同一图形其他插入地方的图形也同时改变。如图 13-14（a）中，螺母作为参照两次插入到宿主图形中。对右边的参照进行删除编辑，确认后，左边的参照同时改变，如图 13-14（b）所示。

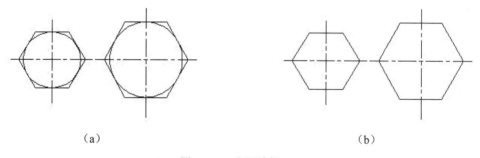

（a）　　　　　　　　　　　　　　　　　　（b）

图 13-14　参照编辑

13.2.3　保存或放弃参照修改

保存或放弃在位编辑参照时所做的更改。在位编辑并保存图形中的外部参照时，除非再次打开并保存图形，否则不能再使用原始参照图形的预览图像。

【执行方式】

↘　命令行：REFCLOSE。

- 菜单栏：选择菜单栏中的"工具"→"外部参照和块编辑"→"保存参照编辑"（"关闭参照"）命令。
- 工具栏：单击"参照编辑"工具栏中的"保存参照编辑"按钮 （"关闭参照"按钮 ）。
- 快捷菜单：在位参照编辑期间没有选定对象的情况下，在绘图区域右击，在弹出的快捷菜单中选择"关闭 REFEDIT 任务"→"保存参照编辑"（"关闭参照"）命令。

【操作步骤】

执行上述操作后，保存参照编辑。

13.2.4 添加或删除对象

在位编辑参照时，从工作集添加或删除对象。作为工作集组成部分的对象与当前图形中的其他对象明显不同，在当前图形中，工作集以外的所有对象都将呈淡入显示。

【执行方式】

- 命令行：REFSET。
- 菜单栏：选择菜单栏中的"工具"→"外部参照和块编辑"→"添加到工作集"（"从工作集删除"）命令。
- 工具栏：单击"参照编辑"工具栏中的"添加到工作集"按钮 （"从工作集删除"按钮 ）。

【操作步骤】

```
命令：REFSET✓
输入选项 [添加(A)/删除(R)] <添加>：(选择相应选项操作即可)
```

13.3 光 栅 图 像

光栅图像是指由一些称为像素的小方块或点的矩形栅格组成的图像。AutoCAD 2019 提供了对多数常见图像格式的支持，这些格式包括.bmp、.jpeg、.gif、.pcx 等。

光栅图像可以复制、移动或裁剪，也可以通过夹点操作修改图像、调整图像对比度、用矩形或多边形裁剪图像，或将图像用作修剪操作的剪切边。

13.3.1　图像附着

利用图像的第一步是要将图像附着到宿主图形上，下面讲述其具体的操作方法。

【执行方式】

- ↘　命令行：IMAGEATTACH（或 IAT）。
- ↘　菜单栏：选择菜单栏中的"插入"→"光栅图像参照"命令。
- ↘　工具栏：单击"参照"工具栏中的"附着图像"按钮。

动手学——绘制装饰画

绘制如图 13-15 所示的装饰画。

图 13-15　绘制装饰画

【操作步骤】

（1）单击"参照"工具栏中的"附着图像"按钮，打开如图 13-16 所示的"选择参照文件"对话框。在该对话框中选择需要插入的光栅图像，单击"打开"按钮，打开"附着图像"对话框，如图 13-17 所示。设置完成后，单击"确定"按钮确认退出。命令行提示如下。

```
指定插入点 <0,0>: <对象捕捉 开>
基本图像大小: 宽: 211.666667, 高: 158.750000, Millimeters
指定缩放比例因子或 [单位(U)] <1>:2
```

图 13-16　"选择参照文件"对话框

图 13-17　"附着图像"对话框

附着的图形如图 13-18 所示。

图 13-18　附着图像的图形

（2）单击"默认"选项卡的"绘图"面板中的"矩形"按钮 ⬜，捕捉图片的右上端点为角点，绘制适当的矩形，如图 13-19 所示。

图 13-19　绘制矩形

（3）单击"默认"选项卡的"修改"面板中的"偏移"按钮⊑，将上一步绘制的矩形向外偏移适当的距离，结果如图 13-20 所示。

图 13-20　偏移矩形

（4）单击"参照"工具栏中的"剪裁图像"按钮▉，裁剪光栅图象。命令行提示如下。

```
命令: _imageclip
选择要剪裁的图像:（选取图像）
输入图像剪裁选项 [开(ON)/关(OFF)/删除(D)/新建边界(N)] <新建边界>:
外部模式 - 边界外的对象将被隐藏。
指定剪裁边界或选择反向选项:
[选择多段线(S)/多边形(P)/矩形(R)/反向剪裁(I)] <矩形>:
指定第一角点: 捕捉内部矩形的角点
指定对角点: 捕捉内部矩形的另一角点
```

修剪后的图形如图 13-21 所示。

（5）单击"默认"选项卡的"绘图"面板中的"图案填充"按钮▨，打开"图案填充创建"选项卡，选择 SOLID 图案，设置颜色为浅绿色，填充到两个距形之间，结果如图 13-22 所示。

图 13-21　修剪图像

图 13-22　填充图案

（6）选取两个矩形，单击鼠标右键，在弹出的快捷菜单中选择"特性"选项，打开"特性"选项板，更改线宽为 0.5mm，结果如图 13-15 所示。

13.3.2　光栅图像管理

光栅图像附着后，可以利用相关命令对其进行管理。

【执行方式】

命令行：IMAGE（或 IM）。

【操作步骤】

命令：IMAGE✓

系统自动执行该命令，在打开的如图 13-23 所示的"外部参照"对话框中选择要进行管理的光栅图像，即可对其进行拆离等操作。

在 AutoCAD 2019 中还有一些关于光栅图像的命令，在"参照"工具栏中可以找到这些命令。这些命令与外部参照的相关命令操作方法类似，下面仅作简要介绍，具体操作参照外部参照相关命令即可。

（1）IMAGECLIP 命令：裁剪图像边界的创建与控制，可以用矩形或多边形作剪裁边界，也可以控制裁剪功能的打开与关闭，还可以删除裁剪边界。

（2）IMAGEFRAME 命令：控制图像边框是否显示。

（3）IMAGEADJUST 命令：控制图像的亮度、对比度和褪色度。

（4）IMAGEQUALITY 命令：控制图像显示的质量，高质量显示速度较慢，草稿式显示速度较快。

（5）TRANSPARENCY 命令：控制图像的背景像素是否透明。

动手练——绘制睡莲满池

绘制如图 13-24 所示的睡莲满池。

图 13-23 "外部参照"对话框

图 13-24 睡莲满池

思路点拨：

（1）用"多边形"和"偏移"命令绘制水池外形。

（2）用"附着图像"命令插入睡莲图像。

（3）用"剪裁图像"命令裁剪图像

（4）用"图案填充"命令设置水池边缘的铺石。

13.4 模拟认证考试

1. 在"外部参照"选项板中，不能直接加载的图形有（   ）。

A．.dwg   B．.jpg

C．.dwt   D．.pdf

2. 插入光栅图像文件时，需指定的内容是（   ）。

A．图形文件名、插入点、缩放比例、旋转角度

B．图像文件名、插入点、缩放比例、旋转角度

C. 块名、插入点、缩放比例、旋转角度

D. 插入点、缩放比例、旋转角度

3. 将插入的外部参照拆离，其操作结果是（　　）。

A. 列表中删除外部参照，图形仍保留

B. 列表中保留参照名，图形被删除

C. 列表中删除外部参照，图形也被删除

D. 列表中保留参照名，图形也保留

4. 对光栅图像进行"图像调整"时，不能调整其（　　）。

A. 亮度　　　　　　　　　　　　　　　B. 对比度

C. 淡入度　　　　　　　　　　　　　　D. 透明度

5. 对外部参照进行绑定的方法是（　　）。

A. 绑定和融入　　　　　　　　　　　　B. 融入和插入

C. 绑定和插入　　　　　　　　　　　　D. 插入和嵌入

6. 使用 XR 命令，附着外部参照图形后，将该图形改为绑定，参照文件图层变化的情况是（　　）。

A. 没有变化　　　　　　　　　　　　　B. 由 0分隔符变为 | 分隔符

C. 由分隔符|变为0分隔符　　　　　　D. 以上都不正确

7. 现有 A、B、C 三个文件，A 参照了 B 的文件，B 参照了 C 的文件，现要求在 A 文件中看不到 C 的文件内容，请问 A、B、C 三个文件的关系是：（　　）。

A. A 与 B 是附加关系，B 与 C 是附加关系

B. A 与 B 肯定是附加关系，B 与 C 是覆盖关系

C. A 与 B 是覆盖关系，B 与 C 是附加关系

D. A 与 B 可以是覆盖也可以是附加关系，但 B 与 C 肯定是覆盖关系

8. 如果文件 A1.dwg 包含图形数据，其中图形数据位于图层 T1 上。现以附着类型外部参照将文件 A1.dwg 插入到文件 A2.dwg 中，然后以覆盖类型外部参照将 A2.dwg 插入到文件 A3.dwg 中，则 A3.dwg 将增加的图层是（　　）。

A. A1.dwg*T1　　　　　　　　　　　　B. A1|T1

C. A1-T1　　　　　　　　　　　　　　D. A1.dwg-T1

第14章　协同绘图

内容简介

为了减少系统整体的图形设计效率，并有效地管理整个系统的所有图形设计文件，AutoCAD 2019 经过不断地探索和完善，推出了大量的协同绘图工具，包括：CAD 标准、图纸集管理器和标记集管理器等工具，利用 CAD 标准管理器、图纸集管理器和标记集管理器，用户可以有效地协同统一管理整个系统的图形文件。

内容要点

➥ CAD 标准
➥ 图纸集
➥ 标记集
➥ 模拟认证考试

案例效果

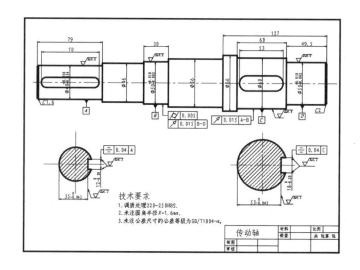

14.1　CAD 标准

CAD 标准其实就是为命名对象（如图层和文本样式）定义一个公共特性集。所有用户在绘制图形时都应严格按照这个约定来创建、修改和应用 AutoCAD 图形。用户可以根据图形中使用的命名对象，如图层、文本样式、线型和标注样式来创建 CAD 标准。

在绘制复杂图形时，如果绘制图形的所有人员都遵循一个共同的标准，那么协调与沟通就会变得十分容易，出现的错误也容易纠正。为维护图形文件一致，可以创建标准文件以定义常用属性。标准为命名对象（如图层和文字样式）定义一组常用特性。为此，用户或用户的 CAD 管理员可以创建、应用和核查 AutoCAD 图形中的标准。因为标准可以帮助其他用户理解图形，所以在许多用户创建同一个图形的协作环境下尤其有用。

用户在定义一个标准之后，可以以样板的形式存储这个标准，并能够将一个标准文件与多个图形文件相关联，从而检查 CAD 图形文件是否与标准文件一致。

当用户以 CAD 标准文件来检查图形文件是否符合标准时，图形文件中所有上面提到的命名对象都会被检查到。如果用户在确定一个对象时使用了非标准文件中的名称，那么这个非标准的对象将被清除出当前的图形。任何一个非标准对象都被转换成标准对象。

14.1.1 创建 CAD 标准文件

在 AutoCAD 2019 中，可以为下列命名对象创建标准：图层、文字样式、线型和标注样式。如果要创建 CAD 标准，先创建一个定义有图层、标注样式、线型和文字样式的文件，然后以样板的形式存储，CAD 标准文件的扩展名为.dws。

动手学——创建标准文件

源文件：源文件\第 14 章\创建标准文件 1.dws

要设置标准，可以创建定义图层特性、标注样式、线型和文字样式的文件，然后将其保存为扩展名为.dws 的标准文件。

【操作步骤】

（1）单击快速访问工具栏中的"新建"按钮 ，选择合适的样板文件，新建一个空白文件。

（2）在样板图形中，创建任何将要作为标准文件一部分的图层、标注样式、线型和文字样式。在图 14-1 中创建作为标准的几个图层，对图层的属性进行设置。

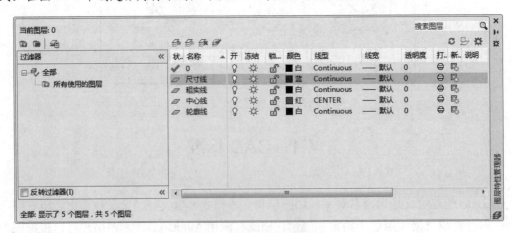

图 14-1 标准文件的图层

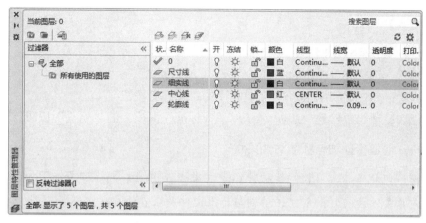

图 14-1 标准文件的图层（续）

（3）单击"快速访问"工具栏中的"另存为"按钮 🖫，打开如图 14-2 所示的"图形另存为"对话框，将标准文件命名为"标准文件 1"，在"文件类型"列表中选择"AutoCAD 图形标准（*.dws）"选项，保存即可。

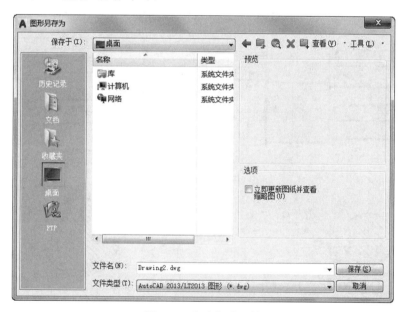

图 14-2 保存标准文件

✍ 技巧：

> DWS 文件必须以当前图形文件格式保存。要创建以前图形格式的 DWS 文件，以所需的 DWG 格式保存该文件，然后使用.dws 扩展名对 DWG 文件进行重命名。

14.1.2 关联标准文件

在使用 CAD 标准文件检查图形文件前，首先应该将该图形文件与标准文件关联。

【执行方式】

- 命令行：STANDARDS。
- 菜单栏：选择菜单栏中的"工具"→"CAD 标准"→"配置"命令。
- 工具栏：单击"CAD 标准"工具栏中的"配置"按钮 。
- 功能区：单击"管理"选项卡的"CAD 标准"面板中的"配置"按钮 。

动手学——创建传动轴与标准文件关联

调用素材：初始文件\第 14 章\传动轴.dwg 和源文件\第 14 章\标准文件 1.dws

源文件：源文件\第 14 章\创建传动轴与标准文件关联.dwg

标准文件创建后，与当前图形还没有丝毫联系。要检验当前图形是否符合标准，还必须使当前图形与标准文件相关联。

【操作步骤】

（1）打开初始文件\第 14 章\传动轴.dwg 文件，如图 14-3 所示。

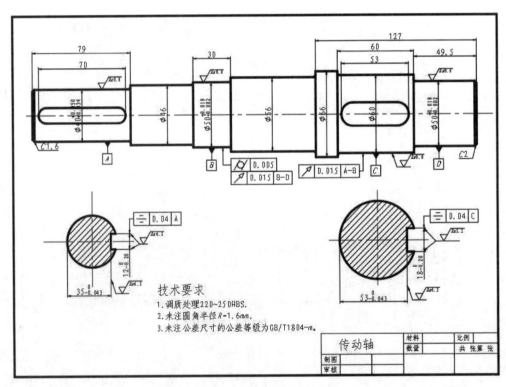

图 14-3　传动轴

（2）单击"管理"选项卡的"CAD 标准"面板中的"配置"按钮 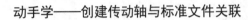，打开如图 14-4 所示的"配置标准"对话框。

图 14-4　"配置标准"对话框

在"配置标准"对话框的"标准"选项卡中，单击"添加"按钮 ⊞ 添加标准文件，系统弹出如图 14-5 所示的"选择标准文件"对话框。在该对话框中找到并选择"标准文件 1.dws"作为标准文件。

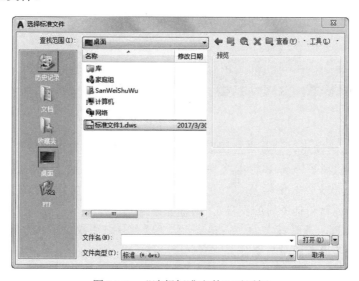

图 14-5　"选择标准文件"对话框

打开标准文件后，出现如图 14-6 所示的对话框，则当前图形与"标准文件 1"关联。

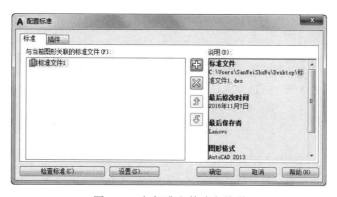

图 14-6　与标准文件建立关联

（3）单击"配置标准"对话框中的"设置"按钮，出现如图 14-7 所示的"CAD 标准设置"对话框，可以对 CAD 的标准进行设置。

图 14-7　"CAD 标准设置"对话框

如果要使其他标准文件与当前图形相关联，重复执行以上步骤即可。

✍ **技巧：**

> 可以使用通知功能警告用户在操作图形文件时发生标准冲突。此功能允许用户在发生标准冲突后立即进行修改，从而使创建和维护遵从标准的图形更加容易。

【选项说明】

（1）"标准"选项卡。"与当前图形关联的标准文件"列表框列出与当前图形相关联的所有标准（DWS）文件。要添加标准文件，单击"添加标准文件"图标 ⊕；要删除标准文件，单击"删除标准文件"图标 ⊠。如果此列表中的多个标准文件之间发生冲突（例如，两个标准指定名称相同而特性不同的图层），则优先采用第一个显示的标准文件。要在列表中改变某标准文件的位置，选择该文件，并单击"上移"图标 ⇧ 或"下移"图标 ⇩。可以使用快捷菜单添加、删除或重新排列文件。

（2）"插件"选项卡。该选项卡列出并描述当前系统上安装的标准插入模块。安装的标准插入模块将用于每一个命名对象，利用它即可定义标准（图层、标注样式、线型和文字样式）。预计将来第三方应用程序应能够安装其他的插入模块，如图 14-8 所示。

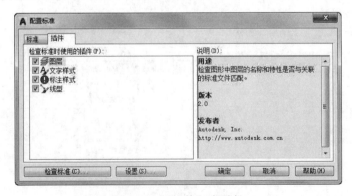

图 14-8　"插件"选项卡

14.1.3 使用 CAD 标准检查图形

可以利用已经设置的 CAD 标准检查所绘制的图形是否符合标准。在批量绘制图形时，这样可以使所有图形都符合相同的标准，增强图形的规范度。

【执行方式】

- ➥ 命令行：CHECKSTANDARDS。
- ➥ 菜单栏：选择菜单栏中的"工具"→"CAD 标准"→"检查"命令。
- ➥ 工具栏：单击"CAD 标准"工具栏中的"检查"按钮 ✔。
- ➥ 功能区：单击"管理"选项卡的"CAD 标准"面板中的"检查"按钮 ✔。

动手学——检查传动轴与标准文件是否冲突

调用素材：初始文件\第 14 章\传动轴与标准文件关联.dwg

检查图形文件与标准文件是否冲突。将标准文件与图形文件相关联后，应该定期检查该图形文件，以确保它符合其标准。这在许多用户同时更新一个图形文件时尤为重要。

【操作步骤】

（1）打开初始文件\第 14 章\传动轴与标准文件关联.dwg 文件。

（2）单击"管理"选项卡的"CAD 标准"面板中的"检查"按钮 ✔，或在如图 14-8 所示的"配置标准"对话框中单击"检查标准"按钮，弹出如图 14-9 所示的"检查标准"对话框，在"问题"一栏注解当前图形与标准文件中相冲突的项目；单击"下一个"按钮，对当前图形的项目逐一检查。可以选中"将此问题标记为忽略"复选框，忽略当前冲突项目，也可以单击"修复"按钮，将当前图形中与标准文件相冲突的部分替换为标准文件。

检查完成后，弹出如图 14-10 所示的"检查完成"对话框，此消息总结在图形中发现的标准冲突，显示自动修复的冲突、手动修复的冲突和被忽略的冲突。若对检查结果不满意，可以继续进行检查和修复，直到当前图形的图层与标准文件一致为止。

图 14-9 "检查标准"对话框

图 14-10 "检查完成"对话框

✍ 技巧：

> 　　根据工程的组织方式，可以决定是否创建多个工程特定标准文件并将其与单个图形关联。在核查图形文件时，标准文件中的各个设置间可能会产生冲突。例如，某个标准文件指定图层"墙"为黄色，而另一个标准文件指定该图层为红色。发生冲突时，第一个与图形关联的标准文件具有优先权。如果有必要，可以改变标准文件的顺序以改变优先级。
> 　　如果希望只使用指定的插入模块核查图形，可以在定义标准文件时指定插入模块。例如，如果最近只对图形进行文字更改，那么用户可能希望只使用图层和文字样式插入模块并核查图形，以节省时间。在默认情况下，核查图形是否与标准冲突时将使用所有插入模块。

【选项说明】

"问题"列表框提供关于当前图形中非标准对象的说明。要修复问题，从"替换为"列表中选择一个替换选项，然后单击"修复"按钮。选中"将此问题标记为忽略"复选框，则将当前问题标记为忽略。如果在"CAD 标准设置"对话框中关闭"显示忽略的问题"选项，下一次检查该图形时将不显示已标记为忽略的问题。

动手练——检查零件图与标准文件的冲突

检查如图 14-11 所示的零件图与标准文件之间的冲突。

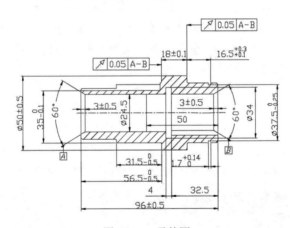

图 14-11　零件图

📋 思路点拨：

> （1）新建一标准文件。
> （2）将零件图与标准文件关联。
> （3）检查标准文件与零件图之间的冲突。

14.2　图　纸　集

整理图纸集是大多数设计项目的重要工作，然而，手动组织非常耗时。为了提高组织图形集的效率，AutoCAD 2019推出图纸集管理器功能，利用该功能可以在图纸集中为各个图纸自动创建布局。

14.2.1　创建图纸集

在批量绘图或管理某个项目的所有图纸时，用户可以根据需要创建图纸集。

【执行方式】

- ⇘　命令行：NEWSHEETSET。
- ⇘　菜单栏：选择菜单栏中的"文件"→"新建图纸集"命令或选择菜单栏中的"工具"→"向导"→"新建图纸集"命令。
- ⇘　工具栏：单击标准工具栏中的"图纸集管理器"按钮⊠。
- ⇘　功能区：单击"视图"选项卡的"选项板"面板中的"图纸集管理器"按钮⊠。

动手学——创建别墅结构施工图图纸集

扫一扫，看视频

调用素材：*初始文件\第14章\别墅结构施工图.dwg*

利用创建图纸集的方法创建别墅结构施工图图纸集，利用图纸集管理器功能设置图纸。

【操作步骤】

（1）将绘制的别墅结构施工图移动到同一文件夹中，并将文件夹命名为"别墅结构施工图"，即可创建图纸集。

（2）单击"视图"选项卡的"选项板"面板中的"图纸集管理器"按钮⊠，打开"图纸集管理器"对话框，然后在控件下拉列表框中选择"新建图纸集"选项，如图14-12所示。

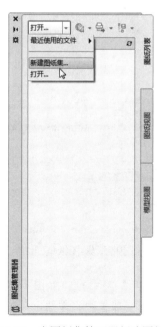

图14-12　由图纸集管理器新建图纸集

（3）打开"创建图纸集-开始"对话框，由于已经将图纸绘制完成，所以选中"现有图形"单选按钮，如图 14-13 所示，单击"下一步"按钮。

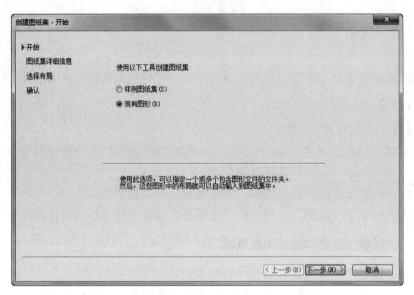

图 14-13　"创建图纸集-开始"对话框

（4）打开"创建图纸集-图纸集详细信息"对话框，输入新图纸集名称为"别墅结构施工图"，设置保存图纸集数据文件的位置，如图 14-14 所示，单击"下一步"按钮。

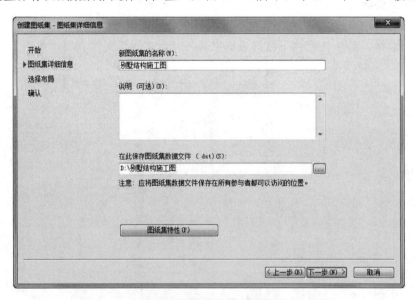

图 14-14　"创建图纸集-图纸集详细信息"对话框

（5）打开"创建图纸集-选择布局"对话框，如图 14-15 所示，单击"输入选项"按钮，打开"输入选项"对话框，将复选框全部选中，单击"确定"按钮，如图 14-16 所示。然后单击"浏览"按钮，选择"别墅结构施工图"文件夹，单击"下一步"按钮。

图 14-15 "创建图纸集-选择布局"对话框

图 14-16 "输入选项"对话框

（6）打开"创建图纸集-确认"对话框，显示图纸集的详细确认信息，如图 14-17 所示，单击"完成"按钮。

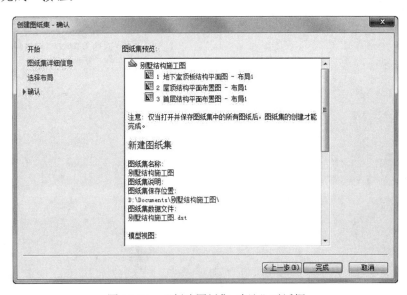

图 14-17 "创建图纸集-确认"对话框

（7）系统自动打开"图纸集管理器"对话框，在"图纸列表"选项卡中显示别墅结构施工图的布局，如图 14-18 所示。

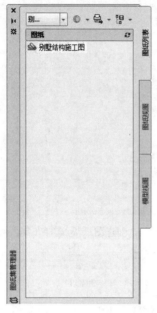

图 14-18　"图纸列表"选项卡

（8）选择"模型视图"选项卡，如图 14-19 所示。双击"添加新位置"按钮，然后选择事先保存好图形文件的文件夹，单击"确定"按钮，如图 14-20 所示。

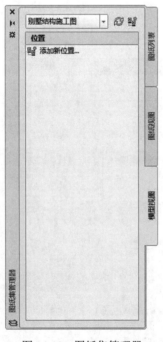

图 14-19　图纸集管理器

图 14-20　添加图纸

（9）建立图纸集后，可以利用图纸集的布局生成图纸文件。例如在图纸集中选择一个图布局，右击，在弹出的快捷菜单中选择"发布"→"发布为 DWFx"命令，AutoCAD 2019 弹出"指定 DWFx 文件"对话框，如图 14-21 所示。选择适当路径，单击"选择"按钮，进行发布工作，同时在屏幕右下角显示发布状态图标，鼠标停留在上面，显示当前执行操作的状态。如不必打印，则关闭弹出的"打印-正在处理后台作业"对话框。

图 14-21 发布图纸

14.2.2 打开图纸集管理器并放置视图

创建好图纸集后，可以根据需要对图纸集进行管理或添加图形到图纸集中。

【执行方式】

- ➥ 命令行：SHEETSET。
- ➥ 菜单栏：选择菜单栏中的"文件"→"打开图纸集"命令。
- ➥ 工具栏：单击标准工具栏中的"图纸集管理器"按钮。
- ➥ 功能区：单击"视图"选项卡的"选项板"面板中的"图纸集管理器"按钮。

动手学——在别墅结构施工图图纸集中放置图形

调用素材：初始文件\第 14 章\别墅施工图.dwg

扫一扫，看视频

【操作步骤】

（1）单击"视图"选项卡的"选项板"面板中的"图纸集管理器"按钮，系统打开"图纸集管理器"对话框，如图 14-19 所示。在控件下拉列表框中选择"打开"选项，系统打开"打开图纸集"对话框，如图 14-22 所示。选择一个图纸集后，图纸集管理器中显示该图纸集的图纸列表，如图 14-23 所示。

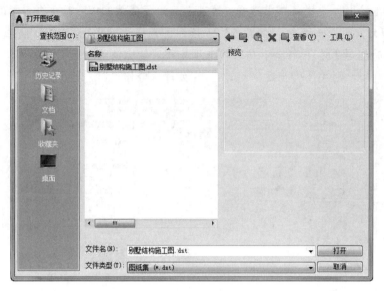

图 14-22　"打开图纸集"对话框

（2）选择"图纸集管理器"对话框中的"模型视图"选项卡，双击位置目录中的"添加新位置"目录项，或右击，选择"添加新位置"命令，如图 14-24 所示。系统打开"浏览文件夹"对话框，如图 14-25 所示。选择文件夹后，该文件夹所有文件出现在位置目录中，如图 14-26 所示。

图 14-23　显示图纸列表

图 14-24　"添加新位置"目录项

图 14-25 "浏览文件夹"对话框

图 14-26 模型视图

（3）选择一个图形文件后，右击，在弹出的快捷菜单中选择"放置到图纸上"命令，如图 14-27 所示。选择的图形文件的布局就出现在当前图纸的布局中，右击，系统打开"比例"快捷菜单，选择一个合适的比例，拖动鼠标，指定一个位置后，该布局就插入到当前图形布局中。

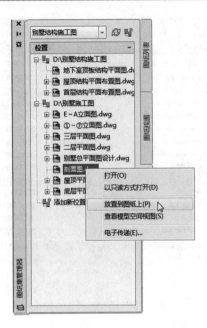

图 14-27　快捷菜单

🔊 **注意：**

图纸集管理器中打开和添加的图纸必须是布局空间图形，不能是模型空间图形。如果不是布局空间图形，必须事先进行转换。

动手练——创建图纸集

创建别墅施工图的图纸集。

✐ **思路点拨：**

根据图纸集向导创建别墅施工图图集。

14.3　标　记　集

当设计处于最后阶段时，可以发布要检查的图形，并通过电子方式接收更正和注释。然后可以针对这些注释进行相应的处理，响应并重新发布图形。通过电子方式完成这些工作，可以简化交流过程、缩短检查周期，并提高设计过程的效率。

可以利用标记集管理器标记相关工作。

【执行方式】

➤ 命令行：MARKUP。

➤ 菜单栏：选择菜单栏中的"工具"→"选项板"→"标记集管理器"命令。

➤ 工具栏：单击标准工具栏中的"标记集管理器"按钮 。

➘ 功能区：单击“视图”选项卡的“选项板”面板中的“标记集管理器”按钮。

扫一扫，看视频

动手学——打开带标记的图纸

【操作步骤】

打开如图 14-28 所示的带标记的图纸。

Sheet List Table	
Sheet Number	Sheet Title
00	Cover Sheet
01	Master Plan
02	Existing Conditions Plan 1
03	Existing Conditions Plan 2
04	Existing Conditions Plan 3
05	Existing Conditions Plan 4
06	Site Grading Plan 1
07	Site Grading Plan 2
08	Site Grading Plan 3
09	Site Grading Plan 4
10	Site Utility Plan 1
11	Site Utility Plan 2
12	Site Utility Plan 3
13	Site Utility Plan 4
14	Site Layout Plan 1
15	Site Layout Plan 2
16	Site Layout Plan 3
17	Site Layout Plan 4
18	Nesenkeag Drive
19	Sewer Profiles
20	Drainage Summary
21	Erosion Control Plan

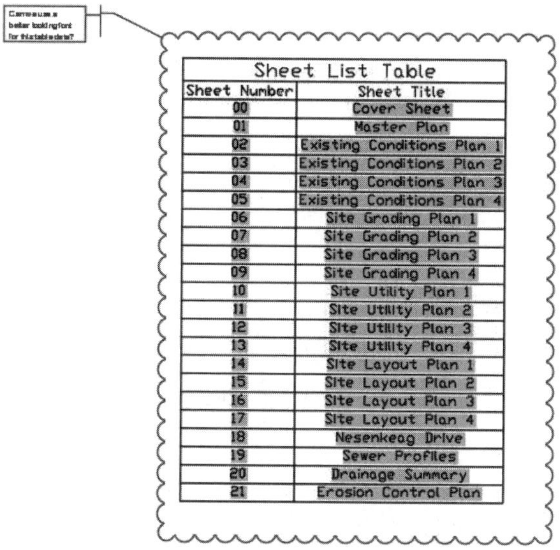

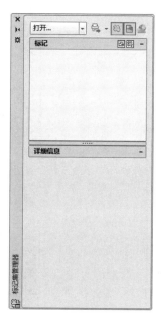

图 14-28　带标记的图纸

（1）单击“视图”选项卡的“选项板”面板中的“标记集管理器”按钮，系统打开标记集管理器，如图 14-29 所示。

图 14-29　标记集管理器

（2）在标记集管理器的控件下拉列表框中选择"打开"选项，或者直接在"文件"菜单中选择"加载标记集"命令，系统打开"打开标记 DWF"对话框，如图 14-30 所示。

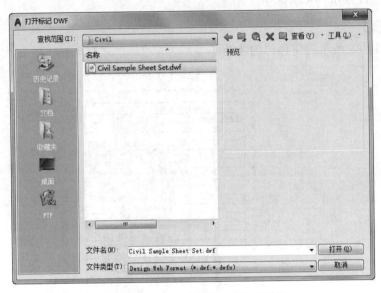

图 14-30　"打开标记 DWF"对话框

（3）选择带标记的文件，单击"打开"按钮，返回到"标记集管理器"对话框，在标记列表中显示加载的带标记的文件，如图 14-31 所示。

（4）在列表中选择要打开的文件，右击，在打开的快捷菜单中选择"打开图纸"选项，打开图纸，并打开"图纸集管理器"对话框。图形中显示标记，如图 14-32 所示。

图 14-31　加载标记文件

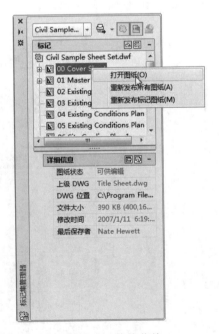

图 14-32　快捷菜单

【选项说明】

在标记集管理器中，可以进行标记的相关操作。

1. 查看标记详细信息与修改注释

在加载的标记 DWF 文件目录中，双击文件名，或者右击，在弹出的快捷菜单中选择"打开图纸"命令，系统将打开带有红色标记的图纸文件，在下面的详细信息列表中显示出文件的详细信息。其中，包括"标记状态"下拉列表框显示标记的 4 种状态，它们的作用介绍如下。

（1）<无>：指示尚未指定状态的单个标记，这是新标记的默认状态。

（2）问题：指示已指定"问题"状态的单个标记。打开并查看某个标记后，如果需要了解该标记的更多信息，可以将其状态更改为"问题"。

（3）待检查：指示已指定"待检查"状态的单个标记。实现某个标记后，可以将其状态更改为"待检查"，表示标记创建者应当检查对图纸和标记状态所做的修改。

（4）完成：指示已指定"完成"状态的单个标记。已经实现并查看某个标记后，可以将其状态修改为"完成"。

如果更改状态，系统会在标记历史中记录一个新条目。

在"详细信息"下的注释区域中，可以为选定的标记添加注释或备注，如图 14-32 所示。

标记状态的修改信息及添加的注释自动保存在 DWF 文件中，并在重新发布 DWF 文件时包含这些内容。也可以在标记集节点上右击，在弹出的快捷菜单中选择"保存标记历史修改记录"命令，保存对标记的修改记录。

2. 重新发布带标记的图形集

在 AutoCAD 2019 绘图区域中，根据需要修改 DWG 文件。在标记集管理器中，单击标记节点，并根据需要修改其状态或添加注释。

修改完图形和关联标记后，单击标记集管理器顶部的"重新发布标记 DWF"按钮，在弹出的快捷菜单中选择下列命令之一。

（1）重新发布所有图纸：重新发布带标记的 DWF 文件中的所有图纸。

（2）重新发布标记图纸：仅重新发布带标记的 DWF 文件中具有关联标记的图纸。

系统打开指定 DWF 文件，如图 14-33 所示，选择某个 DWF 文件或输入某个 DWF 文件名，然后单击"选择"按钮。

如果没有输入新的 DWF 文件名，则包含图形和标记修改内容的同名 DWF 文件将覆盖之前创建的带标记的 DWF 文件。经过修改后的文件包括其标记被重新发布后，其他人在接到该文件后可以再次进行检查，这样有利于整套图纸规范化，也有利于工作组之间的协调。

图 14-33　指定 DWF 文件

动手练——打开带标记图纸

 思路点拨：

打开安装目录下带标记的图纸。

14.4　模拟认证考试

1. 在创建图纸集的过程中，将 DST 文件和图纸图形文件存储在同一个文件夹中，则（ 　 ）。

　　A. 如果修改了文件夹的名称，则 DST 文件将找不到图纸

　　B. 如果修改了服务器，则 DST 文件将找不到图纸

　　C. 如果移动整个图纸集，则 DST 文件将找不到图纸

　　D. 以上情况 DST 文件都可以找到图纸

2. 关于图纸集、子集和图纸，下列说法正确的是（ 　 ）。

　　A. 不可以定义图纸集的自定义特性

　　B. 不可以定义图纸的自定义特性

　　C. 不能创建子集的自定义特性

　　D. 图纸集、子集和图纸均可以自定义特性

3. 在创建图纸集时，图纸集数据文件的备份文件后缀名是（ 　 ）。

　　A. DST　　　　　　　　　　　　　　　　B. DS$

　　C. BAK　　　　　　　　　　　　　D. SV$

　4. 创建图形集时，输入到图形集中的是图形文件的（　　）。

　　A. 视图　　　　　　　　　　　　B. 图纸

　　C. 布局　　　　　　　　　　　　D. 模型

　5. 如果与当前图形相关联的几个标准（DWS）文件之间发生冲突，在执行标准检查中说法正确的是（　　）。

　　A. 首先显示的标准文件优先级最高　　B. 优先级按文件名排序

　　C. 优先级按文件创建时间先后排序　　D. 优先级按文件大小排序

　6. 系统允许为下列（　　）选项添加自定义。

　　A. 图纸集和图纸　　　　　　　　B. 图纸集和子集

　　C. 子集和类别　　　　　　　　　D. 子集和图纸

　7. 在"创建图纸集"向导中，图纸集的创建可以用（　　）。

　　A. 样例图纸集　　　　　　　　　B. 现有图形

　　C. 图形样板　　　　　　　　　　D. 样例图纸集和现有图形

　8. 下列可以向图纸集管理器的"视图列表"添加图纸的方法是（　　）。

　　A. 将模型空间的命名视图从"资源图形"选项卡拖到图纸中

　　B. 在布局中添加命名视图，系统会自动将其添加到视图列表中

　　C. 在视图列表选项卡中，单击"新建视图类别"按钮

　　D. A 和 B 均可

第 15 章　三维造型基础知识

内容简介

随着 AutoCAD 2019 技术的普及，越来越多的工程技术人员使用 AutoCAD 2019 来进行工程设计。虽然在工程设计中通常都使用二维图形描述三维实体，但是由于三维图形的逼真效果可以通过三维立体图直接得到透视图或平面效果图。因此，计算机三维设计越来越受到工程技术人员的青睐。

本章主要介绍三维坐标系统、创建三维坐标系、动态观察三维图形、三维点的绘制、三维直线的绘制、三维构造线的绘制、三维多段线的绘制、三维曲面的绘制等知识。

内容要点

- ➥ 三维坐标系统
- ➥ 动态观察
- ➥ 漫游和飞行
- ➥ 相机
- ➥ 显示形式
- ➥ 渲染实体
- ➥ 视点设置
- ➥ 模拟认证考试

案例效果

15.1　三维坐标系统

AutoCAD 2019 使用的是笛卡儿坐标系，其使用的直角坐标系有两种类型：一种是世界坐标系（WCS）；另一种是用户坐标系（UCS）。绘制二维图形时，常用的坐标系即世界坐标系（WCS）由系统默认提供。世界坐标系又称通用坐标系或绝对坐标系，对于二维绘图来说，世界坐标系足以满足要求。为了方便创建三维模型，AutoCAD 2019 允许用户根据自己的需要设定坐标系，即用户坐标系（UCS），合理地创建 UCS，可以方便地创建三维模型。

AutoCAD 2019 有两种视图显示方式：模型空间和图纸空间。模型空间使用单一视图显示，我们通常使用的都是这种显示方式；图纸空间能够在绘图区创建图形的多视图，用户可以对其中每一个视图进行单独操作。在默认情况下，当前 UCS 与 WCS 重合。图 15-1（a）为模型空间下的 UCS 坐标系图标，通常放在绘图区左下角处；也可以指定放在当前 UCS 的实际坐标原点位置，如图 15-1（b）所示。图 15-1（c）为布局空间下的坐标系图标。

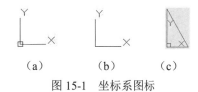

图 15-1　坐标系图标

15.1.1　右手法则与坐标系

在 AutoCAD 2019 中，通过右手法则确定直角坐标系 Z 轴的正方向和绕轴线旋转的正方向，称之为"右手定则"。这是因为用户只需要简单地使用右手即可确定所需要的坐标信息。

在 AutoCAD 2019 中输入坐标采用绝对坐标和相对坐标两种形式，格式如下。

➥ 绝对坐标格式：X,Y,Z。

➥ 相对坐标格式：@X,Y,Z。

AutoCAD 2019 可以用柱坐标和球坐标定义点的位置。

柱面坐标系统类似于 2D 极坐标输入，由该点在 XY 平面的投影点到 Z 轴的距离、该点与坐标原点的连线在 XY 平面的投影与 X 轴的夹角及该点沿 Z 轴的距离来定义。具体格式如下。

➥ 绝对坐标形式：XY 距离<角度,Z 距离。

➥ 相对坐标形式：@ XY 距离<角度,Z 距离。

例如，绝对坐标 10<60，20 表示在 XY 平面的投影点距离 Z 轴 10 个单位，该投影点与原点在 XY 平面的连线相对于 X 轴的夹角为 60°，沿 Z 轴离原点 20 个单位的一个点，如图 15-2 所示。

球面坐标系统中，3D 球面坐标的输入也类似于 2D 极坐标的输入。球面坐标系统由坐标点到原点的距离、该点与坐标原点的连线在 XY 平面内的投影与 X 轴的夹角以及该点与坐标原点的连线与 XY 平面的夹角来定义。具体格式如下。

➥ 绝对坐标形式：XYZ 距离<XY 平面内投影角度<与 XY 平面夹角。

➥ 相对坐标形式：@ XYZ 距离<XY 平面内投影角度<与 XY 平面夹角。

例如，坐标 10<60<15 表示该点距离原点为 10 个单位，与原点连线的投影在 XY 平面内与 X 轴成 60°夹角，连线与 XY 平面成 15°夹角，如图 15-3 所示。

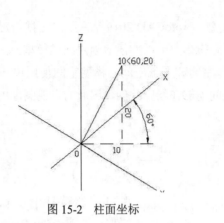

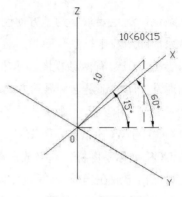

图 15-2　柱面坐标　　　　　　　　　　　　图 15-3　球面坐标

15.1.2　坐标系设置

可以利用相关命令对坐标系进行设置，具体方法如下。

【执行方式】

- ◥ 命令行：UCSMAN（快捷命令：UC）。
- ◥ 菜单栏：选择菜单栏中的"工具"→"命名 UCS"命令。
- ◥ 工具栏：单击"UCSⅡ"工具栏中的"命名 UCS"按钮 。
- ◥ 功能区：单击"视图"选项卡的"坐标"面板中的"UCS，命名 UCS"按钮 。

【操作步骤】

执行上述操作后，系统会打开如图 15-4 所示的 UCS 对话框。

图 15-4　UCS 对话框

【选项说明】

（1）"命名 UCS"选项卡。该选项卡用于显示已有的 UCS、设置当前坐标系，如图 15-4 所示。

在"命名 UCS"选项卡中，用户可以将世界坐标系、上一次使用的 UCS 或某一命名的 UCS 设置为当前坐标。其具体方法是：从列表框中选择某一坐标系，单击"置为当前"按钮。还可以利用选项卡中的"详细信息"按钮，了解指定坐标系相对于某一坐标系的详细信息。其具体步骤是：单击"详细信息"按钮，系统打开如图 15-5 所示的"UCS 详细信息"对话框，该对话框详细说明了用户所选坐标系的原点及 X、Y 和 Z 轴的方向。

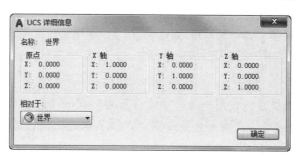

图 15-5 "UCS 详细信息"对话框

（2）"正交 UCS"选项卡。该选项卡用于将 UCS 设置成某一正交模式，如图 15-6 所示。其中，"深度"列用来定义用户坐标系 XY 平面上的正投影与通过用户坐标系原点平行平面之间的距离。

（3）"设置"选项卡。该选项卡用于设置 UCS 图标的显示形式、应用范围等，如图 15-7 所示。

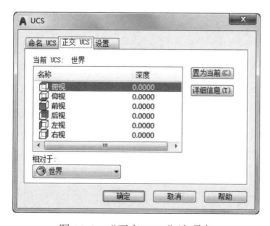
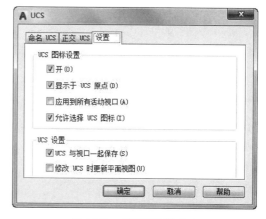

图 15-6 "正交 UCS"选项卡   图 15-7 "设置"选项卡

15.1.3 创建坐标系

在三维环境中创建或修改对象时，可以在三维空间中的任何位置移动和重新定向 UCS，以简化工作。

【执行方式】

➦ 命令行：UCS。

- 菜单栏：选择菜单栏中的"工具"→"新建 UCS"命令。
- 工具栏：单击 UCS 工具栏中的 UCS 按钮 。
- 功能区：单击"视图"选项卡的"坐标"面板中的 UCS 按钮 。

【操作步骤】

```
命令：UCS↙
当前 UCS 名称：*世界*
指定 UCS 的原点或 [面(F)/命名(NA)/对象(OB)/上一个(P)/视图(V)/世界(W)/X/Y/Z/Z轴
(ZA)]<世界>：
```

【选项说明】

（1）指定 UCS 的原点：使用一点、两点或三点定义一个新的 UCS。如果指定单个点 1，当前 UCS 的原点将会移动，而不会更改 X、Y 和 Z 轴的方向。选择该选项，命令行提示与操作如下。

```
指定 X 轴上的点或 <接受>：继续指定 X 轴通过的点 2 或直接按 Enter 键，接受原坐标系 X 轴为新坐标系的 X 轴
指定 XY 平面上的点或 <接受>：继续指定 XY 平面通过的点 3 以确定 Y 轴或直接按 Enter 键，接受原坐标系 XY 平面为新坐标系的 XY 平面，根据右手法则，相应的 Z 轴也同时确定
```

示意图如图 15-8 所示。

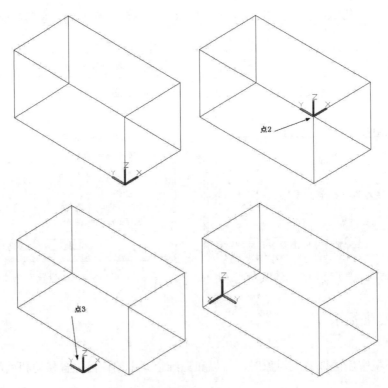

图 15-8　指定原点

（2）面(F)：将 UCS 与三维实体的选定面对齐。要选择一个面，请在此面的边界内或面

的边上单击，被选中的面将亮显，UCS 的 X 轴将与找到的第一个面上最近的边对齐。选择该选项，命令行提示与操作如下。

选择实体面、曲面或网格：（选择面）
输入选项 [下一个(N)/X 轴反向(X)/Y 轴反向(Y)] <接受>:✓（结果如图 15-9 所示）

如果选择"下一个"选项，系统将 UCS 定位于邻接的面或选定边的后向面。

（3）对象(OB)：根据选定三维对象定义新的坐标系，如图 15-10 所示。新建 UCS 的拉伸方向（Z 轴正方向）与选定对象的拉伸方向相同。选择该选项，命令行提示与操作如下。

选择对齐 UCS 的对象：选择对象

对于大多数对象，新 UCS 的原点位于离选定对象最近的顶点处，并且 X 轴与一条边对齐或相切。对于平面对象，UCS 的 XY 平面与该对象所在的平面对齐。对于复杂对象，将重新定位原点，但是轴的当前方向保持不变。

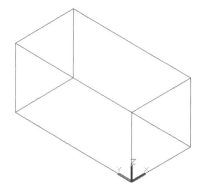

图 15-9　选择面确定坐标系

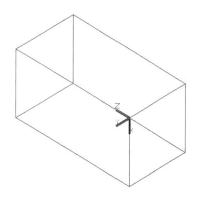

图 15-10　选择对象确定坐标系

（4）视图(V)：以垂直于观察方向（平行于屏幕）的平面为 XY 平面，创建新的坐标系。UCS 原点保持不变。

（5）世界(W)：将当前用户坐标系设置为世界坐标系。WCS 是所有用户坐标系的基准，不能被重新定义。

✍ 技巧：

该选项不能用于下列对象：三维多段线、三维网格和构造线。

（6）X、Y、Z：绕指定轴旋转当前 UCS。

（7）Z 轴(ZA)：利用指定的 Z 轴正半轴定义 UCS。

15.2　动　态　观　察

AutoCAD 2019 提供了具有交互控制功能的三维动态观测器。利用三维动态观测器，用户可以实时地控制和改变当前视口中创建的三维视图，以得到期望的效果。动态观察分为 3 类，受约束的动态观察、自由动态观察和连续动态观察，具体介绍如下。

15.2.1 受约束的动态观察

3DORBIT 可在当前视口中激活三维动态观察视图，并且将显示三维动态观察光标图标。

【执行方式】

❧ 命令行：3DORBIT（快捷命令：3DO）。

❧ 菜单栏：选择菜单栏中的"视图"→"动态观察"→"受约束的动态观察"命令。

❧ 快捷菜单：启用交互式三维视图后，在视口中右击，在弹出的快捷菜单中选择"受约束的动态观察"命令，如图 15-11 所示。

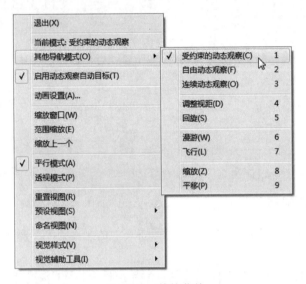

图 15-11　快捷菜单

❧ 工具栏：单击"动态观察"工具栏中的"受约束的动态观察"按钮 或"三维导航"工具栏中的"受约束的动态观察"按钮 。

❧ 功能区：单击"视图"选项卡的"导航"面板中的"动态观察"下拉菜单中的"动态观察"按钮 。

【操作步骤】

执行上述操作后，视图的目标将保持静止，而视点将围绕目标移动。但是，从用户的视点看起来就像三维模型正在随着光标的移动而旋转，用户可以此方式指定模型的任意视图。

系统显示三维动态观察光标图标。如果水平拖动鼠标，相机将平行于世界坐标系（WCS）的 XY 平面移动。如果垂直拖动鼠标，相机将沿 Z 轴移动，如图 15-12 所示。

图 15-12　受约束的三维动态观察

✍ 技巧：

> 3DORBIT 命令处于活动状态时，无法编辑对象。

15.2.2　自由动态观察

3DFORBIT 在当前视口中激活三维自由动态观察视图。

【执行方式】

↳　命令行：3DFORBIT。

↳　菜单栏：选择菜单栏中的"视图"→"动态观察"→"自由动态观察"命令。

↳　快捷菜单：启用交互式三维视图后，在视口中右击，在弹出的快捷菜单中选择"自由动态观察"命令，如图 15-11 所示。

↳　工具栏：单击"动态观察"工具栏中的"自由动态观察"按钮 或"三维导航"工具栏中的"自由动态观察"按钮 。

↳　功能区：单击"视图"选项卡的"导航"面板中的"动态观察"下拉菜单中的"自由动态观察"按钮 。

【操作步骤】

执行上述操作后，在当前视口出现一个绿色的大圆，在大圆上有 4 个绿色的小圆，如图 15-13 所示。此时通过拖动鼠标就可以对视图进行旋转观察。

在三维动态观测器中，查看目标的点被固定，用户可以利用鼠标控制相机位置绕观察对象得到动态的观测效果。当光标在绿色大圆的不同位置进行拖动时，光标的表现形式是不同的，视图的旋转方向也不同。视图的旋转由光标的表现形式和其位置决定，光标在不同位置

图 15-13　自由动态观察

有⊙、⊕、⊕、⊕ 几种表现形式，可分别对对象进行不同形式的旋转。

15.2.3 连续动态观察

在三维空间中连续旋转视图。

【执行方式】

- ↘ 命令行：3DCORBIT。
- ↘ 菜单栏：选择菜单栏中的"视图"→"动态观察"→"连续动态观察"命令。
- ↘ 快捷菜单：启用交互式三维视图后，在视口中右击，在弹出的快捷菜单中选择"连续动态观察"命令，如图 15-11 所示。
- ↘ 工具栏：单击"动态观察"工具栏中的"连续动态观察"按钮 或"三维导航"工具栏中的"连续动态观察"按钮 。
- ↘ 功能区：单击"视图"选项卡的"导航"面板中的"动态观察"下拉菜单中的"连续动态观察"按钮 。

【操作步骤】

执行上述操作后，绘图区出现动态观察图标，按住鼠标左键拖动，图形按鼠标拖动的方向旋转，旋转速度为鼠标拖动的速度，如图 15-14 所示。

图 15-14 连续动态观察

✍ 技巧：

如果设置了相对于当前 UCS 的平面视图，就可以在当前视图用绘制二维图形的方法在三维对象的相应面上绘制图形。

动手练——观察泵盖

观察如图 15-15 所示的泵盖。

图 15-15　泵盖

📋 **思路点拨：**

（1）打开三维动态观察器。
（2）灵活利用三维动态观察器的各种工具进行动态观察。

15.3　漫游和飞行

使用漫游和飞行功能可以产生一种在 XY 平面行走或飞越视图的观察效果。

15.3.1　漫游

交互式更改图形中的三维视图以创建在模型中漫游的外观。

【执行方式】

↳ 命令行：3DWALK。
↳ 菜单栏：选择菜单栏中的"视图"→"漫游和飞行"→"漫游"命令。
↳ 快捷菜单：启用交互式三维视图后，在视口中右击，在弹出的快捷菜单中选择"漫游"命令。
↳ 工具栏：单击"漫游和飞行"工具栏中的"漫游"按钮👣或"三维导航"工具栏中的"漫游"按钮👣。
↳ 功能区：单击"可视化"选项卡的"动画"面板中的"漫游"按钮👣。

【操作步骤】

```
命令：3DWALK↙
```

执行该命令后，系统会打开如图 15-16 所示的提示对话框，单击"修改"按钮，在当前视口中激活漫游模式，在当前视图中显示一个绿色的十字形表示当前漫游位置，同时系统打开"定位器"选项板。在键盘上使用 4 个箭头键或 W（前）、A（左）、S（后）、D（右）键和

鼠标来确定漫游的方向。要指定视图的方向，请沿要进行观察的方向拖动鼠标，也可以直接
通过定位器调节目标指示器，设置漫游位置，如图 15-17 所示。

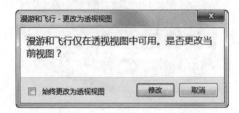

图 15-16 提示

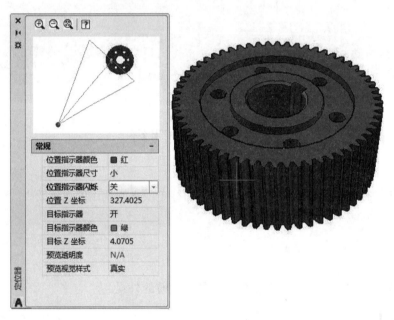

图 15-17 漫游设置

15.3.2 飞行

交互式更改图形中的三维视图以创建在模型中飞行的外观。

【执行方式】

- 命令行：3DFLY。
- 菜单栏：选择菜单栏中的"视图"→"漫游和飞行"→"飞行"命令。
- 快捷菜单：启用交互式三维视图后，在视口中右击，在弹出的快捷菜单中选择"飞行"命令。
- 工具栏：单击"漫游和飞行"工具栏中的"飞行"按钮🛬或"三维导航"工具栏中的"飞行"按钮🛬。

↳ 功能区：单击"可视化"选项卡的"动画"面板中的"飞机"按钮✈。

【操作步骤】

命令：3DFLY✓

执行该命令后，系统在当前视口中激活飞行模式，同时系统打开"定位器"选项板。可以离开 XY 平面，就像在模型中飞越或环绕模型飞行一样。在键盘上使用 4 个箭头键或 W（前）、A（左）、S（后）、D（右）键和鼠标来确定飞行的方向，如图 15-18 所示。

图 15-18　飞行设置

15.3.3　漫游和飞行设置

利用此命令可以控制漫游和飞行导航设置。

【执行方式】

↳ 命令行：WALKFLYSETTINGS。
↳ 菜单栏：选择菜单栏中的"视图"→"漫游和飞行"→"漫游和飞行设置"命令。
↳ 快捷菜单：启用交互式三维视图后，在视口中右击，在弹出的快捷菜单中选择"飞行"命令。
↳ 工具栏：单击"漫游和飞行"工具栏中的"漫游和飞行设置"按钮或"三维导航"工具栏中的"漫游和飞行设置"按钮。
↳ 功能区：单击"可视化"选项卡的"动画"面板中的"漫游和飞行设置"按钮。

【操作步骤】

命令：WALKFLYSETTINGS✓

执行该命令后，系统会打开"漫游和飞行设置"对话框，如图 15-19 所示，可以通过该对话框设置漫游和飞行的相关参数。

图 15-19　"漫游和飞行设置"对话框

15.4　相　　机

相机是 AutoCAD 2019 提供的另外一种三维动态观察功能。相机与动态观察的不同之处在于：动态观察是视点相对对象位置发生变化，相机观察是视点相对对象位置不发生变化。

15.4.1　创建相机

利用创建相机命令可以设置相机位置和目标位置，以创建并保存对象的三维透视视图。

【执行方式】

- 命令行：CAMERA。
- 菜单栏：选择菜单栏中的"视图"→"创建相机"命令。
- 功能区：单击"可视化"选项卡的"相机"面板中的"创建相机"按钮 📷 。

【操作步骤】

```
命令：CAMERA
当前相机设置：高度=0 焦距=50 毫米
指定相机位置：（指定位置）
指定目标位置：（指定位置）
输入选项 [?/名称(N)/位置(LO)/高度(H)/坐标(T)/镜头(LE)/剪裁(C)/视图(V)/退出(X)]
<退出>：
```

设置完毕后，界面出现一个相机符号，表示创建了一个相机。

【选项说明】

（1）位置(LO)：指定相机的位置。

（2）高度(H)：更改相机的高度。

（3）坐标(T)：指定相机的目标。

（4）镜头(LE)：更改相机的焦距。

（5）剪裁(C)：定义前后剪裁平面并设置它们的值。选择该选项，系统提示与操作如下。

是否启用前向剪裁平面？［是(Y)/否(N)］<否>：（指定"是"启用前向剪裁）
指定从坐标平面的后向剪裁平面偏移 <0>：（输入距离）
是否启用后向剪裁平面？［是(Y)/否(N)］<否>：（指定"是"启用后向剪裁）
指定从坐标平面的后向剪裁平面偏移 <0>：（输入距离）

剪裁范围内的对象不可见，如图 15-20 所示，为设置剪裁平面后单击相机符号，系统显示对应的相机预览视图。

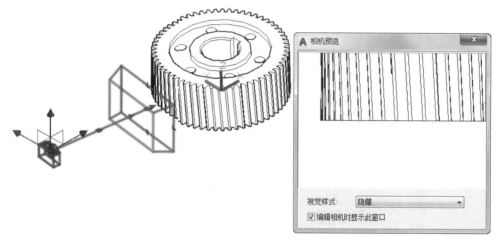

图 15-20　相机及其对应的相机预览

（6）视图(V)：设置当前视图以匹配相机设置。选择该选项，系统提示与操作如下。

是否切换到相机视图？［是(Y)/否(N)］<否>

15.4.2　调整距离

启用交互式三维视图并使对象显示得更近或更远。

【执行方式】

❧　命令行：3DDISTANCE。

❧　菜单栏：选择菜单栏中的"视图"→"相机"→"调整视距"命令。

❧　快捷菜单：启用交互式三维视图后，在视口中右击，在弹出的快捷菜单中选择"调整视距"命令。

❧　工具栏：单击"相机调整"工具栏中的"调整视距"按钮 或"三维导航"工具栏中的"调整视距"按钮 。

【操作步骤】

命令：3DDISTANCE↙
按 Esc 键或 Enter 键退出，或者右击显示快捷菜单

执行该命令后，系统将光标更改为具有上箭头和下箭头的直线。单击并向屏幕顶部垂直拖动光标使相机靠近对象，从而使对象显示得更大。单击并向屏幕底部垂直拖动光标使相机远离对象，从而使对象显示得更小，如图 15-21 所示。

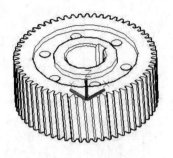

图 15-21　调整距离

15.4.3　回旋

启用回旋命令在拖动方向上更改视图的目标。

【执行方式】

- ➥ 命令行：3DSWIVEL。
- ➥ 菜单栏：选择菜单栏中的"视图"→"相机"→"回旋"命令。
- ➥ 快捷菜单：启用交互式三维视图后，在视口中右击，在弹出的快捷菜单中选择"回旋"命令。
- ➥ 工具栏：单击"相机调整"工具栏中的"回旋"按钮 或单击"三维导航"工具栏中的"回旋"按钮 。

【操作步骤】

命令：3DSWIVEL↙
按 Esc 键或 Enter 键退出，或者右击显示快捷菜单

执行该命令后，系统在拖动方向上模拟平移相机，查看的目标将更改。可以沿 XY 平面或 Z 轴回旋视图，如图 15-22 所示。

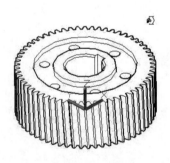

图 15-22　回旋

15.5　显示形式

在 AutoCAD 2019 中，三维实体有多种显示形式，包括二维线框、三维线框、三维消隐、真实、概念、消隐显示等。

15.5.1 视觉样式

零件的不同视觉样式呈现出不同的视觉效果。如果要形象地展示模型效果，可以切换为概念样式；如果要表达模型的内部结构，可以切换为线框样式。

【执行方式】

- 命令行：VSCURRENT。
- 菜单栏：选择菜单栏中的"视图"→"视觉样式"→"二维线框"命令。
- 工具栏：单击"视觉样式"工具栏中的"二维线框"按钮 。
- 功能区：单击"视图"选项卡的"视觉样式"面板中的"二维线框"按钮等。

【操作步骤】

```
命令:VSCURRENT✓
输入选项 [二维线框(2)/线框(W)/隐藏(H)/真实(R)/概念(C)/着色(S)/带边缘着色(E)/灰度
(G)/勾画(SK)/X 射线(X)/其他(O)] <二维线框>:
```

【选项说明】

（1）二维线框(2)：用直线和曲线表示对象的边界。光栅和 OLE 对象、线型和线宽都是可见的。即使将 COMPASS 系统变量的值设置为 1，它也不会出现在二维线框视图中。图 15-23 所示为纽扣的二维线框图。

（2）线框(W)：显示对象时利用直线和曲线表示边界。显示一个已着色的三维 UCS 图标。光栅和 OLE 对象、线型及线宽不可见。可将 COMPASS 系统变量设置为 1 来查看坐标球，将显示应用到对象的材质颜色，图 15-24 所示为纽扣的三维线框图。

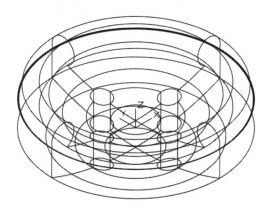
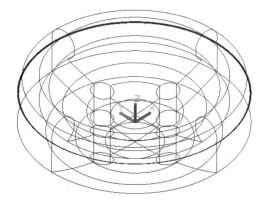

图 15-23　纽扣的二维线框图　　　　图 15-24　纽扣的三维线框图

（3）隐藏(H)：显示用三维线框表示的对象并隐藏表示后向面的直线。图 15-25 所示为纽扣的消隐图。

（4）真实(R)：着色多边形平面间的对象，并使对象的边平滑化。如果已为对象附着材质，将显示已附着到对象材质。图 15-26 所示为纽扣的真实图。

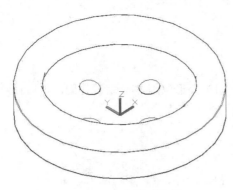

图 15-25　纽扣的消隐图

图 15-26　纽扣的真实图

（5）概念(C)：着色多边形平面间的对象，并使对象的边平滑化。着色使用冷色和暖色之间的过渡，效果缺乏真实感，但是可以更方便地查看模型的细节。图 15-27 所示为纽扣的概念图。

（6）着色(S)：产生平滑的着色模型。图 15-28 所示为纽扣的着色图。

（7）带边缘着色(E)：产生平滑、带有可见边的着色模型。图 15-29 所示为纽扣的带边缘着色图。

图 15-27　纽扣的概念图

图 15-28　纽扣的着色图

（8）灰度(G)：使用单色面颜色模式可以产生灰色效果。图 15-30 所示为纽扣的灰度图。

图 15-29　纽扣的带边缘着色图

图 15-30　纽扣的灰度图

（9）勾画(SK)：使用外伸和抖动产生手绘效果。图 15-31 所示为纽扣的勾画图。

（10）X 射线(X)：更改面的不透明度，使整个场景变成部分透明。图 15-32 所示为纽扣的 X 射线图。

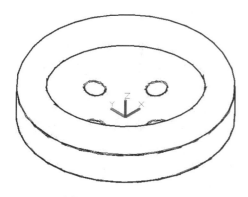

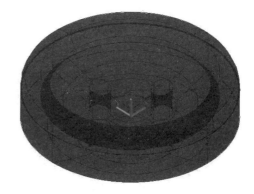

图 15-31　纽扣的勾画图　　　　　　　　图 15-32　纽扣的 X 射线图

（11）其他(O)：选择该选项，命令行提示与操作如下。

输入视觉样式名称 [?]：

可以输入当前图形中的视觉样式名称或输入"?"，以显示名称列表并重复该提示。

15.5.2　视觉样式管理器

视觉样式用来控制视口中模型边和着色的显示，可以在视觉样式管理器中创建和更改视觉样式的设置。

【执行方式】

- ↳ 命令行：VISUALSTYLES。
- ↳ 菜单栏：选择菜单栏中的"视图"→"视觉样式"→"视觉样式管理器"命令或"工具"→"选项板"→"视觉样式"命令。
- ↳ 工具栏：单击"视觉样式"工具栏中的"管理视觉样式"按钮🖼。
- ↳ 功能区：单击"视图"选项卡的"视觉样式"面板中的"视觉样式"下拉菜单中的"视觉样式管理器"按钮。

动手学——更改纽扣的视觉效果

调用素材：*初始文件\第 15 章\纽扣.dwg*

源文件：*源文件\第 15 章\更改纽扣的视觉效果.dwg*

本实例更改纽扣的概念视觉效果，如图 15-33 所示。

扫一扫，看视频

✍ **技巧：**

> 图 **15-33** 为按图 **15-35** 进行设置的概念图显示结果，读者可以与图 **15-34** 进行比较，观察它们之间的差别。

【操作步骤】

（1）打开初始文件\第 15 章\纽扣.DWG 文件，如图 15-34 所示，并将视觉效果设置为概念图。

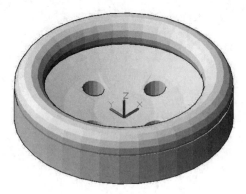

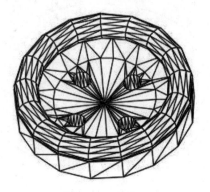

图 15-33　纽扣的概念视觉效果　　　　　　　　图 15-34　纽扣

（2）单击"视图"选项卡的"视觉样式"面板中的"视觉样式"下拉菜单中的"视觉样式管理器"按钮，打开如图 15-35 所示的"视觉样式管理器"选项板。

（3）在选项板中选取"概念"视觉样式，更改光源质量为"镶嵌面的"，颜色为"单色"，阴影显示为"地面阴影"，显示为"无"，如图 15-36 所示。

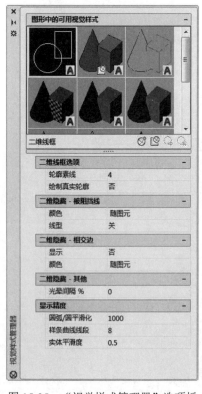

图 15-35　"视觉样式管理器"选项板　　　　　图 15-36　设置概念

（4）更改"概念"视觉效果后的纽扣如图15-33所示。

15.6　渲染实体

渲染是对三维图形对象加上颜色和材质因素，或灯光、背景、场景等因素的操作，能够更真实地表达图形的外观和纹理。渲染是输出图形前的关键步骤，尤其是在效果图的设计中。

15.6.1　贴图

贴图的功能是在实体附着带纹理的材质后，调整实体或面上纹理贴图的方向。当材质被映射后，调整材质以适应对象的形状，将合适的材质贴图类型应用到对象中，可以使之更加适合于对象。

【执行方式】

- ↳　命令行：MATERIALMAP。
- ↳　菜单栏：选择菜单栏中的"视图"→"渲染"→"贴图"命令。
- ↳　工具栏：单击"渲染"工具栏中的"贴图"按钮或"贴图"工具栏中的按钮。

【操作步骤】

命令：MATERIALMAP✓
选择选项[长方体(B)/平面(P)/球面(S)/柱面(C)/复制贴图至(Y)/重置贴图(R)]　<长方体>：

【选项说明】

（1）长方体(B)：将图像映射到类似长方体的实体上。该图像将在对象的每个面上重复使用。

（2）平面(P)：将图像映射到对象上，就像将其从幻灯片投影器投影到二维曲面上一样，图像不会失真，但是会被缩放以适应对象。该贴图最常用于面。

（3）球面(S)：在水平和垂直两个方向上同时使图像弯曲。纹理贴图的顶边在球体的"北极"压缩为一个点；同样，底边在"南极"压缩为一个点。

（4）柱面(C)：将图像映射到圆柱形对象上，水平边将一起弯曲，但顶边和底边不会弯曲。图像的高度将沿圆柱体的轴进行缩放。

（5）复制贴图至(Y)：将贴图从原始对象或面应用到选定对象。

（6）重置贴图(R)：将 UV 坐标重置为贴图的默认坐标。

15.6.2 材质

材质的处理分为"材质浏览器"和"材质编辑器"两种编辑方式。

1. 附着材质

【执行方式】

➥ 命令行：RMAT。

➥ 命令行：MATBROWSEROPEN。

➥ 菜单栏：选择菜单栏中的"视图"→"渲染"→"材质浏览器"命令。

➥ 工具栏：单击"渲染"工具栏中的"材质浏览器"按钮⬚。

➥ 功能区：单击"视图"选项卡的"选项板"面板中的"材质浏览器"按钮⬚或单击"可视化"选项卡的"材质"面板中的"材质浏览器"按钮⬚。

动手学——对纽扣添加材质

调用素材：*初始文件\第 15 章\纽扣.dwg*

源文件：*源文件\第 15 章\对纽扣添加材质.dwg*

本实例对图 15-37 所示的纽扣添加材质。

【操作步骤】

（1）打开初始文件\第 15 章\纽扣.DWG 文件，如图 15-38 所示。

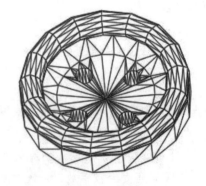

图 15-37　对纽扣添加材质　　　　　　　　图 15-38　纽扣

　　（2）单击"可视化"选项卡的"材质"面板中的"材质浏览器"按钮⬚，打开"材质浏览器"对话框，选择"主视图"→"Autodesk 库"→"塑料"选项，如图 15-39 所示。选择"平滑-红色"材质，拖动到纽扣上，将视觉样式设置为真实，如图 15-40 所示。

　　（3）在"材质浏览器"对话框的"文档材质"中双击刚添加的"平滑-红色"材质，打开如图 15-41 所示的"材质编辑器"对话框，单击颜色右侧的下拉按钮，打开如图 15-42 所示的下拉菜单，选择"木材"选项，打开如图 15-43 所示的"纹理编辑器"对话框，可以更改纹理的外观以及位置，这里采用默认设置，关闭该对话框，纽扣如图 15-44 所示。

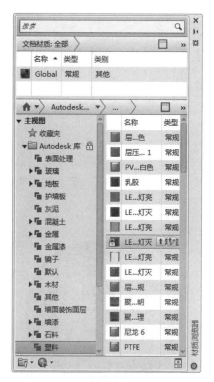

图 15-39　"材质浏览器"选项板

图 15-40　红色纽扣

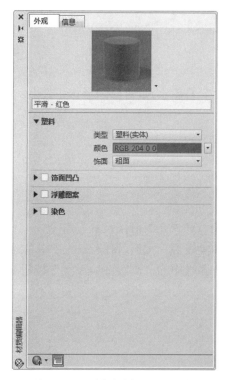

图 15-41　"材质编辑器"对话框

图 15-42　下拉菜单

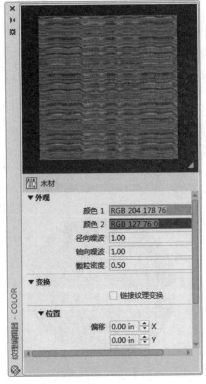

图 15-43　"纹理编辑器"对话框

图 15-44　添加纹理后的纽扣

15.6.3　渲染

与线框图像或着色图像相比，渲染的图像使人更容易想象 3D 对象的形状和大小。渲染对象也使设计者更容易表达其设计思想。

1．高级渲染设置

【执行方式】

- ↳　命令行：RPREF（快捷命令：RPR）。
- ↳　菜单栏：选择菜单栏中的"视图"→"渲染"→"高级渲染设置"命令。
- ↳　工具栏：单击"渲染"工具栏中的"高级渲染设置"按钮 🗐。
- ↳　功能区：单击"视图"选项卡的"选项板"面板中的"高级渲染设置"按钮 🗐。

2．渲染

【执行方式】

- ↳　命令行：RENDER（快捷命令：RR）。
- ↳　功能区：单击"可视化"选项卡的"渲染"面板中的"渲染到尺寸"按钮 🗐。

动手学——渲染纽扣

调用素材：初始文件\第 15 章\对纽扣添加材质.dwg

源文件：源文件\第 15 章\渲染纽扣.dwg

本实例对附材质后的纽扣进行渲染，如图 15-45 所示。

图 15-45　渲染纽扣

【操作步骤】

（1）打开初始文件\第 15 章\对纽扣添加材质.dwg 文件。

（2）选择菜单栏中的"视图"→"渲染"→"高级渲染设置"命令，打开"渲染预设管理器"选项板，设置渲染位置为"窗口"，渲染精确性为"高"，其他采用默认设置，如图 15-46 所示，关闭该选项板。

（3）单击"可视化"选项卡的"渲染"面板中的"渲染到尺寸"按钮，对纽扣进行渲染，结果如图 15-45 所示。

（4）选择菜单栏中的"视图"→"渲染"→"高级渲染设置"命令，打开"高级渲染设置"选项板，设置渲染位置为"窗口"，渲染精确性为"草稿"，其他采用默认设置，如图 15-47 所示，关闭该选项板。

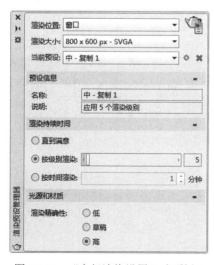

图 15-46　"高级渲染设置"选项板 1

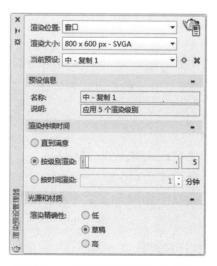

图 15-47　"高级渲染设置"选项板 2

（5）单击"可视化"选项卡的"渲染"面板中的"渲染到尺寸"按钮，打开渲染窗口对纽扣进行渲染，结果如图 15-48 所示。

图 15-48　渲染窗口

15.7　视点设置

对三维造型而言，不同的角度和视点观察的效果完全不同，所谓"横看成岭侧成峰"。为了以合适的角度观察物体，需要设置观察的视点。AutoCAD 2019 为用户提供了相关的方法。

15.7.1　利用对话框设置视点

AutoCAD 2019 提供了"视点预置"功能，帮助读者事先设置观察视点。具体操作方法如下。

【执行方式】

➤　命令行：DDVPOINT。

↳　菜单栏：选择菜单栏中的"视图"→"三维视图"→"视点预设"命令。

【操作步骤】

命令：DDVPOINT✓

执行 DDVPOINT 命令或选择相应的菜单，AutoCAD 2019 弹出"视点预设"对话框，如图 15-49 所示。

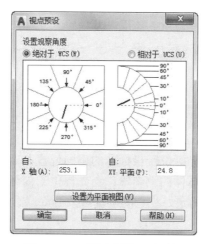

图 15-49　"视点预设"对话框

在"视点预设"对话框中，左侧的图形用于确定视点和原点的连线在 XY 平面的投影与 X 轴正方向的夹角；右侧的图形用于确定视点和原点的连线与其在 XY 平面的投影的夹角。用户也可以在"自：X 轴"和"自：XY 平面"两个文本框中输入相应的角度。"设置为平面视图"按钮用于将三维视图设置为平面视图。用户设置好视点的角度后，单击"确定"按钮，AutoCAD 2019 按该点显示图形。

15.7.2　利用罗盘确定视点

在 AutoCAD 2019 中，用户可以通过罗盘和三轴架确定视点。罗盘是以二维显示的地球仪，它的中心是北极（0,0,1），相当于视点位于 Z 轴的正方向；内部的圆环为赤道（n,n,0）；外部的圆环为南极（0,0,-1），相当于视点位于 Z 轴的负方向。

【执行方式】

↳　命令行：VPOINT。

↳　菜单栏：选择菜单栏中的"视图"→"三维视图"→"视点"命令。

【操作步骤】

命令行提示与操作如下。

命令：VPOINT
当前视图方向：VIEWDIR=0.0000,0.0000,1.0000
指定视点或 [旋转(R)] <显示指南针和三轴架>：

"显示指南针和三轴架"是系统默认的选项，直接按 Enter 键即执行<显示坐标球和三轴架>命令，AutoCAD 2019 出现如图 15-50 所示的罗盘和三轴架。

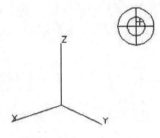

图 15-50　罗盘和三轴架

在图 15-50 中，罗盘相当于球体的俯视图，十字光标表示视点的位置。确定视点时，拖动鼠标使光标在坐标球移动时，三轴架的 X、Y 轴也会绕 Z 轴转动。三轴架转动的角度与光标在坐标球上的位置相对应，光标位于坐标球的不同位置，对应的视点也不相同。当光标位于内环内部时，相当于视点在球体的上半球；当光标位于内环与外环之间时，相当于视点在球体的下半球。用户根据需要确定好视点的位置后按 Enter 键，AutoCAD 2019 按该视点显示三维模型。

15.8　模拟认证考试

1．在对三维模型进行操作时下列说法错误的是（　　　）。

A．消隐指的是：显示用三维线框表示的对象并隐藏表示后方的直线。

B．在三维模型使用着色后，使用"重画"命令可停止着色图形以网格显示。

C．用于着色操作的面板名称是：视觉样式。

D．在命令行中可以用 SHADEMODE 命令配合参数实现着色操作。

2．在 Streering Wheels 控制盘中，单击动态观察选项，可以围绕轴心进行动态观察，动态观察的轴心使用鼠标加（　　　）键可以调整。

A．Shift　　　　　　　　　　　　　　　　B．Ctrl

C．Alt　　　　　　　　　　　　　　　　　D．Tab

3．用 VPOINT 命令，输入视点坐标（-1,-1,1）后，结果同（　　　）三维视图。

A．西南等轴测　　　　　　　　　　　　　B．东南等轴测

C．东北等轴测　　　　　　　　　　　　　D．西北等轴测

4．在三点定义 UCS 时，其中第三点表示为（　　　）。

A．坐标系原点　　　　　　　　　　　　　B．X 轴正方向

C．Y 轴正方向　　　　　　　　　　　　　D．Z 轴正方形

5．如果需要在实体表面另外绘制二维截面轮廓，则必须应用（　　　）命令来建立绘图平面。

A．建模工具　　　　　　　　　　　B．实体编辑工具

C．UCS　　　　　　　　　　　　　D．三维导航工具

6．利用三维动态观察器观察如图 15-51 所示的图形。

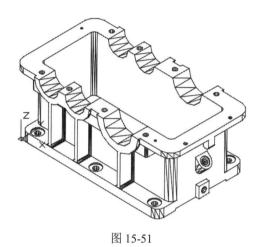

图 15-51

7．给如图 15-51 所示的图形添加材质并渲染。

第 16 章　三维曲面造型

内容简介

本章主要介绍不同三维曲面造型的绘制方法、曲面操作和曲面编辑，包括三维多段线、三维面、长方体、圆柱体、偏移曲面、过渡曲面、提高平滑度等。

内容要点

➥ 基本三维绘制
➥ 绘制基本三维网格
➥ 绘制三维网格
➥ 曲面操作
➥ 网格编辑
➥ 模拟认证考试

案例效果

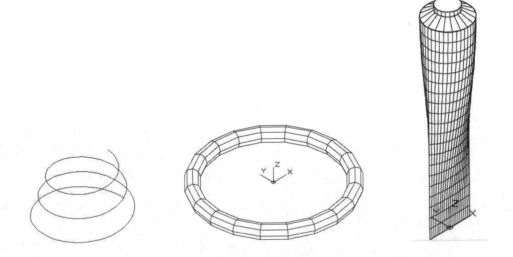

16.1　基本三维绘制

在三维图形中有一些最基本的图形元素，它们是组成三维图形的最基本要素。下面依次进行讲解。

16.1.1 绘制三维多段线

在前面学习过二维多段线，三维多段线与二维多段线类似，也是由具有宽度的线段和圆弧组成。只是这些线段和圆弧是空间的。

【执行方式】

❏ 命令行：3DPLOY。

❏ 菜单栏：选择菜单栏中的"绘图"→"三维多段线"命令。

❏ 功能区：单击"默认"选项卡的"绘图"面板中的"三维多段线"按钮 。

【操作步骤】

```
命令：3DPLOY✓
指定多段线的起点：（指定某一点或者输入坐标点）
指定直线的端点或 [放弃(U)]：（指定下一点）
指定直线的端点或 [闭合(C)/放弃(U)]：（指定下一点）
```

16.1.2 绘制三维面

三维面是指以空间 3 个点或 4 个点组成一个面。可以通过任意指定 3 点或 4 点来绘制三维面，下面具体讲述其绘制方法。

【执行方式】

❏ 命令行：3DFACE（快捷命令：3F）。

❏ 菜单栏：选择菜单栏中的"绘图"→"建模"→"网格"→"三维面"命令。

【操作步骤】

```
命令：3DFACE✓
指定第一点或 [不可见(I)]：指定某一点或输入 I
```

【选项说明】

（1）指定第一点：输入某一点的坐标或用鼠标确定某一点，以定义三维面的起点。在输入第一点后，可按顺时针或逆时针方向输入其余的点，以创建普通三维面。如果在输入 4 点后按 Enter 键，则以指定第 4 点生成一个空间的三维平面。如果在提示下继续输入第二个平面上的第 3 点和第 4 点坐标，则生成第二个平面。该平面以第一个平面的第 3 点和第 4 点作为第二个平面的第 1 点和第 2 点，创建第二个三维平面。继续输入点可以创建用户要创建的平面，按 Enter 键结束。

（2）不可见(I)：控制三维面各边的可见性，以便创建有孔对象的正确模型。如果在输入某一边之前输入 I，则可以使该边不可见。

图 16-1 所示为创建一长方体时某一边使用 I 命令和不使用 I 命令的视图比较。

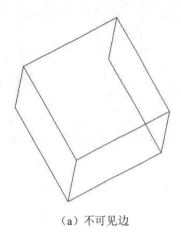
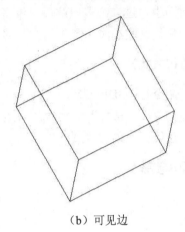

（a）不可见边 　　　　　　　　　　　　　　　　（b）可见边

图 16-1 　"不可见"命令选项视图比较

16.1.3　绘制三维网格

在 AutoCAD 2019 中，可以指定多个点来组成三维网格，这些点按指定的顺序来确定其空间位置。下面简要介绍其具体方法。

【执行方式】

➥ 　命令行：3DMESH。

【操作步骤】

```
命令：3DMESH↙
输入 M 方向上的网格数量：输入 2～256 之间的值
输入 N 方向上的网格数量：输入 2～256 之间的值
指定顶点(0,0)的位置：输入第一行第一列的顶点坐标
指定顶点(0,1)的位置：输入第一行第二列的顶点坐标
指定顶点(0,2)的位置：输入第一行第三列的顶点坐标
...
指定顶点(0,N-1)的位置：输入第一行第 N 列的顶点坐标
指定顶点(1,0)的位置：输入第二行第一列的顶点坐标
指定顶点(1,1)的位置：输入第二行第二列的顶点坐标
...
指定顶点(1,N-1)的位置：输入第二行第 N 列的顶点坐标
...
指定顶点(M-1,N-1)的位置：输入第 M 行第 N 列的顶点坐标
```

图 16-2 所示为绘制的三维网格表面。

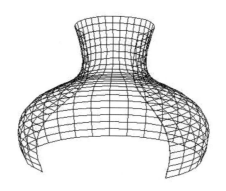

图 16-2　三维网格表面

16.1.4　绘制三维螺旋线

利用此命令可以创建二维螺旋或三维弹簧。

【执行方式】

- ⬎　命令：HELIX。
- ⬎　菜单栏：选择菜单栏中的"绘图"→"螺旋"命令。
- ⬎　工具栏：单击"建模"工具栏中的"螺旋"按钮 。
- ⬎　功能区：单击"默认"选项卡的"绘图"面板中的"螺旋"按钮 。

动手学——螺旋线

源文件：源文件\第 16 章\螺旋线.dwg

本实例绘制如图 16-3 所示的螺旋线。

扫一扫，看视频

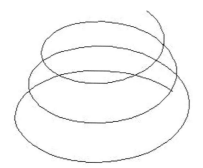

图 16-3　螺旋线

✍ 技巧：

> 可以通过拖曳的方式动态确定螺旋线的各尺寸。

【操作步骤】

（1）单击菜单栏中的"视图"→"三维视图"→"西南等轴测"命令，将视图切换到西南等轴测视图。

（2）单击"默认"选项卡的"绘图"面板中的"螺旋"按钮 ❸，在坐标原点处创建螺旋线，命令行提示与操作如下。

```
命令：_Helix
圈数 = 3.0000      扭曲=CCW
指定底面的中心点：0,0,0
指定底面半径或 [直径(D)] <1.0000>：50
指定顶面半径或 [直径(D)] <50.0000>：30
指定螺旋高度或 [轴端点(A)/圈数(T)/圈高(H)/扭曲(W)] <1.0000>：60
```

结果如图 16-3 所示。

【选项说明】

（1）指定螺旋高度：指定螺旋线的高度。执行该选项，即输入高度值后按 Enter 键，即可绘制出对应的螺旋线。

（2）轴端点(A)：确定螺旋线轴的另一端点位置。执行该选项，AutoCAD 2019 提示如下。

```
指定轴端点：
```

在此提示下指定轴端点的位置即可。指定轴端点后，所绘螺旋线的轴线沿螺旋线底面中心点与轴端点的连线方向，即螺旋线底面不再与 UCS 的 XY 面平行。

（3）圈数(T)：设置螺旋线的圈数（默认值为 3，最大值为 500）。执行该选项，AutoCAD 2019 提示如下。

```
输入圈数：
```

在此提示下输入圈数值即可。

（4）圈高(H)：指定螺旋线一圈的高度（即圈间距，又称为节距，指螺旋线旋转一圈后，沿轴线方向移动的距离）。执行该选项，AutoCAD 2019 提示如下。

```
指定圈间距：
```

根据提示响应即可。

（5）扭曲(W)：确定螺旋线的旋转方向（即旋向）。执行该选项，AutoCAD 2019 提示如下。

```
输入螺旋的扭曲方向 [顺时针(CW)/逆时针(CCW)] <CCW>：
```

根据提示响应即可。

16.2　绘制基本三维网格

网格模型由使用多边形表示来定义三维形状的顶点、边和面组成。三维基本图元与三维基本形体表面类似，有长方体表面、圆柱体表面、棱锥面、楔体表面、球面、圆锥面、圆环面等。但是与实体模型不同的是，网格没有质量特性。

16.2.1　绘制网格长方体

给定长、宽、高绘制一个立方壳面。

【执行方式】

↳　命令行：MESH。

↳　菜单栏：选择菜单栏中的"绘图"→"建模"→"网格"→"图元"→"长方体(B)"命令。

↳　工具栏：单击"平滑网格图元"工具栏中的"网格长方体"按钮▦。

↳　功能区：单击"三维工具"选项卡的"建模"面板中的"网格长方体"按钮▦。

【操作步骤】

```
命令：MESH
当前平滑度设置为：0
输入选项 [长方体(B)/圆锥体(C)/圆柱体(CY)/棱锥体(P)/球体(S)/楔体(W)/圆环体(T)/设置(SE)] <长方体>:B
指定第一个角点或 [中心(C)]:
指定其他角点或 [立方体(C)/长度(L)]:
指定宽度
指定高度或 [两点(2P)]:
```

【选项说明】

（1）指定第一个角点：设置网格长方体的第一个角点。

（2）中心：设置网格长方体的中心。

（3）立方体：将长方体的所有边设置为长度相等。

（4）指定宽度：设置网格长方体沿 Y 轴的宽度。

（5）指定高度：设置网格长方体沿 Z 轴的高度。

（6）两点（高度）：基于两点之间的距离设置高度。

16.2.2　绘制网格圆锥体

给定圆心、底圆半径和顶圆半径绘制一个圆锥。

【执行方式】

↳　命令行：MESH。

↳　菜单栏：选择菜单栏中的"绘图"→"建模"→"网格"→"图元"→"圆锥体(C)"命令。

↳　工具栏：单击"平滑网格图元"工具栏中的"网格圆锥体"按钮▲。

↳　功能区：单击"三维工具"选项卡的"建模"面板中的"网格圆锥体"按钮▲。

【操作步骤】

```
命令：_MESH
当前平滑度设置为：0
输入选项 [长方体(B)/圆锥体(C)/圆柱体(CY)/棱锥体(P)/球体(S)/楔体(W)/圆环体(T)/设置
(SE)] <圆柱体>：_CYLINDER
指定底面的中心点或 [三点(3P)/两点(2P)/切点、切点、半径(T)/椭圆(E)]：
指定底面半径或 [直径(D)]：
指定高度或 [两点(2P)/轴端点(A)] <100>：
```

【选项说明】

（1）指定底面的中心点：设置网格圆锥体底面的中心点。

（2）三点(3P)：通过指定三点设置网格圆锥体的位置、大小和平面。

（3）两点（直径）：根据两点定义网格圆锥体的底面直径。

（4）切点、切点、半径(T)：定义具有指定半径，且半径与两个对象相切的网格圆锥体的底面。

（5）椭圆(E)：指定网格圆锥体的椭圆底面。

（6）指定底面半径：设置网格圆锥体底面的半径。

（7）指定直径：设置圆锥体的底面直径。

（8）指定高度：设置网格圆锥体沿与底面所在平面垂直的轴的高度。

（9）两点(高度)：通过指定两点之间的距离定义网格圆锥体的高度。

（10）轴端点(A)：设置圆锥体的顶点的位置或圆锥体平截面顶面的中心位置。轴端点的方向可以为三维空间中的任意位置。

（11）顶面半径(T)：指定创建圆锥体平截面时圆锥体的顶面半径。

16.2.3　绘制网格圆柱体

【执行方式】

➜　命令行：MESH。

➜　菜单栏：选择菜单栏中的"绘图"→"建模"→"网格"→"图元"→"圆柱体(CY)"命令。

➜　工具栏：单击"平滑网格图元"工具栏中的"网格圆柱体"按钮 🔳。

➜　功能区：单击"三维工具"选项卡的"建模"面板中的"网格圆柱体"按钮 🔳。

【操作步骤】

```
命令：_MESH
当前平滑度设置为：0
输入选项 [长方体(B)/圆锥体(C)/圆柱体(CY)/棱锥体(P)/球体(S)/楔体(W)/圆环体(T)/设置
(SE)] <圆柱体>：_CYLINDER
```

```
指定底面的中心点或 [三点(3P)/两点(2P)/切点、切点、半径(T)/椭圆(E)]:
指定底面半径或 [直径(D)]:
指定高度或 [两点(2P)/轴端点(A)] <100>:
```

【选项说明】

（1）指定底面的中心点：设置网格圆柱体底面的中心点。

（2）三点(3P)：通过指定三点设置网格圆柱体的位置、大小和平面。

（3）两点（直径）：通过指定两点设置网格圆柱体底面的直径。

（4）两点（高度）：通过指定两点之间的距离定义网格圆柱体的高度。

（5）切点、切点、半径(T)：定义具有指定半径，且半径与两个对象相切的网格圆柱体的底面。如果指定的条件可生成多种结果，则将使用最近的切点。

（6）椭圆(E)：指定网格圆柱体的椭圆底面。

（7）指定底面半径：设置网格圆柱体底面的半径。

（8）直径(D)：设置圆柱体的底面直径。

（9）高度：设置网格圆柱体沿与底面所在平面垂直的轴的高度。

（10）轴端点(A)：设置圆柱体顶面的位置。轴端点的方向可以为三维空间中的任意位置。

16.2.4　绘制网格棱锥体

给定棱台各顶点绘制一个棱台，或者给定棱锥各顶点绘制一个棱锥。

【执行方式】

- 命令行：MESH。
- 菜单栏：选择菜单栏中的"绘图"→"建模"→"网格"→"图元"→"棱锥体(P)"命令。
- 工具栏：单击"平滑网格图元"工具栏中的"网格棱锥体"按钮 ▲。
- 功能区：单击"三维工具"选项卡的"建模"面板中的"网格棱锥体"按钮 ▲。

【操作步骤】

```
命令：_MESH
当前平滑度设置为：0
输入选项 [长方体(B)/圆锥体(C)/圆柱体(CY)/棱锥体(P)/球体(S)/楔体(W)/圆环体(T)/设置
(SE)] <棱锥体>：_PYRAMID
4 个侧面　外切
指定底面的中心点或 [边(E)/侧面(S)]:
指定底面半径或 [内接(I)] <50>:
指定高度或 [两点(2P)/轴端点(A)/顶面半径(T)] <100>:
```

【选项说明】

（1）指定底面的中心点：设置网格棱锥体底面的中心点。

（2）边(E)：设置网格棱锥体底面一条边的长度，如指定的两点所指明的长度一样。

（3）侧面(S)：设置网格棱锥体的侧面数，输入 3～32 的正值。

（4）指定底面半径：设置网格棱锥体底面的半径。

（5）内接(I)：指定网格棱锥体的底面是内接的，还是绘制在底面半径内。

（6）指定高度：设置网格棱锥体沿与底面所在的平面垂直的轴的高度。

（7）两点（高度）：通过指定两点之间的距离定义网格棱锥体的高度。

（8）轴端点(A)：设置棱锥体顶点的位置或棱锥体平截面顶面的中心位置。轴端点的方向可以为三维空间中的任意位置。

（9）顶面半径(T)：指定创建棱锥体平截面时网格棱锥体的顶面半径。

（10）外切：指定棱锥体的底面是外切的，还是绕底面半径绘制。

16.2.5　绘制网格球体

给定圆心和半径绘制一个球。

【执行方式】

- ➥ 命令行：MESH。
- ➥ 菜单栏：选择菜单栏中的"绘图"→"建模"→"网格"→"图元"→"球体(S)"命令。
- ➥ 工具栏：单击"平滑网格图元"工具栏中的"网格球体"按钮 ⬤。
- ➥ 功能区：单击"三维工具"选项卡的"建模"面板中的"网格球体"按钮 ⬤。

【操作步骤】

```
命令：_MESH
当前平滑度设置为：0
输入选项 [长方体(B)/圆锥体(C)/圆柱体(CY)/棱锥体(P)/球体(S)/楔体(W)/圆环体(T)/设置
(SE)] <球体>：_SPHERE
指定中心点或 [三点(3P)/两点(2P)/切点、切点、半径(T)]：
指定半径或 [直径(D)] <214.2721>：
```

【选项说明】

（1）指定中心点：设置球体的中心点。

（2）三点(3P)：通过指定三点设置网格球体的位置、大小和平面。

（3）两点（直径）：通过指定两点设置网格球体的直径。

（4）切点、切点、半径(T)：使用与两个对象相切的指定半径定义网格球体。

16.2.6　绘制网格楔体

给定长、宽、高绘制一个立体楔形。

【执行方式】

➥ 命令行：MESH。

➥ 菜单栏：选择菜单栏中的"绘图"→"建模"→"网格"→"图元"→"楔体(W)"命令。

➥ 工具栏：单击"平滑网格图元"工具栏中的"网格楔体"按钮 。

➥ 功能区：单击"三维工具"选项卡的"建模"面板中的"网格楔体"按钮 。

【操作步骤】

```
命令：_MESH
当前平滑度设置为：0
输入选项 [长方体(B)/圆锥体(C)/圆柱体(CY)/棱锥体(P)/球体(S)/楔体(W)/圆环体(T)/设置
(SE)] <楔体>：_WEDGE
指定第一个角点或 [中心(C)]：
指定其他角点或 [立方体(C)/长度(L)]：l
指定长度 <342.6887>：
指定宽度 <232.8676>：
指定高度或 [两点(2P)] <146.2245>：
```

【选项说明】

（1）立方体(C)：将网格楔体底面的所有边设为长度相等。

（2）长度(L)：设置网格楔体底面沿 X 轴的长度。

（3）指定宽度：设置网格楔体沿 Y 轴的宽度。

（4）指定高度：设置网格楔体的高度。输入正值将沿当前 UCS 的 Z 轴正方向绘制高度。输入负值将沿当前 UCS 的 Z 轴负方向绘制高度。

（5）两点（高度）：通过指定两点之间的距离定义网格楔体的高度。

16.2.7　绘制网格圆环体

给定圆心、环的半径和管的半径绘制一个圆环。

【执行方式】

➥ 命令行：MESH。

➥ 菜单栏：选择菜单栏中的"绘图"→"建模"→"网格"→"图元"→"圆环体(T)"命令。

➥ 工具栏：单击"平滑网格图元"工具栏中的"网格圆环体"按钮 。

➥ 功能区：单击"三维工具"选项卡的"建模"面板中的"网格圆环体"按钮 。

动手学——手环

源文件：源文件\第 16 章\手环.dwg

绘制如图 16-4 所示的手环。

扫一扫，看视频

【操作步骤】

（1）单击菜单栏中的"视图"→"三维视图"→"西南等轴测"命令，设置视图方向。

（2）在命令行中输入 DIVMESHTORUSPATH 命令，将圆环体网格的边数设置为 20，命令行提示与操作如下。

```
命令：DIVMESHTORUSPATH
输入 DIVMESHTORUSPATH 的新值 <8>：20
```

（3）单击"三维工具"选项卡的"建模"面板中的"网格圆环体"按钮 ，绘制手镯网格。命令行提示与操作如下。

```
命令：_MESH
当前平滑度设置为：0
输入选项 [长方体(B)/圆锥体(C)/圆柱体(CY)/棱锥体(P)/球体(S)/楔体(W)/圆环体(T)/设置
(SE)] <圆环体>：_TORUS
指定中心点或 [三点(3P)/两点(2P)/切点、切点、半径(T)]：0,0,0
指定半径或 [直径(D)]：100
指定圆管半径或 [两点(2P)/直径(D)]：10
```

结果如图 16-5 所示。

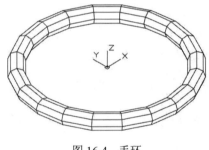
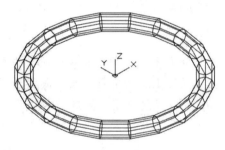

图 16-4　手环　　　　　　　　　　　　图 16-5　手环网格

（4）单击"可视化"选项卡的"视觉样式"面板中的"隐藏"按钮 ，对图形进行消隐处理。最终结果如图 16-4 所示。

【选项说明】

（1）指定中心点：设置网格圆环体的中心点。

（2）三点(3P)：通过指定三点设置网格圆环体的位置、大小和旋转面。圆管的路径通过指定的点。

（3）两点（圆环体直径）：通过指定两点设置网格圆环体的直径。直径从圆环体的中心点开始计算，直至圆管的中心点。

（4）切点、切点、半径(T)：定义与两个对象相切的网格圆环体半径。

（5）指定半径（圆环体）：设置网格圆环体的半径，从圆环体的中心点开始测量，直至圆管的中心点。

（6）指定直径（圆环体）：设置网格圆环体的直径，从圆环体的中心点开始测量，直至圆管的中心点。

（7）指定圆管半径：设置沿网格圆环体路径扫掠的轮廓半径。

（8）两点（圆管半径）：基于指定的两点之间的距离设置圆管轮廓的半径。

16.3　绘制三维网格

在三维造型的生成过程中，有一种思路是通过二维图形来生成三维网格。AutoCAD 2019提供了4种方法来实现。

16.3.1　直纹网格

创建用于表示两直线或曲线之间的曲面的网格。

【执行方式】

- ➥　命令行：RULESURF。
- ➥　菜单栏：选择菜单栏中的"绘图"→"建模"→"网格"→"直纹网格"命令。
- ➥　功能区：单击"三维工具"选项卡的"建模"面板中的"直纹曲面"按钮。

【操作步骤】

```
命令：_rulesurf
当前线框密度：SURFTAB1=6
选择第一条定义曲线：
选择第二条定义曲线：
```

选择两条用于定义网格的边，边可以是直线、圆弧、样条曲线、圆或多段线。如果有一条边是闭合的，那么另一条边必须是闭合的。也可以将点用作开放曲线或闭合曲线的一条边。

MESHTYPE 系统变量设置创建的网格的类型。默认情况下创建网格对象。将变量设定为0 以创建传统多面网格或多边形网格。

对于闭合曲线，无须考虑选择的对象。如果曲线是一个圆，直纹网格将从 0 度象限点开始绘制，此象限点由当前 X 轴加上 SNAPANG 系统变量的当前值确定。对于闭合多段线，直纹网格从最后一个顶点开始并反向沿着多段线的线段绘制，在圆和闭合多段线之间创建直纹网格可能会造成乱纹。

16.3.2　平移网格

将路径曲线沿方向矢量进行平移后构成平移曲面。

【执行方式】

↳ 命令行：TABSURF。

↳ 菜单栏：选择菜单栏中的"绘图"→"建模"→"网格"→"平移网格"命令。

↳ 功能区：单击"三维工具"选项卡的"建模"面板中的"平移曲面"按钮 。

【操作步骤】

```
命令：_tabsurf
当前线框密度：SURFTAB1=6
选择用作轮廓曲线的对象：（选择一个已经存在的轮廓曲线）
选择用作方向矢量的对象：（选择一个方向线）
```

【选项说明】

（1）轮廓曲线：可以是直线、圆弧、圆、椭圆、二维或三维多段线。AutoCAD 2019 默认从轮廓曲线上离选定点最近的点开始绘制曲面。

（2）方向矢量：指出形状的拉伸方向和长度。在多段线或直线上选定的端点决定拉伸的方向。

16.3.3 旋转网格

使用 REVSURF 命令可以将曲线或轮廓绕指定的旋转轴旋转一定的角度，从而创建旋转网格。旋转轴可以是直线，也可以是开放的二维或三维多段线。

【执行方式】

↳ 命令行：REVSURF。

↳ 菜单栏：选择菜单栏中的"绘图"→"建模"→"网格"→"旋转网格"命令。

动手学——花盆

源文件：源文件\第 16 章\花盆.dwg

本实例绘制的花盆如图 16-6 所示。

图 16-6　花盆

【操作步骤】

（1）在命令行中输入 SURFTAB1 和 SURFTAB2，设置曲面的线框密度为 20。

（2）单击"默认"选项卡的"绘图"面板中的"直线"按钮 ╱，以坐标原点为起点绘制一条竖直线。

（3）单击"默认"选项卡的"绘图"面板中的"多段线"按钮 ⟩，绘制花盆的轮廓线，命令行提示与操作如下。

```
命令: _pline
指定起点: 10,0
当前线宽为 0.0000
指定下一个点或 [圆弧(A)/半宽(H)/长度(L)/放弃(U)/宽度(W)]: <正交 开> @30,0
指定下一个点或 [圆弧(A)/闭合(C)/半宽(H)/长度(L)/放弃(U)/宽度(W)]: @80<80
指定下一个点或 [圆弧(A)/闭合(C)/半宽(H)/长度(L)/放弃(U)/宽度(W)]: @20,0
指定下一个点或 [圆弧(A)/闭合(C)/半宽(H)/长度(L)/放弃(U)/宽度(W)]:
```

结果如图 16-7 所示。

（4）单击"默认"选项卡的"修改"面板中的"圆角"按钮 ╭，设置圆角半径为 10，对斜直线与上端水平线进行圆角处理；重复"圆角"命令，设置圆角半径为 5，对下端水平直线与斜直线进行圆角处理，结果如图 16-8 所示。

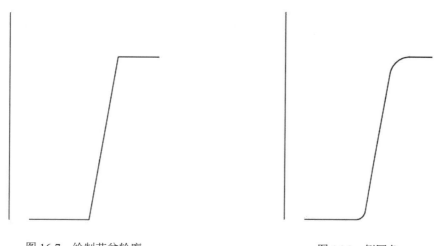

图 16-7　绘制花盆轮廓　　　　　　　　图 16-8　倒圆角

（5）选择菜单栏中的"绘图"→"建模"→"网格"→"旋转网格"命令，将圆角后多段线绕竖直线旋转 360 度，命令行提示与操作如下。

```
命令: _revsurf
当前线框密度: SURFTAB1=20  SURFTAB2=20
选择要旋转的对象:选取多段线
选择定义旋转轴的对象:选取竖直线
指定起点角度 <0>:
指定夹角 (+=逆时针, -=顺时针) <360>:360
```

结果如图 16-9 所示。

图 16-9　旋转曲面

（6）单击"视图"选项卡的"导航"面板中的"自由动态观察"按钮 ，调整视图方向，并删除竖直线，结果如图 16-6 所示。

【选项说明】

（1）起点角度：如果设置为非零值，平面将从生成路径曲线位置的某个偏移处开始旋转。

（2）夹角：用来指定绕旋转轴旋转的角度。

（3）系统变量 SURFTAB1 和 SURFTAB2：用来控制生成网格的密度。SURFTAB1 指定在旋转方向上绘制的网格线数目；SURFTAB2 指定将绘制的网格线数目进行等分。

16.3.4　平面曲面

可以通过选择关闭的对象或指定矩形表面的对角点创建平面曲面。支持首先拾取选择并基于闭合轮廓生成平面曲面。通过命令指定曲面的角点，将创建平行于工作平面的曲面。

【执行方式】

- �' 命令行：PLANESURF。
- ➘ 菜单栏：选择菜单栏中的"绘图"→"建模"→"曲面"→"平面"命令。
- ➘ 工具栏：单击"曲面创建"工具栏中的"平面曲面"按钮 。
- ➘ 功能区：单击"三维工具"选项卡的"曲面"面板中的"平面曲面"按钮 。

动手学——葫芦

源文件：源文件\第 16 章\葫芦.dwg

绘制如图 16-10 所示的葫芦。

【操作步骤】

（1）将视图切换到前视图，单击"默认"选项卡的"绘图"面板中的"直线"按钮 和"样条曲线拟合"按钮 ，绘制如图 16-11 所示的图形。

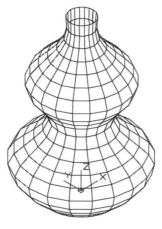

图 16-10　葫芦

图 16-11　绘制图形

（2）在命令行中输入 SURFTAB1 和 SURFTAB2，设置曲面的线框密度为 20。

（3）将视图切换到西南等轴测视图，选择菜单栏中的"绘图"→"建模"→"网格"→"旋转网格"命令，将样条曲线绕竖直线旋转 360°，创建旋转网格，结果如图 16-12 所示。

（4）在命令行中输入 UCS 命令，将坐标系恢复到世界坐标系。

（5）单击"默认"选项卡的"绘图"面板中的"圆"按钮 ⊙，以坐标原点为圆心，捕捉旋转曲面下方端点绘制圆。

（6）单击"三维工具"选项卡的"曲面"面板中的"平面曲面"按钮 ▰，以圆为对象创建平面。其中的命令行提示与操作如下。

```
命令：_Planesurf
指定第一个角点或 [对象(O)] <对象>：O
选择对象：（选择步骤（5）绘制的圆）
选择对象：
```

结果如图 16-13 所示。

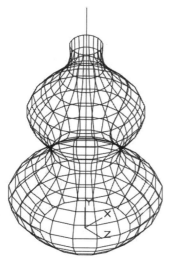

图 16-12　旋转曲面

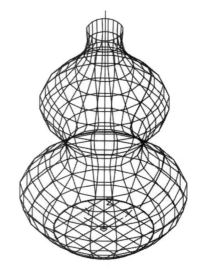

图 16-13　平面曲面

【选项说明】

（1）指定第一个角点：通过指定两个角点来创建矩形形状的平面曲面，如图 16-14 所示。

图 16-14　矩形形状的平面曲面

（2）对象(O)：通过指定平面对象创建平面曲面，如图 16-15 所示。

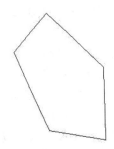

图 16-15　指定平面对象创建平面曲面

16.3.5　边界网格

使用 4 条首尾连接的边创建三维多边形网格。

【执行方式】

- 命令行：EDGESURF。
- 菜单栏：选择菜单栏中的"绘图"→"建模"→"网格"→"边界网格"命令。
- 功能区：单击"三维工具"选项卡的"建模"面板中的"边界曲面"按钮。

动手学——牙膏壳

扫一扫，看视频

源文件：源文件\第 16 章\牙膏壳.dwg
本实例绘制如图 16-16 所示的牙膏壳。

【操作步骤】

（1）在命令行中输入 SURFTAB1 和 SURFTAB2，设置曲面的线框密度为 20。将视图切换到西南等轴测视图。

（2）单击"默认"选项卡的"绘图"面板中的"直线"按钮，以 {（-10,0），（10,0）} 为坐标点绘制直线。

（3）单击"默认"选项卡的"绘图"面板中的"圆心-起点-角度"圆弧按钮 ⌒，以（0,0,90）为圆心绘制起点为（@-10,0），角度为180°的圆弧，如图16-17所示。

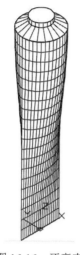

图16-16　牙膏壳

图16-17　绘制圆弧

（4）单击"默认"选项卡的"绘图"面板中的"直线"按钮 ／，连接直线和圆弧的两侧端点，结果如图16-18所示。

（5）单击"三维工具"选项卡的"建模"面板中的"边界曲面"按钮 ，依次选取边界对象，创建边界曲面，命令行提示与操作如下。

```
命令：_edgesurf
当前线框密度：SURFTAB1=20  SURFTAB2=20
选择用作曲面边界的对象 1：选取图16-18中的直线1
选择用作曲面边界的对象 2：选取图16-18中的圆弧2
选择用作曲面边界的对象 3：选取图16-18中的直线3
选择用作曲面边界的对象 4：选取图16-18中的直线4
```

结果如图16-19所示。

图16-18　绘制直线

图16-19　创建边界曲面

（6）单击"默认"选项卡的"修改"面板中的"镜像"按钮 ⚟，将上步创建的曲面以第一条直线为镜像线进行镜像。

（7）单击"默认"选项卡的"绘图"面板中的"圆"按钮 ⊙，以（0,0,90）为圆心绘制半径为 10 的圆；重复"圆"命令，以（0,0,93）为圆心绘制半径为 5 的圆。

（8）单击"三维工具"选项卡的"建模"面板中的"直纹曲面"按钮 ，依次选取上步创建的圆创建直纹曲面，命令行提示与操作如下。

```
命令：_rulesurf
当前线框密度：SURFTAB1=20
选择第一条定义曲线:选取半径为 10 的圆
选择第二条定义曲线:选取半径为 5 的圆
```

结果如图 16-20 所示。

（9）单击"默认"选项卡的"绘图"面板中的"圆"按钮 ⊙，以（0,0,95）为圆心绘制半径为 5 的圆。

（10）单击"三维工具"选项卡的"建模"面板中的"直纹曲面"按钮 ，依次选取最上端的两个圆创建直纹曲面，如图 16-21 所示。

图 16-20　创建直纹曲面 1

图 16-21　创建直纹曲面 2

（11）选取菜单中的"绘图"→"建模"→"曲面"→"平面"命令，选取最上端的圆创建平面曲面。完成牙膏壳的绘制，消隐后如图 16-16 所示。

【选项说明】

系统变量 SURFTAB1 和 SURFTAB2 分别控制 M、N 方向的网格分段数。可通过在命令行输入 SURFTAB1 改变 M 方向的默认值，在命令行输入 SURFTAB2 改变 N 方向的默认值。

动手练——绘制弹簧

绘制如图 16-22 所示的弹簧。

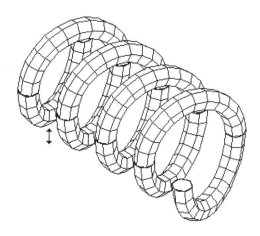

图 16-22　绘制弹簧

思路点拨：

（1）用"多段线"和"直线"命令绘制旋转轴。
（2）用"圆"命令绘制截面。
（3）用"旋转网格"命令绘制弹簧。

16.4　曲　面　操　作

AutoCAD 2019 提供了基准命令来创建和编辑曲面，本节主要介绍几种绘制和编辑曲面的方法，帮助读者熟悉三维曲面的功能。

16.4.1　偏移曲面

使用曲面偏移命令可以创建与原始曲面相距指定距离的平行曲面，可以指定偏移距离，以及偏移曲面是否保持与原始曲面的关联性，还可使用数学表达式指定偏移距离。

【执行方式】

↳　命令行：SURFOFFSET。

↳　菜单栏：选择菜单栏中的"绘图"→"建模"→"曲面"→"偏移"命令。

↳　工具栏：单击"曲面创建"工具栏中的"曲面偏移"按钮 。

↳　功能区：单击"三维工具"选项卡的"曲面"面板中的"曲面偏移"按钮 。

动手学——偏移曲面

源文件：源文件\第 16 章\偏移曲面.dwg

扫一扫，看视频

本实例创建如图 16-23 所示的偏移曲面。

【操作步骤】

（1）单击"三维工具"选项卡的"曲面"面板中的"平面曲面"按钮▨，以（0,0）和
（50,50）为角点创建平面曲面，如图 16-24 所示。

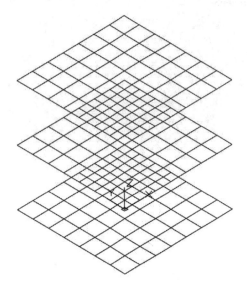

图 16-23　偏移曲面

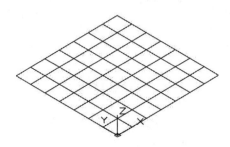

图 16-24　平面曲面

（2）单击"三维工具"选项卡的"曲面"面板中的"曲面偏移"按钮▨，将上步创建
的曲面向上偏移，偏移距离为 50，命令行提示与操作如下。

```
命令：_SURFOFFSET
连接相邻边 = 否
选择要偏移的曲面或面域：选取上步创建的曲面，显示偏移方向，如图 16-25 所示
选择要偏移的曲面或面域：
指定偏移距离或 [翻转方向(F)/两侧(B)/实体(S)/连接(C)/表达式(E)] <0.0000>：B
将针对每项选择创建 2 个偏移曲面。显示如图 16-26 所示的偏移方向
指定偏移距离或 [翻转方向(F)/两侧(B)/实体(S)/连接(C)/表达式(E)] <0.0000>：25
1 个对象将偏移
2 个偏移操作成功完成
```

结果如图 16-23 所示。

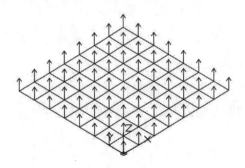

图 16-25　显示偏移方向

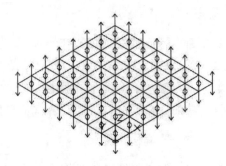

图 16-26　显示两侧偏移方向

【选项说明】

（1）指定偏移距离：指定偏移曲面和原始曲面之间的距离。

（2）翻转方向(F)：反转箭头显示的偏移方向。

（3）两侧(B)：沿两个方向偏移曲面。

（4）实体(S)：从偏移创建实体。

（5）连接(C)：如果原始曲面是连接的，则连接多个偏移曲面。

16.4.2 过渡曲面

使用曲面过渡命令在现有曲面和实体之间创建新曲面，对各曲面过渡以形成一个曲面时，可指定起始边和结束边的曲面连续性和凸度幅值。

【执行方式】

➟ 命令行：SURFBLEND。

➟ 菜单栏：选择菜单栏中的"绘图"→"建模"→"曲面"→"过渡"命令。

➟ 工具栏：单击"曲面创建"工具栏中的"曲面过渡"按钮。

➟ 功能区：单击"三维工具"选项卡的"曲面"面板中的"曲面过渡"按钮。

动手学——过渡曲面

调用素材：初始文件\第16章\偏移曲面.dwg

源文件：源文件\第16章\过渡曲面.dwg

本实例创建如图16-27所示的过渡曲面。

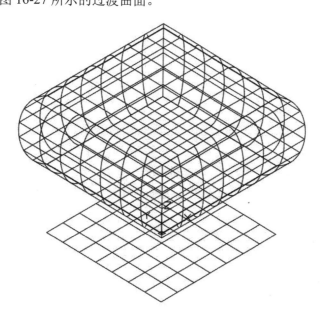

图16-27 过渡曲面

【操作步骤】

（1）打开起始文件\第16章\偏移曲面.dwg。

（2）单击"三维工具"选项卡的"曲面"面板中的"曲面过渡"按钮，创建过渡曲面，命令行提示与操作如下。

```
命令: SURFBLEND↙
连续性 = G1 - 相切, 凸度幅值 = 0.5
选择要过渡的第一个曲面的边或 [链(CH)]:（选择如图 16-28 所示第一个曲面上的边 1,2,3,4）
选择要过渡的第二个曲面的边或 [链(CH)]:（选择如图 16-28 所示第二个曲面上的边 5,6,7,8）
按 Enter 键接受过渡曲面或 [连续性(CON)/凸度幅值(B)]: B
第一条边的凸度幅值 <0.5000>: 1
第二条边的凸度幅值 <0.5000>: 1
按 Enter 键接受过渡曲面或 [连续性(CON)/凸度幅值(B)]:
```

结果如图 16-27 所示。

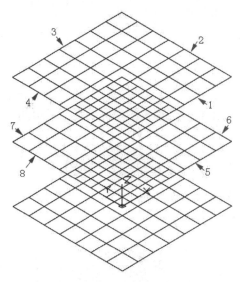

图 16-28 选取边线

【选项说明】

（1）选择要过渡的第一个（或第二个）曲面的边：选择边对象或者曲面或面域作为第一条边和第二条边。

（2）链(CH)：选择连续的连接边。

（3）连续性(CON)：测量曲面彼此融合的平滑程度，默认值为 G0，选择一个值或使用夹点来更改连续性。

（4）凸度幅值(B)：设定过渡曲面边与其原始曲面相交处该过渡曲面边的圆度。

16.4.3 圆角曲面

可以在两个曲面或面域之间创建截面轮廓的半径为常数的相切曲面，以对两个曲面或面域之间的区域进行圆角处理。

【执行方式】

- ↘ 命令行：SURFFILLET。
- ↘ 菜单栏：选择菜单栏中的"绘图"→"建模"→"曲面"→"圆角"命令。
- ↘ 工具栏：单击"曲面创建"工具栏中的"曲面圆角"按钮 。
- ↘ 功能区：单击"三维工具"选项卡的"曲面"面板中的"曲面圆角"按钮 。

动手学——曲面圆角

调用素材：初始文件\第 16 章\曲面圆角.dwg

源文件：源文件\第 16 章\曲面圆角.dwg

本实例创建如图 16-29 所示的曲面圆角。

【操作步骤】

（1）打开初始文件\第 16 章\曲面圆角.dwg 文件，如图 16-30 所示。

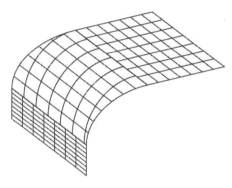

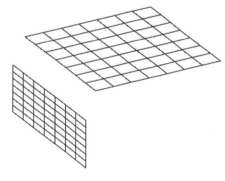

图 16-29　曲面圆角　　　　　　　　　　　　图 16-30　曲面

（2）单击"三维工具"选项卡的"曲面"面板中的"曲面圆角"按钮 ，对曲面进行倒圆角，命令行提示与操作如下。

```
命令：SURFFILLET✓
半径 =0.0000，修剪曲面 = 是
选择要圆角化的第一个曲面或面域或者 [半径(R)/修剪曲面(T)]：R✓
指定半径或 [表达式(E)] <1.0000>:30
选择要圆角化的第一个曲面或面域或者 [半径(R)/修剪曲面(T)]:选择竖直曲面 1
选择要圆角化的第二个曲面或面域或者 [半径(R)/修剪曲面(T)]:选择水平曲面 2
按 Enter 键接受圆角曲面或 [半径(R)/修剪曲面(T)]:
```

结果如图 16-29 所示。

【选项说明】

（1）选择要圆角化的第一个（或第二个）曲面或面域：指定第一个和第二个曲面或面域。

（2）半径(R)：指定圆角半径。使用圆角夹点或输入值来更改半径。输入的值不能小于曲面之间的间隙。

（3）修剪曲面(T)：将原始曲面或面域修剪到圆角曲面的边。

16.4.4　网络曲面

在 U 方向和 V 方向的几条曲线之间的空间中创建曲面。

【执行方式】

- 命令行：SURFNETWORK。
- 菜单栏：选择菜单栏中的"绘图"→"建模"→"曲面"→"网络"命令。
- 工具栏：单击"曲面创建"工具栏中的"曲面网络"按钮 。
- 功能区：单击"三维工具"选项卡的"曲面"面板中的"曲面网络"按钮 。

【操作步骤】

```
命令：SURFNETWORK↙
沿第一个方向选择曲线或曲面边：（选择图 16-31（a）中曲线 1）
沿第一个方向选择曲线或曲面边：（选择图 16-31（a）中曲线 2）
沿第一个方向选择曲线或曲面边：（选择图 16-31（a）中曲线 3）
沿第一个方向选择曲线或曲面边：（选择图 16-31（a）中曲线 4）
沿第一个方向选择曲线或曲面边：↙（也可以继续选择相应的对象）
沿第二个方向选择曲线或曲面边：（选择图 16-31（a）中曲线 5）
沿第二个方向选择曲线或曲面边：（选择图 16-31（a）中曲线 6）
沿第二个方向选择曲线或曲面边：（选择图 16-31（a）中曲线 7）
沿第二个方向选择曲线或曲面边：↙（也可以继续选择相应的对象）
```

结果如图 16-31（b）所示。

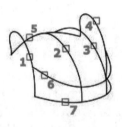
（a）已有曲线

（b）三维曲面

图 16-31　创建三维曲面

16.4.5　修补曲面

创建修补曲面是指通过在已有的封闭曲面边上构成一个曲面的方式来创建一个新曲面，如图 16-32 所示，图 16-32（a）所示是已有曲面，图 16-32（b）所示是创建出的修补曲面。

（a）已有曲面　　　　　　　　　（b）创建修补曲面结果

图 16-32　创建修补曲面

【执行方式】

- ➥ 命令行：SURFPATCH。
- ➥ 菜单栏：选择菜单栏中的"绘图"→"建模"→"曲面"→"修补"命令。
- ➥ 工具栏：单击"曲面创建"工具栏中的"曲面修补"按钮█。
- ➥ 功能区：单击"三维工具"选项卡的"曲面"面板中的"曲面修补"按钮█。

【操作步骤】

```
命令：SURFPATCH✓
连续性 = G0 - 位置，凸度幅值 = 0.5
选择要修补的曲面边或 [链(CH)/曲线(CU)] <曲线>：（选择对应的曲面边或曲线）
选择要修补的曲面边或 [链(CH)/曲线(CU)] <曲线>：✓（也可以继续选择曲面边或曲线）
按 Enter 键接受修补曲面或 [连续性(CON)/凸度幅值(B)/约束几何图形(CONS)]：
```

【选项说明】

（1）连续性(CON)：设置修补曲面的连续性。

（2）凸度幅值(B)：设置修补曲面边与原始曲面相交时的圆滑程度。

（3）约束几何图形(CONS)：选择附加的约束曲线来构成修补曲面。

16.5　网　格　编　辑

AutoCAD 2019 极大地加强在网格编辑方面的功能，本节简要介绍这些新功能。

16.5.1　提高（降低）平滑度

利用 AutoCAD 2019 提供的新功能可以提高（降低）网格曲面的平滑度。

【执行方式】

- ➥ 命令行：MESHSMOOTHMORE（或 MESHSMOOTHLESS）。
- ➥ 菜单栏：选择菜单栏中的"修改"→"网格编辑"→"提高平滑度（或降低平滑度）"命令。

扫一扫，看视频

➥ 工具栏：单击"平滑网格"工具栏中的"提高网格平滑度"按钮或"降低网格平滑度"按钮。

➥ 功能区：单击"三维工具"选项卡的"网格"面板中的"提高平滑度"按钮或"降低平滑度"按钮。

动手学——提高手环平滑度

调用素材：初始文件\第 16 章\手环.dwg

源文件：源文件\第 16 章\提高手环平滑度.dwg

本实例将提高手环的平滑度，如图 16-33 所示。

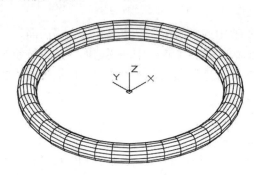

图 16-33　提高手环的平滑度

✍ 技巧：

注意将手环提高网格平滑度前后进行对比。

【操作步骤】

（1）打开初始文件\第 16 章\手环.dwg。

（2）单击"三维工具"选项卡的"网格"面板中的"提高平滑度"按钮，提高手环的平滑度，使手环看起来更加光滑，命令行提示与操作如下。

```
命令：MESHSMOOTHMORE✓
选择要提高平滑度的网格对象：选择手环
选择要提高平滑度的网格对象：✓
```

消隐后结果如图 16-33 所示。

16.5.2　锐化（取消锐化）

锐化功能可以使平滑的曲面选定的局部变得尖锐，取消锐化功能则是锐化功能的逆过程。

【执行方式】

➥ 命令行：MESHCREASE（或 MESHUNCREASE）。

➥ 菜单栏：选择菜单栏中的"修改"→"网格编辑"→"锐化（取消锐化）"命令。

➥ 工具栏：单击"平滑网格"工具栏中的"锐化网格"按钮 🌑 或"取消锐化网格"按钮 🌑。

动手学——锐化手环

调用素材：*初始文件\第 16 章\手环.dwg*

源文件：*源文件\第 16 章\锐化手环.dwg*

本实例对手环进行锐化，如图 16-34 所示。

【操作步骤】

（1）打开初始文件\第 16 章\手环.dwg。

（2）选择菜单栏中的"修改"→"网格编辑"→"锐化"命令 🌑，对手环进行锐化，命令行提示与操作如下。

```
命令：_MESHCREASE
选择要锐化的网格子对象：（选择手环曲面上的子网格，被选中的子网格高亮显示，如图 16-35 所示）
选择要锐化的网格子对象：↙
指定锐化值 [始终(A)] <始终>：20↙
```

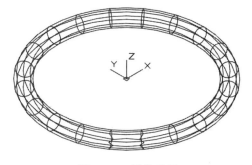

图 16-34 锐化手环

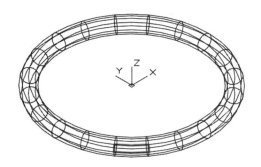

图 16-35 选择子网格对象

结果如图 16-36 所示。

（3）单击"可视化"选项卡的"渲染"面板中的"渲染到尺寸"按钮 🖼，对手环进行渲染，结果如图 16-37 所示。

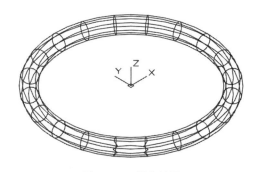

图 16-36 锐化结果

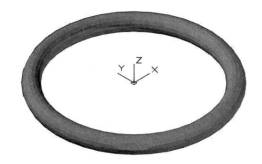

图 16-37 渲染后的曲面锐化

（4）选择菜单栏中的"修改"→"网格编辑"→"取消锐化"命令 🌑，对刚锐化的网格取消锐化，命令行提示与操作如下。

```
命令：_MESHUNCREASE
选择要删除的锐化：选取锐化后的曲面
选择要删除的锐化：
```

结果如图 16-34 所示。

16.5.3 优化网格

优化网格对象可增加可编辑面的数目，从而提供对精细建模细节的附加控制。

【执行方式】

- ➥ 命令行：MESHREFINE。
- ➥ 菜单栏：选择菜单栏中的"修改"→"网格编辑"→"优化网格"命令。
- ➥ 工具栏：单击"平滑网格"工具栏中的"优化网格"按钮 。
- ➥ 功能区：单击"三维工具"选项卡的"网格"面板中的"优化网格"按钮 。

动手学——优化手环

调用素材：*初始文件\第 16 章\手环.dwg*

源文件：*源文件\第 16 章\优化手环.dwg*

本实例对手环进行锐化，如图 16-38 所示。

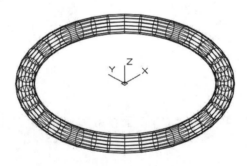

图 16-38　优化手环

【操作步骤】

（1）打开初始文件\第 16 章\手环.dwg。

（2）单击"三维工具"选项卡的"网格"面板中的"优化网格"按钮 ，对手环进行优化，命令行提示与操作如下。

```
命令：_MESHREFINE
选择要优化的网格对象或面子对象：（选择手环曲面）
选择要优化的网格对象或面子对象：✓
```

结果如图 16-38 所示，可以看出可编辑面增加了。

AutoCAD 2019 的修改菜单下还提供了其他网格编辑子菜单，包括分割面、转换为具有镶嵌面的实体、转换为具有镶嵌面的曲面、转换成平滑实体、转换成平滑曲面，这里就不再一一介绍了。

16.6　模拟认证考试

1．SURFTAB1 和 SURFTAB2 是设置三维（　　）的系统变量的。

　　A．设置物体的密度　　　　　　　　B．设置物体的长宽

　　C．设置曲面的形状　　　　　　　　D．设置物体的网格密度

2．以下（　　）命令的功能是创建绕选定轴旋转而成的旋转网格。

　　A．ROTATE3D　　　　　　　　　　B．ROTATE

　　C．RULESURF　　　　　　　　　　D．REVSURF

3．下列（　　）命令可以实现：修改三维面的边的可见性。

　　A．EDGE　　　　　　　　　　　　B．PEDIT

　　C．3DFACE　　　　　　　　　　　D．DDMODIFY

4．构建 RULESURF 曲面时，（　　）不是产生扭曲或变形的原因。

　　A．指定曲面边界时点的位置反了

　　B．指定曲面边界时顺序反了

　　C．连接曲面边界的点的几何信息相同而拓扑信息不同

　　D．曲面边界一个封闭而另一个不封闭

5．创建直纹曲面时，可能会出现网格面交叉和不交叉两种情况，若要使网格面交叉，选定实体时，应取（　　）。

　　A．相同方向的端点　　　　　　　　B．正反方向的端点

　　C．任意取端点　　　　　　　　　　D．实体的中点

6．绘制如图 16-39 所示的图形。

7．绘制如图 16-40 所示的图形。

图 16-39

图 16-40

第 17 章　三维实体操作

内容简介

实体建模是 AutoCAD 2019 三维建模中比较重要的一部分。实体模型是能够完整描述对象的3D模型，比三维线框、三维曲面更能表达实物。本章主要介绍基本三维实体的创建、二维图形生成三维实体、三维实体的编辑等知识。

内容要点

- ➷ 创建基本三维实体
- ➷ 由二维图形生成三维造型
- ➷ 三维操作功能
- ➷ 剖切视图
- ➷ 实体三维操作
- ➷ 模拟认证考试

案例效果

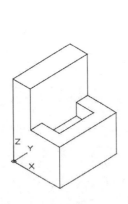
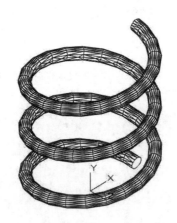

17.1　创建基本三维实体

复杂的三维实体都是由最基本的实体单元，例如长方体、圆柱体等通过各种方式组合而成的。本节将简要讲述这些基本实体单元的绘制方法。

17.1.1 长方体

除了使用拉伸绘制长方体，还可以直接使用长方体命令来得到长方体。

【执行方式】

↳ 命令行：BOX。

↳ 菜单栏：选择菜单栏中的"绘图"→"建模"→"长方体"命令。

↳ 工具栏：单击"建模"工具栏中的"长方体"按钮▢。

↳ 功能区：单击"三维工具"选项卡的"建模"面板中的"长方体"按钮▢。

动手学——角墩

源文件：源文件\第 17 章\角墩.dwg

本实例绘制如图 17-1 所示的角墩。

【操作步骤】

（1）将视图切换到东南等轴测。单击"三维工具"选项卡的"建模"面板中的"长方体"按钮▢，采用两个角点模式绘制长方体，第一个角点为（0,0,0），第二个角点为（80,100,60），命令行提示与操作如下。

```
命令: _box
指定第一个角点或 [中心点(C)]: 0,0,0
指定其他角点或 [立方体(C)/长度(L)]: 80,100,60
```

结果如图 17-2 所示。

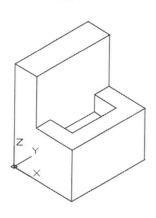

图 17-1 角墩

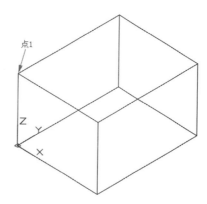

图 17-2 绘制长方体 1

（2）单击"三维工具"选项卡的"建模"面板中的"长方体"按钮▢，绘制第二个长方体，命令行提示与操作如下。

```
命令: _box
指定第一个角点或 [中心点(C)]:
指定其他角点或 [立方体(C)/长度(L)]: L
指定长度 <0.0000>: 打开正交方式，移动鼠标在沿 Y 轴方向输入长度为100
```

指定宽度 <0.0000>：移动鼠标在沿 X 轴方向输入宽度为 30
指定高度或 [两点(2P)] <0.0000>：移动鼠标在沿 Z 轴方向输入高度为 60

结果如图 17-3 所示。

（3）单击"三维工具"选项卡的"建模"面板中的"长方体"按钮，采用两个角点模式绘制长方体，第一个角点为（60,20,40），第二个角点为（30,80,60），绘制第三个长方体，绘制效果如图 17-4 所示。

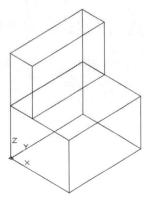

图 17-3 绘制长方体 2

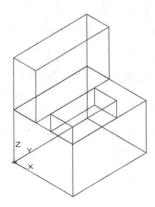

图 17-4 绘制长方体 3

（4）单击"三维工具"选项卡的"实体编辑"面板中的"并集"按钮，将第一个长方体和第二个长方体进行合并操作。

（5）单击"三维工具"选项卡的"实体编辑"面板中的"差集"按钮，将合并后的实体与第三个长方体进行差集运算，结果如图 17-1 所示。

【选项说明】

（1）指定第一个角点：用于确定长方体的一个顶点位置。

① 角点：用于指定长方体的其他角点。输入另一角点的数值，即可确定该长方体。如果输入的是正值，则沿着当前 UCS 的 X、Y 和 Z 轴的正向绘制长度。如果输入的是负值，则沿着 X、Y 和 Z 轴的负向绘制长度。图 17-5 所示为利用"角点"命令创建的长方体。

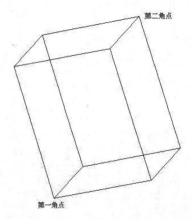

图 17-5 利用"角点"命令创建的长方体

② 立方体(C)：用于创建一个长、宽、高相等的长方体。图 17-6 所示为利用"立方体"命令创建的长方体。

③ 长度(L)：按要求输入长、宽、高的值。图 17-7 所示为利用"长、宽和高"命令创建的长方体。

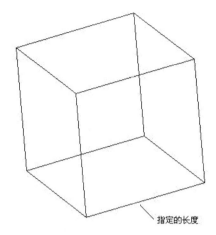

图 17-6　利用"立方体"命令创建的长方体

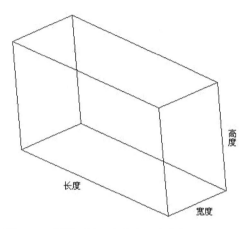

图 17-7　利用"长、宽和高"命令创建的长方体

（2）中心点：利用指定的中心点创建长方体。图 17-8 所示为利用"中心点"命令创建的长方体。

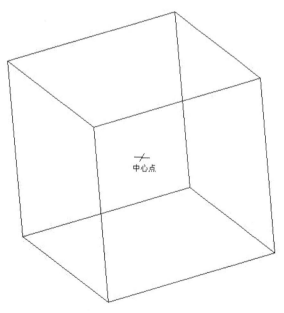

图 17-8　利用"中心点"命令创建的长方体

✍ 技巧：

　　如果在创建长方体时选择"立方体"或"长度"选项，则可以在单击指定长度时指定长方体在 XY 平面中的旋转角度；如果选择"中心点"选项，则可以利用指定中心点来创建长方体。

17.1.2　圆柱体

圆柱体的底面始终位于工作平面平行的平面上。可以通过 FACETRES 系统变量控制着色或隐藏视觉样式的三维曲线式实体的平滑度。

【执行方式】

- 命令行：CYLINDER（快捷命令：CYL）。
- 菜单栏：选择菜单栏中的"绘图"→"建模"→"圆柱体"命令。
- 工具栏：单击"建模"工具栏中的"圆柱体"按钮 。
- 功能区：单击"三维工具"选项卡的"建模"面板中的"圆柱体"按钮 。

动手学——视孔盖

源文件：源文件\第 17 章\视孔盖.dwg

利用"长方体"命令绘制视孔盖主体，利用"圆柱体"命令绘制 4 个圆柱体，并用"差集"命令生成安装孔。视孔盖绘制完成，如图 17-9 所示。

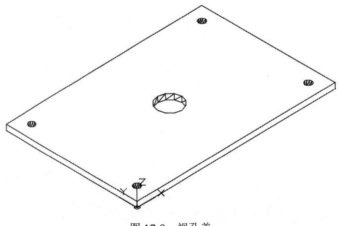

图 17-9　视孔盖

【操作步骤】

（1）在命令行中输入 ISOLINES 命令将线框密度更改为 10。

（2）将视图切换到西南等轴测。单击"三维工具"选项卡的"建模"面板中的"长方体"按钮 ，采用两个角点模式绘制长方体，第一个角点为（0,0,0），第二个角点为（150,100,4），消隐后如图 17-10 所示。

（3）单击"三维工具"选项卡的"建模"面板中的"圆柱体"按钮 ，以（10,10,-2）为圆心绘制半径为 2.5、高为 8 的圆柱体，命令行提示与操作如下。

```
命令: _cylinder
指定底面的中心点或 [三点(3P)/两点(2P)/切点、切点、半径(T)/椭圆(E)]: 10,10,-2
指定底面半径或 [直径(D)] <5.0000>: 2.5
指定高度或 [两点(2P)/轴端点(A)] <6.0000>:8
```

重复"圆柱体"命令，分别以（10,90,-2）（140,10,-2）（140,90,-2）为底面圆心，绘制半径为 2.5、高为 8 的圆柱体。

结果如图 17-11 所示。

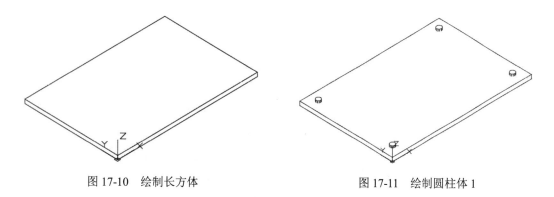

图 17-10　绘制长方体　　　　　　　　　图 17-11　绘制圆柱体 1

（4）单击"三维工具"选项卡的"实体编辑"面板中的"差集"按钮 ⬜，将视孔盖基体和绘制的 4 个圆柱体进行差集处理。消隐后的结果如图 17-12 所示。

（5）单击"三维工具"选项卡的"建模"面板中的"圆柱体"按钮 ⬭，以（75,50,-2）为圆心绘制半径为 9、高为 8 的圆柱体，结果如图 17-13 所示。

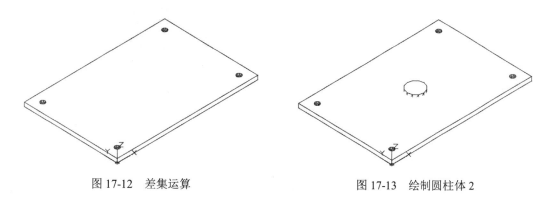

图 17-12　差集运算　　　　　　　　　　图 17-13　绘制圆柱体 2

（6）单击"三维工具"选项卡的"实体编辑"面板中的"差集"按钮 ⬜，将视孔盖基体和刚绘制的圆柱体进行差集处理。消隐后的结果如图 17-9 所示。

【选项说明】

（1）中心点：先输入底面圆心的坐标，然后指定底面的半径和高度，此选项为系统的默认选项。AutoCAD 2019 按指定的高度创建圆柱体，且圆柱体的中心线与当前坐标系的 Z 轴平行，如图 17-14 所示。也可以指定另一个端面的圆心来指定高度，AutoCAD 2019 根据圆柱体两个端面的中心位置来创建圆柱体，该圆柱体的中心线就是两个端面的连线，如图 17-15 所示。

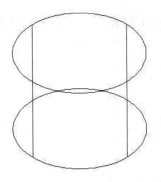

图 17-14　按指定高度创建圆柱体

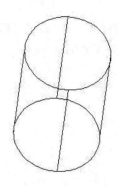

图 17-15　指定圆柱体另一个端面的中心位置

（2）椭圆(E)：创建椭圆柱体。椭圆端面的绘制方法与平面椭圆一样，创建的椭圆柱体如图 17-16 所示。

其他的基本实体，如楔体、圆锥体、球体、圆环体等的创建方法与长方体和圆柱体类似，在此不再赘述。

动手练——绘制叉拨架

绘制如图 17-17 所示的叉拨架。

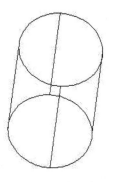

图 17-16　椭圆柱体

图 17-17　叉拨架

📋 **思路点拨：**

（1）利用"长方体"和"并集"命令绘制架体。

（2）利用"圆柱体"和"差集"命令绘制横向孔。

（3）利用"圆柱体"和"差集"命令绘制竖向孔。

17.2　由二维图形生成三维造型

与三维网格的生成原理一样，也可以通过二维图形来生成三维实体。AutoCAD 2019 提供了 5 种方法来实现，具体如下所述。

17.2.1 拉伸

从封闭区域的对象创建三维实体，或从具有开口的对象创建三维曲面。

【执行方式】

- ↘ 命令行：EXTRUDE（快捷命令：EXT）。
- ↘ 菜单栏：选择菜单栏中的"绘图"→"建模"→"拉伸"命令。
- ↘ 工具栏：单击"建模"工具栏中的"拉伸"按钮 。
- ↘ 功能区：单击"三维工具"选项卡的"建模"面板中的"拉伸"按钮 。

动手学——平键

源文件：源文件\第 17 章\平键.dwg

本实例绘制如图 17-18 所示的平键。

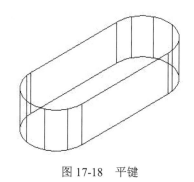

图 17-18 平键

【操作步骤】

（1）线框密度默认值为 8，将其更改为 10。

（2）单击"默认"选项卡的"绘图"面板中的"矩形"按钮 □，绘制两个角点分别为（0,0）（32,12）的矩形，然后倒圆角，圆角半径为 6，效果如图 17-19 所示。

图 17-19 绘制轮廓线

（3）将视图切换到西南等轴测视图，单击"三维工具"选项卡的"建模"面板中的"拉伸"按钮 ，将倒过圆角的长方体拉伸为 8，消隐后的效果如图 17-18 所示。命令行提示与操作如下。

```
命令：_extrude
当前线框密度：ISOLINES=10，闭合轮廓创建模式 = 实体
选择要拉伸的对象或 [模式(MO)]：找到 6 个
选择要拉伸的对象或 [模式(MO)]：
指定拉伸的高度或 [方向(D)/路径(P)/倾斜角(T)/表达式(E)]：8
```

【选项说明】

（1）拉伸的高度：按指定的高度拉伸出三维实体对象。输入高度值后，根据实际需要，指定拉伸的倾斜角度。如果指定的角度为 0°，AutoCAD 2019 则把二维对象按指定的高度拉伸成柱体；如果输入角度值，拉伸后实体截面沿拉伸方向按此角度变化，成为一个棱台或圆台体。图 17-20 所示为不同角度拉伸圆的结果。

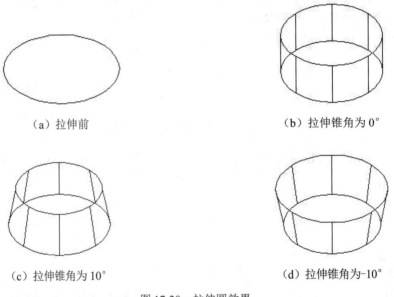

（a）拉伸前   （b）拉伸锥角为 0°

（c）拉伸锥角为 10°   （d）拉伸锥角为 -10°

图 17-20　拉伸圆效果

（2）路径(P)：以现有的图形对象作为拉伸创建三维实体对象。图 17-21 所示为沿圆弧曲线路径拉伸圆的结果。

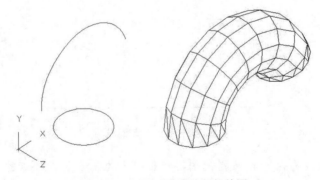

图 17-21　沿圆弧曲线路径拉伸圆

技巧：

> 可以使用创建圆柱体的"轴端点"命令确定圆柱体的高度和方向。轴端点是圆柱体顶面的中心点，轴端点可以位于三维空间的任意位置。

17.2.2 旋转

通过绕轴扫掠对象创建三维实体或曲面，不能旋转包含在块中的对象或将要自交的对象。

【执行方式】

- ⬇ 命令行：REVOLVE（快捷命令：REV）。
- ⬇ 菜单栏：选择菜单栏中的"绘图"→"建模"→"旋转"命令。
- ⬇ 工具栏：单击"建模"工具栏中的"旋转"按钮🛢。
- ⬇ 功能区：单击"三维工具"选项卡的"建模"面板中的"旋转"按钮🛢。

扫一扫，看视频

动手学——衬套

源文件：源文件\第 17 章\衬套.dwg

绘制如图 17-22 所示的衬套立体图。

【操作步骤】

（1）在命令行中输入 ISOLINES 命令，默认值是 4，更改设定值为 10。

（2）单击"默认"选项卡的"绘图"面板中的"多段线"按钮⌐，输入（9,0）、（16,0）、（@0,-4）、（@-3,0）、（@0,-20）、（@-4,0）和 c，形成封闭线，结果如图 17-23 所示。

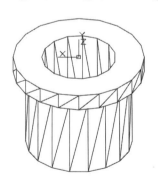

图 17-22　衬套立体图

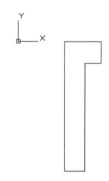

图 17-23　绘制截面

（3）将视图切换到西南等轴测。单击"三维工具"选项卡的"建模"面板中的"旋转"按钮🛢，将步骤（1）绘制的多段线绕 Y 轴旋转一周，命令行提示与操作如下。

```
命令：_revolve
当前线框密度：ISOLINES=4，闭合轮廓创建模式 = 实体
选择要旋转的对象或 [模式(MO)]：选取上步绘制的多段线
```

选择要旋转的对象或 [模式(MO)]:
指定轴起点或根据以下选项之一定义轴 [对象(O)/X/Y/Z] <对象>: y
指定旋转角度或 [起点角度(ST)/反转(R)/表达式(EX)] <360>: ✓

结果如图 17-22 所示。

【选项说明】

（1）指定轴起点：通过两个点来定义旋转轴。AutoCAD 2019 将按指定的角度和旋转轴旋转二维对象。

（2）对象(O)：选择已经绘制好的直线或用多段线命令绘制的直线段作为旋转轴线。

（3）X（Y/Z）轴：将二维对象绕当前坐标系（UCS）的 X（Y/Z）轴旋转。

17.2.3 扫掠

扫掠命令通过沿指定路径延伸轮廓形状来创建实体或曲面。沿路径扫掠轮廓时，轮廓将被移动并与路径垂直对齐。

【执行方式】

- ➥ 命令行：SWEEP。
- ➥ 菜单栏：选择菜单栏中的"绘图"→"建模"→"扫掠"命令。
- ➥ 工具栏：单击"建模"工具栏中的"扫掠"按钮 🔳 。
- ➥ 功能区：单击"三维工具"选项卡的"建模"面板中的"扫掠"按钮 🔳 。

动手学——弹簧

源文件：源文件\第 17 章\弹簧.dwg
本实例创建如图 17-24 所示的弹簧。

【操作步骤】

（1）在命令行中输入 ISOLINES 命令，默认值是 4，更改设定值为 10。

（2）将视图切换到西南等轴测。单击"默认"选项卡的"绘图"面板中的"螺旋线"按钮 🐾 ，绘制螺旋线，命令行提示与操作如下。

```
命令: _Helix
圈数 = 3.0000      扭曲=CCW
指定底面的中心点: 0,0,0
指定底面半径或 [直径(D)] <0.0000>:20
指定顶面半径或 [直径(D)] <0.0000>:20
指定螺旋高度或 [轴端点(A)/圈数(T)/圈高(H)/扭曲(W)] <10.0000>: 50
```

（3）在命令行中输入 UCS 命令，将坐标系统 X 轴旋转 90°。命令行提示与操作如下。

```
命令: UCS
当前 UCS 名称: *世界*
指定 UCS 的原点或 [面(F)/命名(NA)/对象(OB)/上一个(P)/视图(V)/世界(W)/X/Y/Z 轴(ZA)]
```

扫一扫，看视频

<世界>: x
指定绕 X 轴的旋转角度 <90>:

（4）单击"默认"选项卡的"绘图"面板中的"圆"按钮⊙，以（20,0）为圆心，绘制半径为 2 的圆，结果如图 17-25 所示。

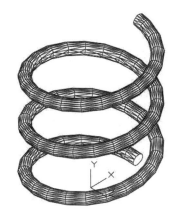

图 17-24　弹簧

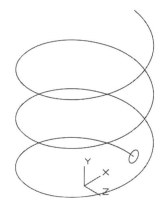

图 17-25　绘制圆

（5）单击"三维工具"选项卡的"建模"面板中的"扫掠"按钮，创建弹簧，命令行提示与操作如下。

```
命令：_sweep
当前线框密度：ISOLINES=4，闭合轮廓创建模式 = 实体
选择要扫掠的对象或 [模式(MO)]：选取圆
选择要扫掠的对象或 [模式(MO)]：
选择扫掠路径或 [对齐(A)/基点(B)/比例(S)/扭曲(T)]:选取螺旋线
```

消隐后的结果如图 17-24 所示。

✍ 技巧：

使用扫掠命令，可以通过沿开放或闭合的二维或三维路径扫掠开放或闭合的平面曲线（轮廓）来创建新实体或曲面。扫掠命令用于沿指定路径以指定轮廓的形状（扫掠对象）创建实体或曲面。可以扫掠多个对象，但是这些对象必须在同一平面内。如果沿一条路径扫掠闭合的曲线，则生成实体。

【选项说明】

（1）对齐(A)：指定是否对齐轮廓以使其作为扫掠路径切向的法向，在默认情况下，轮廓是对齐的。选择该选项，命令行提示与操作如下。

扫掠前对齐垂直于路径的扫掠对象[是(Y)/否(N)] <是>：输入 n，指定轮廓无须对齐；按 Enter 键，指定轮廓将对齐

（2）基点(B)：指定要扫掠对象的基点。如果指定的点不在选定对象所在的平面上，则该点将被投影到该平面上。选择该选项，命令行提示与操作如下。

指定基点：指定选择集的基点

（3）比例(S)：指定比例因子以进行扫掠操作。从扫掠路径的开始到结束，比例因子将统一应用到扫掠的对象上。选择该选项，命令行提示与操作如下。

> 输入比例因子或 [参照(R) /表达式(E)] <1.0000>：指定比例因子，输入 r，调用参照选项；按
> Enter 键，选择默认值

其中"参照(R)"选项表示通过拾取点或输入值来根据参照的长度缩放选定的对象；"表达式(E)"选项表示通过表达式来缩放选定的对象。

（4）扭曲(T)：设置正被扫掠对象的扭曲角度。扭曲角度指定沿扫掠路径全部长度的旋转量。选择该选项，命令行提示与操作如下。

> 输入扭曲角度或允许非平面扫掠路径倾斜 [倾斜(B) /表达式(EX)] <0.0000>：指定小于 360°的
> 角度值，输入 b，打开倾斜；按 Enter 键，选择默认角度值

其中"倾斜(B)"选项指定被扫掠的曲线是否沿三维扫掠路径（三维多线段、三维样条曲线或螺旋线）自然倾斜（旋转）；"表达式(EX)"选项指扫掠扭曲角度根据表达式来确定。

图 17-26 所示为扭曲扫掠示意图。

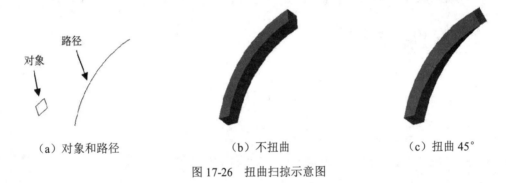

| （a）对象和路径 | （b）不扭曲 | （c）扭曲 45° |

图 17-26　扭曲扫掠示意图

17.2.4　放样

通过指定一系列横截面来创建三维实体或曲面。横截面定义了实体或曲面的形状。必须至少指定两个横截面。

【执行方式】

- ↳ 命令行：LOFT。
- ↳ 菜单栏：选择菜单栏中的"绘图"→"建模"→"放样"命令。
- ↳ 工具栏：单击"建模"工具栏中的"放样"按钮。
- ↳ 功能区：单击"三维工具"选项卡的"建模"面板中的"放样"按钮。

【操作步骤】

```
命令：LOFT↙
当前线框密度：ISOLINES=4，闭合轮廓创建模式 = 实体
按放样次序选择横截面或 [点(PO)/合并多条边(J)/模式(MO)]：（依次选择图 17-27 中 3 个截面）
按放样次序选择横截面或 [点(PO)/合并多条边(J)/模式(MO)]：
输入选项 [导向(G)/路径(P)/仅横截面(C)/设置(S)] <仅横截面>:S
```

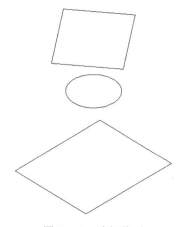

图 17-27　选择截面

【选项说明】

（1）导向(G)：指定控制放样实体或曲面形状的导向曲线。导向曲线是直线或曲线，可通过将其他线框信息添加至对象来进一步定义实体或曲面的形状，如图 17-28 所示。选择该选项，命令行提示与操作如下。

选择导向轮廓或 [合并多条边(J)]：选择放导向曲线，然后按 Enter 键

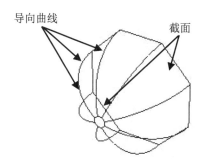

图 17-28　导向放样

（2）路径(P)：指定放样实体或曲面的单一路径，如图 17-29 所示。选择该选项，命令行提示与操作如下。

选择路径：指定放样实体或曲面的单一路径

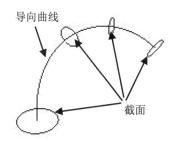

图 17-29　路径放样

技巧：

> 路径曲线必须与横截面的所有平面相交。

（3）仅横截面(C)：根据选取的横截面形状创建放样实体。

（4）设置(S)：选择该选项，系统打开"放样设置"对话框，如图 17-30 所示。其中有 4 个单选按钮，图 17-31（a）所示为选中"直纹"单选按钮的放样结果示意图，图 17-31（b）所示为选中"平滑拟合"单选按钮的放样结果示意图，图 17-31（c）所示为选中"法线指向"单选按钮并选择"所有横截面"选项的放样结果示意图，图 17-31（d）所示为选中"拔模斜度"单选按钮并设置"起点角度"为 45°、"起点幅值"为 10、"端点角度"为 60°、"端点幅值"为 10 的放样结果示意图。

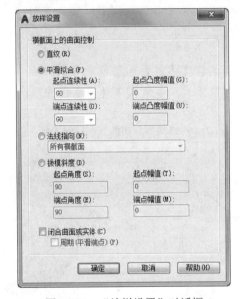

图 17-30　"放样设置"对话框

（a）　　　　　　　　（b）　　　　　　　　（c）　　　　　　　　（d）

图 17-31　放样示意图

17.2.5　拖曳

通过拉伸和偏移动态修改对象。

【执行方式】

❧ 命令行：PRESSPULL。

❧ 工具栏：单击"建模"工具栏中的"按住并拖动"按钮🔲。

❧ 功能区：单击"三维工具"选项卡的"实体编辑"面板中的"按住并拖动"按钮🔲。

【操作步骤】

```
命令：PRESSPULL↙
选择对象或边界区域：
指定拉伸高度或 [多个(M)]：
指定拉伸高度或 [多个(M)]：
已创建 1 个拉伸
```

选择有限区域后，按住鼠标左键并拖动，相应的区域就会进行拉伸变形，图 17-32 所示为选择圆台上表面按住并拖动的结果。

（a）圆台　　　　　　　（b）向下拖动　　　　　　　（c）向上拖动

图 17-32　按住并拖动

动手练——绘制带轮

绘制如图 17-33 所示的带轮。

图 17-33　带轮

📋 **思路点拨：**

（1）利用"多段线"命令绘制截面轮廓线。

（2）利用"旋转"命令旋转截面轮廓，创建轮毂。

（3）利用"绘图"命令绘制孔截面。

（4）利用"拉伸"命令拉伸孔截面。

（5）利用"差集"命令将轮毂和孔进行差集运算。

17.3 三维操作功能

三维操作主要是对三维物体进行操作，包括三维镜像、三维阵列、三维移动以及三维旋转等。

17.3.1 三维镜像

使用三维镜像命令可以以任意空间平面为镜像面，创建指定对象的镜像副本，源对象与镜像副本相对于镜像面彼此对称。其中镜像平面可以是与当前 UCS 的 XY、YZ 或 XZ 平面平行的平面或者由 3 个指定点所定义的任意平面。

【执行方式】

➥ 命令行：MIRROR3D。

➥ 菜单栏：选择菜单栏中的"修改"→"三维操作"→"三维镜像"命令。

动手学——脚踏座

源文件：源文件\第 17 章\脚踏座.dwg

本实例绘制如图 17-34 所示的脚踏座。

扫一扫，看视频

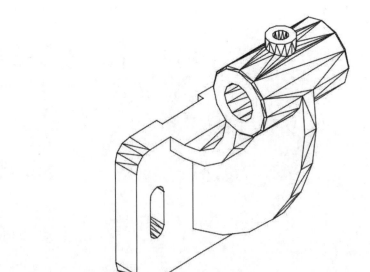

图 17-34 脚踏座

【操作步骤】

（1）设置线框密度。在命令行中输入 Isolines，设置线框密度为 10。

（2）将视图切换到西南等轴测图。单击"三维工具"选项卡的"建模"面板中的"长方体"按钮▭，以坐标原点为角点，创建长 15、宽 45、高 80 的长方体。

（3）创建面域。

① 将视图切换到左视图。单击"默认"选项卡的"绘图"面板中的"矩形"按钮▱，捕捉长方体左下角点为第一个角点，以（@15,80）为第二个角点，绘制矩形。

② 单击"默认"选项卡的"绘图"面板中的"直线"按钮╱，从（-10,30）到（@0,20）绘制直线。

③ 单击"默认"选项卡的"修改"面板中的"偏移"按钮⊑，将直线向左偏移 10。

④ 单击"默认"选项卡的"修改"面板中的"圆角"按钮╭，对偏移的两条平行线进行倒圆角操作，圆角半径为 5。

⑤ 单击"默认"选项卡的"绘图"面板中的"面域"按钮◉，将直线与圆角组成的二维图形创建为面域。结果如图 17-35 所示。

（4）将视图切换到西南等轴测图。单击"三维工具"选项卡的"建模"面板中的"拉伸"按钮▮，分别将矩形拉伸-4，将面域拉伸-15。

（5）单击"三维工具"选项卡的"实体编辑"面板中的"差集"按钮◳，将长方体与拉伸实体进行差集运算，将视图切换到西南等轴测视图，结果如图 17-36 所示。

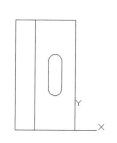

图 17-35　绘制矩形及二维图形

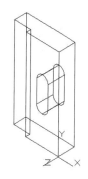

图 17-36　差集后的实体

（6）在命令行输入 UCS，将坐标系统系统 Y 轴旋转 90°并将坐标原点移动到（74,135,-45）。

（7）绘制二维图形并创建为面域。

① 将视图切换到前视图。单击"默认"选项卡的"绘图"面板中的"圆"按钮⊙，以（0,0）为圆心，绘制直径为 38 的圆。

② 单击"默认"选项卡的"绘图"面板中的"多段线"按钮⊃，如图 17-37 所示，从 φ38 圆的左象限点 1→（@0,-55）→长方体角点 2，绘制多段线。

③ 单击"默认"选项卡的"修改"面板中的"圆角"按钮╭，对多段线进行倒圆角操作。圆角半径为 30。

④ 单击"默认"选项卡的"修改"面板中的"偏移"按钮 ⋐，将多段线向下偏移 8，如图 17-37 所示。

⑤ 单击"默认"选项卡的"绘图"面板中的"多段线"按钮 ⋍，如图 17-38 所示，从点 3（端点）→点 4（象限点），绘制直线；从点 4→点 5，绘制半径为 100，夹角为-90°的圆弧；从点 5→点 6（端点），绘制直线。

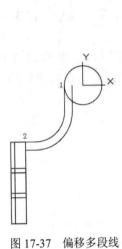

图 17-37　偏移多段线

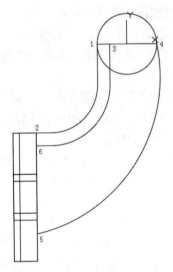

图 17-38　绘制多段线及直线

⑥ 单击"默认"选项卡的"绘图"面板中的"直线"按钮 ╱，从点 6→点 2，从点 1→点 3，绘制直线，如图 17-38 所示。单击"默认"选项卡的"修改"面板中的"复制"按钮 ⋈，在原位置复制多段线 36。

⑦ 单击"默认"选项卡的"修改"面板中的"删除"按钮 ⋰，删除 φ38 圆。在命令行中输入 region 命令，将绘制的二维图形创建为面域 1 及面域 2，结果如图 17-39 所示。

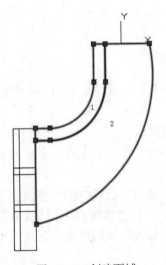

图 17-39　创建面域

（8）将视图切换到西南等轴测图。单击"三维工具"选项卡的"建模"面板中的"拉伸"按钮，将面域 1 拉伸 20，面域 2 拉伸 4，结果如图 17-40 所示。

（9）单击"三维工具"选项卡的"建模"面板中的"圆柱体"按钮，以（0,0,0）为圆心，分别创建直径为 38、20，高为 30 的圆柱。

（10）单击"三维工具"选项卡的"实体编辑"面板中的"差集"按钮，将 φ38 圆柱与 φ20 圆柱进行差集运算。结果如图 17-41 所示。单击"三维工具"选项卡的"实体编辑"面板中的"并集"按钮，将实体与 φ38 圆柱进行并集运算。

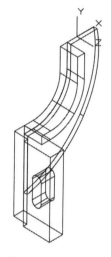

图 17-40　拉伸面域

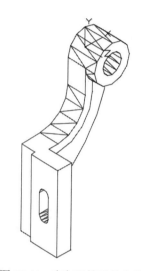

图 17-41　布尔运算后的实体

（11）单击"默认"选项卡的"修改"面板中的"圆角"按钮，对长方体前端面进行倒圆角操作，圆角半径为 10，单击"默认"选项卡的"修改"面板中的"倒角"按钮，对 φ20 圆柱前端面进行倒角操作，倒角距离为 1，消隐后如图 17-42 所示。

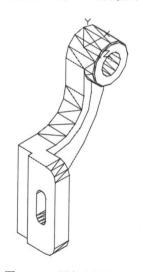

图 17-42　圆角和倒角处理

（12）选择菜单栏中的"修改"→"三维操作"→"三维镜像"命令，将实体以当前XY面为镜像面，进行镜像操作。命令行提示与操作如下。

```
命令：_mirror3d
选择对象：选取当前实体
选择对象：
指定镜像平面 (三点) 的第一个点或 [对象(O)/最近的(L)/Z 轴(Z)/视图(V)/XY 平面(XY)/YZ 平面(YZ)/ZX 平面(ZX)/三点(3)] <三点>：XY
指定 XY 平面上的点 <0,0,0>：
是否删除源对象？[是(Y)/否(N)] <否>：
```

（13）单击"三维工具"选项卡的"实体编辑"面板中的"并集"按钮 ，将所有物体进行并集处理。消隐处理后的图形如图 17-43 所示。

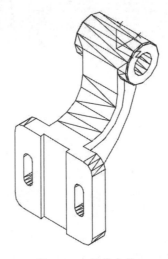

图 17-43　镜像实体

（14）将坐标原点移动到（0,15,0），并将其绕 X 轴旋转-90°。

（15）单击"三维工具"选项卡的"建模"面板中的"圆柱体"按钮 ，以（0,0,0）为圆心，分别创建直径为 16、高为 10 及直径为 8、高为 20 的圆柱。

（16）单击"三维工具"选项卡的"实体编辑"面板中的"差集"按钮 ，将实体及φ16 圆柱与φ8 圆柱进行差集运算。

（17）单击"三维工具"选项卡的"实体编辑"面板中的"并集"按钮 ，将所有物体进行并集处理，消隐后结果如图 17-34 所示。

【选项说明】

（1）三点：输入镜像平面上点的坐标。该选项通过 3 个点确定镜像平面，是系统的默认选项。

（2）最近的(L)：相对于最后定义的镜像平面对选定的对象进行镜像处理。

（3）Z 轴(Z)：利用指定的平面作为镜像平面。选择该选项后，出现如下提示。

```
在镜像平面上指定点：(输入镜像平面上一点的坐标)
在镜像平面的 Z 轴 (法向) 上指定点：(输入与镜像平面垂直的任意一条直线上任意一点的坐标)
是否删除源对象？[是(Y)/否(N)]：(根据需要确定是否删除源对象)
```

（4）视图(V)：指定一个平行于当前视图的平面作为镜像平面。

（5）XY（YZ、ZX）平面：指定一个平行于当前坐标系 XY（YZ、ZX）平面的平面作为镜像平面。

17.3.2　三维阵列

利用该命令可以在三维空间中按矩形阵列或环形阵列的方式创建指定对象的多个副本。

【执行方式】

↳　命令行：3DARRAY。

↳　菜单栏：选择菜单栏中的"修改"→"三维操作"→"三维阵列"命令。

↳　工具栏：单击"建模"工具栏中的"三维阵列"按钮 。

动手学——端盖

源文件：源文件\第 17 章\端盖.dwg

本实例绘制的端盖如图 17-44 所示。

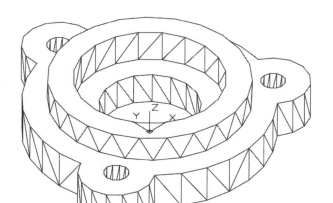

图 17-44　端盖

【操作步骤】

（1）设置对象上每个曲面的轮廓线数目为 10。

（2）将视图切换为西南等轴测视图。单击"三维工具"选项卡的"建模"面板中的"圆柱体"按钮 ，以坐标原点为中心点，绘制半径为 100、高度为 30 的圆柱体 1，重复"圆柱体"命令，指定底面中心点的坐标为（0,0,0），底面半径为 80，圆柱体高度为 50，绘制圆柱体，如图 17-45 所示。

（3）单击"三维工具"选项卡的"实体编辑"面板中的"并集"按钮 ，将上步绘制两个圆柱体进行并集处理。结果如图 17-46 所示。

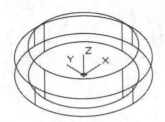

图 17-45　绘制圆柱体

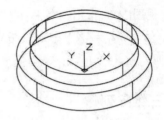

图 17-46　创建端盖外形圆柱

（4）单击"三维工具"选项卡的"建模"面板中的"圆柱体"按钮，以坐标原点为圆心，创建半径为 40、高为 25；以该圆柱体顶面中心为圆心，创建半径为 60、高为 25 的圆柱体。

（5）单击"三维工具"选项卡的"实体编辑"面板中的"并集"按钮，将上步创建的两个圆柱进行并集运算。

（6）单击"三维工具"选项卡的"实体编辑"面板中的"差集"按钮，将外圆柱体减去内圆柱体。消隐处理后的图形如图 17-47 所示。

（7）将当前视图方向设置为俯视图。单击"三维工具"选项卡的"建模"面板中的"圆柱体"按钮，捕捉 R100 圆柱底面象限点为圆心，分别创建半径为 30、10，高为 30 的圆柱。结果如图 17-48 所示。

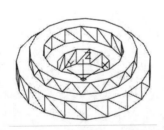

图 17-47　差集消隐结果

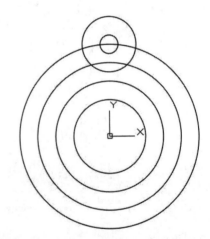

图 17-48　绘制圆柱体后的图形

（8）选择菜单栏中的"修改"→"三维操作"→"三维阵列"命令，将创建的两个圆柱进行环形阵列，命令行提示与操作如下。

```
命令: _3darray
正在初始化... 已加载 3DARRAY
选择对象: 选取上步绘制的两个圆柱体
选择对象:
输入阵列类型 [矩形(R)/环形(P)] <矩形>:P
输入阵列中的项目数目: 3
指定要填充的角度 (+=逆时针, -=顺时针) <360>:
```

旋转阵列对象？[是(Y)/否(N)]<Y>:
指定阵列的中心点：0,0,0
指定旋转轴上的第二点：0,0,10

结果如图 17-49 所示。

（9）单击"三维工具"选项卡的"实体编辑"面板中的"并集"按钮 ，将阵列的三个 R30 圆柱与实体进行并集运算。

（10）单击"三维工具"选项卡的"实体编辑"面板中的"差集"按钮 ，将并集后的实体与三个 R10 圆柱体进行差集运算。消隐处理后的图形如图 17-44 所示。

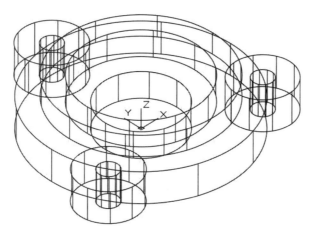

图 17-49　阵列圆柱体后的图形

【选项说明】

（1）矩形(R)：对图形进行矩形阵列复制，是系统的默认选项。

（2）环形(P)：对图形进行环形阵列复制。

17.3.3　对齐对象

在二维和三维空间中将对象与其他对象对齐。在要对齐的对象上指定最多三点，然后在目标对象上指定最多三个相应的点。

【执行方式】

↳　命令行：3DALIGN。

↳　菜单栏：选择菜单栏中的"修改"→"三维操作"→"三维对齐"命令。

↳　工具栏：单击"建模"工具栏中的"三维对齐"按钮 。

【操作步骤】

执行上述操作后，命令行提示与操作如下。

命令：3DALIGN✓
选择对象：（选择对齐的对象）

选择对象：（选择下一个对象或按 Enter 键）
指定源平面和方向...
指定基点或 [复制 (C)]：（指定点 2）
指定第二个点或 [继续 (C)] <C>：（指定点 1）
指定第三个点或 [继续 (C)] <C>：
指定目标平面和方向...
指定第一个目标点：（指定点 2）
指定第二个目标点或 [退出 (X)] <X>：
指定第三个目标点或 [退出 (X)] <X>：✓

17.3.4 三维移动

在三维视图中，显示三维移动小控件以帮助在指定方向上按指定距离移动三维对象。使用三维移动小控件，可以自由移动选定的对象和子对象，或将移动约束到轴或平面。

【执行方式】

➷ 命令行：3DMOVE。

➷ 菜单栏：选择菜单栏中的"修改"→"三维操作"→"三维移动"命令。

➷ 工具栏：单击"建模"工具栏中的"三维移动"按钮 。

动手学——轴承座

源文件：源文件\第 17 章\轴承座.dwg

本实例制作如图 17-50 所示的轴承座。

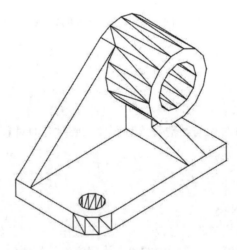

图 17-50　轴承座

【操作步骤】

（1）在命令行中输入 Isolines，设置线框密度为 10。

（2）将视图切换到西南等轴测图。单击"三维工具"选项卡的"建模"面板中的"长方体"按钮，以坐标原点为角点，绘制长为 140、宽为 80、高为 15 的长方体。

（3）单击"默认"选项卡的"修改"面板中的"圆角"按钮，对长方体进行倒圆角操作，圆角半径为 R20。单击"三维工具"选项卡的"建模"面板中的"圆柱体"按钮，以长方体底面圆角中点为圆心，创建半径为 10、高为-15 的圆柱。

（4）单击"三维工具"选项卡的"实体编辑"面板中的"差集"按钮，将长方体与圆柱进行差集运算。消隐后的结果如图 17-51 所示。

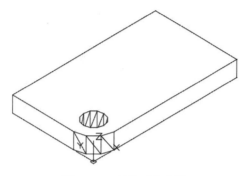

图 17-51　差集后的建模

（5）在命令行中输入 UCS，将坐标原点移动到（110,80,70），并将其绕 X 轴旋转 90°。

（6）单击"三维工具"选项卡的"建模"面板中的"圆柱体"按钮，以坐标原点为圆心，分别创建直径为 60、38，高为 60 的圆柱，结果如图 17-52 所示。

（7）单击"默认"选项卡的"绘图"面板中的"圆"按钮，以坐标原点为圆心，绘制直径为 60 的圆。

（8）单击"默认"选项卡的"绘图"面板中的"直线"按钮，在 1 点→2 点→3 点（切点）及 1 点→4 点（切点）间绘制图形，如图 17-53 所示。单击"默认"选项卡"修改"面板中的"修剪"按钮，修剪图形。

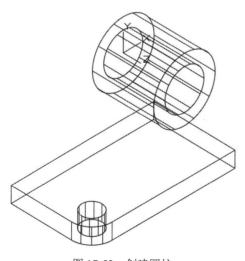

图 17-52　创建圆柱

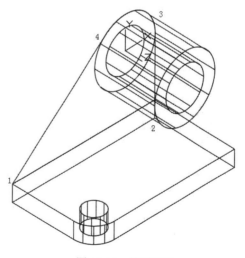

图 17-53　绘制图形

（9）单击"默认"选项卡的"绘图"面板中的"面域"按钮 ，将多段线组成的区域创建为面域。

（10）将视图切换到西南等轴测图，拉伸面域。单击"三维工具"选项卡的"建模"面板中的"拉伸"按钮，将面域拉伸 15，结果如图 17-54 所示。

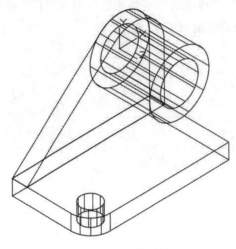

图 17-54　拉伸面域

（11）在命令行中输入 UCS，将坐标系恢复到世界坐标系。

（12）将视图切换到左视图，单击"默认"选项卡的"绘图"面板中的"多段线"按钮，在（0,0）→（@0,30）→（@27,0）→（@0,-15）→（@38,-15）→（0,0）间绘制闭合多段线，如图 17-55 所示。

（13）将视图切换到西南等轴测图。单击"三维工具"选项卡的"建模"面板中的"拉伸"按钮，将辅助线拉伸 18，结果如图 17-56 所示。

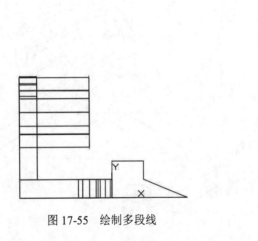

图 17-55　绘制多段线

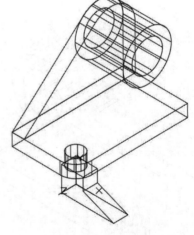

图 17-56　拉伸建模

（14）选择菜单栏中的"修改"→"三维操作"→"三维移动"命令，将上步绘制的拉伸体移动到适当位置，命令行提示与操作如下。

```
命令：_3dmove
选择对象：选取上步创建拉伸体
选择对象：
指定基点或 [位移(D)] <位移>:捕捉拉伸体上端右侧边线中点
指定第二个点或 <使用第一个点作为位移>：捕捉主体圆柱体的下象限点
命令：_3dmove
选择对象：选取上步创建拉伸体
选择对象：
指定基点或 [位移(D)] <位移>:拾取拉伸体上任意一点
指定第二个点或 <使用第一个点作为位移>：@15,5,0
```

结果如图 17-57 所示。

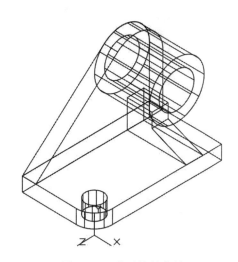

图 17-57　移动拉伸实体

（15）单击"三维工具"选项卡的"实体编辑"面板中的"并集"按钮 ，除去φ38 圆柱外，将所有建模进行并集运算。单击"建模""三维工具"选项卡的"实体编辑"面板中的"差集"按钮 ，将建模与φ38 圆柱进行差集运算。消隐处理后如图 17-50 所示。

【选项说明】

其操作方法与二维移动命令类似。

17.3.5　三维旋转

使用三维旋转命令可以把三维实体模型围绕指定的轴在空间中进行旋转。

【执行方式】

- 命令行：3DROTATE。
- 菜单栏：选择菜单栏中的"修改"→"三维操作"→"三维旋转"命令。
- 工具栏：单击"建模"工具栏中的"三维旋转"按钮 。

动手学——弹簧垫圈

源文件：源文件\第 17 章\弹簧垫圈.dwg

本实例绘制如图 17-58 所示的弹簧垫圈，其内径φ=12.2mm，宽度 b=3mm，厚度 s=5mm，材料为 65Mn，表面氧化的标准型弹簧垫圈。本实例的制作思路：首先绘制两个圆柱体，然后进行差集处理，再绘制一个长方体进行差集处理，然后拉伸处理弹簧垫圈的豁口（说明：本实例绘制的弹簧垫圈为装配图中的垫圈，即受力状态下的垫圈）。

图 17-58　弹簧垫圈

【操作步骤】

（1）在命令行中输入 Isolines，设置线框密度为 10。

（2）将当前视图方向设置为西南等轴测方向。单击"三维工具"选项卡的"建模"面板中的"圆柱体"按钮，以（0,0,0）为底面中心点，创建半径分别为 6 和 7.5、高度为 3 的两个同轴圆柱体，消隐后的结果如图 17-59 所示。

（3）单击"三维工具"选项卡的"实体编辑"面板中的"差集"按钮，将创建的两个圆柱体进行差集处理，结果如图 17-60 所示。

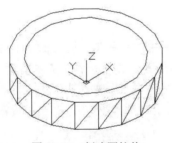

图 17-59　创建圆柱体

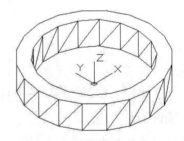

图 17-60　差集处理 1

（4）单击"三维工具"选项卡的"建模"面板中的"长方体"按钮，以（0,-1.5,-2）和（@10,3,7）为角点创建长方体，结果如图 17-61 所示。

（5）选择菜单栏中的"修改"→"三维操作"→"三维旋转"命令，旋转长方体，命令行中的提示与操作如下。

```
命令：_3drotate↙
UCS 当前的正角方向： ANGDIR=逆时针  ANGBASE=0
选择对象：（选择上一步创建的长方体）
选择对象：↙
指定基点：（拾取坐标原点）
```

拾取旋转轴：选取 X 轴↙
指定角的起点或输入角度：15↙

结果如图 17-62 所示。

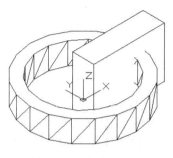

图 17-61　创建长方体

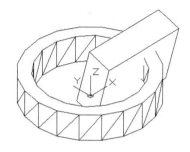

图 17-62　三维旋转长方体

（6）单击"三维工具"选项卡的"实体编辑"面板中的"差集"按钮 🔲，将创建的图形与创建的长方体进行差集处理，结果如图 17-63 所示。

动手练——绘制圆柱滚子轴承

绘制如图 17-64 所示的圆柱滚子轴承。

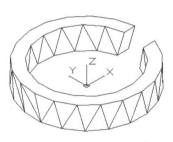

图 17-63　差集处理 2

图 17-64　圆柱滚子轴承

📋 **思路点拨：**

（1）利用"绘图"命令绘制轴承的截面并创建成面域。
（2）利用"旋转"命令创建轴承的内外圈。
（3）利用"旋转"命令创建滚子。
（4）利用"三维阵列"命令阵列滚子。

17.4　剖　切　视　图

在 AutoCAD 2019 中，可以利用剖切功能对三维造型进行剖切处理，这样便于用户观察三维造型的内部结构。

17.4.1 剖切

可以使用指定的平面或曲面对象剖切三维实体对象，仅可以通过指定的平面剖切曲面对象，不能直接剖切网格或将其用作剖切曲面。

【执行方式】

➥ 命令行：SLICE（快捷命令：SL）。

➥ 菜单栏：选择菜单栏中的"修改"→"三维操作"→"剖切"命令。

➥ 功能区：单击"三维工具"选项卡的"实体编辑"面板中的"剖切"按钮📚。

动手学——方向盘

扫一扫，看视频

源文件：源文件\第 17 章\方向盘.dwg
本实例绘制的方向盘如图 17-65 所示。

【操作步骤】

（1）设置对象上每个曲面的轮廓线数目为 10。

（2）将当前视图方向设置为西南等轴测视图。单击"三维工具"选项卡的"建模"面板中的"圆环体"按钮🛢，在坐标原点处绘制半径为 160、圆管半径为 16 的圆环体，结果如图 17-66 所示。

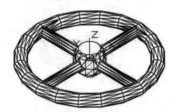

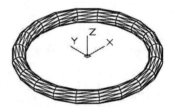

图 17-65　方向盘　　　　　　　　　　　图 17-66　圆环的绘制

（3）单击"三维工具"选项卡的"建模"面板中的"球体"按钮⚪，以坐标原点为中心点绘制半径为 40 的球体，结果如图 17-67 所示。

（4）单击"三维工具"选项卡的"建模"面板中的"圆柱体"按钮🛢，以坐标原点为中心点绘制半径为 12、轴端点为（160,0,0）的圆柱体，结果如图 17-68 所示。

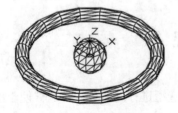

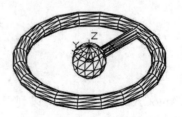

图 17-67　绘制球体　　　　　　　　　　图 17-68　绘制轮辐

（5）选择菜单栏中的"修改"→"三维操作"→"三维阵列"命令，将上步创建圆柱体以{（0,0,0），（0,0,20）}为旋转轴进行环形阵列，阵列个数为 4，填充角度为 360°，消隐后如图 17-69 所示。

（6）单击"三维工具"选项卡的"实体编辑"面板中的"剖切"按钮，剖切球体进行处理。命令行提示与操作如下。

```
命令:SLICE↙
选择要剖切的对象:（选择球体）
选择要剖切的对象:↙
指定切面的起点或 [平面对象(O)/曲面(S)/Z 轴(Z)/视图(V)/xy(XY)/yz(YZ)/zx(ZX)/三点
(3)] <三点>: 3
指定平面上的第一个点: 0,0,30↙
指定平面上的第二个点:0,10,30↙
指定平面上的第三个点:10,10,30↙
在所需的侧面上指定点或 [保留两个侧面(B)] <保留两个侧面>:（选择圆球的下侧）
```

（7）单击"三维工具"选项卡的"实体编辑"面板中的"并集"按钮，将圆环、圆柱体和球体进行并集处理，结果如图 17-70 所示。

图 17-69　三维阵列

图 17-70　剖切球体

【选项说明】

（1）平面对象(O)：将所选对象的所在平面作为剖切面。

（2）曲面(S)：将剪切平面与曲面对齐。

（3）Z 轴(Z)：通过平面指定一点与在平面的 Z 轴（法线）上指定另一点来定义剖切平面。

（4）视图(V)：以平行于当前视图的平面作为剖切面。

（5）xy(XY)/yz(YZ)/zx(ZX)：将剖切平面与当前用户坐标系（UCS）的 XY 平面/YZ 平面/ZX 平面对齐。

（6）三点(3)：根据空间的 3 个点确定的平面作为剖切面。确定剖切面后，系统会提示保留一侧或两侧。

17.4.2　剖切截面

使用平面或三维实体、曲面或网格的交点创建二维面域对象。

【执行方式】

命令行：SECTION（快捷命令：SEC）。

【操作步骤】

执行上述命令后，命令行提示与操作如下。

```
命令：SECTION✓
选择对象：（选择要剖切的实体）
指定截面上的第一个点，依照 [对象(O)/Z 轴(Z)/视图(V)/ XY(XY)/YZ(YZ)/ZX(ZX)/三点(3)]
<三点>：
```

17.4.3 截面平面

通过截面平面功能可以创建实体对象的二维截面平面或三维截面实体。

【执行方式】

- ↳ 命令行：SECTIONPLANE。
- ↳ 菜单栏：选择菜单栏中的"绘图"→"建模"→"截面平面"命令。
- ↳ 功能区：单击"三维工具"选项卡的"截面"面板中的"截面平面"按钮◪。

【操作步骤】

执行上述命令后，命令行提示与操作如下。

```
命令：_sectionplane
类型 = 平面
选择面或任意点以定位截面线或 [绘制截面(D)/正交(O)/类型(T)]：
```

【选项说明】

（1）选择面或任意点以定位截面线：选择绘图区的任意点（不在面上）可以创建独立于实体的截面对象。第一点可创建截面对象旋转所围绕的点，第二点可创建截面对象。

（2）绘制截面(D)：定义具有多个点的截面对象以创建带有折弯的截面线。选择该选项，命令行提示与操作如下。

```
指定起点：指定点 1
指定下一点：指定点 2
指定下一点或按 Enter 键完成：指定点 3 或按 Enter 键
指定截面视图方向上的下一点：指定点以指示剪切平面的方向
```

（3）正交(O)：将截面对象与相对于 UCS 的正交方向对齐。选择该选项，命令行提示与操作如下。

```
将截面对齐至 [前(F)/后(B)/顶部(T)/底部(B)/左(L)/右(R)]：
```

选择该选项后，以相对于 UCS（不是当前视图）的指定方向创建截面对象，并且该对象包含所有三维对象。该选项创建处于截面边界状态的截面对象，并且活动截面打开。

（4）类型(T)：在创建截面平面时，指定平面、切片、边界或体积作为参数。选择该选项，命令行提示与操作如下。

输入截面平面类型 [平面(P)/切片(S)/边界(B)/体积(V)] <平面(P)>：

① 平面：指定三维实体的平面线段、曲面、网格或点云并放置截面平面。

② 切片：选择具有三维实体深度的平面线段、曲面、网格或点云以放置截面平面。

③ 边界：选择三维实体的边界、曲面、网格或点云并放置截面平面。

④ 体积：创建有边界的体积截面平面。

☞**教你一招：**

剖切和剖切截面的区别？

剖切命令是把实体切成两部分（也可以只保留其中一部分），两部分均为实体。

剖切截面命令是生成实体的截面图形，但原实体不受影响。

动手练——绘制阀芯

绘制如图 17-71 所示的阀芯。

图 17-71　阀芯

✑**思路点拨：**

（1）利用"球体"命令创建主体。

（2）利用"剖切"命令剖切上下多余部分。

（3）利用"圆柱体""三维镜像"和"差集"命令创建凹槽。

17.5　实体三维操作

17.5.1　倒角边

为三维实体边和曲面边建立倒角。

【执行方式】

◾ 命令行：CHAMFEREDGE。

◾ 菜单栏：选择菜单栏中的"修改"→"实体编辑"→"倒角边"命令。

扫一扫，看视频

➥ 工具栏：单击"实体编辑"工具栏中的"倒角边"按钮⬛。
➥ 功能区：单击"三维工具"选项卡的"实体编辑"面板中的"倒角边"按钮⬛。

动手学——衬套倒角

调用素材：初始文件\第 17 章\衬套.dwg

源文件：源文件\第 17 章\衬套倒角.dwg

绘制如图 17-72 所示的衬套倒角。

【操作步骤】

（1）打开初始文件\第 17 章\衬套.dwg 文件。

（2）单击"三维工具"选项卡的"实体编辑"面板中的"倒角边"按钮⬛，对下边线进行倒角，倒角距离为 1，命令行提示与操作如下。

```
命令：_CHAMFEREDGE
距离 1 = 1.0000，距离 2 = 1.0000
选择一条边或 [环(L)/距离(D)]：D
指定距离 1 或 [表达式(E)] <1.0000>:2
指定距离 2 或 [表达式(E)] <1.0000>:2
选择一条边或 [环(L)/距离(D)]：L
选择环边或 [边(E)/距离(D)]：（选取如图 17-73 所示的边线）
选择环边或 [边(E)/距离(D)]：
选择同一个面上的其他边或 [环(L)/距离(D)]：
按 Enter 键接受倒角或 [距离(D)]：
```

结果如图 17-72 所示。

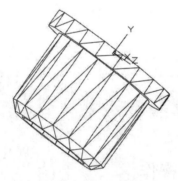

图 17-72 衬套倒角

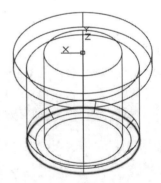

图 17-73 选取倒角边

【选项说明】

（1）选择一条边：选择建模的一条边，此选项为系统的默认选项。选择某一条边以后，边就变成了虚线。

（2）环(L)：如果选择"环(L)"选项，对一个面上的所有边建立倒角，命令行继续出现如下提示。

```
选择环边或[边(E)/距离(D)]：（选择环边）
输入选项[接受(A)/下一个(N)]<接受>：
```

选择环边或[边(E)/距离(D)]:
按 Enter 键接受倒角或[（距离(D)]:

（3）距离(D)：如果选择"距离(D)"选项，则输入倒角距离。

17.5.2　圆角边

为实体对象边建立圆角。

【执行方式】

➥ 命令行：FILLETEDGE。

➥ 菜单栏：选择菜单栏中的"修改"→"三维编辑"→"圆角边"命令。

➥ 工具栏：单击"实体编辑"工具栏中的"圆角边"按钮 。

➥ 功能区：单击"三维工具"选项卡的"实体编辑"面板中的"圆角边"按钮 。

动手学——圆头平键 A6×6×32

源文件：源文件\第 17 章\圆头平键 A6×6×32.dwg

本实例绘制如图 17-74 所示的圆头平键 A6×6×32。

【操作步骤】

（1）单击菜单栏中"视图"→"三维视图"→"西南等轴测"命令，将当前视图设为西南等轴测视图。

（2）单击"三维工具"选项卡的"建模"面板中的"长方体"按钮 ，以坐标原点为角点，绘制长度为 32、宽度和高度为 6 的长方体，如图 17-75 所示。

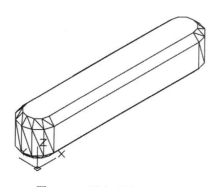

图 17-74　圆头平键 A6×6×32

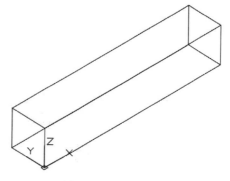

图 17-75　绘制长方体

（3）单击"三维工具"选项卡的"实体编辑"面板中的"圆角边"按钮 ，对长方体的四条棱边进行倒圆角，圆角半径为 3，命令行提示与操作如下。

```
命令: _FILLETEDGE
半径 = 1.0000
选择边或 [链(C)/环(L)/半径(R)]: R
输入圆角半径或 [表达式(E)] <1.0000>: 3
```

选择边或 [链(C)/环(L)/半径(R)]：（选取如图 17-75 所示的长方体的棱边）
选择边或 [链(C)/环(L)/半径(R)]：
选择边或 [链(C)/环(L)/半径(R)]：
选择边或 [链(C)/环(L)/半径(R)]：
选择边或 [链(C)/环(L)/半径(R)]：
已选定 4 个边用于圆角
按 Enter 键接受圆角或 [半径(R)]：

结果如图 17-76 所示。

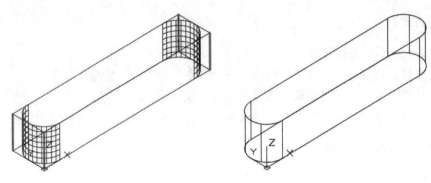

图 17-76 选取倒圆角边

（4）单击"三维工具"选项卡的"实体编辑"面板中的"倒角边"按钮，对长方体的上表面边线进行倒角，倒角距离为 1，命令行提示与操作如下。

命令：_CHAMFEREDGE
距离 1 = 2.0000，距离 2 = 2.0000
选择一条边或 [环(L)/距离(D)]：D
指定距离 1 或 [表达式(E)] <2.0000>:1
指定距离 2 或 [表达式(E)] <2.0000>:1
选择一条边或 [环(L)/距离(D)]：L
选择环边或 [边(E)/距离(D)]：（选取如图 17-77 所示的边线）
输入选项 [接受(A)/下一个(N)] <接受>：N
输入选项 [接受(A)/下一个(N)] <接受>：
选择环边或 [边(E)/距离(D)]：
按 Enter 键接受倒角或 [距离(D)]：

采用相同的方法，对下边线进行倒角处理，结果如图 17-74 所示。

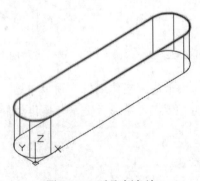

图 17-77 选取倒角边

【选项说明】

选择"链(C)"选项，表示与此边相邻的边都被选中，并进行倒圆角的操作，如图 17-78 所示。

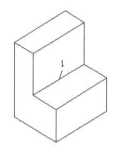
（a）选择倒圆角边"1"

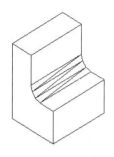
（b）边倒圆角结果

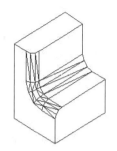
（c）链倒圆角结果

图 17-78　对实体棱边倒圆角

动手练——绘制螺母

绘制如图 17-79 所示的螺母。

图 17-79　螺母

📋 **思路点拨：**

（1）利用"螺旋"命令，绘制螺纹线。
（2）利用"直线""面域"命令创建牙型截面。
（3）利用"扫掠""圆柱体""并集""差集"命令创建螺纹。
（4）利用"多边形""拉伸""差集"命令创建螺母。
（5）利用"倒角边"命令对螺母上下边线进行倒角处理。

17.6　模拟认证考试

1. 可以将三维实体对象分解成原来组成三维实体的部件的命令是（　　　）。
　　A．分解　　　　　　　　　　　　　B．剖切
　　C．分割　　　　　　　　　　　　　D．切割

2．两个圆球，半径为 200，球心相距 250，则两球相交部分的体积为（　　　）。

    A．6185010.5368   B．6184452.712

    C．6254999.712   D．6125899.712

3．用 EXTRUDE 命令生成三维实体时，可设定拉伸斜度，关于拉伸角度，下列说法正确的是（　　　）。

    A．必须大于零或小于零

    B．只能大于零

    C．在 0°～90°内变化

    D．数值可正可负，拉伸高度越大相应的角度越小

4．SLICE 和 SECTION 的区别是（　　　）。

    A．用 SLICE 能够将实体截开，看到实体内部结构

    B．用 SECTION 不仅能够将实体截开，而且能够将实体的截面移出来显示

    C．SLICE 和 SECTION 选取剖切面的方法截然不同

    D．SECTION 能够画上剖面线，而 SLICE 却不能画上剖面线

5．"三维镜像"命令和"二维镜像"命令的不同是（　　　）。

    A．"三维镜像"命令只能镜像三维实体模型

    B．"二维镜像"命令只能镜像二维对象

    C．"三维镜像"命令定义镜像面，"二维镜像"命令定义镜像线

    D．可以通用，没有什么区别

6．绘制如图 17-80 所示的图形。

7．绘制如图 17-81 所示的图形。

图 17-80   图 17-81

8．绘制如图 17-82 所示的图形。

图 17-82

第 18 章 三维造型编辑

内容简介

三维造型编辑是指对三维造型的结构单元本身进行编辑，从而改变造型形状和结构，是 AutoCAD 2019 三维建模中最复杂的一部分内容。

内容要点

❱ 实体边编辑
❱ 实体面编辑
❱ 实体编辑
❱ 夹点编辑
❱ 干涉检查
❱ 模拟认证考试

案例效果

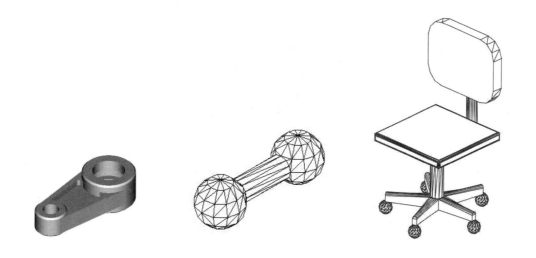

18.1 实体边编辑

尽管在实际建模过程中对实体边的应用相对较少，但其对实体编辑操作来说，也是不可或缺的一部分。常用命令包括着色边、复制边和压印边。

18.1.1 着色边

更改三维实体对象上各条边的颜色。

【执行方式】

- ↳ 命令行：SOLIDEDIT。
- ↳ 菜单栏：选择菜单栏中的"修改"→"实体编辑"→"着色边"命令。
- ↳ 工具栏：单击"实体编辑"工具栏中的"着色边"按钮 ⬛。
- ↳ 功能区：单击"三维工具"选项卡的"实体编辑"面板中的"着色边"按钮 ⬛。

【操作步骤】

```
命令：_solidedit
实体编辑自动检查：SOLIDCHECK=1
输入实体编辑选项 [面(F)/边(E)/体(B)/放弃(U)/退出(X)] <退出>：_edge
输入边编辑选项 [复制(C)/着色(L)/放弃(U)/退出(X)] <退出>：_color
选择边或 [放弃(U)/删除(R)]：（选择要着色的边）
选择边或 [放弃(U)/删除(R)]：（继续选择或按 Enter 键结束选择）
```

选择好边后，AutoCAD 2019 将打开如图 18-1 所示的"选择颜色"对话框。根据需要选择合适的颜色作为要着色边的颜色。

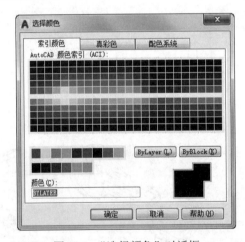

图 18-1 "选择颜色"对话框

18.1.2 复制边

将三维实体上的选定边复制为二维圆弧、圆、椭圆、直线或样条曲线。

【执行方式】

- ↳ 命令行：SOLIDEDIT。

➥　菜单栏：选择菜单栏中的"修改"→"实体编辑"→"复制边"命令。

➥　工具栏：单击"实体编辑"工具栏中的"复制边"按钮⬝。

➥　功能区：单击"三维工具"选项卡的"实体编辑"面板中的"复制边"按钮⬝。

扫一扫，看视频

动手学——摇臂

源文件：源文件\第 18 章\摇臂.dwg
本实例绘制如图 18-2 所示的摇臂。

图 18-2　摇臂

【操作步骤】

（1）在命令行中输入 ISOLINES 命令，设置线框密度为 10。

（2）将视图切换到西南等轴测视图。单击"三维工具"选项卡的"建模"面板中的"圆柱体"按钮⬝，以坐标原点为圆心，分别创建半径为 30、15，高为 20 的圆柱。

（3）单击"三维工具"选项卡的"实体编辑"面板中的"差集"按钮⬝，将 R30 圆柱与 R15 圆柱进行差集运算。

（4）单击"三维工具"选项卡的"建模"面板中的"圆柱体"按钮⬝，以（150,0,0）为圆心，分别创建半径为 50、30，高为 30 的圆柱及半径为 40、高为 10 的圆柱。

（5）单击"三维工具"选项卡的"实体编辑"面板中的"差集"按钮⬝，将 R50 圆柱与 R30、R40 圆柱进行差集运算，结果如图 18-3 所示。

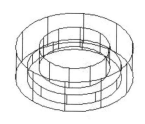

图 18-3　创建圆柱体

（6）单击"三维工具"选项卡的"实体编辑"面板中的"复制边"按钮，复制左边 R30 圆柱体的底边，命令行提示与操作如下。

```
命令：_solidedit
实体编辑自动检查： SOLIDCHECK=1
输入实体编辑选项 [面(F)/边(E)/体(B)/放弃(U)/退出(X)] <退出>：_edge
输入边编辑选项 [复制(C)/着色(L)/放弃(U)/退出(X)] <退出>：_copy
选择边或 [放弃(U)/删除(R)]：选择左边 R30 圆柱体的底边，如图 18-4 所示
选择边或 [放弃(U)/删除(R)]：
指定基点或位移：0,0
指定位移的第二点：0,0
输入边编辑选项 [复制(C)/着色(L)/放弃(U)/退出(X)] <退出>：C
选择边或 [放弃(U)/删除(R)]：选择图 18-4 中右边 R50 圆柱体的底边
选择边或 [放弃(U)/删除(R)]：
指定基点或位移：0,0
指定位移的第二点：0,0
输入边编辑选项 [复制(C)/着色(L)/放弃(U)/退出(X)] <退出>：
```

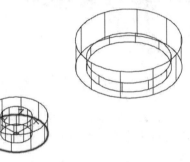

图 18-4　选择复制边

（7）将视图切换到仰视图。单击"默认"选项卡的"绘图"面板中的"构造线"按钮，分别绘制所复制的 R30 及 R50 圆的外公切线，并绘制通过圆心的竖直线，绘制结果如图 18-5 所示。

（8）单击"默认"选项卡的"修改"面板中的"偏移"按钮，将绘制的外公切线分别向内偏移10，并将左边竖直线向右偏移45，将右边竖直线向左偏移25，偏移结果如图 18-6 所示。

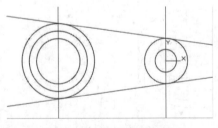

图 18-5　绘制辅助构造线

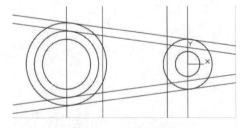

图 18-6　偏移辅助线

（9）单击"默认"选项卡的"修改"面板中的"修剪"按钮，对辅助线及复制的边进行修剪。单击"默认"选项卡的"修改"面板中的"删除"按钮，删除多余的辅助

线，绘制结果如图 18-7 所示。

（10）切换到西南等轴测视图。单击"默认"选项卡的"绘图"面板中的"面域"按钮，分别将辅助线与圆及辅助线之间围成的两个区域创建为面域。

（11）单击"默认"选项卡的"修改"面板中的"移动"按钮✚，将内环面域向上移动 5。

（12）单击"三维工具"选项卡的"建模"面板中的"拉伸"按钮，分别将外环及内环面域向上拉伸 16 及 11。

（13）单击"三维工具"选项卡的"实体编辑"面板中的"差集"按钮，将拉伸生成的两个实体进行差集运算，绘制结果如图 18-8 所示。

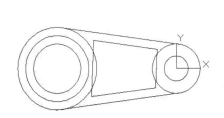

图 18-7　修剪辅助线及圆

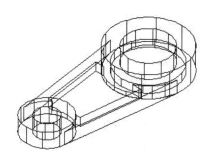

图 18-8　差集拉伸实体

（14）单击"三维工具"选项卡的"实体编辑"面板中的"并集"按钮，将所有实体进行并集运算。

（15）单击"默认"选项卡的"修改"面板中的"圆角边"按钮，对实体中间内凹处进行倒圆角操作，圆角半径为 5。

（16）单击"默认"选项卡的"修改"面板中的"倒角边"按钮，对实体左右两部分顶面进行倒角操作，倒角距离为 3，消隐处理后的图形如图 18-9 所示。

（17）选择菜单栏中的"修改"→"三维操作"→"三维镜像"命令，将绘制的实体以 XY 平面为镜像平面进行镜像，绘制结果如图 18-10 所示。

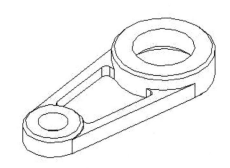

图 18-9　倒圆角及倒角后的实体

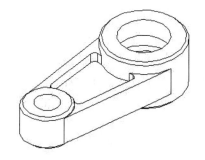

图 18-10　镜像后的实体

动手练——绘制扳手

绘制如图 18-11 所示的扳手。

图 18-11　扳手

思路点拨：

（1）利用"圆柱体""复制边""构造线""修剪""面域""长方体""交集"和"差集"命令绘制扳手的端部。

（2）利用"矩形""分解""圆角""面域"和"拉伸"命令绘制手柄轮廓。

（3）利用"三维旋转""三维移动"和"并集"命令完成扳手手柄的绘制。

（4）利用"圆柱体"和"差集"命令创建手柄上的孔。

18.2　实体面编辑

在实体编辑中，对于面的编辑操作即实体面编辑占有重要的一部分。其中，主要包括拉伸面、移动面、偏移面、删除面、旋转面、倾斜面、复制面及着色面等。

18.2.1　拉伸面

在 X、Y、Z 方向上延伸三维实体面，可以通过移动面来更改对象的形状。

【执行方式】

- ➥ 命令行：SOLIDEDIT。
- ➥ 菜单栏：选择菜单栏中的"修改"→"实体编辑"→"拉伸面"命令。
- ➥ 工具栏：单击"实体编辑"工具栏中的"拉伸面"按钮 ⬛。
- ➥ 功能区：单击"三维工具"选项卡的"实体编辑"面板中的"拉伸面"按钮 ⬛。

【操作步骤】

```
命令：_SOLIDEDIT
实体编辑自动检查：SOLIDCHECK=1
输入实体编辑选项 [面(F)/边(E)/体(B)/放弃(U)/退出(X)] <退出>：_face
```

输入面编辑选项[拉伸(E)/移动(M)/旋转(R)/偏移(O)/倾斜(T)/删除(D)/复制(C)/颜色(L)/材质
(A)/放弃(U)/退出(X)] <退出>：_extrude
选择面或 [放弃(U)/删除(R)]：（选取要拉伸的面）
选择面或 [放弃(U)/删除(R)/全部(ALL)]：
指定拉伸高度或 [路径(P)]：输入拉伸高度
指定拉伸的倾斜角度 <0>：输入倾斜角度

【选项说明】

（1）指定拉伸高度：按指定的高度值来拉伸面。指定拉伸的倾斜角度后，完成拉伸操作。

（2）路径(P)：沿指定的路径曲线拉伸面。

图 18-12 所示为拉伸长方体的顶面和侧面的结果。

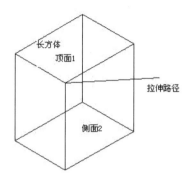
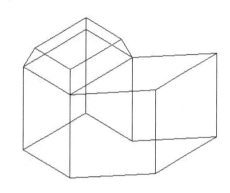

（a）拉伸前的长方体　　　　　　　　　　（b）拉伸后的三维实体

图 18-12　拉伸长方体

18.2.2　移动面

沿指定的高度或距离移动选定的三维实体对象的面，一次可以选择多个面。

【执行方式】

- ⮱　命令行：SOLIDEDIT。
- ⮱　菜单栏：选择菜单栏中的"修改"→"实体编辑"→"移动面"命令。
- ⮱　工具栏：单击"实体编辑"工具栏中的"移动面"按钮✛▣。
- ⮱　功能区：单击"三维工具"选项卡的"实体编辑"面板中的"移动面"按钮✛▣。

【操作步骤】

命令：_solidedit
实体编辑自动检查：SOLIDCHECK=1
输入实体编辑选项 [面(F)/边(E)/体(B)/放弃(U)/退出(X)] <退出>：_face
输入面编辑选项 [拉伸(E)/移动(M)/旋转(R)/偏移(O)/倾斜(T)/删除(D)/复制(C)/颜色(L)/材质(A)/放弃(U)/退出(X)]<退出>：_move
选择面或 [放弃(U)/删除(R)]：选择要进行移动的面

选择面或 [放弃(U)/删除(R)/全部(ALL)]：继续选择移动面或按 Enter 键结束选择
指定基点或位移：输入具体的坐标值或选择关键点
指定位移的第二点：输入具体的坐标值或选择关键点

各选项的含义在前面介绍的命令中都有涉及，如有问题，请查询相关命令（拉伸面、移动等）。图 18-13 所示为移动三维实体的结果。

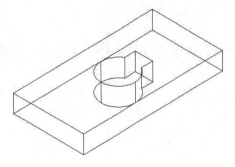
（a）移动前的图形

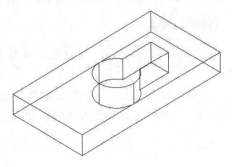
（b）移动后的图形

图 18-13　移动三维实体

18.2.3　偏移面

按指定的距离或通过指定的点将面均匀地偏移。

【执行方式】

- 命令行：SOLIDEDIT。
- 菜单栏：选择菜单栏中的"修改"→"实体编辑"→"偏移面"命令。
- 工具栏：单击"实体编辑"工具栏中的"偏移面"按钮。
- 功能区：单击"三维工具"选项卡的"实体编辑"面板中的"偏移面"按钮。

扫一扫，看视频

动手学——调整哑铃手柄

调用素材：初始文件\第 18 章\哑铃.dwg

源文件：源文件\第 18 章\调整哑铃手柄.dwg

本实例利用前面学习的偏移面功能对哑铃的圆柱面进行偏移，如图 18-14 所示的哑铃手柄。

图 18-14　调整哑铃手柄

【操作步骤】

（1）打开初始文件\第 18 章\哑铃.dwg 文件，如图 18-14 所示。

（2）单击"三维工具"选项卡的"实体编辑"面板中的"偏移面"按钮，对哑铃的手柄进行偏移。命令行提示与操作如下。

```
命令: _solidedit
实体编辑自动检查: SOLIDCHECK=1
输入实体编辑选项 [面(F)/边(E)/体(B)/放弃(U)/退出(X)] <退出>: _face
输入面编辑选项 [拉伸(E)/移动(M)/旋转(R)/偏移(O)/倾斜(T)/删除(D)/复制(C)/颜色(L)/材
质(A)/放弃(U)/退出(X)]<退出>: _offset
选择面或 [放弃(U)/删除(R)]: 选取哑铃的手柄
选择面或 [放弃(U)/删除(R)/全部(ALL)]:
指定偏移距离: 10
已开始实体校验。
已完成实体校验。
```

结果如图 18-15 所示。

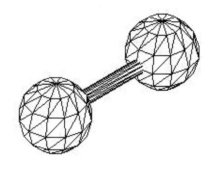

图 18-15　调整结果

☞**教你一招：**

拉伸面和偏移面的区别。

（1）拉伸面是把面域拉伸成实体的效果，被拉伸的面可以给倾斜度，偏移面则不能。

（2）偏移面是把实体表面偏移一定距离，偏移正值会使实体的体积增大，偏移负值则缩小，一个圆柱体的外圆面可以偏移但不能拉伸。

18.2.4　删除面

使用此命令可以删除圆角和倒角，并在稍后进行修改，如果更改生成无效的三维实体，将不删除面。

【执行方式】

➤　命令行：SOLIDEDIT。

➤　菜单栏：选择菜单栏中的"修改"→"实体编辑"→"删除面"命令。

➤　工具栏：单击"实体编辑"工具栏中的"删除面"按钮。

➲ 功能区：单击"三维工具"选项卡的"实体编辑"面板中的"删除面"按钮🔧。

【操作步骤】

```
命令: _solidedit
实体编辑自动检查： SOLIDCHECK=1
输入实体编辑选项 [面(F)/边(E)/体(B)/放弃(U)/退出(X)] <退出>: _face
输入面编辑选项[拉伸(E)/移动(M)/旋转(R)/偏移(O)/倾斜(T)/删除(D)/复制(C)/颜色(L)/材质
(A)/放弃(U)/退出(X)] <退出>: _delete
选择面或 [放弃(U)/删除(R)]: 选择删除面
选择面或 [放弃(U)/删除(R)/全部(ALL)]:
```

18.2.5 旋转面

绕指定的轴旋转一个或多个面或实体的某些部分，可以通过旋转面来更改对象的形状。

【执行方式】

➲ 命令行：SOLIDEDIT。

➲ 菜单栏：选择菜单栏中的"修改"→"实体编辑"→"旋转面"命令。

➲ 工具栏：单击"实体编辑"工具栏中的"旋转面"按钮🔳。

➲ 功能区：单击"三维工具"选项卡的"实体编辑"面板中的"旋转面"按钮🔳。

【操作步骤】

```
命令: SOLIDEDIT✓
实体编辑自动检查:SOLIDCHECK=1
输入实体编辑选项 [面(F)/边(E)/体(B)/放弃(U)/退出(X)] <退出>: F✓
输入面编辑选项[拉伸(E)/移动(M)/旋转(R)/偏移(O)/倾斜(T)/删除(D)/复制(C)/颜色(L)/材质
(A)/放弃(U)/退出(X)] <退出> : R✓
选择面或 [放弃(U)/删除(R)]: (选择要选中的面)
删除面或 [放弃(U)/添加(A)/全部(ALL)]:
指定轴点或 [经过对象的轴(A)/视图(V)/X 轴(X)/Y 轴(Y)/Z 轴(Z)] <两点>: 选择旋转轴
指定旋转原点 <0,0,0>:指定旋转原点
指定旋转角度或 [参照(R)]: 输入旋转角度
```

18.2.6 倾斜面

以指定的角度倾斜三维实体上的面，倾斜角的旋转方向由选择基点和第二点的顺序
决定。

【执行方式】

➲ 命令行：SOLIDEDIT。

➲ 菜单栏：选择菜单栏中的"修改"→"实体编辑"→"倾斜面"命令。

➲ 工具栏：单击"实体编辑"工具栏中的"倾斜面"按钮🔳。

➡ 功能区：单击"三维工具"选项卡的"实体编辑"面板中的"倾斜面"按钮。

动手学——锅盖主体

源文件：源文件\第 18 章\锅盖主体.dwg

本实例主要绘制如图 18-16 所示的锅盖主体。

【操作步骤】

（1）在命令行中输入 ISOLINES 命令，设置线框密度为 10。

（2）将视图切换至西南等轴测。单击"三维工具"选项卡的"建模"面板中的"圆柱体"按钮，以坐标原点为底面圆心绘制直径为 121、高度为 5.5 的圆柱体；重复"圆柱体"命令，以（0,0,5.5）为底面圆心绘制半径为 49、高度为 15 的圆柱体，消隐后如图 18-17 所示。

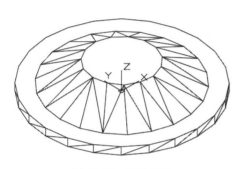

图 18-16　锅盖主体

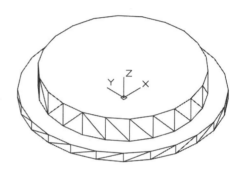

图 18-17　绘制圆柱体

（3）单击"三维工具"选项卡的"实体编辑"面板中的"倾斜面"按钮，选取半径为 49 的圆柱体的外圆柱面创建角度为 60°的倾斜面，命令行提示与操作如下。

```
命令：_solidedit
实体编辑自动检查：SOLIDCHECK=1
输入实体编辑选项 [面(F)/边(E)/体(B)/放弃(U)/退出(X)] <退出>：_face
输入面编辑选项[拉伸(E)/移动(M)/旋转(R)/偏移(O)/倾斜(T)/删除(D)/复制(C)/颜色(L)/材质
(A)/放弃(U)/退出(X)] <退出>：_taper
选择面或 [放弃(U)/删除(R)]：选取半径为 49 的圆柱面
选择面或 [放弃(U)/删除(R)/全部(ALL)]：
指定基点：选取第二个圆柱体下底面圆心
指定沿倾斜轴的另一个点：选取第二个圆柱体上表面圆心
指定倾斜角度：60
输入面编辑选项[拉伸(E)/移动(M)/旋转(R)/偏移(O)/倾斜(T)/删除(D)/复制(C)/颜色(L)/材质
(A)/放弃(U)/退出(X)] <退出>：
```

（4）单击"三维工具"选项卡的"实体编辑"面板中的"并集"按钮，将两个圆柱体进行并集运算，绘制结果如图 18-16 所示。

18.2.7　复制面

将面复制为面域或体。如果指定两个点，使用第一个点作为基点，并相对于基点放置一个副本。如果指定一个点，然后按 Enter 键，则将使用此坐标作为新位置。

【执行方式】

- ⤷ 命令行：SOLIDEDIT。
- ⤷ 菜单栏：选择菜单栏中的"修改"→"实体编辑"→"复制面"命令。
- ⤷ 工具栏：单击"实体编辑"工具栏中的"复制面"按钮 🗗。
- ⤷ 功能区：单击"三维工具"选项卡的"实体编辑"面板中的"复制面"按钮 🗗。

动手学——转椅

绘制如图 18-18 所示的转椅。

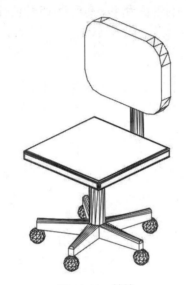

图 18-18　转椅

【操作步骤】

1．绘制支架和底座

（1）单击"默认"选项卡的"绘图"面板中的"多边形"按钮 ⬠，绘制中心点为（0,0）、外切圆半径为 30 的五边形。

（2）单击"三维工具"选项卡的"建模"面板中的"拉伸"按钮 🗍，拉伸五边形，设置拉伸高度为 50。将当前视图设为西南等轴测视图，结果如图 18-19 所示。

（3）单击"三维工具"选项卡的"实体编辑"面板中的"复制面"按钮 🗗，复制如图 18-20 所示的阴影面，命令行提示与操作如下。

```
命令: _solidedit
实体编辑自动检查: SOLIDCHECK=1
输入实体编辑选项 [面(F)/边(E)/体(B)/放弃(U)/退出(X)] <退出>: _face
输入面编辑选项 [拉伸(E)/移动(M)/旋转(R)/偏移(O)/倾斜(T)/删除(D)/复制(C)/颜色(L)/材
质(A)/放弃(U)/退出(X)] <退出>: _copy
选择面或 [放弃(U)/删除(R)]（选择如图 18-20 所示的阴影面）
```

选择面或 [放弃(U)/删除(R)/全部(ALL)]:
指定基点或位移:(在阴影位置处指定一端点)
指定位移的第二点:(继续在基点位置处指定端点)
输入面编辑选项 [拉伸(E)/移动(M)/旋转(R)/偏移(O)/倾斜(T)/删除(D)/复制(C)/颜色(L)/材质(A)/放弃(U)/退出(X)] <退出>:

图 18-19　绘制五边形并拉伸

图 18-20　复制阴影面

（4）单击"三维工具"选项卡的"建模"面板中的"拉伸"按钮，选择复制的面进行拉伸，设置倾斜角度为 3，拉伸高度为 200，绘制结果如图 18-21 所示。

重复上述工作，将其他 4 个面也进行复制拉伸，如图 18-22 所示。

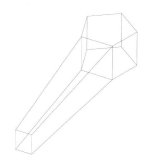

图 18-21　拉伸面

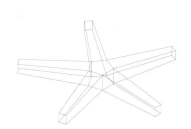

图 18-22　拉伸其他面

（5）在命令行中输入 UCS 命令，将坐标系统 X 轴旋转 90°。

（6）单击"默认"选项卡的"绘图"面板中的"圆弧"下拉列表中的"圆心、起点、端点"按钮，捕捉底座一个支架界面上一条边的中点做圆心，捕捉其端点为半径，绘制一段圆弧，绘制结果如图 18-23 所示。

（7）单击"默认"选项卡的"绘图"面板中的"直线"按钮，绘制直线，选择如图 18-24 所示的两个端点。

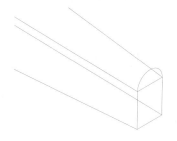

图 18-23　绘制圆弧

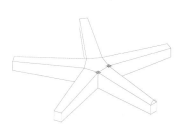

图 18-24　绘制直线

（8）单击"三维工具"选项卡的"建模"面板中的"直纹曲面"按钮 ，绘制直纹曲线，绘制结果如图 18-25 所示。

（9）单击"视图"选项卡的"坐标"面板中的"世界"按钮，将坐标系还原为原坐标系。

（10）单击"三维工具"选项卡的"建模"面板中的"球体"按钮，以（0,-230,-19）为中心点绘制半径为 30 的球体，绘制结果如图 18-26 所示。

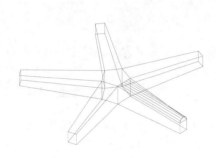

图 18-25　绘制直纹曲线

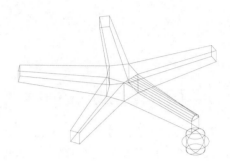

图 18-26　绘制球体

（11）单击"默认"选项卡的"修改"面板中的"环形阵列"按钮，选择上述直纹曲线与球体为阵列对象，阵列总数为 5，中心点为（0,0），绘制结果如图 18-27 所示。

（12）单击"三维工具"选项卡的"建模"面板中的"圆柱体"按钮，以（0,0,50）为底面中心点绘制半径为 30、高度为 200 的圆柱体，继续利用圆柱体命令，绘制底面中心点为（0,0,250）、半径为 20、高度为 80 的圆柱体，绘制结果如图 18-28 所示。

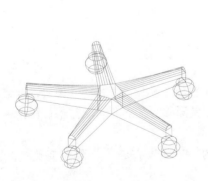

图 18-27　阵列处理

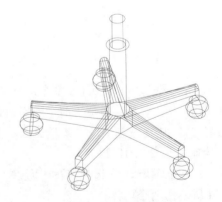

图 18-28　绘制圆柱

2. 椅面和椅背

（1）单击"三维工具"选项卡的"建模"面板中的"长方体"按钮，以（0,0,350）为中心点，绘制长为 400、宽为 400、高为 40 的长方体，如图 18-29 所示。

（2）在命令行中输入 UCS 命令，将坐标系绕 X 轴旋转 90°。

（3）单击"默认"选项卡的"绘图"面板中的"多段线"按钮，以 {（0,330），（@200,0），（@0, 300）} 为坐标点绘制多段线。

（4）在命令行中输入 UCS 命令，将坐标系绕 Y 轴旋转 90°。

（5）单击"默认"选项卡的"绘图"面板中的"圆"按钮⊙，以（0,330,0）为圆心，绘制半径为 25 的圆。

（6）单击"三维工具"选项卡的"建模"面板中的"拉伸"按钮，将圆沿多段线路径拉伸图形，绘制结果如图 18-30 所示。

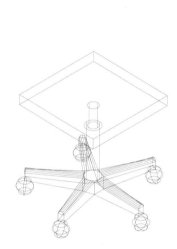

图 18-29　绘制长方体

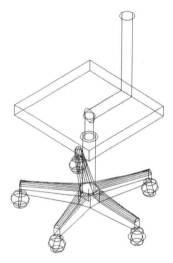

图 18-30　拉伸图形

（7）单击"三维工具"选项卡的"建模"面板中的"长方体"按钮，以（0,630,175）为中心点，绘制长为 400、宽为 300、高为 50 的长方体。

（8）单击"三维工具"选项卡的"实体编辑"面板中的"圆角边"按钮，将长度为 50 的棱边进行圆角处理，圆角半径为 80。再将座椅的椅面做圆角处理，圆角半径为 10，绘制结果如图 18-18 所示。

18.2.8　着色面

着色面用于修改面的颜色，还可用于亮显复杂三维实体模型内的细节。

【执行方式】

- ↘ 命令行：SOLIDEDIT。
- ↘ 菜单栏：选择菜单栏中的"修改"→"实体编辑"→"着色面"命令。
- ↘ 工具栏：单击"实体编辑"工具栏中的"着色面"按钮。
- ↘ 功能区：单击"三维工具"选项卡的"实体编辑"面板中的"着色面"按钮。

动手学——双头螺柱

源文件：源文件\第 18 章\双头螺柱.dwg

本实例绘制的双头螺柱的型号为 AM12×30（GB 898），其表示为公称直径 d=12mm、长度

扫一扫，看视频

L=30mm、性能等级为 4.8 级、不经表面处理、A 型的双头螺柱，如图 18-31 所示。

【操作步骤】

（1）在命令行输入 ISOLINES 命令，设置线框密度为 10。

（2）将当前视图方向设置为西南等轴测视图。单击"默认"选项卡的"绘图"面板中的"螺旋"按钮 ，绘制以（0,0,-1）为底面中心点，绘制底面半径和顶面半径为 5、圈数为 17、高度为 17 的螺纹轮廓，绘制结果如图 18-32 所示。

图 18-31　双头螺柱

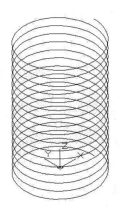

图 18-32　绘制螺旋线

（3）将视图切换到后视方向。单击"默认"选项卡的"绘图"面板中的"直线"按钮 ，捕捉螺旋线的上端点绘制牙型截面轮廓，尺寸参照如图 18-33 所示；单击"绘图"工具栏中的"面域"按钮 ，将其创建成面域，绘制结果如图 18-34 所示。

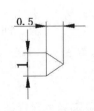

图 18-33　牙型尺寸

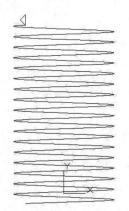

图 18-34　绘制牙型截面轮廓

（4）将视图切换到西南等轴测视图。单击"三维工具"选项卡的"建模"面板中的"扫掠"按钮🗗，将面域沿螺纹线进行扫掠，绘制结果如图18-35所示。

（5）单击"三维工具"选项卡的"建模"面板中的"圆柱体"按钮🗍，创建以坐标点（0,0,0）为底面中心点、半径为5、轴端点为（@0,15,0）的圆柱体；创建以坐标点（0,0,0）为底面中心点、半径为6、轴端点为（@0,-3,0）的圆柱体；创建以坐标点（0,15,0）为底面中心点、半径为6、轴端点为（@0,3,0）的圆柱体，绘制结果如图18-36所示。

图18-35　扫掠实体

图18-36　创建圆柱体

（6）单击"三维工具"选项卡的"实体编辑"面板中的"并集"按钮🗗，将螺纹与半径为5的圆柱体进行并集处理，然后单击"三维工具"选项卡的"实体编辑"面板中的"差集"按钮🗗，从主体中减去半径为6的两个圆柱体，消隐后结果如图18-37所示。

（7）单击"三维工具"选项卡的"建模"面板中的"圆柱体"按钮🗍，绘制底面中心点为（0,0,0）、半径为5、轴端点为（@0,-14,0）的圆柱体，消隐后结果如图18-38所示。

图18-37　消隐结果

图18-38　绘制圆柱体后的图形

① 单击"默认"选项卡的"修改"面板中的"复制"按钮🗗，将最下面的一个螺纹从（0,15,0）复制到（0,-14,0），如图18-39所示。

② 单击"三维工具"选项卡的"实体编辑"面板中的"并集"按钮 🥌，将所绘制的图形作并集处理，消隐后结果如图 18-40 所示。

图 18-39　复制螺纹后的图形

图 18-40　并集后的图形

③ 单击"三维工具"选项卡的"实体编辑"面板中的"着色面"按钮 🔲，对相应的面进行着色。命令行提示与操作如下。

```
命令:SOLIDEDIT↙
实体编辑自动检查: SOLIDCHECK=1
输入实体编辑选项 [面(F)/边(E)/体(B)/放弃(U)/退出(X)] <退出>:F↙
[拉伸(E)/移动(M)/旋转(R)/偏移(O)/倾斜(T)/删除(D)/复制(C)/颜色(L)/材质(A)/放弃(U)/
退出(X)] <退出>:L↙
选择面或 [放弃(U)/删除(R)/全部(ALL)]: (选择实体上任意一个面)
选择面或 [放弃(U)/删除(R)/全部(ALL)]: ALL↙
选择面或 [放弃(U)/删除(R)/全部(ALL)]:↙
```

此时弹出"选择颜色"对话框，如图 18-41 所示，在其中选择所需要的颜色，然后单击"确定"按钮，退出对话框。

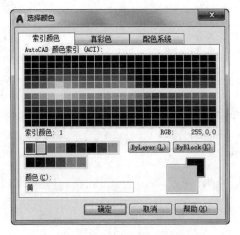

图 18-41　"选择颜色"对话框

单击"可视化"选项卡的"渲染"面板中的"渲染到尺寸"按钮 ，渲染后的效果如图 18-31 所示。

动手练——绘制轴支架

绘制如图 18-42 所示的轴支架。

图 18-42　轴支架

📋 **思路点拨：**

> （1）利用"长方体""圆柱体""圆角边""复制""差集"命令绘制底座。
> （2）利用 UCS 和"长方体"命令绘制支架。
> （3）利用"圆柱体""三维镜像""并集""差集"命令绘制圆柱体及孔。
> （4）利用"旋转面"命令旋转支架十字形底面。
> （5）利用"三维旋转"命令旋转底板。

18.3　实 体 编 辑

在完成三维建模操作后，还需要对三维实体进行后续操作，如压印、抽壳、清除、分割等。

18.3.1　压印

在选定的对象上压印一个对象，被压印的对象必须与选定对象的一个或多个面相交。

【执行方式】

↳ 命令行：SOLIDEDIT。

↳ 菜单栏：选择菜单栏中的"修改"→"实体编辑"→"压印边"命令。

➥ 工具栏：单击"实体编辑"工具栏中的"压印"按钮⁺回。

➥ 功能区：单击"三维工具"选项卡的"实体编辑"面板中的"压印"按钮⁺回。

【操作步骤】

```
命令：SOLIDEDIT
实体编辑自动检查：SOLIDCHECK=1
输入实体编辑选项 [面(F)/边(E)/体(B)/放弃(U)/退出(X)] <退出>：B
输入体编辑选项[压印(I)/分割实体(P)/抽壳(S)/清除(L)/检查(C)/放弃(U)/退出(X)] <退出>:I
选择三维实体：
选择要压印的对象：
是否删除源对象[是(Y)/否(N)]<N>
```

依次选择三维实体、要压印的对象和设置是否删除源对象，图 18-43 所示为将五角星压印在长方体上的图形。

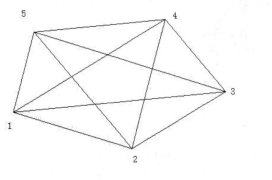

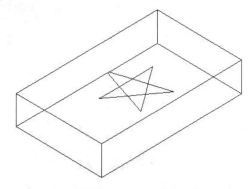

（a）五角星和五边形 　　　　　　　　（b）压印后的长方体和五角星

图 18-43　压印对象

18.3.2　抽壳

抽壳是用指定的厚度创建一个空的薄层，可以为所有面指定一个固定的薄层厚度。通过选择面可以将这些面排除在壳外。一个三维实体只能有一个壳，通过将现有面偏移出其原位置来创建新的面。

【执行方式】

➥ 命令行：SOLIDEDIT。

➥ 菜单栏：选择菜单栏中的"修改"→"实体编辑"→"抽壳"命令。

➥ 工具栏：单击"实体编辑"工具栏中的"抽壳"按钮。

➥ 功能区：单击"三维工具"选项卡的"实体编辑"面板中的"抽壳"按钮。

动手学——完成锅盖

调用素材：初始文件\第 18 章\锅盖主体.dwg

源文件：源文件\第 18 章\完成锅盖.dwg

本实例绘制如图 18-44 所示的锅盖。

图 18-44　锅盖

【操作步骤】

（1）单击"视图"选项卡的"导航"面板中的"自由动态观察"按钮，调整视图的角度，使实体的最大面朝上，以方便选取。

（2）单击"三维工具"选项卡的"实体编辑"面板中的"抽壳"按钮，选取实体的最大面为删除面，对实体进行抽壳处理，抽壳厚度为 1，命令行提示与操作如下。

```
命令：_solidedit
实体编辑自动检查：SOLIDCHECK=1
输入实体编辑选项 [面(F)/边(E)/体(B)/放弃(U)/退出(X)] <退出>：_body
输入体编辑选项[压印(I)/分割实体(P)/抽壳(S)/清除(L)/检查(C)/放弃(U)/退出(X)]<退出>：
_shell
选择三维实体：选取实体
删除面或 [放弃(U)/添加(A)/全部(ALL)]：选取实体的最大面
删除面或 [放弃(U)/添加(A)/全部(ALL)]：
输入抽壳偏移距离：1
已开始实体校验。
已完成实体校验。
输入体编辑选项[压印(I)/分割实体(P)/抽壳(S)/清除(L)/检查(C)/放弃(U)/退出(X)] <退出>：
```

消隐后结果如图 18-45 所示。

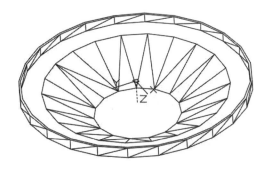

图 18-45　抽壳处理

（3）将视图切换至西南等轴测。单击"三维工具"选项卡的"建模"面板中的"圆柱体"按钮，以（0,0,20.5）为底面圆心绘制半径为 20、高度为 2 的圆柱体；重复"圆柱体"

命令，以（0,0,22.5）为底面圆心绘制半径为 7.5、高度为 5 的圆柱体；重复"圆柱体"命令，以（0,0,27.5）为底面圆心绘制半径为 12.5、高度为 8 的圆柱体，消隐后如图 18-46 所示。

（4）单击"三维工具"选项卡的"实体编辑"面板中的"倾斜面"按钮 ，选取半径为 12.5 的圆柱体的外圆柱面创建角度为 15° 的倾斜面，命令行提示与操作如下。

```
命令：_solidedit
实体编辑自动检查：SOLIDCHECK=1
输入实体编辑选项 [面(F)/边(E)/体(B)/放弃(U)/退出(X)] <退出>：_face
输入面编辑选项[拉伸(E)/移动(M)/旋转(R)/偏移(O)/倾斜(T)/删除(D)/复制(C)/颜色(L)/材质
(A)/放弃(U)/退出(X)] <退出>：_taper
选择面或 [放弃(U)/删除(R)]：选取半径为 12.5 的圆柱面
选择面或 [放弃(U)/删除(R)/全部(ALL)]：
指定基点：选取此圆柱体下底面圆心
指定沿倾斜轴的另一个点：选取此圆柱体上表面圆心
指定倾斜角度：15
已开始实体校验。
已完成实体校验。
输入面编辑选项[拉伸(E)/移动(M)/旋转(R)/偏移(O)/倾斜(T)/删除(D)/复制(C)/颜色(L)/材质
(A)/放弃(U)/退出(X)] <退出>：
```

消隐后结果如图 18-47 所示。

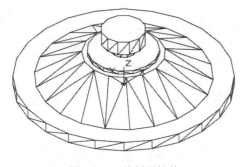
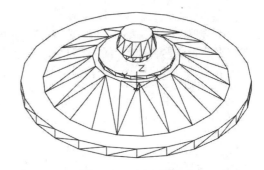

图 18-46　绘制圆柱体　　　　　　　　图 18-47　创建倾斜面

（5）单击"三维工具"选项卡的"实体编辑"面板中的"并集"按钮 ，将图中所有实体进行并集运算，着色效果如图 18-44 所示。

18.3.3　清除

删除共享边以及那些在边或顶点具有相同表面或曲线定义的顶点；删除所有多余的边、顶点以及不使用的几何图形，不删除压印的边。在特殊情况下，清除可以删除共享边或那些在边的侧面或顶点具有相同曲面或曲线定义的顶点。

【执行方式】

↳　命令行：SOLIDEDIT。

↳　菜单栏：选择菜单栏中的"修改"→"实体编辑"→"清除"命令。

↘ 工具栏：单击"实体编辑"工具栏中的"清除"按钮 ⬚。

↘ 功能区：单击"三维工具"选项卡的"实体编辑"面板中的"清除"按钮 ⬚。

【操作步骤】

```
命令: _solidedit
实体编辑自动检查: SOLIDCHECK=1
输入实体编辑选项 [面(F)/边(E)/体(B)/放弃(U)/退出(X)] <退出>: _body
输入体编辑选项 [压印(I)/分割实体(P)/抽壳(S)/清除(L)/检查(C)/放弃(U)/退出(X)] <退出>:
_clean
选择三维实体:（选择要删除的对象）
```

18.3.4 分割

将一个三维实体对象分割为几个独立的三维实体。

【执行方式】

↘ 命令行：SOLIDEDIT。

↘ 菜单栏：选择菜单栏中的"修改"→"实体编辑"→"分割"命令。

↘ 工具栏：单击"实体编辑"工具栏中的"分割"按钮 ⬚。

↘ 功能区：单击"三维工具"选项卡的"实体编辑"面板中的"分割"按钮 ⬚。

【操作步骤】

```
命令: _solidedit
实体编辑自动检查: SOLIDCHECK=1
输入实体编辑选项 [面(F)/边(E)/体(B)/放弃(U)/退出(X)] <退出>: _body
输入体编辑选项 [压印(I)/分割实体(P)/抽壳(S)/清除(L)/检查(C)/放弃(U)/退出(X)] <退出>:
_sperate
选择三维实体:（选择要分割的对象）
```

动手练——绘制台灯

绘制如图 18-48 所示的台灯。

图 18-48　台灯

📋 **思路点拨:**

（1）利用"圆柱体""差集""圆角"和"移动"命令绘制台灯底座。
（2）利用"旋转""多段线""圆"和"拉伸"命令绘制支撑杆。
（3）利用"旋转""多段线"和"旋转"绘制灯头主体。
（4）利用"抽壳"命令对灯头进行抽壳。

18.4 夹 点 编 辑

利用夹点编辑功能可以很方便地对三维实体进行编辑，与二维对象夹点编辑功能相似。

夹点编辑的使用方法很简单，单击要编辑的对象，系统显示编辑夹点，选择某个夹点，按住鼠标拖动，则三维对象随之改变，选择不同的夹点，可以编辑对象的不同参数，红色夹点为当前编辑夹点，如图 18-49 所示。

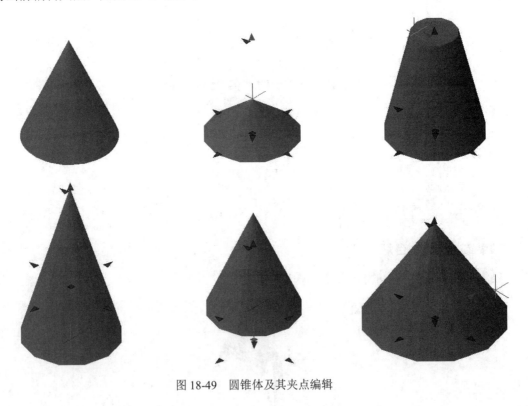

图 18-49 圆锥体及其夹点编辑

18.5 干 涉 检 查

干涉检查常用于检查装配体立体图是否干涉，从而判断设计是否正确。在绘制三维实体装配图中有很大应用。

干涉检查主要是通过对比两组对象或一对一地检查所有实体来检查实体模型中的干涉（三维实体相交或重叠的区域）。系统将在实体相交处创建和亮显临时实体。

【执行方式】

- ➥ 命令行：INTERFERE（快捷命令：INF）。
- ➥ 菜单栏：选择菜单栏中的"修改"→"三维操作"→"干涉检查"命令。

【操作步骤】

```
命令: interfere↙
选择第一组对象或 [嵌套选择(N)/设置(S)]:
选择第一组对象或 [嵌套选择(N)/设置(S)]:↙
选择第二组对象或 [嵌套选择(N)/检查第一组(K)] <检查>:
选择第二组对象或 [嵌套选择(N)/检查第一组(K)] <检查>:↙
对象未干涉
因此装配的两个零件没有干涉
```

如果存在干涉，则弹出"干涉检查"对话框，显示检查结果，如图18-50所示。同时装配图上会亮显干涉区域，这时就要检查装配是否到位，调整相应的装配位置，直到不发生干涉为止。

【选项说明】

（1）嵌套选择(N)：选择该选项，用户可以选择嵌套在块和外部参照中的单个实体对象。

（2）设置(S)：选择该选项，系统打开"干涉设置"对话框，如图18-51所示，可以设置干涉的相关参数。

图18-50　"干涉检查"对话框

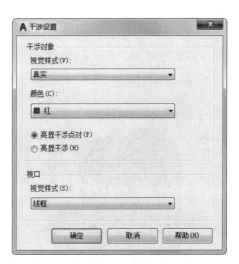

图18-51　"干涉设置"对话框

18.6　模拟认证考试

1．实体中的"拉伸"命令和实体编辑中的"拉伸"命令的区别是（　　）。

　　A．没什么区别

　　B．前者是对多段线拉伸，后者是对面域拉伸

　　C．前者是由二维线框转为实体，后者是拉伸实体中的一个面

　　D．前者是拉伸实体中的一个面，后者是由二维线框转为实体

2．比较表面模型和实体模型，下列说法正确的是（　　）。

　　A．数据结构相对简单　　　　　　　　B．无法显示出遮挡效果

　　C．没有体的信息　　　　　　　　　　D．A 和 C

3．不能对（　　）进行实体编辑。

　　A．实体　　　　　　　　　　　　　　B．边

　　C．面　　　　　　　　　　　　　　　D．点

4．绘制如图 18-52 所示的顶针。

5．绘制如图 18-53 所示的支架。

图 18-52　顶针

图 18-53　支架

6．绘制如图 18-54 所示的镶块。

7．绘制如图 18-55 所示的凉亭。

图 18-54　镶块

图 18-55　凉亭